PALÄOPHYTIKUM	PERM	232	Thuring Saxon Autun
		280	
	KARBON		Stefan Westfal Namur Visé Tournai } Dinant Siles
		347	
	DEVON		Famenne Frasne Givet Eifel Ems Siegen Gedinne
		395	
EOPHYTIKUM	SILUR		Ludlow Wennlock Llandovery
		435	
	ORDOVIZIUM		Ashgill Caradoc Llandeillo Llanvirn Arenig Tremadoc
		500	
	KAMBRIUM		Oberkambrium Mittelkambrium Unterkambrium
		570	
	PRÄKAMBRIUM	2600	Algonkium
		4000	Archaikum

Schizomycophyta, Cyanophyta, Chromophyta, Rhodophyta, Chlorophyta, Lichenes, Mycophyta, Nematophyta, Charophyta, Bryophyta, Psilophyta†, Sphenophyllophytina, Equisetophytina, Lycophyta, Filicophyta, Noeggerathiophytina†, Proconiferophytina, Coniferophytina, Procycadophytina, Cycadophytina

DIE FLOREN DES ERDALTERTUMS

DEM ANDENKEN UNSERER VÄTER

KURT REMY
*1893 †1964

WALTER RETTSCHLAG
*1894 †1976

DIE UNS KRITISCHES BEOBACHTEN
UND SACHLICHES DENKEN LEHRTEN
UND DIE SCHÖNHEITEN DIESER ERDE
UNSEREN AUGEN ERSCHLOSSEN.

Die Floren des Erdaltertums

Einführung in Morphologie, Anatomie, Geobotanik
und Biostratigraphie der Pflanzen des Paläophytikums

Von Dr. rer. nat. habil. WINFRIED REMY,
Professor an der Universität Münster,
und RENATE REMY, Münster

VERLAG GLÜCKAUF GMBH · ESSEN
1977

Copyright 1977 by Verlag Glückauf GmbH, Essen
Printed in Germany · Satz und Druck: Laupenmühlen Druck KG, Bochum
Einband: Bernhard Gehring, Bielefeld
ISBN 3-7739-0188-7

Inhalt

Gesamtgliederung der Erdgeschichte (im Vorsatz)

Vorwort 10

A Daten zur Floristik des Erdaltertums 13

1. Stratigraphische Gliederung des Paläophytikums 13

2. Überlieferungs- und Erhaltungsweise der fossilen Landpflanzen 13

3. Die Pflanzen des Paläophytikums 18

   3.1 Die Pflanzen der Devonzeit 20

      3.1.1 Wesentliche Merkmale der Pflanzen und Floren des Unterdevons 28

      3.1.2 Wesentliche Merkmale der Pflanzen und Floren des Mitteldevons 31

      3.1.3 Wesentliche Merkmale der Pflanzen und Floren des Oberdevons 34

   3.2 Die Pflanzen der Karbonzeit 36

      3.2.1 Wesentliche Merkmale der Pflanzen und Floren des Dinants 39

      3.2.2 Wesentliche Merkmale der Pflanzen und Floren des Namurs 40

      3.2.2 Wesentliche Merkmale der Pflanzen und Floren des Westfals 43

      3.2.4 Wesentliche Merkmale der Pflanzen und Floren des Stefans 45

   3.3 Die Pflanzen der Permzeit 46

      3.3.1 Wesentliche Merkmale der Pflanzen und Floren des Autuns 47

      3.3.2 Wesentliche Merkmale der Pflanzen und Floren des Saxons 50

      3.3.3 Wesentliche Merkmale der Pflanzen und Floren des Thurings 51

4.	Beziehungen zwischen Pflanzen, Standort und Klima im Paläophytikum	52
B	**Daten zur Taxonomie der terrestren Pflanzen des Erdaltertums**	**55**
	Taxonomische Ordnung und System der Endungen der Taxa höherer Pflanzen	55
1.	Chlorophyta (Grünalgen)	55
	1.0.0.1 Chlorococcales	57
2.	Charophyta (Armleuchteralgen)	57
	2.0.0.1 Charales	57
3.	Nematophyta (algenartige Vorläufer der Landpflanzen)	59
4.	Mycophyta (Pilze) und Lichenes (Flechten)	62
5.	Bryophyta (Moose)	64
	5.0.1 Hepaticae (Lebermoose)	64
	5.0.2 Musci (Laubmoose)	65
6.	Psilophyta sensu lato (Nacktpflanzen)	67
	6.1 Rhyniophytina	68
	6.1.0.1 Rhyniales	69
	6.2 Psilophytina	77
	6.3 Zosterophyllophytina	80
7.	Prospermatophyta (Vorläufer der Samenpflanzen)	86
	7.0.0.1 Cladoxylales	89
	7.0.0.2 Protopteridiales	101
	7.0.0.3 Archaeopteridiales	109
8.	Noeggerathiophyta (Noeggerathiophytina)	111
9.	Spermatophyta (Samenpflanzen)	112
	9.1 Cycadophytina (palmfarnartige Samenpflanzen)	112
	9.1.1 Pteridospermatae (farnartige Samenpflanzen)	112
	9.1.1.0.1 Auf Achsen und Wedel gegründete Familien	113
	9.1.1.0.0.1 Auf Samen gegründete Genera	118

9.1.1.0.0.1 a Radiärsymmetrische Samen	119
9.1.1.0.0.1 b Bilateralsymmetrische Samen	123
9.1.1.0.0.2 Auf Mikrosporangien gegründete Genera	124
9.2 Coniferophytina (gabel-, band- und nadelblättrige Nacktsamenpflanzen)	124
9.2.1 Ginkgoatae (gabel- und fächerblättrige Nacktsamenpflanzen, Ginkgoartige)	124
9.2.2 Pinatae	130
9.2.2.(1) Cordaitidae (bandblättrige Nacktsamenpflanzen)	130
9.2.2.(2) Pinidae (nadelblättrige Nacktsamenpflanzen, Nadelhölzer, Coniferae)	135
9.2.2.2 Voltziales	135
9.2.2.2.1 Walchiaceae	135
9.2.2.2.2 Voltziaceae	139
9.2.2.2.3 Ullmanniaceae	139
10. Filicophyta (Farnpflanzen)	145
10.0.1 Filicatae (isospore Farnpflanzen)	145
10.0.1.(1) Eusporangiate Filicatae	147
10.0.1.1 Coenopteridales	147
10.0.1.1.0.1 Auf Sprosse gegründete Genera	147
10.0.1.1.0.2 Auf Fruktifikationen gegründete Genera	149
10.0.1.2 Marattiales	150
10.0.1.2.0.1 Auf Sprosse gegründete Genera	152
10.0.1.2.0.2 Auf Fruktifikationen gegründete Genera	156
10.0.1.(2) Protoleptosporangiate Filicatae	158
10.0.1.3 Osmundales	158
10.0.1.3.0.1 Auf Sprosse gegründete Genera	158
10.0.1.3.0.2 Auf Fruktifikationen gegründete Genera	158
10.0.1.(3) Leptosporangiate Filicatae	159
10.0.1.0.1 Schizaeaceae	159
10.0.1.0.2 Gleicheniaceae	159
11. Merkmale zur Bestimmung isolierter Pteridophylle der in den Kapiteln 7, 8, 9 und 10 abgehandelten Taxa	163
11.1 Aderungstypen	163

11.2 Umrißform und Ansitzen der Blätter oder Fiederchen . . 164
    11.2.1 Einzelblätter 164
    11.2.2 Wedel 165
    11.2.2.1 Fiederiger Wedelbau 166
    11.2.2.2 Gabeliger Wedelbau 167
    11.2.2.3 Sonderbildungen am Wedel 168
    11.2.2.3.1 Zwischenfiedern 168
    11.2.2.3.2 Aphlebien 168
    11.2.2.3.3 Cyclopteriden 168
11.3 Übersicht über die wichtigsten Formgenera und Formspecies
der Pteridophylle 169
    11.3.1 Einzelblätter 169
    11.3.1.1 Palaeophyllale Formen 169
    11.3.1.2 Taeniopteridische Formen 172
    11.3.1.3 Fiederlappige Formen 179
    11.3.2 Wedel 179
    11.3.2.1 Archaeopteridische Formen 179
    11.3.2.2 Sphenopteridische Formen 199
    11.3.2.3 Pecopteridische Formen 231
    11.3.2.4 Neuropteridische Formen 251
    11.3.2.5 Alethopteridische Formen 272
    11.3.2.6 Odontopteridische Formen 290
12. Lycophyta (bärlappartige Pflanzen) 298
    12.0.0.1 Asteroxylales (?Lycophyta) (Sternholzpflanzen) . . 299
    12.0.0.1.1 Asteroxylaceae 299
    12.0.0.2 Drepanophycales 301
    12.0.0.2.1 Drepanophycaceae 301
    12.0.0.3 Protolepidodendrales 302
    12.0.0.3.1 Protolepidodendraceae 302
    12.0.0.3.2 Sublepidodendraceae 305
    12.0.0.3.3 Archaeosigillariaceae 306
    12.0.0.4 Lepidodendrales (heterospore und samentragende
              Schuppenbaumpflanzen) 307
    12.0.0.4.1 Lepidodendraceae (Schuppenbaumpflanzen) . . 310
    12.0.0.4.2 Bothrodendraceae (Grubenbaumpflanzen) . . . 320

12.0.0.4.3 Lepidocarpaceae (samentragende
Schuppenbaumpflanzen) 322
12.0.0.4.4 Sigillariaceae (Siegelbaumpflanzen) 324
12.0.0.5 Lycopodiales (isospore Bärlapppflanzen) 347

13. Equisetophyta (schachtelhalmartige Pflanzen, Articulatae,
Sphenopsida) 347
13.1 Equisetophytina (Schachtelhalmpflanzen) 347
13.1.0.1 Equisetales 347
13.1.0.1.1 Calamitaceae 348
13.1.0.1.1.1 Auf Sprosse gegründete Genera 350
13.1.0.1.1.2 Auf Blätter gegründete Genera 365
13.1.0.1.1.3 Auf Blüten gegründete Genera 380
13.1.0.2 Pseudoborniales 383
13.2 Sphenophyllophytina (Keilblattpflanzen) 384
13.2.0.0.1 Sphenophyllaceae 386
13.2.0.0.1.1 Auf Blätter gegründete Genera 386
13.2.0.0.1.2 Auf Blüten gegründete Genera 396

C Daten zur Phylogenie von Organen der Pflanzen
des Erdaltertums 401
1. Taxonomie und Evolution 401
2. Der Sproß 402
3. Die Wurzel 405
4. Der Wedel bzw. das Blatt 406
5. Die fertilen Organe 407
6. Prinzipien der Umdifferenzierung von Pflanzenorganen
im Laufe der Phylogenie 411

Anhang 413
Anmerkungen 413
Erläuterung der Fachbegriffe 416
Literaturnachweis 437
Sachwortverzeichnis 445
System der Pflanzen (im Hintersatz)

Vorwort

Die Evolution von Algen zu Landpflanzen, die Herausbildung der Organisationsmerkmale der Samenpflanzen, die vielfältige Differenzierung der Pflanzen vom älteren Devon bis zum Perm, ihre Einwirkung auf das Klima des Festlandes und die Bildung der Sedimente werden in knapper Form dargestellt.

Mit diesem Buch sollen der Geologe und der Botaniker angesprochen werden. So rückt es die Vorgänge auf den Kontinentalräumen des Erdaltertums mehr als bisher in das Blickfeld des Geologen und vermittelt ihm einen Überblick über die Floren und deren bisher nicht genügend gewerteten Einfluß auf die Vorgänge der exogenen Dynamik auf den alten Festländern. Daher wird besonders auf Grundlagen zur Deutung des Mikro- und Makroklimas, wie Insolations- und Evaporationsverhältnisse, Schattenbildung und Vegetationsschichtung und die vom oberflächennahen Wasserhaushalt des Bodens abhängige Besiedlung der morphologisch unterschiedlich ausgebildeten Festlandsräume eingegangen. Für die Klärung dieser Fragen spielen die Kenntnisse von Morphologie und Wuchsform, von histologischen und anatomischen Differenzierungen der alten Pflanzen eine wesentliche Rolle.

Durch Beschreibung und Abbildung zahlreicher anatomisch erhaltener Pflanzen möchten wir die Evolutionsvorgänge seit dem frühesten Auftreten der Landpflanzen in das Blickfeld des Botanikers rücken. Er soll erkennen, daß nur wenige, auch noch heute wirksame Vorgänge wie interkalares Wachstum und Konkauleszenz aus ast- und blattlosen Ur-Landpflanzen die modernen Pflanzen werden ließen; er soll auch feststellen, daß die Paläobotanik heute einen echten Beitrag zur Evolution der Gewebe und zur Taxonomie unter Berücksichtigung der phylogenetischen Beziehungen zu leisten vermag.

Das Buch läßt den Formenbestand, dessen Entwicklungshöhe, ökologische Differenzierung und Abhängigkeit von der Umwelt erkennen und soll eine Hilfe zur taxonomischen Bestimmung von Pflanzen des Erdaltertums sein. Dieser Stoff kann nicht lückenlos dargestellt werden und wird bewußt selektiv behandelt.

Das Buch soll somit zum einen dem Geologen und zum anderen dem Biologen ferner liegende Gedankengänge aufzeigen, ohne deren Kenntnis und Beachtung keine fruchtbare Synthese unseres Wissens um die alten Ökosysteme möglich erscheint. Demzufolge beweist es auch, daß der Paläobotaniker Material aus der Geschichte des Lebens auf unserer Erde notwendigerweise einerseits nach chronologischen und geologischen und andererseits nach biologischen Aspekten untersuchen muß. Es werden dabei Erkenntnisse zur Geochronologie (Stratigraphie), zur Biofazies in der Schichtenabfolge, zur Anatomie, Histologie, Taxonomie und Biochronologie (Evolution und Phylogenie bzw. Biostratigraphie), sowie allgemeine geo- und biowissenschaftliche Grunderkenntnisse dargestellt. Eine Erkenntnis ist zum Beispiel, daß allein aus der Sicht und Kenntnis der rezenten Flora abgeleitete Postulate zur Phylogenie und Evolution, wie die „phylogenetische" Ableitungsfolge Alge-Farn-Gymnosperme, nicht zutreffen können.

Die auf Grund der Kenntnis von Entwicklung und Differenzierung der Fruktifikationsorgane der Pteridospermatae des Karbons vertretene Ansicht, daß die Spermatophyta nicht aus den Filicatae hervorgegangen sind, sondern schon vor den Filicatae entstanden sind und sich parallel zu ihnen entwickelt haben, hat sich inzwischen auf Grund der Kenntnis der Anatomie der Sprosse der Prospermatophyta des Mittel- und Oberdevons bestätigen lassen. Dieses Buch soll deshalb auch einen Einblick in die Anatomie und Histologie der Pflanzen geben, die vor 395 bis 235 Millionen Jahren lebten. Es ist hervorzuheben, daß in der hier aufgezeigten Vielfalt anatomisch-histologische Untersuchungen an fossilen Lebewesen im wesentlichen der Paläobotanik vorbehalten sind; die Paläobotanik liefert somit wichtige Urkunden des Evolutionsablaufes, auch unter Einbeziehung der Evolution von Geweben und Organen. Echt versteinerte und anatomisch erhaltene Pflanzen gehören daher zu den eindrucksvollsten Dokumenten der Naturgeschichte.

Auch die für den stratigraphisch arbeitenden Paläontologen und Geologen, sowie besonders für den Sammler interessante und nicht minder wichtige Abdruckflora des Paläophytikums ist in Wort und Bild dargestellt worden. Aus Platzgründen kann hier nur eine begrenzte Anzahl von Genera und Species aus der Fülle der im Erdaltertum in mehr als 160 Millionen Jahren aufeinanderfolgenden Floren beschrieben werden. Unter Floren sollen in diesem Buch repräsentative Querschnitte der geographisch besonders auf der heutigen Nordhemisphäre — der ehemaligen euramerisch-cathaysischen Florenprovinz — beheimateten und zeitlich vom ältesten Devon bis zum ausgehenden Perm aufeinanderfolgenden Vegetation verstanden werden. Diese Floren waren von bestimmten edaphischen und klimatischen Faktoren abhängig und brachten demzufolge auch bestimmte Differenzierungen zum Durchbruch. Außer den Floren der Devonzeit und der Karbonzeit sind auch die Floren der oft vernachlässigten Permzeit stärker berücksichtigt worden. Damit ist für die Landpflanzen des gesamten Erdaltertums eine gewisse Zusammenschau erreicht worden, die erkennen läßt, daß die Floren des Devons nicht so arm und primitiv und die Floren des Perms keineswegs arme Floren ausschließlich semiarider bis arider Gebiete waren, wie oft angenommen worden ist.

In einem auf Anregung des Verlages lexikalisch aufgebauten Fachwortverzeichnis sind manche im Text kurz erwähnten Fragestellungen und Zusammenhänge an Hand von Stichworten mit Verbindungshinweisen auf benachbarte Begriffe speziell aus der Sicht des Paläobotanikers erläutert worden. Damit soll das Buch auch für den Sammler und besonders für den Studienanfänger im Rahmen eines „Fern"- bzw. Selbststudiums verwertbar sein, da das Fachgebiet Paläobotanik nur an wenigen Universitäten vertreten ist.

Für die Unterstützung unserer Arbeit durch die Ausleihe von Stücken, Überlassung von Peels oder von Photos danken wir Herrn Dr. H. W. J. van Amerom, Heerlen (Niederlande); Herrn Prof. H. N. Andrews, Laconia (USA); Herrn Prof. H. P. Banks, Ithaca (USA); Herrn Prof. R. W. Baxter, Lawrence (USA); Herrn Prof. G. Cassinis, Pavia (Italien); Herrn Bergassessor H. G. Conrad und Herrn Kustos Burkhardt, Bochum; Herrn Cdt. J. de la Comble, Autun (Frankreich); Frau Dr. J. Doubinger, Straßburg (Frankreich); Herrn Dr. W. H. Gillespie, Charleston (USA); Herrn Dr. P. Guthörl (†), Saarbrücken; Frau Prof. B. Lundblad, Stockholm (Schweden) und Herrn Prof. L. T. Phillips, Urbana (USA). Unser Dank gilt aber ganz besonders unseren Mitarbeitern, Herrn Dr. H. Mustafa und Herrn H. Hass, die uns unermüdlich und selbstlos mit Vorschlägen und kritischen Diskussionen bei der Abfassung des Manuskriptes und bei den späteren Korrekturarbeiten unterstützt haben. Ohne Hilfe und fördernde Kritik der Genannten wäre eine Darstellung des Stoffes in dieser Form kaum möglich gewesen. Wir danken besonders Herrn A. P. Mazzotti für die geduldige Anfertigung der Zeichnungen, außerdem der Deutschen Forschungsgemeinschaft für die Unterstützung unserer Arbeiten durch Sachmittel, sowie dem Verlag für die Bereitwilligkeit, ein mit so zahlreichen Bildern versehenes Buch zu verlegen, und seinen Mitarbeitern, den Herren W. Amthor und K. Klein, für die gute Betreuung während der Drucklegung.

Münster, im Oktober 1976

WINFRIED UND RENATE REMY

A Daten zur Floristik des Erdaltertums

1. Stratigraphische Gliederung des Paläophytikums

Die Geschichte der Floren des Erdaltertums ist die Geschichte der Differenzierung der Algen, der Entstehung der Landpflanzen und damit der Besiedelung des festen Landes. Der Geschichte der alten Landpflanzen sind die folgenden Kapitel gewidmet. Es lassen sich die frühen Stadien der Besiedlungsschritte, der Assoziationsbildungen und der Reaktionen auf die Umwelt — Wasser im Boden oder in der Luft, Insolation, Evaporation und Windwirkung — erkennen. Die Geschichte der Floren des Erdaltertums läßt auch die ständige morphographische und anatomisch-histologische Veränderung der Taxa als Folge nur weniger Umbildungsschritte verfolgen. Die Zeit der Herausbildung der Landfloren ist dem Paläophytikum zuzurechnen; das Paläophytikum ist der jüngere Abschnitt des Erdaltertums. Die Lebensgeschichte der frühen Landpflanzen auf unserem Planeten beginnt mit dem ausgehenden Silur und erstreckt sich bis in das Perm. Wie dieser Zeitraum von etwa 165 Millionen Jahren geologisch-stratigraphisch unterteilt wird, zeigt die Tabelle auf Seite 14. Aus paläobotanischer Sicht könnte man das gesamte Perm bereits dem Mesophytikum und somit auch dem Erdmittelalter zurechnen. Man sollte sich aber darüber im klaren sein, daß alle Abgrenzungen, ganz gleich, ob sie zeitlich-stratigraphisch oder entwicklungsgeschichtlich-phylogenetisch-taxonomisch bezogen sind, mehr oder weniger schematisch und willkürlich erfolgen, denn in der Natur gibt es nur fließende Übergänge. Abgrenzungen haben allein aus der Rückschau, als Orientierungs- und Ordnungshilfe, eine Berechtigung.

2. Überlieferungs- und Erhaltungsweise der fossilen Landpflanzen

Landpflanzenreste sind seit dem Beginn des Devons aus allen Formationen der Erdgeschichte überliefert. Die Häufung von Pflanzenresten kann in geologischen Zeiträumen über die Torf- zur Kohlenlagerstättenbildung führen. Die Torfbildung setzt eine reiche Sumpf- oder Moorflora, also hohen Feuchtigkeitsgrad im Boden oder in der Luft, voraus; die Wasserdurchtränkung muß zumindest einen teilweisen Luftabschluß der abgestorbenen Pflanzenreste herbeiführen.

A Daten zur Floristik des Erdaltertums

Zeitalter	Formation	Abteilung		Stufe			
		Mill. Jahre Dauer	Mill. Jahre Dauer / vor der Gegenwart	Europa	UdSSR	China	USA
ERD-MITTELALTER / MESOPHYTIKUM	TRIAS			untere Trias	Skyth (unterer Buntsandstein)			
			—232—					
	PERM	19		oberes Perm	Thuring (Zechstein)	Tartar		
			—251—			Kazan		
		12		mittleres Perm	Saxon (oberes Rotliegend)	Kungur		
		48	—263—					
		17		unteres Perm	Autun (unteres Rotliegend)	Artinsk Sakmara Assel	unteres Shihhotse	Virgil Missouri
ERDALTERTUM / PALAEOPHYTIKUM			—280—			—Gzel—	Yuehmenkou	
	KARBON	10			Stefan A bis C	—Moskau—		Desmoines
			—290—	oberes Karbon (Siles)				
		20			Westfal A bis D	Bashkir		
		67	—310—					
		15			Namur A bis C	Namur		
			—325—					
		22		unteres Karbon (Dinant)	Visé Tournai	Visé Tournai		
			—347—					
	DEVON	13		oberes Devon	Famenne Frasne			
			—360—					
		10		mittleres Devon	Givet Couvin (Eifel)			
		48	—370—					
		25		unteres Devon	Ems (Koblenz) Siegen Gedinne			
			—395—		—(Downton)—			
	SILUR	22		oberes Silur	Ludlow			
		40	—417—					
		8	—425—		Wenlock			
		10		unteres Silur	Llandovery			
			—435—					

Tabelle 1. Gliederung des Erdaltertums
und Versuch eines Vergleiches der Lage der Grenze zwischen Karbon und Perm im euramerisch-cathaysischen Florenraum. Als Ausgangsbasis und Grundlage für diesen Vergleich sind die Floren des Stefans und Autuns in Europa herangezogen worden.

Eine Übersicht über die Gesamtgliederung der Erd- und Lebensgeschichte steht im Vorsatz (Deckelinnenseite).

2. Überlieferungs- und Erhaltungsweise der fossilen Landpflanzen

Alle einigermaßen feinkörnigen Sedimente können je nach Bildungsraum ganze Pflanzen bzw. Teile von Pflanzen oder zumindest Pflanzenhäcksel enthalten und somit die nur unter dem Mikroskop erkennbaren Kutikulen mit den Epidermalstrukturen, Tracheiden oder Sporen und Pollenkörner konservieren. Auch hier spielt der Durchfeuchtungsgrad der Sedimente eine Rolle. Trockene, feinkörnige Sande werden nur Abdrücke ohne Kohlenfilm überliefern, denn die vom Luftsauerstoff abhängigen Mikroorganismen können hier die organische Substanz weitgehend zerstören.

Wie entstehen die oben genannten Torfe, die späteren Kohlen, bzw. die kohligen Abdrücke? Verlandende Seen, Böden mit Staunässe, Totarme von Flüssen oder Deltateile werden durch natürlichen Pflanzenwuchs mit der Zeit aufgehöht. Die abgestorbenen Pflanzen sammeln sich am Boden und werden durch das humussaure Wasser weitgehend gegen die Einwirkung des Sauerstoffes und die davon abhängigen Mikroorganismen abgeschirmt und durch Huminsäuren und Humusgele humifiziert, sie vertorfen. Zur gleichen Zeit setzt sich der darunter liegende durchnäßte Torf und fällt der langsamen Inkohlung anheim. Hierbei tritt durch Druck der aufliegenden Pflanzensubstanz bzw. der später aufgeschütteten Sedimente zunächst eine Entwässerung und Verdichtung ein. Die Abbauprodukte der teilweise zersetzten Zellinhalte und Teile der Zellwände fallen als Humuskolloide in den Hohlräumen aus. Erwärmung infolge Versenkung in tiefere Erdschichten, Druck und Entwässerung, relative Anreicherung des Kohlenstoffes und Entgasung (Methan und Kohlendioxyd) lassen aus dem frischen, lockeren Torf schwarzen, dichten Torf, danach Braunkohle und bei stärkerem Temperaturanstieg und Druck Steinkohle werden. Während das Torfstadium noch reichlich freie, nicht intuskrustierte Zellulose enthält und in wässerigen Aufschwemmungen Pflanzenteile schon mit der Lupe sichtbar sind, tritt freie Zellulose im Braunkohlenstadium nicht mehr auf und erst Aufschwemmungen in Kalilauge lassen unter dem Binokular Pflanzenteile bzw. Gewebereste erkennen. Während sich im Braunkohlenstadium durch Kochen mit Kalilauge Humussäuren abscheiden lassen, ist diese Reaktion im Steinkohlenstadium sehr gering. Ebenso tritt die Reaktion auf fossilisiertes Lignin, die Rotfärbung nach Kochen der Kohle in verdünnter Salpetersäure, im Steinkohlenstadium nicht mehr ein.

Wenn, wie oben beschrieben, der Torf über den Feuchtigkeitsspiegel wächst, setzen in diesen Ablagerungen Prozesse wie Vermoderung und Fäulnis der Pflanzenreste ein. Hier ist das Lebenselement der aeroben Mikroorganismen, vor allem der Pilze. Totes Holz, gärende, feuchte Pflanzensubstanz, Methanabscheidungen neigen zur Selbstentzündung oder können durch Blitzschlag gezündet werden. Dabei entsteht, da bei großen Flächenbränden nicht genug Sauerstoff an den Brandherd gelangt, durch schnelle, unvollständige Verbrennung (Verkohlung) der Holzreste, aber auch der Blätter, die natürliche Holzkohle analog der Holzkohle im Meiler. Die fossile Holzkohle nennt man Fusit. Der Fusit kann einen fossilen Waldboden mit der Blattstreu konservieren, er wird aber durch Wind oder wolkenbruchartigen Regen oft weit verbreitet und kann somit unter Umständen Zeitmarken für lokale Trockenperioden abgeben.

Die Moore im Paläophytikum Mitteleuropas wurden auf den großen Peneplains der variszischen Gebirge und in ganz besonderem Maße in den variszischen Vortiefen bzw. Saumsenken gebildet — dort über viele hundert Kilometer Ausdehnung. Die Flözhorizonte im Paläophytikum (älteste bauwürdige treten im Visé, jüngste im Unterperm auf) stellten Zeiten einer sehr gleichförmigen, durch Torf weitgehend kompensierten relativen Senkung dar. Wurde die relative Senkung des Bodens zu stark, so konnten sich je nach den tektonisch-morphologischen Verhältnissen Süßwasserbecken bzw. Meereseinbrüche oder Deltabildungen mit großen Schuttfächern einstellen. In jedem dieser Fälle bildete sich ein neues Relief und es trat damit eine Änderung des Grundwasserstandes und der Sedimentation ein. Regional können sich alle drei Vorgänge verzahnen, es können dann Kohle, feinklastische limnische Sedimente und Sandstein bzw. Konglomerate auf engem Raum wechseln. Dieses primäre Relief kann sekundär durch die verschieden starke Setzung und Entwässerung der Sedimente noch verstärkt werden. Selbst wenn es zeitweilig zu einem Ausgleich des Reliefs kommt, so ergeben doch Niedermoor-, Zwischenmoor- oder selbst im Paläophytikum möglicherweise Hochmoortorf, Tontrübe, Sand und grober Schotter nach Entwässerung und Setzung durch verschiedene Setzungskoeffizienten ein neues Relief. Von diesem Relief und dem Grundwasserstand hing die weitere Differenzierung in eine azonale oder zonale Vegetation ab. Nach einer Pionierflora bildeten sich dem jeweiligen Geohydrotop angepaßte Assoziationen aus, die nun entweder einen See verlanden ließen, innerhalb des Grundwasserspiegels oder bei genügender Luftfeuchtigkeit über dem Grundwasserspiegel Torf bildeten oder eine trockenliegende Sand- bzw. Schotterbarre besiedelten (Hydro-, Hygro- und Mesophyten-Assoziationen). In Zeiten der geologischen Ruhe steuerten die Hygrophyten auf Assoziationen zu, die allein der Luftfeuchtigkeit und dem hohen Grundwasserstand angepaßt waren oder sie wurden, wenn nicht genug Feuchtigkeit vorhanden war, durch eine zonale Vegetation verdrängt (siehe Tabelle 2).

Die großen Leitflöze des älteren Westfals im paralischen Raum dürfen ohne Zweifel als Zeitmarken betrachtet werden, was auch die marinen Horizonte belegen. Von Ende Westfal B an ist mit dauernder Veränderung der Geofazies und damit auch der Biofazies zu rechnen. Wir haben einen horizontalen (geographischen) und daneben einen vertikalen (stratigraphischen) Fazieswechsel vorliegen; zum Beispiel können in einer Zeitebene an einem Ort ein Faunenschiefer und 100 oder 1000 m davon entfernt ein Stigmarienwurzelboden und wieder 100 oder 1000 m weiter ein grober Sandstein gebildet werden. Genau der gleiche Wechsel kann aber auch in vertikalen, also zeitlichen Abfolgen vorhanden sein. Typische Abfolgen im älteren Westfal des Ruhrkarbons sind:

▷ Hangendes: limnische oder marine Schiefertone, oder Sandsteine
  Flöz
  Wurzelboden (Stigmarien)
  fluviatile Sandsteine mit meist vereinzelten Wurzelhorizonten (zum Teil an der Basis sehr grobkörnig)
▷ Liegendes: limnische oder marine Schiefertone.

Derartige Abfolgen können wie folgt gedeutet werden: Ein Deltaraum wurde bei noch sehr hohem Grundwasserstand von einem Lycopsidenwald und vielleicht einem Calamitenröhricht besiedelt. Die Besiedlung könnte aber ebensogut nach Trockenfallen und sekundärer Vernässung durch Staunässe infolge Abdichtung der Porenräume durch Tontrübe erfolgt sein. Der Stigmarienwurzelboden ist ein Beleg für einen autochthonen Bestand. Dann setzte in dem nassen Gelände eine Vermoorung und Torfbildung (Flözbildung) ein, die nach etwas stärkerer Absenkung von fluviatilem Tonmaterial (Schieferton) oder manchmal abrupt von grobem Sand (Sandstein) eines aus seinem Bett ausgebrochenen Flusses abgedeckt wird.

Tone und auch feine und gröbere Sande, die eine Torflagerstätte abdekken, überliefern häufig die Reste der Pflanzen, die nicht mehr im nassen Moor, sondern auf zumindest zeitweise trockenerem Grund wuchsen und eingeschwemmt wurden. In feuchten Tonen werden Blätter, Früchte und Samen, Äste und Stammteile als inkohlte Abdrücke überliefert. Als besonders wichtige Trockenhorizonte sind die über weite Strecken verbreiteten Fusithorizonte anzusehen. Besonders die bisher kaum beachteten Laubfusite des Paläophytikums lassen entweder Trockenzeiten oder, wenn sie nicht im Torf (Flöz) vorkommen, Assoziationen der mesophilen Standorte nachweisen.

Folgende wichtige Erhaltungsweisen sind im Paläophytikum die Regel:
1. Körperliche Erhaltung mit innerer (Zell-)Struktur (Intuskrustate)
Versteinerte Torfe mit verschiedenen Reinheits- und Zersetzungsgraden. Sie überliefern verschiedene Pflanzengenerationen und Pflanzengesellschaften (Assoziationen).

Versteinerte Wälder (beispielsweise durch vulkanische Exhalationen und Aschen eingebettete und mit Kieselsäuregel imprägnierte Stämme, Blätter, Früchte und Samen). Es handelt sich hier oft um eine einzige Pflanzengeneration aus einer echten Pflanzengesellschaft.

Verkieselte, pyritisierte, dolomitisierte oder eisenkarbonatisierte Einzelreste (Wedelachsen, Stammteile bzw. Hölzer, Samen). Hier liegen meist keine echten Pflanzengesellschaften vor.

Faulschlamme (Algenlagerstätten, zum Beispiel *Pila*). Hier liegt die Abfolge mehrerer Pflanzengenerationen und meist echter Pflanzengesellschaften vor. Fremdeinlagerungen (Sporen, Kutikulen aber auch Bruchstücke von Stengeln und Blattresten) sind häufig.

2. Erhaltung als Abdruck mit Kohlefilm (inkohlter Abdruck)

Die Strukturen der Epidermis sind auf die chemisch sehr resistente Kutikule überprägt. Die fossil überlieferten Kutikulen geben daher die Zellformen der Epidermis und ihre Differenzierungen, wie Stomata und Trichome, wieder; außerdem werden Sporangien und Sporen überliefert. Es kann sich um Einzelpflanzen, Pflanzengesellschaften oder Totengemeinschaften in den Hangendschiefern der Kohlenflöze bzw. deren Zwischenmitteln handeln. Als Sonderfall ist die Kohle selbst anzusehen.

3. Erhaltung als Abdruck ohne Kohlefilm

Bei Blättern sind die Blattform, der Blattumriß, der Abdruck der Aderung und manchmal auch die Form der Epidermiszellen erkennbar. Es kann sich um Einzelpflanzen, Pflanzengesellschaften oder Totengemeinschaften trockenerer Standorte handeln. Überlieferung zum Beispiel in Sandsteinen, Kalktuffen oder Kalkschlammen.

4. Erhaltung als Häcksel und Überlieferung der Palynomorphen (Inkohlung)

Hierzu zählen größere bis kleinere Bruchstücke von Pflanzen und alle Sporen, Pollenkörner und auch einzellige Algen oder Algenkolonien, die zum Teil erst durch Auflösen des Gesteins frei werden. Sie sind meist von weit her zusammengeschwemmt oder eingeweht, stellen also nie echte Pflanzengesellschaften dar. Sie lassen aber oft Aussagen von stratigraphischer Bedeutung zu.

Die unter 1 bis 4 genannten und grob skizzierten Erhaltungsweisen pflanzlicher Organe und Substanzen spiegeln, wie in Stichworten angegeben, auch die Standorte und Lebensgemeinschaften wider.

3. Die Pflanzen des Paläophytikums

Wie geophysikalische, geologische und paläontologische Befunde erkennen lassen, waren während des Paläophytikums die heute getrennt liegenden Kontinente zu einer großen Kontinentalmasse vereinigt

3. Die Pflanzen des Paläophytikums

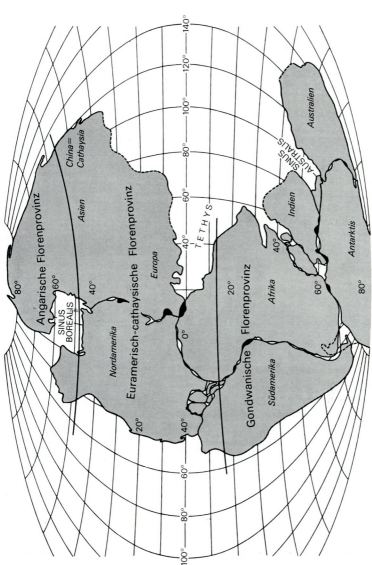

Bild 1. Schematisierte Darstellung der Florenverteilung in der Zeit vom höheren Westfal (Oberkarbon) bis in das höhere Autun (Unterperm). Lage der Kontinentalmassen nach Dietz et Holden 1970.

und ringsum von dem großen Weltmeer umgeben. Diese riesige Kontinentalmasse wurde durch schmale Epikontinentalmeere, Gebirge und Flußsysteme gegliedert. Die Verteilung der Klimazonen und die physische Differenzierung des Klimas im Paläophytikum waren also mit den heute herrschenden Verhältnissen nicht vergleichbar. Auf dieser Kontinentalmasse waren gegen Ende des Karbons im wesentlichen drei große Florenprovinzen zu unterscheiden. Im Norden die Angara-, im Süden die Gondwana- und zwischen diesen beiden die Eurameria-Cathaysia-Florenprovinz (siehe Bild 1).

In den folgenden Kapiteln werden nur diejenigen Floren und die diese zusammensetzenden Pflanzen behandelt, die im Paläophytikum zunächst weltweit und dann im Karbon und älteren Perm vorwiegend circumäquatorial in der sogenannten euramerisch-cathaysischen Florenprovinz verbreitet waren. Hierbei ist zu beachten, daß sich ab mittlerem Perm ein Teil des amerischen Anteils *(Supaia-Gigantopteris-* und *Glenopteris-*Floren) und der cathaysische Anteil *(Gigantopteris-*Flora) der Gesamtflorenprovinz durch einige charakteristische Genera auszeichneten, was aber teilweise überbewertet wird. Die Verteilung der Floren auf gürtelartige Regionen ist wohl im wesentlichen klimatischen Einflüssen zuzuschreiben; die Einheitlichkeit überrascht (siehe Anmerkung S. 413). Die Floren der euramerisch-cathaysischen Florenprovinz bedeckten große Teile des heutigen Nordamerikas — einschließlich des nördlichen Südamerikas —, Europas — einschließlich des nördlichen Afrikas — und das mittlere und südliche Asien, jedoch ohne den indischen Großraum; fragliche Vorkommen im Ostteil von Australien können hier außer Betracht gelassen werden. Erst im Mesophytikum drifteten die heute getrennten Kontinente stärker auseinander, bis sie ihre derzeitige Lage erreichten, die sich jedoch auch heute noch verändert.

Wenn man die Karte (Bild 1) betrachtet, so wird deutlich erkennbar, warum zum Beispiel die Zusammensetzung der Floren, die Differenzierungen in Assoziationen und die Abfolge der Floren im Paläophytikum in Nordamerika und Europa, ja sogar auch in Asien — in China — bis in das mittlere Perm weitgehend übereinstimmen. Die noch ausstehenden Revisionen der Floren werden hier noch weitere, bisher durch unterschiedliche Genus- und Speciesnamen verschleierte Gemeinsamkeiten bestätigen.

3.1 Die Pflanzen der Devonzeit

Um die Wende vom Silur zum Devon treten die ältesten bisher bekannten eindeutigen Landpflanzen der Erdgeschichte auf. Obwohl von außerordentlicher Bedeutung für die Geschichte des Lebens, sind die Pflanzen der Devonzeit bisher jedoch nur wenigen Spezialisten in ihrer wirklichen Formenfülle und Organisationsvielfalt bekannt. Der wirtschaftliche Wert der devonischen Pflanzen als Kohlenbildner ist im Gegensatz zu dem der karbonischen gering, da bis auf die 1,5 m mächtigen oberdevonischen Kohlenflöze der Bäreninsel hauptsächlich brandschieferartige Ablagerungen überliefert sind.

Die Pflanzen der Devonzeit sind aber für das Verständnis der Evolution (siehe Kapitel C) und für den Prozeß der Differenzierung und Divergenz von Populationen und Rassen zu neuen, von den Ausgangsformen verschiedenen Einheiten wichtig. Daß es keine mehrfache Neuschöpfung, sondern eine klare Entwicklung der Organismenwelt gegeben hat und gibt, kann heute nicht mehr bezweifelt werden. Die bereits für die Landpflanzen des Unterdevons nachgewiesene Reduktionsteilung — sie ist in der Tetradenbildung der Sporen eindeutig sichtbar — belegt schon für die Kormophyten, die vor etwa 400 Millionen Jahren gelebt haben, den bei den Kormophyten der Gegenwart bekannten Generationswechsel, einschließlich seiner genetischen Folgerungen. Die Reduktionsteilung bewirkt eine Umverteilung des elterlichen Erbgutes, erhält die Sippen und läßt dennoch Tochtergenerationen mit mehr oder weniger deutlich veränderten Eigenschaften (verändertes Aussehen, modifizierter innerer Bau) entstehen. Der Modus der Evolution durch Gen- oder Chromosomen-Mutation sowie Rekombination und somit Abweichung von der Ausgangsform ist auch für die Ahnen der Landpflanzen, die ohne Zweifel von „Algen im weiteren Sinne" abstammen, vorauszusetzen. Dazu kommen die Selektion und die genetische und geographische Isolation.

Man kann nicht festlegen, welche limnisch-brackisch lebenden Algengruppen als direkte Ahnen der Landpflanzen in Betracht zu ziehen sind. Außerdem wird die Eroberung des terrestren Raumes nicht ein einmaliges, sondern ein mehrmaliges Experiment in der Erdgeschichte gewesen sein. Es kann aber angenommen werden, daß Algen mit einem Habitus wie ihn die heutigen Tange aufweisen die Ahnen waren. Der schon bei Vertretern der devonischen Tange nachweisbare zentrale Gewebestrang dient bei flutend lebenden Species der mechanischen Festigung, könnte aber, wie bei dem Genus *Prototaxites* aus dem Devon durch Differenzierung angedeutet, die Leitung von Wasser- und Assimilaten übernehmen. *Macrocystis*-Species der Gegenwart weisen dazu analog bereits siebröhrenartige Zellen auf.

Die Abwandlung des Erbgutes in Richtung Landpflanzen durch Mutation, Umverteilung und Selektion ging mosaikartig, also nicht gerichtet vor sich. Welches sind nun die Differenzierungen bzw. Neuerwerbungen, die das Landleben ermöglichten?

1. Das Leitungssystem

Es wird von Zellen mit speziellen Wandperforationen gebildet. Die Zellen des Wasserleitsystems sind tot und weisen verdickte Zellwände auf. Die Zellen des Assimilateleitsystems leben und haben parenchymatisch dünne Zellwände.

2. Das Stützsystem

a) Es ist meist mit dem Wasserleitsystem (Xylem) aus Tracheiden (toten Zellen) identisch. Die Zellwände der Tracheiden sind durch die Auflagerung von Zellulose und Lignin sehr verstärkt. Bei Pflanzen mit stark verholzten Sproßteilen wird durch die sekundäre Erweiterung und Spezialisierung des wasserleitenden Anteils der Stele eine tragende Achse gebildet, die auch den großen und baumförmigen Wuchs erlaubt (Holzbaum-Typ).

b) Es kann durch spezialisierte Gewebe der Rinde gegeben sein. Die Zellen dieser Gewebe weisen starke Wandauflagerungen auf. Es kann sich um Gewebe aus toten Zellen (Sklerenchym) handeln, bei denen die Wandauflagerungen aus Zellulose bestehen, oder es kann sich um Gewebe aus lebenden Zellen (Kollenchym) handeln, bei denen die Wandauflagerungen aus Wechsellagerungen von Zellulose und Protopektinen bestehen.

Diese Gewebe sind meist in den äußeren Rindenpartien als isolierte vertikale oder als vermaschte Gewebestränge ausgebildet.

c) Auch allein der Turgor (Zelldruck) des lebenden Grundgewebes kann einfache, niedrige Pflanzenkörper aufrechterhalten.

3. Der Verdunstungsschutz

Er wird durch die der Epidermis aufgelagerte Kutikule gegeben. Die Kutikule überzieht als durchgehende, wasserabweisende und den Gasaustausch hemmende Schicht aus Kutin die Epidermis, bis auf die Pori der Spaltöffnungen, vollständig.

4. Das regulierbare Gasaustauschsystem

Die mit dem Interzellularsystem der Sprosse in direkter Verbindung stehenden und sich je nach Wassergehalt der Umwelt öffnenden oder schließenden Spaltöffnungen (Stomata) sorgen für eine regulierbare Verdunstung und halten so einen ständigen Wasserstrom von den Wurzeln zu den assimilierenden Geweben aufrecht. Sie versorgen gleichzeitig die assimilierenden Gewebe mit dem benötigten Kohlendioxyd.

5. Das Wasseraufnahmesystem

Solange die Pflanzen auf der Organisationsstufe der Algen zumindest zeitweise vom Wasser umspült wurden, waren weder ein spezielles Leitungssystem noch ein spezielles Wasseraufnahmesystem erforderlich.

Schon bei frühen Algen sind zur Verankerung mit dem Substrat Rhizoide (Zellausstülpungen) vorhanden. Die Rhizoide werden bei den Landpflanzen in ein Wasseraufnahmesystem umfunktioniert. Sie bleiben aber auf den Gametophyten beschränkt. Der Sporophyt entwickelt bei den Landpflanzen zur Wasser- und Nährstoffaufnahme die Wurzeln (siehe Kapitel C). Die Wurzeln sind mehrzellschichtig und ermöglichen es, daß der Sporophyt sich vom Gametophyten löst und schließlich die dominierende Generation wird. Sie dringen tiefer als die Rhizoide in den Boden ein und machen den Sporophyten von einem ständig durchnäßten Boden unabhängig.

6. Die Kutinisierung der Sporen

Ein zum Verdunstungsschutz paralleler Vorgang, der aber keineswegs mit der Kutinisierung der Sprosse gleichzeitig verlaufen muß, sondern zum Beispiel schon im Organisationsstadium „Alge" eingesetzt haben kann (Mosaikentwicklung).

7. Die Bildung echter Gewebe

Einige Chlorophyta und Phaeophyceae bilden, zumindest in der Gegenwart, echte, parenchymatische Gewebe aus. Ähnlich könnten auch vordevonische Algen organisiert gewesen sein.

Pflanzen, die alle oben genannten Eigenschaften aufweisen, können, auch wenn sie flutend im Süß- oder Brackwasser oder kriechend bis aufrecht auf nur zeitweilig durchnäßtem Substrat lebten, als terrestre Pflanzen bezeichnet werden. Die weiteren Daten der Evolution belegen, daß die Landpflanzen parallel zu der Entwicklung der Tiere neben den limnischen auch die rein terrestren und, auf der Organisations- bzw. Evolutionsstufe der Angiospermen, sogar die marinen Lebensbereiche (Biotope) erobern. Aus dem oben Gesagten geht hervor, daß es oft nicht leicht sein wird, festzustellen, ob eine Pflanze an der Wende Silur-Devon der Sporophyt oder der Gametophyt einer Landpflanze oder eine modifizierte Alge gewesen ist. Sobald in dem zentralen Strang echte Tracheiden als Leitungselemente nachgewiesen werden können und die Pflanze von einer Epidermis mit Spaltöffnungen und einer Kutikule umkleidet ist und Sporangien mit kutinisierten Sporen trägt, können wir sie ohne Zweifel zu den Sporophyten der Landpflanzen rechnen.

Daß die Mehrzahl der Sporophyten der alten Landpflanzen durch Verstärkung und Differenzierung des Leitstranges, der Stele, aufrechten Wuchs erzielten, zeigt sich deutlich, wenn man die Evolutionsmerkmale im Zeitraum Unterdevon und älteres Mitteldevon analysiert. Die beschriebenen Leitungs- und Stützsysteme stellen sich dann als evolutionär besonders gefördert heraus. Spätestens im unteren Mitteldevon ist der Holzbaum-Typus infolge Vermehrung der Tracheiden über das not-

A Daten zur Floristik des Erdaltertums

Bild 2. Schemata einiger ausgewählter Stelentypen in Sproßquerschnitten.

Schwarz = Protoxylem;
kreuzschraffiert = Metaxylem;
strichiert = Sekundärxylem;
Außenlinie = Außenrindenabschluß.
Die Lage des Phloems ist nicht dargestellt.

a Protostele; Urtyp bzw. ontogenetisch junges Stadium; allein aus zentral stehendem Protoxylem gebildet, ohne Metaxylem. Dieser Stelentyp ist der Ausgangstyp für alle anderen Stelentypen.

b Protostele; Normaltyp in einer ausgewachsenen Pflanze. Das Protoxylem steht zentral und ist im Querschnittsbild von Metaxylem ringförmig umgeben *(Rhynia-*Typ).

c Stylostele; das Protoxylem liegt in Gruppen aufgeteilt peripher auf einer ringförmigen Zone; innen liegt ein geschlossenes Metaxylem *(Euthursophyton-*Typ).

d Aktinostele; das Protoxylem liegt in Gruppen aufgeteilt wie die Zähne eines Zahnrades; im Zentrum liegt ein geschlossenes Metaxylem *(Protolepidodendron-*Typ).

g Aktinostele (im weiteren Sinne); durch Metaxylem komplex gewordener Typ. Das Protoxylem liegt in Gruppen verteilt auf Radien und ist allseitig von Metaxylem umgeben *(Protopteridium-*Typ).

h Eustele; aus isolierten Einzelstelen mit außenliegenden Sekundärxylem-Sektoren bestehende Stele. Die rechte Seite der Abbildung zeigt Stadien, die zu einer Siphonostele überleiten können *(Lyginopteris-*Typ).

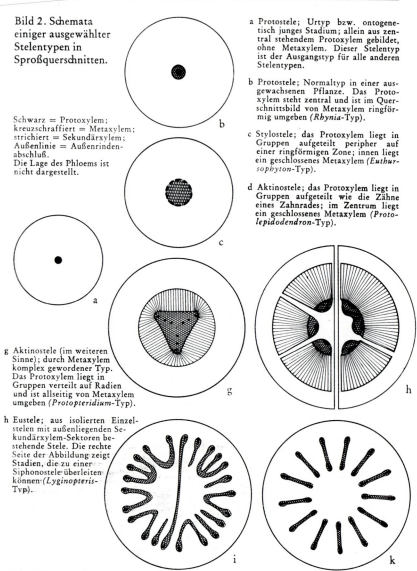

Die Schemata der Polystelie werden mit Ausnahme von *Pietzschia* auf Beispiele bezogen, die im Buch abgebildet worden sind, so ist dem *Cladoxylon-*Typ, die Species *C. bakrii* zugrundegelegt worden. Stämme mit dem Stelentyp von l können in den Ästen Stelen vom Typ i oder k aufweisen, so zum Beispiel bei der Species *Calamophyton primaevum*.

3.1 Die Pflanzen der Devonzeit

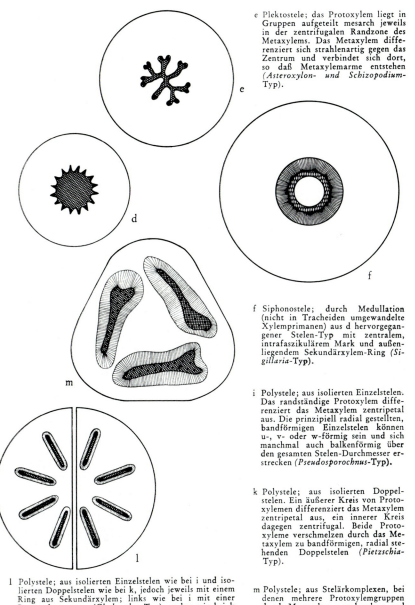

e Plektostele; das Protoxylem liegt in Gruppen aufgeteilt mesarch jeweils in der zentrifugalen Randzone des Metaxylems. Das Metaxylem differenziert sich strahlenartig gegen das Zentrum und verbindet sich dort, so daß Metaxylemarme entstehen (*Asteroxylon*- und *Schizopodium*-Typ).

f Siphonostele; durch Medullation (nicht in Tracheiden umgewandelte Xylemprimanen) aus d hervorgegangener Stelen-Typ mit zentralem, intrafaszikulärem Mark und außenliegendem Sekundärxylem-Ring (*Sigillaria*-Typ).

i Polystele; aus isolierten Einzelstelen. Das randständige Protoxylem differenziert das Metaxylem zentripetal aus. Die prinzipiell radial gestellten, bandförmigen Einzelstelen können u-, v- oder w-förmig sein und sich manchmal auch balkenförmig über den gesamten Stelen-Durchmesser erstrecken (*Pseudosporochnus*-Typ).

k Polystele; aus isolierten Doppelstelen. Ein äußerer Kreis von Protoxylemen differenziert das Metaxylem zentripetal aus, ein innerer Kreis dagegen zentrifugal. Beide Protoxyleme verschmelzen durch das Metaxylem zu bandförmigen, radial stehenden Doppelstelen (*Pietzschia*-Typ).

l Polystele; aus isolierten Einzelstelen wie bei i und isolierten Doppelstelen wie bei k, jedoch jeweils mit einem Ring aus Sekundärxylem; links wie bei i mit einer Protoxylemgruppe (*Cladoxylon*-Typ), rechts wie bei k mit zwei Protoxylemgruppen (*Calamophyton*- und *Duisbergia*-Typ).

m Polystele; aus Stelärkomplexen, bei denen mehrere Protoxylemgruppen durch Metaxylem verschmelzen und von Sekundärxylem umgeben sind (*Medullosa*-Typ).

wendige Maß eines Wasserleitungssystems hinaus entstanden; es gibt zu dieser Zeit bereits das heute an die Entwicklungsstufe der Gymnospermie geknüpfte Sekundärxylem. Damit ist die Entwicklung zu den in der Karbonzeit so dominierenden Pteridospermatae bereits im unteren Mitteldevon eingeleitet.

Der Sproß einer höheren Landpflanze weist als wesentliches, das Evolutionsgeschehen gut kennzeichnendes Element das Leitbündel, die Stele, aus Holz (Xylem) und Siebteil (Phloem) auf. Das Xylem besteht aus verschiedenen, im Laufe der Individualentwicklung (Ontogenie) einer Pflanze nacheinander auftretenden Tracheiden-Generationen. Die von der Pflanze zuerst angelegten Tracheiden sind von geringem Querschnitt und geringer Länge und weisen ring- bis spiralförmige Wandversteifungen auf (Bild 27 g); sie stehen in Gruppen, den sogenannten Protoxylemen. Bei Streckung durch das Längenwachstum der jungen Pflanze zerreißen diese Tracheiden meist. Die Tracheiden, die zeitlich nach den Protoxylem-Tracheiden, aber noch vor deren Überbeanspruchung angelegt werden, sind im Querschnitt polygonal und recht groß; sie sind schon sehr lang und weisen leiter- bis netzförmige Wandverstärkungen auf (Bild 27 h). Sie stehen neben oder um die Protoxyleme herum in größeren Komplexen, den sogenannten Metaxylemen. Proto- und Metaxylem zusammen werden als Primärxylem bezeichnet. Das Primärxylem reicht zur Wasserversorgung einer Pflanze aus; sie wird dann aber normalerweise nur krautig bis buschförmig. Fast alle baumförmigen Pflanzen bilden daher im Anschluß an die Metaxylemtracheiden mit Hilfe eines Kambiums sekundäre Tracheiden aus. Diese sekundären Tracheiden sind im Gegensatz zu den Tracheiden des Primärxylems im Querschnitt mehr oder weniger rechteckig und sehr lang und stehen stets in radialen Reihen. Sie bilden das oft sehr mächtige Sekundärxylem, den festen Holzstamm der Bäume (Bild 27 c). Die Wände dieser Tracheiden sind leiter- oder netzförmig verdickt und in den Zwischenräumen perforiert bzw. sie sind mit Hoftüpfeln versehen (Bild 22 i und 27 i). Proto-, Meta- und Sekundärxylem können zueinander sehr verschieden angeordnet sein. Je nach der Lage des Protoxylems zum Metaxylem unterscheidet man den endarchen, mesarchen oder exarchen Bau der einzelnen Stele (Bild 3). Nach der Form und Ausbildung der gesamten Stelen im Querschnitt unterscheidet man zum Beispiel die Protostele, die Stylostele, die Aktinostele, die Polystele (Bild 2). Der Bau der Stele ist für viele Pflanzengruppen charakteristisch und läßt Verwandtschaften erkennen; er wird für die taxonomische Einordnung in ein System herangezogen.

Die ursprünglich rein dichotome Verzweigung des Sproßsystems wird im Laufe der Evolution durch stärkeres Wachstum jeweils eines Gabelastes in ständig pendelnder Folge monopodial (Übergipfelung, Bild 4), damit

3.1 Die Pflanzen der Devonzeit

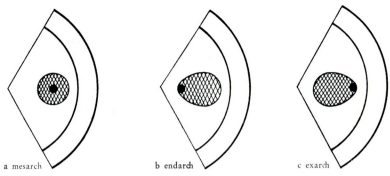

a mesarch   b endarch   c exarch

Schwarz = Protoxylem; kreuzschraffiert = Metaxylem

Bild 3. Schemata von Sproßsektoren, jeweils mit einer Einzelstele, um die verschiedenen Lagemöglichkeiten des Protoxylems zum Metaxylem darzustellen.

erreicht die Pflanze den aufrechten Wuchs. Bei diesem Vorgang übernimmt ein Ast der ehemaligen symmetrischen Gabelung aufgrund von Wuchsstoffsteuerung die Führung und drängt den anderen beiseite. Aus der monopodialen Verzweigung könnte bereits im Oberdevon die sympodiale Verzweigung entstehen, indem jeweils eine Seitenknospe das Spitzenwachstum übernimmt. Wenn die dreidimensional im Raum angeordneten Gabelelemente eines Sproßsystems in eine Ebene rücken und durch Grundgewebe zusammenwachsen, entsteht das Blatt bzw. der Wedel. Dieser Vorgang ist für das Blatt im frühen Devon und für den Wedel im Oberdevon dokumentiert.

Spätestens im Oberdevon ist auch der Same oder zumindest ein phylogenetisches Frühstadium der Ovule (Samenanlage) nachweisbar. Da man

Bild 4. Schema der Umwandlung eines dichotomen (a) in einen übergipfelten (b) Sproß (Monopodium). In a bezeichnen die Zahlen 1, 2 und 3 Mesome, die Zahl 4 dagegen Telome. In b bezeichnen die Zahlen 1, 2+, 3+ und 4+ Mesome, die Zahlen 2, 3 und 4 Telome.

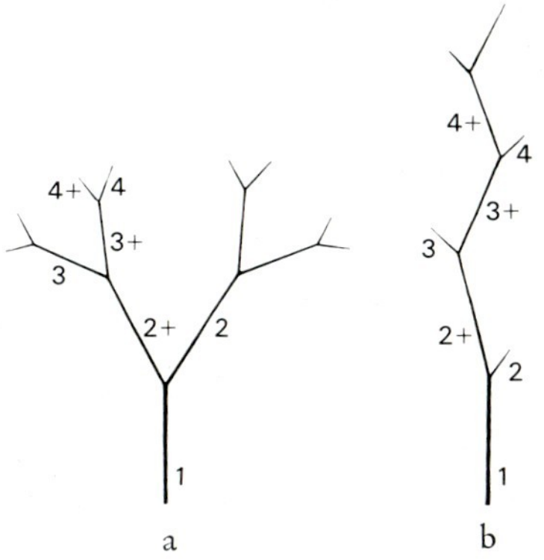

Samen im Abdruck nur erkennt, wenn sie eine feste Außenwand besitzen, werden die evolutionär früheren Stadien der noch nicht mit harter Außenwand versehenen Samen übersehen; sie werden nur durch Schnitte anatomisch erhaltener Fossilien nachzuweisen sein. Dieser Nachweis steht aber zur Zeit noch aus.

Nach diesen Befunden ist auch die als „Abfolge des Auftretens der großen Pflanzengruppen im Laufe der Erdgeschichte" postulierte Folge Algen, Psilophyta, Pteridophyta, Spermatophyta zu revidieren. Man kann allerdings nach wie vor von einer Algenzeit vom Beginn des pflanzlichen Lebens auf unserem Planeten bis etwa zum Ende des Silurs sprechen. Aus den Algen entwickelten sich mono- oder polyphyletisch die Psilophyta, die zu den ältesten Landpflanzen gehören und das Bild der Landflora im ausgehenden Silur und älteren Unterdevon geprägt haben. Aus den Psilophyta entwickelten sich die Spermatophyta und die Filicophyta, wobei die Prospermatophyta und die Spermatophyta (im Sinne der Pteridospermatae) als Organisationspläne bereits vor den Filicophyta fixiert worden sind.

Als Pteridophyta wurden und werden heute noch von manchen Autoren Pflanzengruppen zusammengefaßt, die in ihren evolutionären Tendenzen, ihrer Abstammung und ihren Organisationsmerkmalen zu heterogen sind, um unter einem Begriff zusammengefaßt zu werden. So liegen beispielsweise die evolutionären Anfänge der Lycophyta und der Equisetophyta zur Zeit noch im Dunkeln, dürften jedoch sicher nicht mit den bisher bekannten Psilophyta identisch sein.

3.1.1 Wesentliche Merkmale der Pflanzen und Floren des Unterdevons

Die Pflanzen vom Organisationsplan der Rhyniophytina mit anscheinend auf dem Gametophyten aufsitzendem Sporophyten haben als Wasser- und Nährstoffaufnahmeorgane die Rhizoide des Gametophyten; die von den Rhyniophytina abzuleitenden Sippen mit Polystelen werden bereits im Unterdevon Wurzeln ausgebildet haben. Auch die Psilophytina und die Zosterophyllophytina haben Wurzeln entwickelt.

Die Epidermis der Luftsprosse ist auffallend derb kutinisiert; die Stomata stehen schon ausgerichtet und recht dicht. Nebenzellen im engeren Sinne sind anscheinend noch nicht ausgebildet.

Die Tracheiden sind differenziert; das Protoxylem hat Ring- und Spiraltracheiden, das Metaxylem Treppen- und Netztracheiden. Erste Andeutungen eines Kambiums sind erkennbar, es ist aber noch nicht ringförmig, die gesamte Stele umfassend angelegt, sondern es beginnt regional (inselförmig), durch orientierte Teilung zentrifugal an das Metaxylem anschließende, mehr oder weniger streng gereihte, kastenförmige Tracheiden abzugeben (vergl. Kapitel C). Die Stele ist als Protostele, als Stylostele oder als Aktinostele ausgebildet (Bild 2).

Die Rinde der Sprosse ist parenchymatisch. Die Außenrinde fungiert bei den blattlosen Species als Assimilationsparenchym; das Schwammparenchym tritt mit seinen wesentlichen Merkmalen auf.

Da bisher noch keine differenzierten Stützgewebe in der Rinde oder besonders stark dimensionierte Stelen bei den eindeutigen Landpflanzen des Unterdevons nachgewiesen werden konnten, ist mit Wuchshöhen bis etwa 2 m zu rechnen.

Bereits im älteren Unterdevon treten klare Belege für interkalare Differenzierungsvorgänge auf, so die als Konkauleszenz zu deutende kongenitale Verbindung der Äste der Stelengabelung in dem äußerlich sichtbaren „Internodium" bei *Taeniocrada decheniana* (Bild 13) oder *Taeniocrada langi*. Die interkalare Verschiebung ergibt ein Y-förmiges Internodium mit zwei eng aneinanderliegenden, aber getrennten Stelen im basalen Abschnitt und einer Gabelung im apikalen Abschnitt des jeweiligen Internodiums (Bild 13 b, c). Die weiteren interkalaren Verschiebungen und die erbliche Fixierung derartiger Vorgänge könnte bei isolierter Stellung der Stelen zur Polystele (Bild 2 h—m) und bei metaxylematischer Verwachsung zur Stylostele (Bild 2 c) oder zu mehrarmigen Stelen führen (Bild 2 e, g). Die Sprosse sind entweder noch rein dichotom oder monopodial verzweigt (übergipfelt, Bild 4). Die Übergipfelung läßt einen tragenden Sproß (Stamm), Äste und Blätter bzw. Wedel entstehen. Die Wedel oder Blätter sind zunächst als in mehreren Ebenen verzweigte Raumwedel oder Raumblätter wie z. B. bei *Psilophyton* ausgebildet. Es ist aber auch schon das nur in einer Ebene verzweigte und flächig verwachsene große Fächerblatt ausgebildet, so bei *Platyphyllum*. Bei den Lycophyta sind das Nadelblatt bzw. das Gabelblatt (teilweise mit mehrfach gabeligen Verzweigungen) entwickelt.

Die Sporangien können endständige oder axillär stehende, schon stärker differenzierte Einzelsporangien, Sori oder Synangien sein. Die Dehiszenz — ein präformierter Öffnungsmechanismus der Sporangien — ist bereits vorhanden.

Die Sporen sind einfach trilet (Bild 11); die Exine kann schon im Unterdevon verdickte Abschnitte, zum Beispiel ein Cingulum und außerdem die meisten der aus dem Karbon bekannten typischen Zierelemente aufweisen. Die Sporengröße entspricht der der heutigen Isosporen, differenziert sich jedoch bereits ab Mitte Unterdevon, so daß gegen Ende Unterdevon eine ausgesprochene Heterosporie (zumindest an Hand der Sporae dispersae) nachweisbar ist.

Das Verhältnis Gametophyt zu Sporophyt könnte bei den ursprünglichen Sippen der Rhyniophytina eine gewisse Parallelentwicklung zu den Moosen aufzeigen, insofern, als der Sporophyt dauernd über den Gametophyten mit Wasser und Mineralstoffen versorgt wird und der Gametophyt ausdauernd und groß wird. Die entsprechenden Verhältnisse bei den Zosterophyllophytina und den Psilophytina sind bisher nicht bekannt.

Da im älteren Mitteldevon echte Wurzeln bekannt sind, muß spätestens im Unterdevon eine Änderung des für die Rhyniophytina angenommenen ursprünglichen Organisationsplanes, bei dem der Sporophyt auf dem Gametophyten sitzt, eingeleitet worden sein. Das partielle Kambium und die Heterosporie lassen bereits im Unterdevon die im Mitteldevon vorherrschenden Prospermatophyta erahnen.

Die isosporen Filicatae sind als Organisationsplan noch nicht erkennbar. Die Equisetophyta sind nicht eindeutig belegt (siehe *Equisetophyton praecox*). Der Organisationsplan der Lycophyta ist dagegen klar erkennbar durch Sproßaufbau, Stelenbau, Kopplung von Blatt und Sporangium.

Als Standorte werden im Unterdevon die nassen Geotope bevorzugt und diese werden sehr bald durch abgestorbene Pflanzen sowie die Einwirkung von Mikroorganismen und die Entstehung von Huminsäuren in unterschiedliche Biotope umgewandelt. Schon früh macht sich der Einfluß des pH-Wertes bemerkbar. Es gibt vom Boden und Wasser her neutral oder sauer reagierende Biotope, die entsprechende Soziationen, die sich zu Assoziationen ergänzen, ausbilden. Die Standorte der unterdevonischen Landpflanzen werden vorwiegend an den Rändern verlandender Seen, an Altarmen von Flüssen sowie in den verschiedensten durch Staunässe feuchten Gebieten, die durch Pflanzenwuchs zu Sümpfen und Mooren wurden, zu suchen sein. Das bedeutet, daß im Unterdevon wohl vorwiegend die absolut nassen (hydro- und hygrophilen) Standorte innerhalb der Tiefländer (Deltaräume) besiedelt wurden. Die Urbärlappgewächse, beispielsweise die Vertreter des Genus *Drepanophycus*, bevorzugten die sandigeren aber dennoch ständig feuchten Standorte.

Es hat im Unterdevon weite Landstriche ohne höher organisierte Landpflanzen gegeben, aber die Flechten werden wie heute als Pionierpflanzen gesiedelt haben.

Beispielhaft in ihren natürlichen Lebensräumen überliefert sind die Pflanzen des Unterdevons von Rhynie in Schottland. Hier haben die vom Vulkanismus dieser Zeit herrührenden kieselsäurehaltigen Wässer einen Torf verkieselt. Sie durchdrangen die Pflanzenreste und füllten die Pflanzen (Zellen und Gewebe) und auch die Räume zwischen den einzelnen Pflanzen mit einem glasartig durchscheinenden Kieselgel aus; es sieht daher so aus, als ob der Torf in ein Naturglas eingeschlossen sei. Dieser Torf, mit anatomisch vollkommen erhaltenen Pflanzen, aber auch mit den Organismen, die die organische Substanz abbauen, läßt erkennen, daß die Pflanzen in geschlossenen Beständen lebten und von einem sehr hohen Grundwasserstand abhängig waren. Der reine Torf, also das hygrophile, sauer reagierende Moorbiotop, wird von den Species der Genera *Rhynia* und *Horneophyton* gebildet. Moorstadien mit eingeschwemmtem Sand, die wohl als hygrophiles bis schwach mesophiles, nur schwach sauer reagierendes Biotop gedeutet werden dürfen, werden von *Asteroxylon* besiedelt. Da diese beiden Biotoptypen mehrfach im Gesamtprofil vorkommen und dann stets die gleichen Pflanzen enthalten, ist die Biotopabhängigkeit bereits erkennbar.

Eine Auswahl von Species, mit denen sich die Biotope des Unterdevons charakterisieren lassen:

▷ Hydrophile Biotope: *T a e n i o c r a d a   d e c h e n i a n a*[1], *T a e n i o c r a d a   d u b i a*, *Dawsonites jabachensis*.

▷ Hygrophile Biotope: sauer, „anmoorig": *Rhynia gwynne-vaughani, Rhynia major, Horneophyton lignieri*; etwa neutral, „limnisch": *S c i a d o p h y t o n   s t e i n m a n n i*, *Zosterophyllum rhenanum, Zosterophyllum myretonianum, Dawsonites arcuatus, G o s s l i n g i a   b r e c o n e n s i s*.

▷ Hygrophile (nicht saure) bis mesophile Biotope: *Asteroxylon mackiei, D r e p a n o p h y c u s   s p i n a e f o r m i s*, *Psilophyton princeps; Psilophyton dawsonii, Sugambrophyton pilgeri, Protolepidodendron wahnbachense*.

3.1.2 Wesentliche Merkmale der Pflanzen und Floren des Mitteldevons

Die Mehrzahl der Pflanzen hat im Mitteldevon als Organe für die Wasser- und Nährstoffaufnahme echte Wurzeln. Die Rhyniophytina treten in den Hintergrund, könnten aber die Ahnen der jetzt wichtigen Protopteridiales sein. Es gibt Wurzeln, die sehr flach verlaufen, daneben aber auch Wurzeln, die bereits recht tief in den Boden eindringen, wobei bisher nicht geklärt ist, zu welchen Genera die tiefer reichenden Wurzeln gehören.

Die Epidermen sind kräftig kutinisiert, Stoma-Nebenzellen sind zumindest andeutungsweise vorhanden. Vom Blattbau her gibt es noch keine Differenzierung in ausgesprochene Hygrophyten und Mesophyten.

---

[1] Stratigraphische Leit- und Charakterspecies sind gesperrt gedruckt.

Die Tracheiden sind inzwischen so weit differenziert, daß alle wesentlichen Typen bekannt sind; sogar eine an den modernen abietoiden Typ anklingende, locker stehende Hoftüpfelung mit abgerundeten Tüpfeln ist bei *Calamophyton* (Bild 22 i) und *Actinoxylon* nachgewiesen.

Das Kambium ist voll entwickelt; ein mehr als hundert Tracheiden starkes Sekundärxylem kann gebildet werden. Markstrahlen sind vorhanden. Sie bilden sich aus Tracheideninitialen; die typische Gestalt der Markstrahlzellen wird erst nach mehreren Teilungsschritten fixiert *(Protopteridium,* Bild 27 f). Zu den bisher bekannten Stelenformen treten die Polystele und die Eustele. Das Mark als restliches Grundgewebe innerhalb der Polystele entsteht.

Die Rinde bildet im Mitteldevon ebenfalls sekundäre Gewebe aus (sekundäre Borkenbildung). Außerdem werden in der Rinde Stützgewebe angelegt (zum Beispiel Steinzellennester); die auffallendste Bildung ist jedoch ein Maschenwerk von bandförmigen, radial gestellten Sklerenchymsträngen *(Dictyoxylon-*Struktur) in der Außenrinde verschiedener Prospermatophyta. Analoge Bildungen sind heute bei *Tilia* (Linde) oder *Quercus* (Eiche) bekannt.

Bei den Sprossen der Prospermatophyta herrscht der monopodiale Bau vor. An den Epidermalgeweben sind in Drüsen auslaufende Trichome mehrfach nachgewiesen worden (Bild 18). Erste Belege für einen Schutz der jungen, noch gestauchten Blattanlagen (Knospen) durch Hüllorgane sind bekannt. Der Wedel entsteht bei den Prospermatophyta zunächst als Raumwedel. An den Sporangien werden differenzierte eigenartige Dehizenzmechanismen entwickelt und die Heterosporie ist nun in situ (so bei *Chaleuria)* und nicht nur, wie noch im Unterdevon, durch die Sporae dispersae nachweisbar. Da bei den Protopteridiales saccate Mikrosporen ausgebildet werden (Bild 27 n, o), ist die Evolution der Samenanlage bereits im Mitteldevon zu erwarten. Die im Mitteldevon vorherrschenden Prospermatophyta lassen sich etwas generalisierend durch das Kambium, das kräftige Sekundärxylem, die *Dictyoxylon-*Struktur der Außenrinde sowie Steinzellnester in der Rinde, die Heterosporie mit saccaten Mikrosporen und echte Wurzeln kennzeichnen. Die durch keilförmige, fächeraderige Blätter gekennzeichnete Species *Enigmophyton superbum* HØEG 1942 ist heterospor; die Sporangien sind spiralig zu 2 bis 3 cm langen Zapfen vereinigt. *E. superbum* wird, wie die heterosporen Archaeopteridiales im Mittel- und Oberdevon und die Noeggerathiophyta im Oberkarbon, in die Ahnenreihe der Coniferophytina gehören.

Die Equisetophyta haben bereits den Equiseten-Bauplan mit den um ein zentrales Mark stehenden Stelen *(Honseleria)* verwirklicht. Vier bis sechs Meter hohe Sträucher und Bäume sind jetzt von allen taxonomischen Gruppen bekannt. Damit beginnt eine erste Vegetationsschichtung, der kärgliche Schatten kann genutzt werden, erste mikroklimatische Einflüsse machen sich geltend. Die teilweise mächtigen Wurzelböden lassen auf Zeiten langer und kontinuierlicher Besiedlung schließen. Die Ausbildung von sehr kräftigen Wurzelorganen, die zum Teil recht tief in den Boden, und zwar in die Haftwasserzone und eventuell bis zum Grundwasser vordringen, macht die Pflanzen von ständig bis an die Oberfläche durchnäßten Biotopen frei. Es werden jetzt also auch Biotope mit zeitweilig bis periodisch abgesenktem bzw. tieferem mittleren Grundwasserstand (mesophile Biotope) besiedelt. Daher wird die Zonierung der Vegetation innerhalb der einzelnen Biotope der feuchten Tiefländer deutlicher geworden sein.

Es werden wohl auch xerophile Biotope besiedelt worden sein, denn Pflanzen wie *Duisbergia* (Cladoxylales) werden als Stammsukkulenten gedeutet.

In den Tiefländern werden auch langfristig besiedelte, primär rotgefärbte Sedimente gefunden. Da die Rotfärbung auch bei mehrfach aufeinanderfolgenden Wurzelboden-Horizonten beständig bleibt, werden hier keine Biotope mit pH-Werten der Moorböden oder Moorwässer vorliegen.

Im gesamten Binnenraum der Tiefländer, sofern er im Grundwasserbereich lag, existiert jetzt eine Vegetation. Das belegen die in die Binnendeltas eingeschwemmten, entrindeten Pflanzenreste.

Eine Auswahl von Species, mit denen sich die Biotope des Mitteldevons charakterisieren lassen:

▷ Hydrophile (limnische, nicht anmoorige) Biotope: *Prototaxites*-Species, *S y c i d i u m   v o l b o r t h i*, *Sycidium reticulatum*, *Taeniophyton inopinatum*, *?Zosterophyllum rhenanum*.

▷ Hygrophile Biotope: *Svalbardia polymorpha*, *?Ginkgophyton gilkineti*, *? S a w d o n i a   o r n a t a*, *Euthursophyton hamperbachense*, *Stolbergia spiralis*.

▷ Hygro- bis mesophile Biotope: *P r o t o p t e r i d i u m   t h o m s o n i i*, *Tetraxylopteris schmidtii*, *Triloboxylon ashlandicum*, *Cladoxylon scoparium*, *Cladoxylon bakrii*, *C a l a m o p h y t o n   p r i m a e v u m*, *Hyenia elegans*, *P s e u d o s p o r o c h n u s   v e r t i c i l l a t u s*, *Pseudosporochnus ambrockense*, *Pseudosporochnus chlupaci*.

▷ Mesophile Biotope: *D u i s b e r g i a   m i r a b i l i s*, *Duisbergia macrocicatricosus*, *Xenocladia medullosina*, *P r o t o l e p i d o d e n d r o n   s c h a r i a n u m*, *Barrandeina dusliana*, *Brandenbergia meinertii*, *D r e p a n o p h y c u s   s p i n o s u s*.

3.1.3 Wesentliche Merkmale der Pflanzen und Floren des Oberdevons

Der Raumwedel wird von dem planierten Wedel weitgehend verdrängt. Interkalare Wachstumsdifferenzierungen lassen Zwischenfiedern entstehen. Die Fächeraderung und auch die Fiederaderung treten in Verbindung mit dem großflächigen und gegliederten Wedel auf. Das Blatt (Wedel) wird spezialisiert. Während im Unter- und Mitteldevon vom Blatt- bzw. Wedelbau nicht auf das Biotop zu schließen war und ein Einheitsblatt in allen Biotopen genügte, tritt im Oberdevon das zarter, mehr parenchymatisch gebaute Blatt (Wedel), mit seiner Aufgliederung in Segmente, in den hydro- und hygrophilen Biotopen in den Vordergrund. Die damit wohl einhergehende Wuchsfreudigkeit der Blätter, die dadurch anderen Pflanzen das Licht nehmen, könnte bewirken, daß die xeromorph gebauten Species, deren Genfluß seit dem Unterdevon kontinuierlich besteht, in die hygro- bis mesophilen bzw. in die rein mesophilen Biotope abgedrängt werden. Im Oberdevon ist die Wuchsform Baum auf verschiedenen Wegen erreicht worden; bei den Prospermatophyta dominiert der kräftige, monopodiale Stamm vom Coniferen-Holztyp (Eustele) mit Protoxylemen, die um ein kleines Mark stehen. Er ist hauptsächlich aus Sekundärxylem aufgebaut und kann bis etwa 1,5 m Durchmesser erreichen. Das Mark im engeren Sinne entsteht dadurch, daß Zellen des zentralen Prokambiums nicht zu Tracheiden differenziert werden.

Die Samenanlage ist mehrfach belegt; bisher sind Species mit mindestens vier Integumentelementen, die am Apex noch frei sind, bekannt. Diese Samenanlagen wurden zu zweit in einer Cupula getragen *(Archaeosperma)*. Die Prospermatophyta herrschen noch vor.

Die Filicophyta sind als Organisationsplan noch nicht klar erkennbar. Die Lycophyta bilden jetzt hohe Bäume, die als festigendes bzw. stützendes Gewebe eine mächtige, mittels eines kambialen Gewebes wachsende sekundäre Rinde aufweisen (Rindenbaumtyp). Sie erreichen die Zapfenbildung und bei dem Genus *Cyclostigma* eine ausgesprochene Heterosporie. Mit *Cystosporites devonicus* dürften bereits im frühen Oberdevon die Lepidocarpaceae, also samentragende Lycophyta, auftreten. Ein streng lokalisiertes Aerenchym durchzieht die Blätter und die Rinde der Stämme. Die Equisetophyta weisen ebenfalls Baumwuchs auf *(Pseudobornia)*. Die erste *Sphenophyllum*-Species tritt auf.

Echte Wälder aus erstmals nennenswerten Schatten spendenden Bäumen bedecken größere Flächen. Die Bodenflora findet schattige Standorte unter der Strauchschicht und diese unter der Baumschicht. Der Schatten war jedoch noch gering und hatte sicher nur auf den Bodenbewuchs, also nur beschränkten, mikroklimatischen Einfluß.

Die derbe und dichte Aderung verschiedener Blätter bzw. Fiederchen weist auf Standorte mit unregelmäßigem Wasserhaushalt und zumindest zeitweilig starker Insolation hin (mesophile Biotope).

Im Oberdevon ist die Landflora bereits so differenziert, daß nur noch wenige Unterschiede zum Karbon bestehen, auch wenn bei flüchtiger Betrachtung, infolge der im Karbon ja überreich überlieferten Flora, ein starker Gegensatz vorhanden zu sein scheint.

Das auf die gleichbleibende Boden- oder Luftfeuchtigkeit angewiesene, spezialisierte und deutlich zartere Blatt (Wedel) ist nun im ganzen übrigen Paläophytikum das Symbol der Moorflora und damit der Torf- und Kohlenbildung. Das alte, fächeraderige, meist derbe Fiederblatt wird jetzt das Symbol der moorfernen, nicht flözbildenden, also der mesophilen Biotope. Diese Tendenz ist bis weit in das Namur zu verfolgen, danach verwischen sich die Verhältnisse etwas.

Zu den neu auftretenden Elementen gehören u. a. die Species der Genera *Sphenopteridium* und *Sphenopteris;* von ihnen gliedern sich die hygrophilen Sippen ab.

In den hygrophilen bis eventuell hydrophilen aber nicht sauren Biotopen waren die Equisetophyta *(Pseudobornia* und *Sphenophyllum)* zu finden. *Pseudobornia* könnte ganze Aue-Waldungen längs der Flüsse und verlandenden Seen gebildet haben.

Ebenfalls große und lichte Wälder in hygro- bis höchstens schwach mesophilen Biotopen müssen die baumförmigen Lycopsiden der Genera *Cyclostigma, Archaeosigillaria* usw. gebildet haben.

In den mesophilen Biotopen herrschen die Species des Genus *Archaeopteris* vor. Sie müssen ausgedehnte, oft wohl monotone, etwas schattige Wälder gebildet haben. Im Oberdevon sind nun nicht nur die feuchten Biotope innerhalb der Tiefländer, sondern die Tiefländer in ihrer Gesamtheit, einschließlich der flachen Erhebungen, mit Pflanzen bedeckt.

Geotope mit hohem Grundwasserstand oder Staunässe, Pflanzenorganisation und Huminsäurestau sowie die Klimazone und das Mesoklima lassen größere Moore mit lang andauernder Torfbildung zu. Es entstehen auf der Bäreninsel etwa 15 Kohlenflöze, von denen einige bis 1,5 m mächtig werden können. In vielen Regionen Europas bringen die Flußsysteme große Mengen abgebrochener oder unterspülter und entwurzelter Bäume aus weiten hygrophilen bis mesophilen Einzugsbereichen in die küstennahen und sogar küstenfernen marinen Ablagerungen. Diese Pflanzenreste haben weite Transportwege hinter sich und sind entsprechend entrindet *(Cyclostigma)* oder die „Wedel" sind fragmentiert *(Archaeopteris).* Diese in vielen Teilen Europas nur als Relikte überlieferten Trümmer einer reichen und vielgestaltigen Flora dürfen aber nicht über die wirkliche Vegetationshöhe und Vegetationsdichte hinwegtäuschen, wie die Funde aus dem Oberdevon Belgiens, der Bäreninsel und Nordamerikas belegen. Eine Auswahl von Species, mit denen sich die Biotope des Oberdevons charakterisieren lassen:

▷ Hydro- bis hygrophile Biotope: *Sphenophyllum subtenerrimum*.

▷ Hygrophile Biotope: *Sphenophyllum subtenerrimum, Pseudobornia ursina*.

▷ Hygrophile bis mesophile Biotope: *Cyclostigma kiltorkense, C. carnegianum, C. hercynium, Leptophloeum rhombicum, Pseudobornia ursina, Archaeosgillaria vanuxemi, Steloxylon irvingense, Tetraxylopteris schmidtii, Sphenopteris maillieuxi, S. modavensis, S. boozensis, S. flaccida, S. mourloni, Diplotmema pseudokeilhaui, Sphenocyclopteridium belgicum, Moresnetia zalesskyi, Villersia radians, Condrusia rumex, Xenotheca bertrandi* und evtl. einige *Archaeopteris*-Species, *Rhacophyton condrusorum, R. zygopteroides*.

▷ Mesophile Biotope: *Archaeopteris roemeriana, A. hibernica, Zimmermannia eleutherophylloides*.

3.2 Die Pflanzen der Karbonzeit

Bis auf die echten Blütenpflanzen, die Angiospermen, die erst in der Kreidezeit auftreten, sind gegen Ende des Karbons alle wichtigen Pflanzengruppen und somit alle Organisationspläne vertreten.

Die Evolution verläuft im Karbon etwas ruhiger, aber nicht weniger interessant als im Devon. Mit den verschiedensten Varianten der Baupläne werden nun alle Biotope bis auf die höheren Gebirge erobert. In den Gebirgen sind aber die großen Täler oder die durch Abtragung entstandenen Hochebenen ebenfalls besiedelt. Als neue Elemente treten die Cordaiten und die Coniferen auf; wobei die im Sammelgenus *Walchia* zusammengefaßten Formen der Coniferen vom hohen Stefan an und die in ihrer Stellung noch unsicheren Formen mit Gabelblättern schon im Westfal anzutreffen sind.

Einige Algen des Süßwassers (Botryococcaceen wie *Pila* und *Reinschia*) spielen als Bitumenbildner eine Rolle. Es gibt Sedimente ehemaliger Seen, die von den Resten dieser koloniebildenden Algen dicht erfüllt sind (Bild 6); diese Sedimente ergeben bei einem Destillationsprozeß das Steinöl, das früher als Lampen- und Heizöl Verwendung fand. Die gymnospermen Gewächse herrschen im Karbon vor; sie besiedeln die meso-

3.2 Die Pflanzen der Karbonzeit

philen Regionen. In den Lebensräumen mit feuchten Böden, in denen Sümpfe und Moore vorherrschen und die uns durch die Kohlen mit den darin enthaltenen Torfdolomiten überliefert sind, waren jedoch die Sporenpflanzen, darunter besonders die Lepidodendraceae und Sigillariaceae sowie zartlaubige Filicatae, die große Sumpf- und Auewälder bildeten, tonangebend; daneben auch die Pteridospermatae und Cordaitales.

Die Pflanzen, die am häufigsten gefunden werden, gehören zu den hydro- und hygrophilen Assoziationen, die sich am Aufbau des Torfes oder an den mehr mesophilen unmittelbaren Folgeassoziationen der Torfbildung beteiligten; sie sind somit wichtig für den Aufbau der Kohlenflöze. In der Kohle selbst sind Pflanzenreste in der Regel nur selten als solche zu erkennen. Doch zeigen uns die echt versteinerten Torfe (Torfdolomite, Dolomitknollen, coal balls), welche Pflanzen wirklich zu den Torfbildnern gehört haben (Bilder 5, 32); man kann jedoch nicht in allen Fällen die echt versteinert erhaltenen Pflanzenreste mit den im Abdruck erhaltenen Pflanzen der das Flöz begleitenden Schichten unmittelbar verglei-

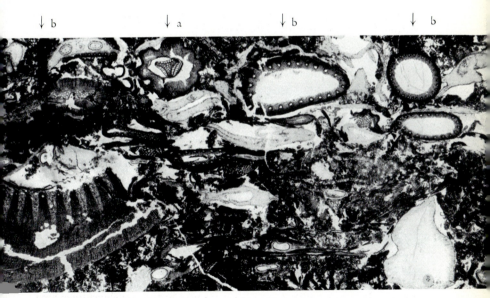

a *Sphenophyllum*-Achse (Querschnitt)
b *Calamites*-Achsen (Querschnitte)

Bild 5. Schnitt durch einen dolomitisierten Torf des Karbons (Westfal A, Ruhrkarbon); (Abbildungsbeleg zu GOTHAN et REMY 1957).

chen. Die ehemaligen Torfpartien sind intuskrustiert (echt versteinert), das heißt die Zellhohlräume sind mit der ausgeschiedenen versteinernden Substanz wie Dolomit (Ca, Mg) CO_3 erfüllt, während die Zellwände inkohlt sind. Manchmal sind allerdings auch die Zellwände ersetzt. Im Dünn- oder Anschliff bzw. Acetatfolien-Abzug (peel) sind die Pflanzenreste durch Farbkontraste der in Kohle umgewandelten ursprünglichen Zellwandsubstanz gut zu erkennen (Bild 5) und ebenso wie die heute lebenden Pflanzen in allen Zell- und Gewebedetails zu untersuchen. Der Versteinerungsvorgang hat schon im frühesten Torfstadium stattgefunden, was aus der sehr guten Erhaltung der Pflanzenreste hervorgeht. Besonders häufig sind die kleinen, schlauchartigen Wurzelorgane (Appendices) von Lepidophyten erhalten (Bild 208), und zwar vollkommen frisch, da sie den vertorften Untergrund durchwurzelten. Im Ruhrgebiet kennen wir Torfdolomite (Dolomitknollen) in großer Menge in den Flözen Hauptflöz (Namur C), Finefrau Nebenbank (Westfal A) und Katharina (Westfal A/B).

Fast dieselben Genera und viele der Species, die in den Torfdolomiten erhalten sind, beobachtet man in den Schichten, die unmittelbar über dem Flöz liegen (Dachschiefer, Pflanzenschiefer, Florenschiefer). Zumindest für den Zeitraum des Karbons waren die Pflanzen, die den Torf und somit die Flöze aufbauten, in ihren ökologischen Anforderungen kaum von den Pflanzen verschieden, die in den hangenden Schiefern direkt über dem Flöz vorkommen. Die Pflanzen der hangenden Schiefer wuchsen aber meist an Standorten, die etwas weniger feucht waren als die der vorausgehenden Sumpf- und Moorassoziationen.

Unter den Flözen, aber auch in Sandsteinen und Tonschiefern, finden wir sehr häufig die sogenannten Wurzelböden, die schon äußerlich daran zu erkennen sind, daß ihr Gestein beim Zerschlagen sehr unregelmäßig zerspringt. Die Wurzelböden zeigen, besonders in Fällen, wo größere Wurzeln noch in natürlicher Stellung im Gestein stehen, daß der Torf, der diese Flöze bildete, an Ort und Stelle entstanden ist.

Wie schon aus dem Unterdevon von Rhynie beschrieben, können ganze Biotope in Kieselsäure eingebettet überliefert werden. In Frankreich sind bei St. Etienne auf diese Weise ganze Wälder mit Cordaiten, aber auch Bestände mit Equisetophyten, mit allen Details der Gewebestruktur überliefert worden.

Im Karbon lassen sich auf der Nordhemisphäre die euramerisch-cathaysische und die Angara-Florenprovinz unterscheiden. Das mit großer Wahrscheinlichkeit kühlere und feuchte Klima der Angara-Florenprovinz läßt die Moose in bisher nicht geahntem Maße und in starker Differenzierung auftreten.

3.2.1 Wesentliche Merkmale der Pflanzen und Floren des Dinants

Der Bauplan der Wurzeln mit der Aktinostele ist belegt, dürfte aber seit dem Mitteldevon vorliegen; Luftwurzeln sind jetzt ebenfalls eindeutig vorhanden.

Stämme mit bandförmigen Stelen und Wurzelmantel treten bei den Filicatae auf (wie bei *Megaphyton kuhianum*).

Die aus einem Dichasium entstandene Pseudodichotomie mit schlafender Knospe der Hauptachse ist belegt. Der Gabelwedel muß also mindestens zweimal aus verschiedenen Ausgangsformen entstanden sein (monopodialer und sympodialer Sproßaufbau). Schwellparenchyme an den Blattbasen lassen auf phototropische oder ähnliche Blattbewegungen schließen. Die Fiederung und das zarte Blatt der Hygrophyten setzen sich durch. Samen zweier Entwicklungsreihen, nämlich solche mit und solche ohne Cupula, sind häufig; die Differenzierung der Integumente in Sarkotesta und Sklerotesta und damit eventuell die Grundlagen für die Verbreitung der Samen durch Tiere sind nachgewiesen.

Die heterosporen Lycophyta haben das Ligularsystem und, parallel zu den übrigen Samenpflanzen, eine Samenbildung entwickelt (siehe *Cystosporites devonicus*). Die Equisetatae entwickeln das geschlossene Stelärsystem, in dem am Nodium durch Aufgabelung die Stelen zumindest lokal alternieren.

Der flächige Wedel sowohl bei den Pteridospermatae als auch bei den Filicatae prägt das Bild der Flora. In den feuchten bis nassen Biotopen, in denen es zur Torfbildung und somit unter günstigen Umständen zur Bildung von Kohlenflözen kommen konnte, gedeiht eine Flora, die kaum von der der nassen, sumpfigen und moorigen Standorte des ausgehenden Oberdevon oder der des folgenden Siles (Oberkarbon) zu unterscheiden ist. Hier sei auf die großräumigen Sumpf- und Moorbildungen auf Spitzbergen, von Tula (etwa 150 km südlich Moskau) und von Doberlug-Kirchhain bei Finsterwalde hingewiesen. In Doberlug-Kirchhain gibt es etwa 16 Flöze, von denen einige bis 3 m Mächtigkeit erreichen.

In den etwas trockeneren (mesophilen) Biotopen findet sich eine durch Fächeraderung und Gabelwedel gekennzeichnete, derbfiederige, altertümlich anmutende Flora; sie ist noch im älteren Namur in den streng mesophilen Assoziationen nachweisbar. Diese Flora ist uns hauptsächlich in Sandsteinen und Schiefertonen bzw. Tonschiefern zusammengeschwemmt (allochthon) überliefert.

Die letzten ökologischen Nischen innerhalb der Tiefländer werden besetzt, der Spreizklimmerwuchs erschließt neue Lebensräume im Halbschatten der Bäume und als eigene Assoziation am Rande der Waldmoore. Die Bildung von Scheinstämmen variiert die Baumform. Der Schatten innerhalb von Wäldern bleibt weiterhin gering und damit dürften die Epiphyten selten oder noch nicht vorhanden sein.

Eine Auswahl einiger Species, mit denen sich die Biotope des Dinants charakterisieren lassen:

▷ Limnische Biotope: *Pila*-Species.

▷ Hydrophile Biotope: *Calamites (al. Archaeocalamites) radiatus, Sphenophyllum pachycaule.*

▷ Hygrophile Biotope: *Sphenophyllum pachycaule, Lepidodendron losseni, L. spetsbergense, L. mediostriatum, Sphenopteris picardi, S. simplex, Stipidopteris punctata, Lepidophloios cf. laricinus, Lepidobothrodendron*-Species.

▷ Hygro- bis mesophile Biotope: *Cardiopteridium spetsbergense, C. pygmaeum, Spatulopteris decomposita, Lyginopteris bermudensiformis, Alloiopteris*-Species, *Lepidodendron volkmannianum, L. veltheimi, Neuropteris antecedens, Cladoxylon*-Species.

▷ Mesophile Biotope: *Fryopsis (al. Cardiopteris) frondosa, Sphenopteridium dissectum, Sph. schimperi, Sph. pachyrhachis, Sph. silesiacum, Sph. crassum, Sph. transversale, Triphyllopteris collombiana, Tr. rhomboifolia, Rhodeopteridium (al. Rhodea) sparsa, Rh. moravica, Rh. plumosa, Rh. machanecki, Rh. hochstetteri, Rh. filifera, Adiantites tenuifolius, A. machanecki, Anisopteris inaequilatera.*

3.2.2 Wesentliche Merkmale der Pflanzen und Floren des Namurs

Viele Pteridospermen bilden nur schwache Stämme aus; verschiedene Genera werden daher als Spreiz- und Stützklimmer gedeutet; bestätigt wird diese Auffassung durch den Nachweis von Klimmhaaren (*Lyginopteris*-Species) oder durch Klimmhaken (*Mariopteris, Palmatopteris, Karinopteris*-Species). Der Aufbau ihrer Stelen ist zum großen Teil sehr kompliziert. Das Primärxylem kann als Polystele aus zahlreichen Xylemgruppen aufgebaut sein (wie bei *Heterangium-, Rhetinangium-, Medullosa*-Species) und dennoch von einem einheitlichen, kompakten Sekundärxylem umgeben sein. Die Anatomie der Wedelstelen kann erheblich von der der Stämme abweichen; so entwickeln die Medullosaceen in ihren Wedelachsen Ataktostelen. Bei *Rhetinangium* sind ferner in den Wedelbasen Schwellgelenke nachgewiesen worden, die Wedel konnten also aktive Bewegungen vollziehen. Die Mariopteriden bilden den zwei Dichotomien aufweisenden diplotmematischen Wedel aus.

Bei den Medullosaceen (wie *Neuropteris* und *Alethopteris*) treten in den als Whittleseyinen zusammengefaßten Synangien erstmals Pollenkörner mit einer distalen Falte auf; die Keimung erfolgte aber anscheinend noch auf der proximalen Seite. Die Pollenkörner ähneln denen der heutigen Cycadeen, sind allerdings wesentlich größer als diese (bis zu einem halben Millimeter) und könnten durch Tiere auf die Samenanlagen übertragen worden sein.

Die Cordaiten treten ab Dinant in den Vordergrund. Sie entwickeln erstmals den platyspermen, bilateralsymmetrischen Samen. Ihr Mark weist als spezielle Differenzierung eine Fächerung auf, analog der der heutigen Juglandales.

Bei den Lycopsiden treten die Lepidospermen, die samenbildenden Sippen, in den Vordergrund. Die Equisetophyta variieren durch interkalare Wachstumsvorgänge den Bauplan ihrer Fruktifikation vom *Palaeostachya*-Bauplan zum *Calamostachys*- bzw. *Metacalamostachys*-Stadium. Die Primärstelen der Sprosse der Equisetophyta sind vom höchsten Dinant an unregelmäßig am Nodium vermascht *(Mesocalamites)*; dieses Merkmal bleibt bis zum Saxon erhalten. Von den Equisetatae ist bekannt, daß sie auf Infektionen oder andere Einflüsse mit gallenartigen Mißbildungen reagieren.

Bei den Sphenophyllen tritt das breit keilförmige Blatt auf. Die Heterophyllie, das heißt die Verschiedenartigkeit von Blättchen am Sproß und Blättchen an den Seitenachsen, ist häufig. Im Sekundärxylem werden jeweils zwischen vier Tracheiden Holzparenchym bzw. kleinere Tracheiden eingeschoben.

Das ausgehende Namur und das ältere Westfal sind die Zeiten der großen Küstenmoore und Sümpfe, die für uns unvorstellbare Flächen bedeckt haben. Manche Flözpakete lassen sich von Deutschland über Belgien und Frankreich bis nach England verfolgen. Die Reinheit der Kohle und die Mächtigkeit der Flöze belegen langfristige Sumpf- und Moorbildungen, die von größeren Flußsystemen durchbrochen wurden und in denen kleinere und größere Seen eingebettet lagen. Riesige Waldmoore mit Lycopsiden-Wäldern, die allerdings wenig Schatten spendeten, waren die Hauptlieferanten der Torfsubstanz. Daneben gab es Cordaiten-Wälder, die sicherlich schon mehr Schatten gespendet haben und somit sogar die Entwicklung von Epiphyten erlaubt haben könnten. Die Pteridospermatae und die Filicatae haben teils in den Zwischenmoorstadien, teils in der zonalen Vegetation weite Flächen bedeckt. Schnelle Schüttungen von Sand und Geröll durch über die Ufer tretende Flüsse (Dammflüsse) haben bis über 7 m lange Stämme von Sigillarien in Lebensstellung eingebettet. Meereseinbrüche haben für längere Zeit den Boden versalzen, doch nach Rückzug des Meeres und Aussüßung des Bodens wurden diese Biotope wieder durch die alten Assoziationen erobert. Die Vegetation der riesigen Sümpfe und Küstenmoore, die sich über Hunderte von Kilometern gleichförmig erstrecken, spricht für ein sehr gleichartiges Mesoklima der paralischen Gebiete. Da auch die Vegetation der Binnenlandregion des Namurs, Westfals und Stefans der der paralischen Gebiete weitgehend entspricht, sollte das Klima nicht wesentlich differenziert gewesen sein, oder es müßten insgesamt rein azonale Floren vorliegen.

Eine Auswahl von Species, mit denen sich die Biotope des Namur A(B) charakterisieren lassen:

▷ Hydrophile bis hygrophile Biotope: *Sphenophyllum tenerrimum*, *Sph.-cuneifolium*-Gruppe, *Mesocalamites roemeri*, *Mes. haueri*, *Mes. ramifer*, *Stigmaria stellata*, *Sigillaria elegans* *S. schlotheimiana*, *Lepidophloios laricinus*.

▷ Hygrophile Biotope: *Heterangium grievii*, *Sphenopteris adiantoides*, *Lyginopteris fragilis*, *Neuropteris mathieui*, *N. antecedens*.

▷ Hygrophile bis mesophile Biotope: *Pecopteris aspera*, *Eleuterophyllum mirabile*.

▷ Mesophile Biotope: *Rhodeopteridium stachei*, *Rh. gothaniana*, *Cardiopteridium waldenburgense*, *Archaeopteridium tschermaki*, *Sphenocyclopteridium bertrandi*.

Eine Auswahl von Species, mit denen sich die Biotope des Namur B und C charakterisieren lassen:

▷ Hydrophile bis hygrophile Biotope: *Mesocalamites ramifer*, *Mes. cistiformis*, *Mes. haueri*, *Mes. undulatus*, *Sphenophyllum-cuneifolium*-Gruppe, *Lepidodendron-aculeatum*-Gruppe, *L. rhodeanum*, *Lepidophloios scoticus*, *L.-laricinus*-Gruppe, *Sigillaria elegans*, *S. schlotheimiana*, *S. elongata*, dazu die besonders aus den Torfdolomiten bekannten Genera und Species der Coenopteridales.

▷ Hygrophile bis mesophile Biotope: *Eusphenopteris hollandica*, *Lyginopteris baeumleri*, *Alloiopteris sternbergi*, *A. quercifolia*, *Karinopteris-*(al. *Mariopteris*) *acuta*-Gruppe, *Pecopteris plumosa*, *Alethopteris intermedia*, *A.-lonchitica*-Gruppe, *Neuropteris schlehani*, *N.-obliqua*-Gruppe, *Paripteris gigantea*, *Cordaites*-Species.

3.2.3 Wesentliche Merkmale der Pflanzen und Floren des Westfals

Der zunächst locker befiederte Wedel wird in den dicht befiederten Wedel umgewandelt und damit zum nicht parenchymatisch verwachsenen Großblatt. Durch interkalare Wachstumsverschiebungen und Konkauleszenz trägt der Wedel im Extremfall an den Achsen aller Ordnungen Zwischenfiederchen bzw. Zwischenfiedern. Interkalare Wachstumsverschiebungen lassen gegen Ende des Westfals beispielsweise auch die Genera *Odontopteris* und *Praecallipteridium* entstehen.

Durch parenchymatische Verwachsung der Fiederchen entstehen bandförmige Fiederblättchen (wie bei den Genera *Ptychocarpus, Validopteris* und *Alloiopteris*). Gegen Ende des Westfal entsteht das Großblatt (wie bei dem Genus *Lesleya*).

Durch flexuosen Verlauf der Adern und ihre seitliche Verschmelzung entsteht die einfache Maschenaderung (wie bei den Genera *Lonchopteris* oder *Linopteris*).

Die aus dem Dichasium entstandenen, also dem sympodialen Verzweigungsmodus des Sprosses folgenden Pteridospermatae entwickeln parallel zu den Cordaitales den platyspermen Samen. Ihr Achsen-, Wedel- und Samenbau belegen ihre völlig eigenständige Entwicklung, die zum Beispiel durch das Genus *Dicksonites* belegt ist. Die Medullosaceen entwickeln die regelmäßige Vermaschung der Stelen in den Bereichen der Nodien.

Im Westfal werden die Trichome sehr differenziert. Als Beispiele seien die sehr langen Trichome von *Neuropteris scheuchzeri* oder die mehrzellreihigen Trichome von *Lesleya weilerbachensis* bei den Pteridospermatae, die sternförmigen Trichome von *Pecopteris plumosa* bei den Filicatae bzw. von *Annularia asteropilosa* bei den Equisetatae genannt.

Bei den Lycophyta tritt die Anisophyllie bei den krautigen, heterosporen, dem Genus *Selaginellites* zugeordneten Species auf.

Die Coniferen treten auf. Die ältesten Vertreter haben anscheinend Gabelblätter; ihr Wedel- und Holzbau sowie der Aufbau ihrer fertilen Organe sind noch unbekannt.

Die Cordaiten bilden Mamillen aus, das sind voll kutinisierte Papillen auf der Epidermis. Diese stehen auch um die eingesenkten Stomata.

Die Primärstelen der Equisetatae vermaschen sich bei einigen Species regelmäßig; es kann pro sproßeigener Stele eine Blattstele abgegeben werden. Die Markstrahlen werden heterogener und tendieren bei den neu auftretenden Genera zu zunehmender Sklerenchymatisierung.

Es sind nun alle heutigen Differenzierungen der Epidermis bis auf die syndetocheilen Stomata bekannt (siehe Anmerkung S. 414).

A Daten zur Floristik des Erdaltertums

Die großen, oft dicht geschlossenen Wedel der Pteridospermatae tragen nun stärker zu einer teilweisen Beschattung des Bodens bzw. des Unterwuchses bei; sie werden in den Zwischenmoor- und den mesophilen Stadien tonangebend. Die zarten, papillösen Epidermen, die nicht eingesenkten Stomata und die Hydathoden (wie bei *Sphenophyllum, Annularia* und *Pecopteris*) deuten auf genügend Feuchtigkeit hin. Da auch einige mesophile Pflanzen derartige Merkmale aufweisen, muß mit hinreichender Luftfeuchtigkeit gerechnet werden. Wechselnde Wasserstände, wie in häufig überfluteten Auen, könnten die Stelzwurzeln einiger Cordaitales, aber auch die im Stefan erscheinenden Aerenchyme in Wurzeln von *Psaronius* andeuten. Echte Xeromorphosen sind nachweisbar, daneben auch die eventuell durch Stickstoffmangel hervorgerufenen Xeromorphosen (Peinomorphosen) bei den Pflanzen, die huminsaure Biotope besiedeln.

Die ersten Schnallenmycelien, die auf Basidiomycetes bezogen werden, sind nachgewiesen, somit könnte es im Karbon bereits Hutpilze (Schwämme) gegeben haben.

Obgleich die Vegetation nun aus bodenbedeckenden, strauchförmigen und baumförmigen Schichten besteht, wird das Klima biologisch wenig beeinflußt und daher vergleichsweise recht unausgeglichen gewesen sein, da ja nur in geringem Maße Schatten gegeben wird, die Insolation selbst in den Waldmooren und den Wäldern der zonalen Vegetation an vielen Stellen den Boden erreicht haben wird und somit der Wasserdampfkreislauf offen war.

Eine Auswahl von Species, mit denen sich die Biotope des Westfals charakterisieren lassen:

▷ Hydrophile bis hygrophile Biotope: *Mesocalamites cisti, Mes. suckowi, Mes. carinatus, Mes. rugosus, Mes. paleaceus, Calamitina discifera, C. goepperti, C. schuetzei, Annularia radiata, A. fertilis, A. jongmansi, A. sphenophylloides, A. microphylla, Asterophyllites equisetiformis* var. *jongmansi, A.-longifolius-*Gruppe, *A. paleaceus, A. charaeformis, Sphenophyllum emarginatum, Sph. cuneifolium, Sph. majus, Lepidodendron aculeatum, L. obovatum, L. wortheni, L. lycopodioides, Lepidophloios laricinus, Sigillaria boblayi, S. cristata, S. laevigata, S. mamillaris, S. rugosa, S. scutellata, S. tesselata, Ankyropteris-, Anachoropteris-* und *Botryopteris-*Species sowie die übrigen in den Torfdolomiten belegten Genera und Species.

▷ Hygrophile bis mesophile Biotope: *Bothrodendron minutifolium, Asolanus camptotaenia, Palmatopteris furcata, P. sarana, Eusphenopteris obtusiloba, E. neuropteroides, E.*

striata, *E. sauveuri*, *L y g i n o p t e r i s   h o e n i n g h a u s i* (Westfal A), *Alloiopteris coralloides*, *A. e s s i n g h i*, *M a r i o p t e r i s   m u r i c a t a*, *M. nervosa*, *M. sauveuri*, *Karinopteris* (al. *Mariopteris*) *acuta*, *K. souberani*, *Fortopteris* (al. *M a r i o p t e r i s)   l a t i f o l i a*, *Pecopteris pennaeformis*, *P. plumosa*, *P. v o l k m a n n i*, *Neuropteris heterophylla*, *Paripteris gigantea*, *Alethopteris decurrens*, *A. lonchitica*, *A. davreuxi*, *A. serli*, *L o n c h o p t e r i s   r u g o s a*.

▷ Mesophile Biotope: *D e s m o p t e r i s   l o n g i f o l i a*, *V a l i d o p t e r i s integra*, *P a l a e o w e i c h s e l i a   d e f r a n c e i*, *L e s l e y a   w e i l e r b a c h e n s i s*, *R h a c o p t e r i s   a s p l e n i t e s*, *R h .   e l e g a n s*, *N o e g g e r a t h i a   f o l i o s a*, *N e u r o p t e r i s   o v a t a* (Westfal D), *N. s c h e u c h z e r i*.

3.2.4 Wesentliche Merkmale der Pflanzen und Floren des Stefans

Durch parenchymatische Verwachsung entsteht aus dem Wedel das Großblatt (wie bei dem Genus *Gigantopteris*). Größere Blätter entstehen bei dem Genus *Taeniopteris* und bei dem auf die Gondwanaflorenprovinz beschränkten Genus *Glossopteris*. Durch interkalare Wachstumsvorgänge entstehen die Genera *Callipteridium* und *Lescuropteris*.

Der seit dem Unterdevon nachweisbare Vorgang der Interzellularenbildung ergibt jetzt zum Beispiel in Wurzelorganen von Filicatae sehr regelmäßige Aerenchyme, deren Interzellularräume ein Mehrfaches der Zellgröße erreichen (wie bei dem Genus *Psaronius*). Hierher zu rechnende Laubwedel vom Typ der *Asterotheca hemitelioides* bilden Hydathoden aus und belegen feuchte Standorte oder hohe Luftfeuchtigkeit bis in das mittlere Autun. Diese Species scheint nicht auf huminsaurem, sondern möglicherweise sogar auf karbonathaltigem Boden gelebt zu haben. Das Genus *Lebachia* tritt auf; es hat an Stelle des Zapfens noch einen komplexen Blütenstand. Die Pollenschlauchbefruchtung ist anzunehmen. Bei den Lycophyta bilden die Subsigillarien die Pfahlwurzel aus *(Stigmariopsis)* und besiedeln jetzt auch mesophile Biotope. Die Stele wird zur deutlichen Eustele.

Die Equisetatae bilden extrem heterogene Markstrahlen aus, bei denen Sklerenchyme mit Parenchymen wechseln. Die Blattanzahl, die bislang annähernd der der Stammstelen entsprach, wird bis auf ein Drittel reduziert *(Calamitopsis)*. Die Blätter werden auffallend groß und neigen zur Anisophyllie *(Annularia-stellata-Gruppe)*.

Auch die Sphenophyllen bilden jetzt größere und große Blättchen aus *(Sphenophyllum thonii)*; sie neigen ebenfalls zur Anisophyllie *(Sphenophyllum oblongifolium)*.

Ganz allgemein fällt besonders gegen Ende des Karbons die Großblätterigkeit auf; sie bezieht sich nicht nur auf die oben bereits genannten Articulaten, sondern auch die Pteridospermatae *(Neuropteris auriculata, N. scheuchzeri, Lesleya delafondi)*. Diese Tatsache bezeugt zumindest regional ein Optimum im Biotop und im Gesamtklima, das bis in das ältere Autun anhält; sie spricht nicht für eine generelle Klimaverschlechterung in Richtung stärkerer Feuchtigkeitsverminderung. Dagegen ist in weiten Teilen Europas ein Biotopwandel, meist eine Einengung der großflächigen Tieflandsräume durch Geotopwandel, nicht zu übersehen. Die Waldmoore mit den überreichen Lepidophytenwäldern werden also seltener, dafür bedecken anscheinend weite, aber lichte Wälder aus locker stehenden Marattiales *(Asterotheca-, Ptychocarpus-, Acitheca-*Species) und schon stärker Schatten spendenden Coniferen weite Flächen von mesophilem Charakter. Der Schatten dieser Wälder war aber noch gering und übte, im Gegensatz zu den Verhältnissen in den heutigen Angiospermen-Wäldern, sicher kaum Einfluß auf den Wasserhaushalt dieser Wälder aus. Eine Auswahl von Species, mit denen sich die Biotope des Stefans charakterisieren lassen:

▷ Hydrophile bis hygrophile Biotope: *Annularia-stellata*-Gruppe, *Asterophyllites-equisetiformis*-Gruppe, *Sphenophyllum verticillatum, Sph. longifolium, Sph. oblongifolium, Sph. angustifolium,* Zygopterideen.

▷ Hygrophile bis mesophile Biotope: *Neuropteris auriculata, N. praedentata, Reticulopteris germari, Alethopteris bohemica, A. zeilleri, A. subelegans, Callipteridium pteridium, Odontopteris minor, O. brardii, O. subcrenulata, Asterotheca* (al. *Pecopteris) lepidorhachis, A. truncata, Pseudomariopteris busqueti, Subsigillaria ichthyolepis, S. brardii.*

▷ Mesophile Biotope: *Lescuropteris genuina, Lebachia* (al. *Walchia) piniformis, Taeniopteris-jejunata*-Gruppe.

3.3 Die Pflanzen der Permzeit

Die Coniferen treten in großer Specieszahl auf und differenzieren sich rasch. Es treten nun zu den Cycadatae zu rechnende Genera wie *Pterophyllum* und *Pseudoctenis* und die ersten sicheren Ginkgophyten auf. Ob die Ginkgophyten auf die Palaeophyllalen des Devon zurückzuführen sind, ist nicht geklärt.

Die mesophilen Biotope weiten sich aus. In den hydro- und hygrophilen Biotopen entsprechen die Assoziationen denen der ausgehenden Westfalzeit. Diese äußere Gleichartigkeit, die sich teilweise sogar in der Genus- und Species-Zusammensetzung äußert, führt leicht zu biostratigraphischer Fehlbeurteilung der Flora des älteren Perms, des Autuns. Flözbildung in normaler Mächtigkeit in Europa (Harz, Thüringer Wald, Nahe-Gebiet, Vogesen, Zentralplateau) und in Nordamerika (wie im Appalachen-Raum) belegen auch aus dieser Sicht die Übereinstimmung dieser Biotope und wohl auch des Klimas vom ausgehenden Westfal über das Stefan zum Autun.

Der Vulkanismus hat in verschiedenen Regionen, so wie bei Autun in Frankreich und bei Chemnitz, heute Karl-Marx-Stadt, ganze Wälder unter Tuffen begraben oder wie bei Manebach im Thüringer Wald Teile eines Moores (Flözes) verkieseln lassen. Als Begleiterscheinung bei aktivem Vulkanismus tritt freie Kieselsäure auf, die in wässeriger Lösung Torfe, Pflanzenstämme, Äste, Wedel, Fiedern, Sporangien und auch den durchwurzelten Boden durchdringen kann. Wenn die Kieselsäure das Zellgefüge durchdringt, in die Zellen eindringt und dort als Gel ausfällt, wird das Gewebe dreidimensional erhalten. Man kann dann Schnitte wie durch lebendes Gewebe herstellen; die wässerige Zellsaftausfüllung der lebenden Zellen ist dann durch amorphes Kieselgel ersetzt und die Pflanzen sind wie in Glas eingeschmolzen (Bilder 33 b und c). Wichtig an den Fundstellen von Autun und von Chemnitz ist, daß dort Teile von mesophilen Assoziationen zumindest zum Teil bekannt geworden sind, wobei noch vertiefende Untersuchungen ausstehen.

Die Flora der Nordhemisphäre läßt im Verlauf des höheren Autuns, besonders deutlich aber im Saxon, in der biostratigraphischen Abgrenzung eine Differenzierung erkennen. Generell wird das Klima im höheren Perm wohl etwas wärmer aber sicher nicht so trocken, daß überall semi-aride oder gar aride Verhältnisse herrschen.

3.3.1 Wesentliche Merkmale der Pflanzen und Floren des Autuns

Bei den Altkoniferen (Voltziales) wird der aus dem Stefan bekannte Blütenstand zum Zapfen umgewandelt. Aus den zunächst dreidimensionalen Fruchtschuppen-Komplexen, die spiralig in den Achseln von Hochblättern an den Achsen standen, werden noch im Perm zweidimensionale, teilweise bis weitgehend verwachsene Fruchtschuppen-Komplexe mit darunterliegenden, einfachen oder gegabelten Deckschuppen. Ähnlich sind heute noch die Fruchtschuppen von *Cryptomeria japonica* bzw. die Deckschuppen von *Pseudotsuga taxifolia* gebaut. Die Medullosaceen erreichen den Höhepunkt der Ausdifferenzierung der Polystelie. Das Großblatt wird durch die den Cycadatae zuzurechnenden Genera *Ptero-

phyllum und *Ctenis* bereichert, das Cycadeenblatt ist damit in seinen Grundzügen belegt.

Mit den Callipteriden und den Schuetzien treten zwei, von den Pteridospermatae des Karbons abweichende, neue Entwicklungslinien auf. Bei dem Genus *Callipteris* ergeben interkalare Wachstumsverschiebungen und Konkauleszenz die typischen Zwischenfiedern, dazu kommen eine charakteristische, leicht asymmetrische Endgabel und saccate Pollenkörner. Der Stamm trägt Blattfüße, die Anatomie ist jedoch noch nicht bekannt. Die Schuetzien haben im Spitzenteil gegabelte Wedel, gegabelte Mikrosporangienstände und saccate Pollenkörner. Interkalare Wachstumsverschiebungen sind bei den Fiedern zu beobachten, besonders am Wedelfuß können Fiedersäume entstehen. Die Odontopteriden der *Odontopteris-lingulata*-Sippe erwerben ebenfalls durch interkalare Wachstumsverschiebungen Zwischenfiedern, so *O. orbicularis* und *O. wintersteinensis*. Das Genus *Plagiozamites* tritt auf.

Während im Autun die Genera *Callipteris, Taeniopteris, Odontopteris, Dicranophyllum, Weissites* und *Schuetzia*, ferner die Marattiales, einige Sphenopteriden und lokal im höheren Autun die Ginkgophyten häufig sind, treten die Neuropteriden und Alethopteriden zurück. Bei den Voltziales tritt das Genus *Walchia* im Sinne von *Ernestiodendron* FLORIN erstmalig auf. Von den Filicatae sind die Altmarattiales tonangebend; sie bildeten innerhalb der hygrophilen (limnischen) bis mesophilen Biotope lockere Wälder. Von den Lycophyta sind die *Lepidodendron*-Species seltener; sie erlöschen in Europa im älteren Autun. Die Subsigillarien sind noch vorhanden. Bei den Articulaten tritt das Genus *Lilpopia* (al. *Tristachya*) auf.

Die Geomorphologie wird in Europa von Ende Westfal an immer uneinheitlicher und kleinräumiger. Damit entfällt im Perm eine wesentliche Grundlage für die Bildung der weiträumigen und über lange Zeiträume beständigen Sumpf- und Moorflächen, wie sie im Oberkarbon, besonders im älteren und mittleren Westfal, typisch waren. Der bislang gern erwähnte Unterschied zwischen Floren der intramontanen und der paralischen Ablagerungen im Stefan und Autun trifft zumindest für die hydro- und hygrophilen Assoziationen nicht zu. In den mesophilen Biotopen können abweichende Species in eng begrenzten Gebieten (Lokalspecies) auftreten, was aber die Ergebnisse der Biostratigraphie nicht beeinflussen darf. Die Wandlung der Geomorphologie, durch die die hydro- und hygrophilen Biotope eingeschränkt werden, fördert die Xeromorphosen und zwingt die Pflanzen, nun auch streng mesophile bis xerophile Biotope zu besiedeln. Die Florenentwicklung des Autuns schließt sich im übrigen eng an die des höchsten Westfals und Stefans an; es ist ein fließender Übergang festzustellen, bzw. die Westfal-D-Assoziationen beste-

3.3 Die Pflanzen der Permzeit

hen fort, wenn man vorwiegend die Assoziationen der nassen und grundwassergesättigten Böden betrachtet. Hieraus resultiert der alte Streit, ob und wie man das Oberkarbon vom Unterperm floristisch abgrenzen kann. Das Auftreten mehrerer neuer Genera und zahlreicher neuer Species ermöglicht jedoch eine Abgrenzung. Auf keinen Fall ist die Grenze Siles/Autun undeutlicher als die Grenze Dinant/Siles, die in den Bereichen der hygrophilen Assoziationen in der stratigraphischen Abgrenzung ganz ähnliche Schwierigkeiten bereitet.

Das Autun läßt sich mit Hilfe von Pflanzen in ein unteres und ein oberes Autun gliedern. Das obere Autun kann durch das Auftreten von *Callipteris scheibei, C. strigosa, C. bergeroni, C. diabolica, C. subauriculata, Odontopteris wintersteinensis, Pterophyllum*-Species, *Walchia germanica, Sphenobaiera digitata* s. l., *Trichopitys heteromorpha, Dicranophyllum hallei* und *Ginkgophyllum grasseti* charakterisiert werden.

Die biostratigraphische Abgrenzung von Karbon und Perm im terrestrischen Bereich erfolgt am besten mit dem ersten Auftreten von *Callipteris conferta*, mit der zusammen aber, wie die folgende Zusammenstellung zeigt, viele sehr charakteristische Species erstmalig auftreten.

Eine Auswahl von Species, mit denen sich die Biotope des Autun charakterisieren lassen:

▷ Hydrophile bis hygrophile Biotope: *Mesocalamites gigas* (feuchte, aber nicht anmoorige Standorte), *Calamitopsis multiramis, Annularia stellata, A. spicata, Asterophyllites equisetiformis* var. *equisetiformis, Sphenasterophyllites diersburgensis, Sphenophyllum thonii, Sphenophyllum grandeoblongifolium*.

▷ Hygrophile bis mesophile Biotope: *Neuropteris planchardi, N. neuropteroides, N. cordata, N. pseudo-blissi, Odontopteris gimmi, Callipteris conferta, C. naumanni, Asterotheca truncata, Weissites* (al. *Pecopteris*) *pinnatifidus, Acitheca polymorpha, Asterotheca potoniei, A. candolleana, Sphenopteris weissi*.

▷ Mesophile Biotope: *Taeniopteris multinervia, Odontopteris lingulata, Callipteris strigosa, C. flabellifera. C. scheibei, C. nicklesi, C. polymorpha, C. diabolica, Lebachia hypnoides, L. frondosa, L. parvifolia, Walchia filiciformis, W. germanica, W. arnhardtii, Dicranophyllum gallicum, D. hallei, Sphenopteris germanica, Plagiozamites planchardi, Pterophyllum blechnoides, Trichopitys heteromorpha, Sphenobaiera-* und *Ginkgophyllum*-Species.

3.3.2 Wesentliche Merkmale der Pflanzen und Floren des Saxons

Neue Organisationsmuster treten nur bei den Coniferophytina innerhalb der Voltziales auf; es entsteht der Coniferenzapfen. Als wesentliche Genera sind *Ullmannia* und *Pseudovoltzia* verbreitet. *Paracalamites* und noch nicht näher definierte Articulatenreste, die in einigen Merkmalen an das Genus *Phyllotheca* anklingen, und mehrere Species der Ginkgoatae, scheinen typisch für das Saxon und das folgende Thuring zu sein.

Die Florenentwicklung des Saxons geht ansonsten fließend aus der des Autuns hervor. Die Flora scheint zwar etwas ärmer als die des Autuns zu sein, da Kohlenbildung als Beleg für die huminsauren hygro- und hydrophilen Biotope und ihre Assoziationen in Europa für das Saxon nicht nachgewiesen ist. Es dominieren Vertreter der hygrophilen (nichtsauren limnischen) und der mesophilen Assoziationen, wobei Xeromorphosen, wie bereits seit dem Karbon, bei einzelnen Species bekannt sind. Die Pteridospermatae sind im Saxon durch die seit dem Autun wichtigen Schuetziales, wie *Sphenopteris dichotoma* und die wohl auch dazuzurechnenden Species *Sphenopteris kukukiana* und *Sphenopteris suessi*, vertreten. Es sind Verwandte der *Sphenopteris-germanica*-Sippe, die durch die eigenartigen *Schuetzia*-Sporangienstände charakterisiert ist. Die Odontopteriden sind unter anderem mit der durch Konkauleszenz gekennzeichneten *O.-wintersteinensis*-Sippe und das Genus *Callipteris* durch Vertreter der *C.-nicklesi*-Sippe vertreten. Die Taeniopteriden lassen sich nachweisen und die Filicatae durch Pecopteriden aus der Marattiales-Verwandtschaft. Die Altkoniferen vom *Walchia*-Typ sind durch die Vertreter der *Lebachia-hypnoides-*, *L.-laxifolia-* und *L.-piniformis*-Sippen vertreten. Als anscheinend spezifisch für das Saxon (aber bisher nur lokal bekannt) ist *Walchia geinitzii* zu nennen. Die Ginkgophyten mit den Genera *Trichopitys*, *Sphenobaiera* und *Ginkgophyllum* sind häufig. Jüngere Vertreter, die die Verbindung zum Thuring herstellen, sind *Ullmannia frumentaria*, *U. bronni* und nicht klar erfaßte *Sphenobaiera*-Species. Mit diesen Genera und Species ist das Saxon aus paläobotanischer Sicht biostratigraphisch gegen das Autun abzugrenzen. Ein Florensprung existiert nicht, wie die Florenfunde im Saxon und älteren Thuring in Südfrankreich und in Italien belegen.

Eine Auswahl von Species, mit denen sich die Biotope des Saxons charakterisieren lassen:

▷ Hydrophile bis hygrophile Biotope (feuchte, aber nicht anmoorige Standorte): *Paracalamites*-Species, *Mesocalamites gigas*, Annularien der *Annularia-stellata*-Gruppe, *A. spicata* var. *eimeri*, *Lilpopia* (al. *Tristachya*)-Species.

▷ Hygrophile bis mesophile Biotope: Asterothecen aus der *A.-cya-*

thea-Gruppe, *Weissites pinnatifidus*, Odontopteriden der
O.-lingulata-Gruppe, *O.-wintersteinensis*.

▷ Mesophile Biotope: *Callipteris polymorpha*, *Sphenopteris kukukiana*, *Sph. dichotoma*, *Sph. suessi*, *Lebachia hypnoides*, *L. laxifolia*, *Walchia geinitzii*, *Trichopitys*-Species, *Ullmannia frumentaria*, *U. bronni*.

3.3.3 Wesentliche Merkmale der Pflanzen und Floren des Thurings

Neue, wesentliche Organisationsmerkmale entstehen im Thuring, soweit bisher bekannt ist, nicht. Als bisher seltene Genera könnte man *Quadrocladus* (Pinidae), *Pseudoctenis* und *Psygmophyllum* (Cycadatae) nennen. In Europa treten an den Rändern des Zechsteinmeeres Coniferen der Genera *Ullmannia* und *Pseudovoltzia* absolut in den Vordergrund. Daneben gibt es die typische *Callipteris martinsi* und *Psygmophyllum cuneifolium* (evtl. ist *P. cuneifolium* als für das Thuring typischer Nachläufer der Sippen von *Callipteris flabellifera* und *Dichophyllum moorei* anzusehen), die häufige und unverkennbare *Lesleya* (al. *Taeniopteris*) *eckardti*, Schuetzien (Sphenopteriden) und die Ginkgophyte *Sphenobaiera digitata;* untergeordnet kommt *Paracalamites* (al. *Neocalamites*) vor.

Diese Pflanzen müssen zum Teil in großen und monotonen Beständen die Gestade des Zechsteinmeeres und die mesophilen Uferregionen der einmündenden Flüsse und deren Hinterland besiedelt haben. Man findet sie eingedriftet in den marinen Sedimenten des Thurings (Kupferschiefer, Stinkschiefer, Zechsteindolomit und -kalk). Wenn man die Regionen mit meeresferneren Floren betrachtet und mit den bisher noch wenig bekannten Floren des Saxons vergleicht, so ist der kontinuierliche Übergang ganz deutlich; viele Vertreter des Saxons werden auch im Thuring gefunden. Es wird aber auch klar, daß das Mesophytikum bereits mit dem höheren Autun, spätestens mit dem Saxon beginnt. Die *Ullmannia*-Species, die Pterophyllen, *Pseudoctenis*, *Psygmophyllum*, die *Sphenobaiera*-Species, *Trichopitys* und die Schuetzien sprechen dafür.

Eine Auswahl von Species, mit denen sich die Biotope des Thurings charakterisieren lassen:

▷ Hygrophile Biotope: *Paracalamites kutorgai* (al. *Neocalamites mansfeldicus*).

▷ Mesophile Biotope: *Sphenopteris geinitzi*, *Sph. bipinnata*, *Sph. kukukiana*, *Pseudoctenis middridgensis*, *Lesleya* (al. *Taeniopteris*) *eckardti*, *Sphenobaiera digitata*, *Ullmannia bronni*, *U. frumentaria*, *Pseudovoltzia liebeana*, *Quadrocladus solmsi*.

4. Beziehungen zwischen Pflanzen, Standort und Kli

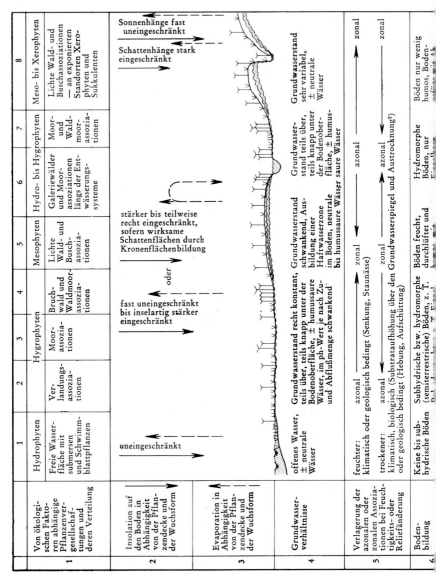

[1]) ~~ Symbolische Linien des im Mittel höchsten und tiefsten Grundwasserstandes; er schwankt bei den Biotopen der S 1 bis 4 kaum, kann dagegen bei den Biotopen der Spalten 5, 6 und 8 recht beachtlich schwanken; daher treten azonale Assoziationen zurück (vgl. Absatz 5), sofern nicht ein ausgesprochen maritimes Klima herrscht (zum Teil bei p schen Verhältnissen).
Y Symbole für bestandbildende Pflanzen, die durch Schattenbildung andere Pflanzen, den Boden, dessen Wasserha und das Meso- bzw. Mikroklima biologisch beeinflussen können.
V Symbole für wenig bis keinen Schatten gebende Pflanzen.
[2]) Für Austrocknung sprechen die regelmäßigen Waldbrandanzeichen, die primären Fusithorizonte. Unter dem Fusit sich auch Laubfusit (W. REMY 1954, A. SCOTT 1974). Brandfusit tritt generell bei den in Absatz 1 in den Spalten 3 aufgeführten Pflanzenvergesellschaftungen auf.
[3]) „Flözfern" bzw. „nicht flözbildend" bezeichnet nicht unbedingt trockene, sondern auch feuchte bis nasse Standorte, jedoch mit normalem pH-Wert (also nicht anmoorig).

Tabelle 2. Beziehungen zwischen Pflanzen, Standort und Klima im Paläophytikum.

		boden	Wurzelboden	Coniferen-Wurzel-boden	Wurzelboden	Coniferen-Wurzel-boden
7	aus Karbon und Perm)	Vorwiegend Thanatozönosen aus eingeschwemmten bzw. eingedrifteten Pflanzenresten	Vorwiegend sogenannte „flöznahe" Assoziationen, Flözbildner	Vorwiegend sogenannte „flözferne" Assoziationen, Nichtflözbildner[3]	Vorwiegend sogenannte „flöznahe" Assoziationen, Flözbildner	Vorwiegend sogenannte „flözferne" Assoziationen, Nichtflözbildner[3], „Lokalformen"
8	Herkömmliche geologisch-paläobotanische Aussage					
9	Wasserhaushalt des Bodens und Oberflächenwasser-Abfluß[7]		Entwässerungsgleichgewicht ist in Abhängigkeit vom Relief bzw. Niederschlag eingependelt; Böden meist wassergesättigt.		relativ schnelle Entwässerung in Abhängigkeit vom Relief und Niederschlag; Kontinuität abhängig vom Niederschlag; die Böden bilden eine die Vegetation beeinflussende Haftwasserzone aus.	
		a[7]) Seen, Tümpel, Flüsse, offene Deltaräume, Meeresbuchten	Sümpfe, Verlandungsräume in Deltagebieten, Marschen	Bruchwald, Niedermoore, Hochmoore	Aufschüttungsgebiete im Deltaraum mit wasserdurchlässigen Sedimenten wie Sande und Kiese, Flußterrassen, Talsande, Geest	a, b) Staunässe auf Peneplains, Niederschläge an den Luvhängen, verlandende Seen, Moore, anmoorige Gebiete	a, b) Aufschüttungsgebiete, Peneplains, Auffüllungen von Tälern erodierter, eingerumpfter Mittelgebirge
		b[7]) wie bei a)	wie bei a), jedoch kleinräumiger	Wald-, Auewälder	wie bei a), jedoch mit stärkeren Höhendifferenzierungen und generell kleinräumiger		
10	Sedimente[8]	1 bis 4, (5), 8, ⑥, ⑦, ⑩	1 bis 8, 10	1 bis 6, ⑨, 10	1 bis 7, ⑨, 10	4, 6, 7, 8, 9, 10	①, ②, ③, ⑤ 4 bis 6, 7, 9, 10	(7), 8, 9
11	Geomorphologie[7]	a) Flaches Land bzw. Wasserflächen; nach rechts mit Übergängen zu hügeligen Gebieten, z. T. auch Aufschüttungsgebieten im Delta. — Diese Verhältnisse liegen vielerorts vom Namur B bis zum Westfal C/D vor. — b) Wie a), jedoch kleinräumigeres und stärkeres Relief; es sind dort mit humidem bis semihumidem Makro- bzw. Mesoklima zu rechnen. — Diese Verhältnisse liegen vielerorts vom Westfal C/D bis zum Saxon vor. —					
12	Makroklima auf dem Festland	An Hand der Befunde an den Pflanzen und den über weite Räume verteilten, auf viel Feuchtigkeit deutenden Sedimenttypen 1 bis 5 und 7 muß in den Tiefländern und in den Tieflagen der Peneplains ausreichende und einigermaßen gleichmäßig über das Jahr verteilte Feuchtigkeitszufuhr entweder aus der Atmosphäre oder aus dem Boden angenommen werden; es ist dort mit humidem bis semihumidem Makro- bzw. Mesoklima zu rechnen. Für die Gebirgslagen und die Hochebenen der Peneplains ist mit semihumidem bis semiaridem Mesoklima zu rechnen. Die Verteilung beider Mesoklimabereiche und die Bestimmung des resultierenden Makroklimas ist von der Verteilung und der Art der Groß- bzw. Kleinräumigkeit der Geomorphologie abhängig, so daß im Devon ein stärker semihumides, im Karbon, mit weitreichenden, vernäßten Tiefländern, ein stärker humides und im Perm wieder ein stärker semihumides Makroklima geherrscht haben wird. Aus diesen zunächst durch paläobotanische Belege definierten Daten resultiert eine wesentlich gleichmäßigere, geringere Extreme aufweisende Klimakurve für die Festländer vom Beginn des Devons bis Ende Perm als bisher angenommen.					
13	Mikro- bzw. Mesoklima[7]	a) humid b) humid	humid bis semihumid[4] humid bis semihumid[4]	partiell humid bis semihumid semihumid bis semiarid[6]	humid bis semihumid[5] humid bis semihumid[5]		semihumid bis semiarid semiarid bis arid[6]

mihumid bis semiarid für die direkt von der Insolation betroffenen Pflanzenteile; für den kräftigen Einfluß der Insolation hen auch die vielen Blätter mit derben Kutikulen und besonders geschützten Stomata.

imide Biotope: wenn aus dem Nährgebiet, z. B. Gebirge, Wasserzufluß oberirdisch oder unterirdisch annähernd kontinuh besteht.

hattige Biotope: humides bis semihumides Mikroklima.

Postulat: generell flache bis flachhügelige Geomorphologie („paralische" Verhältnisse).

Postulat: im wesentlichen hügelige bis peneplainartige Geomorphologie.

ste der wichtigsten möglichen Sedimenttypen bei den postulierten Grundwasserständen: 1, Boghead-Sedimente; 2, Kannelmente; 3, Gyttja mit Pflanzen; 4, Brandschiefer; 5, Kohlen; 6, Tonschiefer, dunkel (aus anmoorigen Regionen, dunkelos, z. T. mit Wurzeln in situ); 7, Tonschiefer, hell (aus lakustren, nicht anmoorigen Regionen, hell, wenig humos, z. T. mit zeln in situ); 8, Sandsteine mit unregelmäßiger Kreuzschichtung; 9, Sandsteine ohne deutliche Kreuzschichtung; 10, echte zelböden; O, Sedimenttyp als gelegentliche Einschaltung; ( ), unter bestimmten Umständen mögliche Bildung.

A Daten zur Floristik des Erdaltertums

In den Spalten 1 bis 8 der Tabelle 2 sind jeweils verschiedene, von den Standortbedingungen — in erster Linie vom Wasserhaushalt des Bodens — abhängige Pflanzenvergesellschaftungen aufgeführt worden. Nur bei den in den Spalten 3 bis 8 angeführten Vergesellschaftungen ist im Paläophytikum zum Teil auch mit Pflanzen zu rechnen, die Laubkronen ausbilden, die in ihrer Schattenwirkung mit denen heutiger Laubbäume annähernd vergleichbar sind. Demzufolge werden nur sie wesentlichen Schatten spenden und zu einer Vegetationsschichtung Anlaß geben können. Nur in den Verbreitungsgebieten dieser schattenspendenden Pflanzen kann, wenn diese zu großen Beständen vereint sind, mit einem biologisch geprägten Mesoklima (Waldklima) gerechnet werden, da hier die Insolation, die Verdunstung und die Bodenbildung fühlbar beeinflußt werden.

In den Absätzen 1 bis 13 der Tabelle 2 sollen die unterschiedlichen Relationen zwischen Pflanzen, Bodenbildung, Wasserhaushalt der Böden, Wasserabfluß an der Oberfläche, Insolation und Wasserdampfkreislauf, Meso- und Mikroklima in Abhängigkeit von den paläogeographischen und/oder paläomorphologisch-geologischen Gegebenheiten zum Ausdruck kommen. Da im Devon, Karbon und Perm nicht die heutigen Verhältnisse — mit weitverbreiteten dichtlaubigen Wäldern — angenommen werden dürfen und außerdem weite Hochgebirgsräume ohne in Vegetationsschichten differenzierte Pflanzendecke gewesen sein dürften, muß das Klima auf dem Festland während des Paläophytikums generell durch Insolation und Windaustrocknung und infolge eines Tag-Nacht-Kontrastes als biologisch unausgeglichener angenommen werden als es die Literatur bisher erkennen läßt. Das Klima auf den Festländern war im Paläophytikum mit Sicherheit nirgendwo mit dem tropischen Regenwaldklima zu vergleichen. Demzufolge müßten, im Gegensatz zum bisherigen Klimapostulat und zu heutigen Waldklimaverhältnissen, schnellerer Abfluß und/oder raschere und stärkere Verdunstung des Wassers, geringere Humusdecke, stärkere Erosion und Vorherrschen von Erosionssedimenten, ein anderer Eisenzyklus im Boden und die häufigere Bildung von fanglomeratischen Sedimenten angenommen werden.

Wie die Tabelle erkennen läßt, sollten manche der bisherigen Deutungen der Bildungsbedingungen der terrestrischen Sedimente überdacht und mit dem dargestellten paläobotanischen Befund abgestimmt werden. Außerdem soll die Tabelle darauf hinweisen, daß Aussagen über das Klima auf den alten Festländern nicht von Daten, die an marinen Sedimenten abgelesen werden, und auch nicht allein von dem Nachweis von Evaporiten und Rotsedimenten, aber auch nicht allein von der azonalen Vegetation abhängig gemacht werden können.

B Daten zur Taxonomie der terrestren Pflanzen des Erdaltertums

Taxonomische Ordnung und System der Endungen der Namen der Taxa höherer Pflanzen:

Taxonomische Ordnung Dezimalschlüssel[1]		Endungen der Taxa höherer Pflanzen
0.	Divisio (Abteilung)	-phyta
0.0	Subdivisio (Unterabteilung)	-phytina
0.0.0	Classis (Klasse)	-opsida, atae
0.0.0.(0)	Subclassis (Unterklasse)	-idae
0.0.0.0	Ordo (Ordnung)	-ales
0.0.0.0.(0)	Subordo (Unterordnung)	-ineae
0.0.0.0.0	Familia (Familie)	-aceae
0.0.0.0.0.(0)	Subfamilia (Unterfamilie)	-oideae
0.0.0.0.0.0.0	Genus (Gattung)	-a, -um, -us, -is, -ites

[1] Dieser Dezimalschlüssel gilt nicht für Kapitel 11, in dem Merkmale zur Bestimmung der in den Kapiteln 7, 8, 9 und 10 aufgeführten Pflanzen abgehandelt werden.

1. Chlorophyta

Mit einem Alter von mehr als 3 Milliarden Jahren sind die Cyanophyta (Blaualgen) und die Schizomycophyta (Bakterien) die ältesten fossil nachgewiesenen Lebewesen. Sehr früh haben sich auch die Chlorophyta (Grünalgen) entwickelt, die bereits im Ordovizium und Silur die höchsten ihrer heute noch bekannten Organisationsstufen erreichen. Hier sollen nur einige der in limnisch-terrestren Räumen vorkommenden Genera der Chlorophyta erwähnt werden. Chlorophyta im weiteren Sinne werden auch die direkten Vorfahren der ältesten Landpflanzen gewesen sein. Nach ATKINSON et al. (1972) besitzt zum Beispiel die heute lebende *Chlorella* Sporopolleninsubstanz in der Zellwand; das spricht, neben vielen anderen Daten, wie Ausbildung von Chlorophyll a und b, übereinstimmende Carotinoide, für eine Ableitung der höheren Landpflanzen von den Chlorophyta.

B   Daten zur Taxonomie der terrestren Pflanzen des Erdaltertums

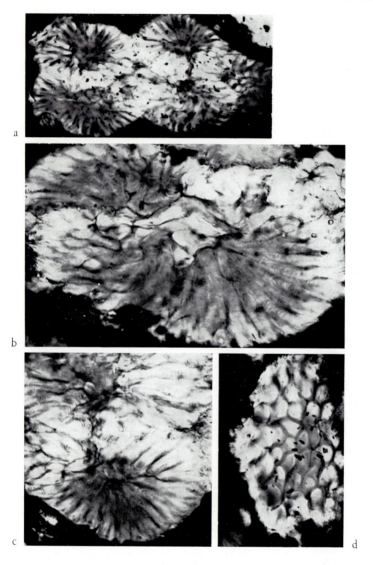

a   Übersicht über mehrere Algenkolonien im Sediment (M 250:1)
b, c Radialschnitte durch jeweils eine Kolonie; b mit dem zentralen Hohlraum (M 500:1)
d   Tangentialschnitt durch eine Kolonie (M 500:1)

Bild 6. *Pila bibractensis* BERTR. et REN.; Autun von Margenne bei Autun.

1.0.0.1 Chlorococcales

Pila BERTRAND et RENIER 1892:
Dieses Genus umfaßt zu den Botryococcaceen gestellte einzellige, koloniebildende Species, die in geeigneten Biotopen ganze Algen-Kohlenflöze oder -Schiefer (Boghead-Flöze oder -Schiefer) bilden. Die grauschwarze bis leicht bräunliche, zähe Kohle, bzw. der Schiefer besteht zum größten Teil aus mikroskopisch kleinen Algenkolonien. Sie sind im Schliff oder durch Mazeration nachzuweisen. Typus-Species: *Pila bibractensis* BERTR. et REN. 1892.

Pila bibractensis BERTR. et REN. 1892 (Bild 6): Es handelt sich um Kolonien aus mehr als hundert radialstrahlig angeordneten Individuen. Die Kolonien messen etwa 0,1 bis 0,2 mm im Durchmesser. Die Einzelindividuen sind von annähernd tütenartiger Form und im tangentialen Schnitt polygonal.

Vorkommen: Oberkarbon und Perm.

2. Charophyta

2.0.0.1 Charales

Wie bei fast allen fossil überlieferten Charales sind auch bei den devonischen Vertretern nur die Oosporen mit den kalkinkrustierten Schutzhüllen als Oogonien („Früchte") erhalten. Diese Schutzhülle besteht bei den Charales aus einfachen oder unterteilten Zellschläuchen. Die als Inkrustate oder Intuskrustate, ohne bisher nachgewiesene Oosporenmembran erhaltenen Oogonien werden meist als Gyrogonite bezeichnet. Die Sycidiaceae können der Ordnung der Charales eingefügt werden, da keine Veranlassung besteht, eine eigene Ordnung aufzustellen, solange über die vegetativen Organe nichts bekannt ist. Die Anzahl der Hüllzellen, ihr Verlauf, ob spiralig oder gerade, ob rechts- oder linksgewunden, sollte nicht allein die Aufstellung einer eigenen Ordnung begründen. Vielmehr könnten sich hier verschiedene, sich eventuell mosaikartig überlagernde Tendenzen der Evolution innerhalb einer Ordnung widerspiegeln.

Sycidium SANDBERGER 1849:
Dieses Genus nimmt innerhalb der Charales eine Sonderstellung ein, da die Hüllschläuche bei ihm nicht schraubig, sondern meridional verlaufen. Sie sind außerdem durch Querwände unterteilt. Die Schutzhülle wird je nach Species aus 15 bis 20 Hüllschläuchen gebildet. Untersuchungen im Sauerland ergaben, daß das Genus *Sycidium* im limnischen Bereich verbreitet war. Typus-Species: *Sycidium reticulatum* SANDB. 1849.

Sycidium reticulatum SANDB. 1849: Die Oogonien sind verkürzt birnenförmig bis fast kugelförmig. Ihre Länge beträgt etwa 1,5 mm und ihre Breite etwa 1 mm. Die Schutzhülle besteht aus 20 meridional verlaufenden Hüllschläuchen. Die Keimöffnung ist deutlich sichtbar.
Vorkommen: Mitteldevon (Gerolstein/Eifel).

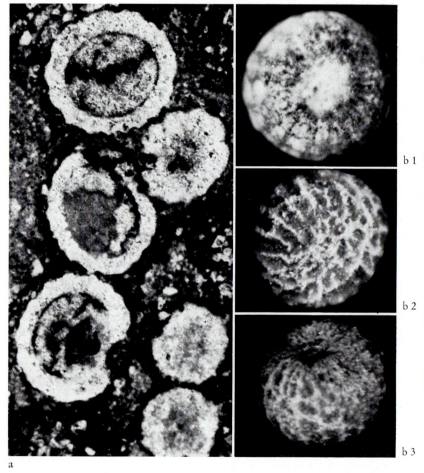

a Oogonien im Anschliff; drei etwa im Zentrum und drei subpolar geschnittene Oogonien (M 50:1)
b drei aus dem Gestein herausgelöste Oogonien; man erkennt das Stielloch und die Keimöffnung (M 50:1)

Bild 7. *Sycidium volborthi* KARP.; Hagen-Ambrock, Brandenberg-Schichten, Mitteldevon; (Abbildungsbeleg zu MUSTAFA 1977).

Sycidium volborthi KARP. 1906 (Bild 7): Die Oogonien sind breiter als hoch, also etwas flach ellipsoid, 0,58 bis 0,76 mm breit und 0,38 bis 0,50 mm hoch. Die Schutzhülle besteht aus 18 meridional verlaufenden Hüllschläuchen. Apikal befindet sich die 80 bis 100 μ große Keimöffnung.

Vorkommen: Mitteldevon.

3. Nematophyta (siehe Anmerkung S. 414)

Die Nematophyta sind nur aus dem Silur und Devon bekannt, ihre taxonomische Stellung und Abgrenzung sind unsicher. Die Nematophyta bilden Thalli oder Cauloide aus miteinander verflochtenen Zellfäden (Plektenchym, Pseudoparenchym). Diese bilden an der Peripherie der Cauloide eine Abschlußschicht aus englumigen Zellfäden, während im zentralen Teil weitlumige Zellfäden eingeschoben sein können. Die Zellfäden lassen Fibrillenstruktur aber keine Tüpfel erkennen (Bild 8 b, c). Die häufige Fossilisation der Cauloide der Species von *Prototaxites* als Intuskrustat spricht, im Vergleich mit Intuskrustaten der höheren Landpflanzen, für die Einlagerung von lignin-, sporopollenin-, kutin- oder chitinartigen Substanzen in die Membranen und nicht für zarte und leicht verschleimende Zellulosemembranen. Die Fundumstände deuten darauf hin, daß es sich um amphibisch lebende Pflanzen der semiterrestrisch-limnischen Bereiche handelt. Es ist anzunehmen, daß in einem Milieu mit wechselnden Wasserständen, durch Einbau der oben genannten Substanzen in die Wände der Zellfäden, der Austrocknungsprozeß gesteuert werden konnte. Es könnte sich somit — auf der Organisationsstufe eines Plektenchyms — um eine Parallelentwicklung zu den Pflanzen mit echten Geweben handeln. Infolge fehlender Tüpfel und somit eingeschränkter physiologischer Kommunikation der Zellfäden untereinander und infolge fehlender Ausbildung aktiver Stomata an den nicht submersen Cauloidabschnitten bzw. den Phylloiden war dieser Organisationsplan anscheinend nicht entwicklungsfähig und ist erloschen. Wie die Mycophyta und epiphytischen Algen erkennen lassen, ist es möglich, auch auf der Organisationsstufe eines Plektenchyms in die semiterrestren oder gar völlig terrestren Räume vorzudringen. Sehr wichtig wäre der Nachweis der Phylloide, so zum Beispiel der Nachweis des organischen Zusammenhanges von *Nematothallus* LANG bzw. *Thamnocladus* WHITE mit *Prototaxites*.

Für die Annahme, daß die Nematophyta ein ausgestorbener Evolutionszweig der Phaeophyceae sind, gibt es keine Belege, doch könnte die Tatsache, daß die Phaeophyceae in der Gegenwart auch echte dreidimensionale Gewebe ausbilden, die Plastizität dieser Gruppe aufzeigen. Die Möglichkeit einer echten Verwandtschaft wäre somit nicht auszuschließen. Die Lycophyta zum Beispiel, die im Paläophytikum abweichend von den Taxa der Gegenwart hohe Bäume mit Sekundärgeweben und einer eigenen Samenbildung hervorbrachten, zeigen, daß es unmöglich ist, allein von den heutigen Taxa auf die Organisationsmöglichkeit ausgestorbener Taxa zu schließen und die richtigen phylogenetischen Beziehungen abzuleiten.

a *Prototaxites* cf. *logani* DAWSON; Außenansicht eines Cauloids (Stengels) mit der charakteristischen Querrunzelung; Unterdevon von Overath bei Köln, Wahnbach-Schichten (M 1:1)

b *Prototaxites logani* DAWSON (Querschnitt), (M 130:1)

c *Prototaxites logani* DAWSON (Längsschnitt); Plektenchym aus parallelen und sich verfilzenden Zellschläuchen, b und c aus dem Devon von Bordeaux Campbelton, Canada (M 130:1)

Bild 8. Cauloide von *Prototaxites*.

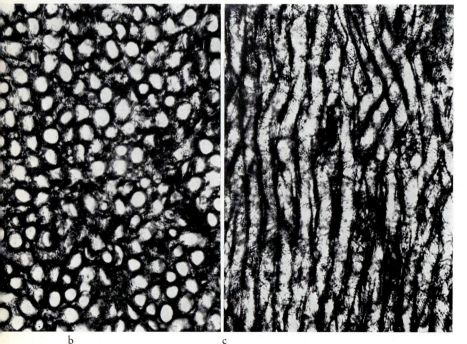

3. Nematophyta

Prototaxites DAWSON 1859:
Die Achsen (Cauloide) zeigen im Abdruck keine wesentlichen Merkmale und werden sicherlich als unbestimmbare Achsenreste einer vermeintlichen Landpflanze nicht weiter beachtet werden. Verkieselte oder verkieste Thallusstücke von mehreren Dezimetern Durchmesser fallen jedoch durch die typische Querrunzelung der Außenfläche auf (Bild 8 a). In Quer- und Längsschnitten ist zu erkennen, daß der Thallus aus miteinander verflochtenen Zellfäden, also einem Pseudoparenchym und keinem echten Gewebe besteht (Bild 8 b, c). Bei einigen Species, besonders klar von *P. southworthii* ARNOLD (1952) beschrieben, sind die Fäden verschieden dick, was auf eine Arbeitsteilung hindeutet.

Nach LANG (1937) könnte *Nematothallus* als Phylloid dazugehören. Die angegebene Kutinisierung und die Differenzierung des Phylloids in kleine und größere Zellfäden, von denen die größeren sogar ringförmige Aussteifungen aufweisen, würden zu einer semiterrestren Lebensweise in limnisch-terrestren Räumen passen. Die im Unterdevon von Overath gefundenen, bis 4 m langen Cauloide könnten ohne weiteres als aus limnischen Biotopen in marine Sedimente eingeschwemmte Cauloide gedeutet werden. Typus-Species: *Prototaxites logani* DAWSON 1859.

Mosellophyton SCHAARSCHMIDT 1974 (?Nematophyta, ?Psilophyta s. l.):
Dieses Genus könnte als Parallelentwicklung zu den Psilophyta im Übergangsfeld zwischen Alge und Landpflanze stehen. Die einzelnen Sproß- oder Thallusabschnitte sind dichotom bis pseudomonopodial aufgegabelt. Gewebe- bzw. Plektenchym-Differenzierungen in einen inneren etwa ein Drittel und einen äußeren, etwa zwei Drittel des Abdruckes messenden Abschnitt sind nachweisbar; der Tracheidennachweis steht noch aus. Die bisherige Deutung des zentralen Abschnittes als Polystele im Sinne der Landpflanzen ist demzufolge nur Mutmaßung. Typus-Species: *Mosellophyton hefteri* SCHAAR. 1974.

Mosellophyton hefteri SCHAAR. 1974: Die büschelig-thallösen Sproß- oder Thallusstücke sind im Abdruck bis zu 16 cm breit und dichotom bis monopodial gegabelt. Eine als Zentralstrang (?Polystele) gedeutete Zone erreicht im Abdruck bis ein Drittel der Gesamtbreite. Bei dieser Breite scheint die Deutung als Stele für eine nachweislich submers bis partiell submers lebende Pflanze recht zweifelhaft. Stomata und eine Kutinisierung der Außenhaut sind nicht nachgewiesen. Die Querrunzeln auf manchen Sprossen erinnern an den von *Prototaxites* (Bild 8) bekannten Erhaltungszustand, der von eindeutigen echten Landpflanzen aus dem Devon bisher nicht bekannt ist. Die Pflanze ist in Lebensstellung im Schlickwatt, also im marinen Biotop gefunden worden.

Vorkommen: Unterdevon (Alken/Mosel).

Thamnocladus D. WHITE 1903:

Es handelt sich bei diesem Genus um unverkalkte, vielfach, meist dichotom verzweigte Thalli. Sie sollen einen deutlichen medianen Strang aufweisen. Typus-Species: *Thamnocladus clarkei* WHITE 1903.

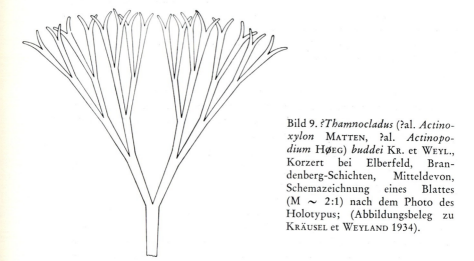

Bild 9. *?Thamnocladus* (?al. *Actinoxylon* MATTEN, ?al. *Actinopodium* HØEG) *buddei* KR. et WEYL., Korzert bei Elberfeld, Brandenberg-Schichten, Mitteldevon, Schemazeichnung eines Blattes (M ~ 2:1) nach dem Photo des Holotypus; (Abbildungsbeleg zu KRÄUSEL et WEYLAND 1934).

?Thamnocladus (?al. *Actinoxylon* MATTEN, ?al. *Actinopodium* HØEG) *buddei* KR. et WEYL. 1934 (Bild 9): Die Blätter sind etwa 3 bis 5 cm lang und fünfmal dichotom in etwa 1 mm breite Mesome, die sich bis zum nächsten Gabelpunkt kontinuierlich verbreitern, gegabelt. Die Blätter enden in etwa 0,5 mm breiten, stumpf gerundeten Telomen und sitzen spiralig an bis etwa 3 mm breiten monopodialen Achsen. Diese Species ist taxonomisch wohl den Prospermatophyta zuzurechnen und aus dem Genus *Thamnocladus* auszuschließen.

Vorkommen: Brandenberg-Schichten, Mitteldevon.

4. Mycophyta und Lichenes

Die Mycophyta sind stark abgeleitete und ihrer Herkunft nach sehr heterogene Abkömmlinge von assimilierenden Algen bzw. von Einzellergruppen. Den Mycophyta, so verschieden sie auch organisiert sein mögen, fehlt die Fähigkeit zu assimilieren. Sie haben sich schon früh in der Geschichte des Lebens darauf spezialisiert, organische Stoffe als Nahrung aufzunehmen. Sie leben entweder saprophytisch, indem sie die organischen Reste abgestorbener Organismen zersetzen, oder parasitisch in lebenden Organismen. Die saprophytischen Pilze steuern durch ihre Ernährungsweise dem Überangebot abgestorbener tierischer und pflanzlicher Stoffwechselprodukte. Da nur die Pilze in größerem Umfang Zellulose, Lignin und Chitin zersetzen und in den Stoffkreislauf zurückführen können, sind sie ein wichtiges Glied im Stoffkreislauf der Erde. Die Erde wäre ohne saprophytische Pilze buchstäblich in organischem Detritus erstickt. Da es von der saprophytischen zur parasitischen Lebensweise bzw. umgekehrt nur ein kleiner Schritt ist, sind saprophytische und parasitische Pilze eng verwandt.

Fossile Pilze sind relativ häufig. Meist werden allerdings nur die Pilzmycelien im Gewebe fossiler höherer Pflanzen und keine sexuellen Fruktifikationsorgane gefunden; in diesen Fällen ist eine differenziertere taxonomische Bestimmung der Pilze nicht möglich.

Die Verbindung von Pilzen und assimilierenden Algen als Symbionten auf nährstoffarmen Urgesteinen und anderen Extremstandorten als Lebensraum ergab als neue Lebensform die Doppelwesen der Lichenes und damit die entscheidenden Wegbereiter für Biotope der höheren Landpflanzen, besonders außerhalb der Tiefebenen. Die ältesten Flechten sind bisher in Südafrika aus 2,3 bis 2,7 Milliarden Jahren alten Schichten nachgewiesen worden. Die Pilze treten aber nicht nur in Symbiose mit niederen Pflanzen auf. Schon seit dem höheren Unterdevon ist die Symbiose mit Kormophyten wie *Rhynia* belegt (siehe Kapitel 6.1.0.0.1). Bei *Rhynia* wird anscheinend schon die Keimpflanze infiziert. Jedenfalls zeigen fast alle Stadien von *Rhynia major* Pilzhyphen zwischen der Innenrinde und der als Assimilationsparenchym spezialisierten Außenrinde sowie eine deutliche Pilzverdauungszone, in der die Hyphen aufgelöst und chitinige Restprodukte gespeichert werden. Diese Zone ist als Ring bzw. Zylinder, meist in den Fossilien noch bräunlich gefärbt, durch den ganzen Sproß von *Rhynia* zu verfolgen. Ob es sich um parasitische Pilze in einem Gleichgewicht mit der Wirtspflanze oder mehr um eine Symbiose mit beiderseitigem, wenn auch ungleichem Nutzen handelt, ist nicht zu entscheiden. Es könnte aber daran gedacht werden, daß *Rhynia* durch den Abbau der stickstoffhaltigen Chitins den lebensnotwendigen Stickstoff, der heute und wohl auch früher in Moor-Biotopen nicht in genügender Menge vorhanden ist, zusätzlich gewinnen konnte. An *Rhynia* zeigt sich andererseits aber auch die Wirkung der rein saprophytischen Pilze, die die abgestorbenen *Rhynia*-Pflanzen völlig durchsetzen und die Gewebe teilweise völlig aufgelöst haben, so daß innerhalb der *Rhynia*-Kutikula, die sehr resistent ist, nur noch Pilzhyphen und Pilzdauersporen (Sklerotien) zu erkennen sind.

Excipulites GOEPPERT 1836:
Dieses Genus bezeichnet auf Stengeln, Blättern und Früchten aufsitzende, wohl zu den Sphaeriaceen zu stellende parasitische Pilze. Es handelt sich um unregelmäßig verteilte, kreisrunde Erhebungen mit zentraler Einstülpung, die aber nicht wie die Sporangien an den Adern der Fiederchen stehen. Durch den geschlossen runden Umriß unterscheidet sich *Excipulites* deutlich von Vertretern des Genus *Spirorbis* DAUDIN 1800. Bei *Spirorbis* handelt es sich um Polychaeten, die auf in das Wasser gefallenen Pflanzenteilen planspirale oder trochospirale Gehäuseröhren bilden. Typus-Species: *Excipulites neesii* GOEPP. 1836.

Excipulites neesii GOEPP. 1836: Es handelt sich hierbei um etwa 0,2 mm große, kreisrunde Erhebungen mit zentraler Einstülpung.

Vorkommen: Unterkarbon bis Ende Perm.

Hysterites GOEPPERT 1846:
Dieses Genus bezeichnet durch parasitäre Pilze hervorgerufene Male mit leichtem Randwulst, die parallel zu den Adern liegen und länglich oval sind. Typus-Species: *Hysterites opegraphoides* GOEPP. 1846.

Hysterites cordaitis GR.'EURY 1877: Es ist eine Sammelspecies, die durch etwa 0,5 bis fast 1 mm breite und bis mehrere Millimeter lange, ovale Male mit wulstigem Rand und zentraler Furche gekennzeichnet ist.

Vorkommen: Karbon, Perm.

5. Bryophyta

Die Bryophyta sind typische Landpflanzen, die allerdings auch sekundär die limnischen Lebensräume erobert haben. Sie sind generell an feuchte Biotope gebunden. Ihr Gametophyt ist, im Gegensatz zu dem der übrigen Landpflanzen, die ausdauernde und assimilierende Generation, auf der der Sporophyt aufsitzt.

5.0.1 Hepaticae

Der Gametophyt ist entweder thallös oder foliös. Die foliosen Species sind dorsiventral, selten radiär beblättert. Ihre Blätter sind einschichtig und ohne Mittelrippe. Zu den meist zweireihig angeordneten Oberblättern können noch Unterblätter (Amphigastrien) hinzukommen. Einzellige Rhizoïde dienen der Verankerung sowie der Wasser- und Nährstoffaufnahme. Der Sporophyt sitzt auf dem Gametophyten. Kennzeichnend für die Hepaticae sind die im Sporangium gebildeten Elateren. Es handelt sich hier um lange, isolierte, schlauchartige Zellen mit spiraliger Wandversteifung, die der Auflockerung der Sporenmassen dienen. Der Sporophyt besteht im allgemeinen lediglich aus einem Sporangienträger und dem Sporangium. Bei dem heute lebenden Genus *Anthoceros* hat der Sporophyt ein Assimilationsgewebe und Spaltöffnungen; er ist sogar isoliert lebensfähig.

Sporogonites exuberans HALLE 1916: Einfache, etwa 4 cm lange Stiele, die kein Leitbündel erkennen lassen, enden in jeweils einem ovalen Sporangium, Oft liegt eine größere Anzahl von Stielchen mit den ansitzenden Sporangien parallel zueinander auf einer unregelmäßig begrenzten, kohligen Haut, die als Abdruck des thallösen Gametophyten gedeutet werden kann. Es wird auch die Stellung zu den Psilophyta sensu lato, in die Nähe des Genus *Horneophyton* (Bild 11), diskutiert.

Vorkommen: Unter- und Mitteldevon.

Hepaticites devonicus HUEB. 1961: Ein einfacher, in zwei Abschnitte differenzierter, am Rand fein gesägter Thallus weist eine deutliche Achsenzone (Mittelrippe) aus zwei oder mehr Zellagen auf.

Vorkommen: Oberdevon.

Hepaticites kidstoni WALTON 1925: Der Thallus besteht aus einer Achse, die seitlich zwei Reihen alternierender großer Blättchen und oberhalb von diesen am Rand der Achse zwei Reihen ebenfalls alternierender kleiner Blättchen (Amphigastrien) trägt.

Vorkommen: Westfal.

5.0.2 Musci

Die Musci sind stets in Stengel und Blätter gegliederte, meist radiärsymmetrisch gebaute Moose. Die Blätter sind in der Regel einzellschichtig und haben oft eine mehrzellschichtige Mittelrippe. Stengel und Blätter können von einem recht differenzierten, tracheïdalen Leitgewebe durchzogen werden. Die Rhizoïden besitzen teilweise Querwände. Der Sporophyt hat oft ein gut entwickeltes Assimilationsgewebe. Das Sporangium weist ein charakteristisches Gewebe, das Peristom, auf. Es vermag, durch hygroskopische Bewegungen, das Sporangium zu öffnen oder zu schließen. Die Musci haben es bis zur Heterosporie gebracht, so das heute lebende Genus *Macromitrium;* beide Sporenarten werden in einem Sporangium gebildet.

Sphagnidae

Die Vorläufer der Torfmoose, die Protosphagnales konnte M. F. NEUBURG 1960 aus dem Perm des Angara-Raumes in drei Genera nachweisen. Die Zellen der Blätter sind wie bei den Sphagnales in assimilierende, lebende,

Bild 10. Laubmoos-Rest; Prinzengrube bei St. Wendel, Saar. Hoofer-Flözgruppe. Untere Lebacher Schichten (Autun). (M 150:1); (Abbildungsbeleg zu BUSCHE 1968).

und wasserspeichernde, tote, differenziert. Die Protosphagnales unterscheiden sich durch die größeren Blätter und die kräftige Mittelrippe von den heutigen Torfmoosen, den Sphagnales. Typus-Species: *Protosphagnum nervatum* NEUB. 1960.

Protosphagnum nervatum NEUB. 1960: Die Blätter sind etwa 7 mm lang und etwa 2,5 mm breit. Es sind eine Mittelader und Andeutungen von Seitenadern ausgebildet. Die wasserspeichernden Zellen der Blätter sind septiert.

Vorkommen: höheres Perm.

Musci unsicherer Stellung:

Muscites polytrichaceus REN. et ZEILL. 1888: Dieses Moos ist ein nicht zu bezweifelndes Laubmoos vom Habitus des rezenten *Polytrichum;* der Sporophyt ist allerdings nicht bekannt.

Vorkommen: Stefan.

Laubmoos spec. indet. BUSCHE 1968 (Bild 10): Dieser Laubmoosrest wird hier aufgeführt, da er zusammen mit einigen taxonomisch verschiedenen Laubmoosresten aus dem deutschen Perm stammt. Die Blättchen sind nur etwa 1 mm lang, etwa 0,3 mm breit und weisen etwa 10 Randzähne pro Blattseite auf. Eine Mittelrippe oder Adern sind nicht vorhanden. Die Zähne sind Zellaustülpungen, die durch stärkere Kutinisierung versteift sind.

Vorkommen: Autun.

6. Psilophyta sensu lato

Hier sollen Pflanzen des älteren Devons zusammengefaßt werden, die am Anfang der Entwicklungsreihe stehen, die zu den Prospermatophyta, Spermatophyta und den Filicophyta führt; sie bilden noch keine echten Blätter aus und weisen als Leitungssystem die Protostele oder die Stylostele auf. Unter Protostele ist eine Stele zu verstehen, die nur eine einzige, im Achsenzentrum stehende Protoxylemgruppe ausbildet, die im Querschnitt kreisförmig von Phloem umgeben ist (Bild 2a). Das Protoxylem kann durch ringförmig angelegtes Metaxylem verstärkt werden (Bild 2b). Derselbe Stelentyp kann durch zweidimensional, bandartig ausdifferenziertes Protoxylem verändert werden; hierbei ergibt sich das Ausgangsstadium für die bandförmigen Stelen der Urmarattiales und der Cladoxylales. Als Beispiele für die Protostele seien die Genera *Rhynia* (Bild 12) und

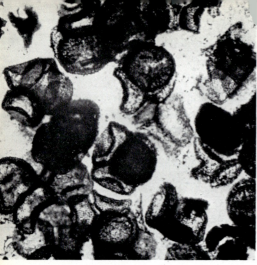 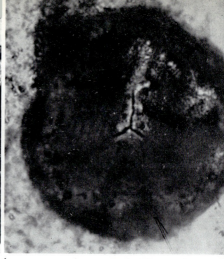

a b

a Tetraden im Sporangium (M ~ 250:1)
b Einzelspore mit deutlicher, noch geschlossener Tetradenmarke (M ~ 1000:1)

Bild 11. Sporen von *Horneophyton lignieri* (KIDST. et LANG) BARG. et DARRAH; Unterdevon von Rhynie, Schottland. Dünnschliffe durch verkieselten Torf (b Abbildungsbeleg zu GOTHAN et WEYLAND 1964).

Horneophyton (Bild 11) und für die stärker differenzierte Protostele das Genus *Psilophyton* (Bild 15) genannt.

Unter Stylostele ist eine Stele zu verstehen, die das Protoxylem streng exarch, als schmalen, mehr oder weniger geschlossenen Ring, also nicht unbedingt in sofort getrennte Gruppen geteilt, aufweist. Im Innern des ringförmig stehenden Protoxylems liegt zentripetal ausdifferenziertes Metaxylem, die größten Zellen stehen in der Mitte (Bild 2 c). Die in ihrem Umriß im Querschnitt annähernd runde Stele schließt ein ringförmiges Phloem ab. Dieser Stelentyp könnte durch zentrale Aussparung von undifferenzierten Zellen (Mark) verschieden differenziert werden. Als Beispiele seien die Genera *Zosterophyllum*, *Sawdonia*, *Crenaticaulis*, *Bucheria*, *Euthursophyton*, *Gosslingia* und *Stolbergia* genannt. Dieser Stelentyp wird in der englischsprachigen Literatur als „exarch protostele" oder als „terete exarch xylem strand" bezeichnet.

Die Psilophyta sensu lato entwickeln bereits erste Stadien eines Kambiums und damit die Vorstufen eines Sekundärxylems.

6.1 Rhyniophytina

Es sind Pflanzen, deren Sprosse dichotom gegabelt und nackt, das heißt unbeblättert und ohne Emergenzen, sind. Die Außenrinde der Sprosse dient der Assimilation. Das einzige Leitbündel ist als echte Protostele ausgebildet (Bild 2 a, b); das Protoxylem liegt zentral. Bei Gabelungen mit basipetal verlagerter Aufgabelung der Stelen bleiben die resultierenden Protoxylemgruppen getrennt; es entstehen dann zwei gleichartige Stelen. Das Protoxylem wird, sofern Metaxylem ausgebildet wird, von diesem ringförmig umgeben. Die Sporangien stehen endständig; die Sporangienwand ist mehrschichtig und kann differenziert sein.

6.1.0.1 Rhyniales

Rhynia KIDSTON et LANG 1917:
Die Sprosse sind dichotom bis übergipfelt verzweigt und blattlos. Die Sporangien stehen einzeln und endständig. Die Stele ist eine Protostele. Typus-Species: *Rhynia gwynne-vaughani* KIDST. et LANG 1917, es könnte sich um den Gametophyten von *Rhynia major* KIDST. et LANG 1920 handeln.

Rhynia major KIDST. et LANG 1920 (Bild 12): Diese, in den etwa 385 Millionen Jahren alten, verkieselten Torfen von Rhynie in Schottland gefundenen Sporophyten gehören zu den ältesten in allen anatomischen und histologischen Details gut bekannten Landpflanzen. Ein Querschnitt durch den Sproß läßt im Zentrum ein Xylem aus dunkelbraun gefärbten, polygonalen Tracheïden erkennen. Die inneren Tracheïden haben kleine Zelldurchmesser und sind Protoxylemtracheïden, die äußeren haben deutlich größere Zelldurchmesser und werden allgemein als Metaxylemtracheïden gedeutet. Die Wandversteifungen der Tracheïden sind ringförmig. Nach außen folgt mantelartig das Phloem aus sehr dünnwandigen, langgestreckten Zellen. Die Stele wird von einer Innenrinde aus vorwiegend länglich-polyedrischen Zellen umgeben, die zwischen sich keine oder nur sehr kleine Interzellularen ausbilden. Die anschließende Außenrinde besteht aus polygonalen, oft abgerundeten Zellen, die zwischen sich deutliche, miteinander kommunizierende Interzellularräume frei lassen. Diese Interzellularräume stehen über die inneren Atemhöhlen mit den Stomata in der Epidermis in Verbindung; hier erfolgt der Gasaustausch, ohne den keine Assimilation und somit kein Leben der Pflanze möglich ist. Das als Außenrinde bezeichnete Gewebe entspricht dem Assimilationsparenchym (Schwammparenchym) der Blätter heutiger Pflanzen. An der Grenze von Innen- zur Außenrinde ist ein dunkler, meist brauner Ring erkennbar. Wir haben hier in einer eng umgrenzten Zone die Mycelien symbiontischer Pilze vor uns (siehe Kapitel 4). Nach außen wird *Rhynia major* von einer deutlichen Epidermis abgeschlossen. Die Epidermiszellen sind in der Aufsicht polygonal bis länglich polygonal. Die Stomata bestehen aus zwei bohnenförmigen Schließzellen; Nebenzellen sind nicht vorhanden. Die Epidermis wird von einer auffallend derben Kutikule überzogen, die

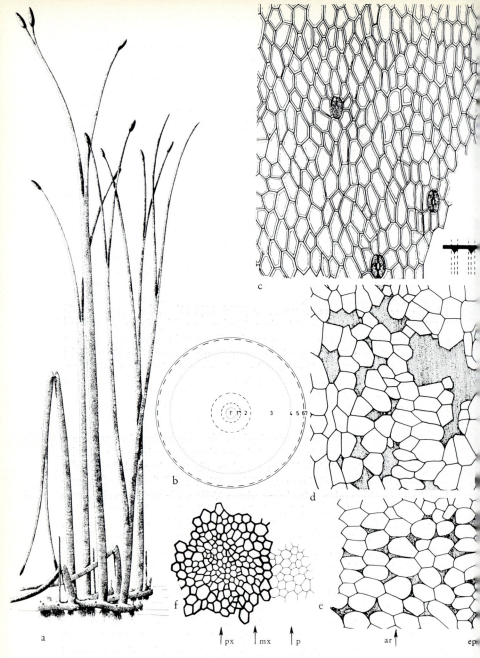

Bild 12. *Rhynia major* KIDST. et LANG; Unterdevon von Rhynie, Schottland. (Legende siehe S. 72).

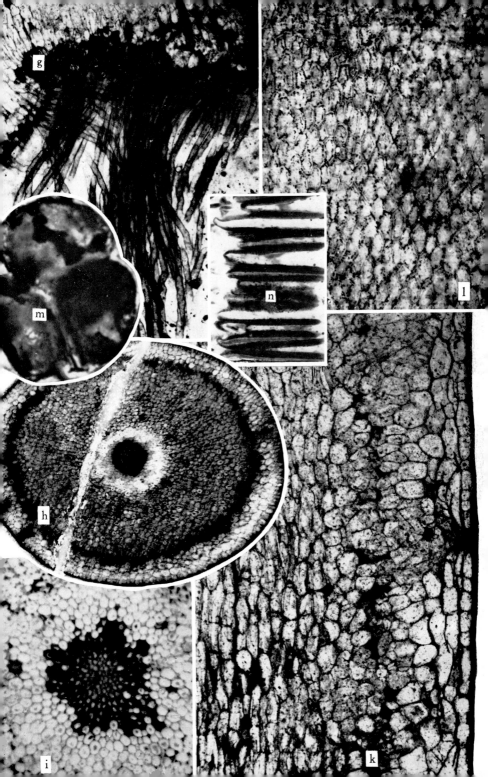

tiefe, im Querschnitt deutlich dreieckige Kutikularleisten aufweist (Bild 12c, e).

Der auf dem Boden kriechende Teil von *Rhynia* wird als Gametophyt gedeutet. Aus seinen auf der Oberseite liegenden Archegonien wachsen nach Befruchtung die Sporophyten (hier = Luftsprosse) auffallend senkrecht und nicht im Bogen austretend, wie bei einem Rhizom, heraus. Hauptsächlich an seiner Unterseite trägt der Gametophyt an kleinen, buckelartigen Auswüchsen einzellige, schlauchartige Rhizoïde. Sollte sich die Deutung als Gametophyt als nicht richtig erweisen, ist dieser Teil von *Rhynia* als primitives Rhizom mit Rhizoïden anzusehen.

Der Vegetationspunkt der Luftsprosse wird vollständig aufgebraucht und in endständige Sporangien umgewandelt. Die Sporangienwand ist abweichend von der Rinde der Sprosse aufgebaut. Ihre Außenwand besteht aus auffallend radial gestreckten, schmalen, im Tangentialschnitt aufrecht spindelförmigen Zellen. Die Radialwände und die tangentialen Innenwände sind derb sklerenchymatisiert, die Außenwände sind dünn. Dieses Gewebe kann nur als Kohäsionsgewebe aufgefaßt werden und ist mit den entsprechenden Bildungen bei den Filicatae oder den Spermatophyta vergleichbar. Das Kohäsionsgewebe umgibt das Sporangium allseitig und reicht basal bis in die Grenzregion von sterilem Sproß und Sporangium. Es ist nicht ersichtlich, ob auf das Kohäsionsgewebe nach außen noch eine Epidermis folgt. Das Sporangium wird durch einen Längsriß geöffnet. Nach innen folgen Schichten dünnwandiger Zellen, dann ein deutliches Tapetum, und ganz innen liegen die Sporenmassen. Die Sporenmas-

---

Legende zu Bild 12 (siehe S. 70/71):

a Rekonstruktion; der Sporophyt sitzt auf dem Gametophyten (M $\sim$ 0,25:1)
b Schema eines Querschnittes mit der Lage vom 1' = Protoxylem; 1" = Metaxylem; 2 = Phloem; 3 = Innenrinde; 4 = Pilzzone; 5 = Außenrinde (diese ist als Assimilationsgewebe, Schwammparenchym, ausgebildet; vergl. dazu h und k); 6 = Epidermis und 7 = Kutikula
c Schema einer Aufsicht auf die Epidermis mit vier Stomata; rechts unten Querschnitt durch die Kutikula, diese mit prismatischen Kutinkanten, die sich zwischen die Epidermiszellen schieben; vergl. dazu k
d Schema eines radialen Längsschnittes durch Außenrinde (ar), Epidermis (ep) und Kutikula (k); grau die Interzellularräume und die Atemhöhle; vergl. dazu l
e Schema eines Querschnittes zu d
f Schema eines Querschnittes durch die Stele, mit Protoxylem (px), Metaxylem (mx) und Phloem (p); diese nur als Sektor gezeichnet; vergl. dazu i
g basale Partie des Gametophyten mit Rhizoiden (M 50:1)
h Querschnitt (M 15:1); vergl. dazu b
i Querschnitt durch die Stele (M 50:1), vergl. dazu f
k radialer Längsschnitt (M 50:1); vergl. dazu d
l Aufsicht auf die Epidermis mit Kutikula (M 50:1); vergl. dazu c
m drei Sporen im Tetradenverband aus einem Sporangium (M 500:1)
n Kohäsionsgewebe aus der Wand eines Sporangiums. Die verdickten und dunklen Zellwände sind zur Innenseite des Sporangiums „u"-förmig geschlossen, sie werden zur Außenseite von einer dünnen Membran begrenzt, auf die evtl. noch eine Epidermis folgen könnte (M 200:1).

sen lassen klar erkennen, daß bereits bei *Rhynia major* vor etwa 385 Millionen Jahren die Sporen in Tetraden (Vierergruppen) gebildet wurden, daß eine Reduktionsteilung stattgefunden hat und daß das Erbgut auf die gleiche Art und Weise wie heute weitergegeben und umverteilt werden konnte.

Vorkommen: Unterdevon.

Taeniocrada WHITE 1903:
Die Sprosse sind mehrfach, meist in rascher Folge, dichotom gegabelt und blattlos. Die Sporangien stehen endständig in traubigen Ständen. Die Stele ist höchstwahrscheinlich eine Protostele. Es liegen wohl primär amphibische Stadien der Landpflanzen vor. Typus-Species: *Taeniocrada lesquereuxi* WHITE 1903.

Taeniocrada decheniana (GOEPP.) KR. et WEYL. 1930 (Bild 13): Die Sprosse sind bis 1,5 cm breit und in rascher Folge dichotom gegabelt. Das abgebildete Stück läßt allein drei in kurzen Abständen aufeinanderfolgende Dichotomien erkennen. Bei der 0,5 bis 1 mm breiten Stele sind Tracheïden nachgewiesen worden. Da die Epidermis der Pflanze, soweit bisher bekannt, keine Spaltöffnungen aufweist, ist, wie auch aus dem Sediment zu ersehen, mit weitgehend submerser Lebensweise zu rechnen. Die traubigen Sporangienstände bestehen aus gestielten, ovalen Sporangien von 3 bis 7 mm Länge, die am Scheitel eine verdickte Zone erkennen lassen. *Taeniocrada* zeigt schon wesentliche Differenzierungsmerkmale der Landpflanzensprosse; so gehen beispielsweise die Gabelungen der Stele nicht mehr konform mit der morphologischen Gabelung der Sprosse, sie beginnen oft direkt über der nächsttieferen morphologischen Gabelung, sind also durch interkalare Wachstumsvorgänge, mit Verschiebungen zwischen Stelär- und Rindenzylinder, scheinbar basipetal verlagert. Im Querschnitt liegen dann zwei getrennte Stelen eng nebeneinander, was als wichtiger Differenzierungsschritt in Hinsicht auf die Sproßbildung mit mehreren Protoxylemgruppen anzusehen ist (Bild 13 b, c).

Vorkommen: Unterdevon (stratigraphische Charakterspecies).

Taeniocrada dubia KR. et WEYL. 1930: Diese Species ist zarter als die vorige; vor allem weisen die basalen Abschnitte der Sprosse eine feine Strichelung auf, die als Abdrücke von Trichomen gedeutet wird. Die Sporangien werden nur etwa 2 mm lang.

Vorkommen: Unterdevon (stratigraphische Charakterspecies).

Taeniophyton WEYL. et BER. 1968:
Die Sprosse sollen nicht verzweigt sein und an Spitze und Basis spitz zulaufen; sie werden als bandförmige Schwimmsprosse bzw. -blätter aufgefaßt. Typus-Species: *Taeniophyton inopinatum* WEYL. et BER. 1968.

a

a Original zu H. POTONIÉ, 1899 (M 1:1)
b Ausschnitt aus a; man erkennt die doppelte Stele (M 2:1)
c Schemazeichnung zu b; Aufsicht mit den dazugehörenden Querschnitten

Bild 13. *Taeniocrada decheniana* GOEPP.; Neunkirchen bei Siegen (Abbildungsbeleg zu POTONIÉ 1899 und GOTHAN et REMY 1957).

Taeniophyton inopinatum WEYL. et BER. 1968, entspricht eventuell *Taeniocrada decheniana* f. *lata* ISCHENKO 1965: Die Sprosse sind auffallend zart; sie werden bis zu 2,2 cm breit und lassen im Zentrum als Charakteristikum die im Gegensatz zur Gesamtbreite der Abdrücke auffallend dünne, nur bis 1,5 mm breite Stele deutlich erkennen.

Vorkommen: Mitteldevon.

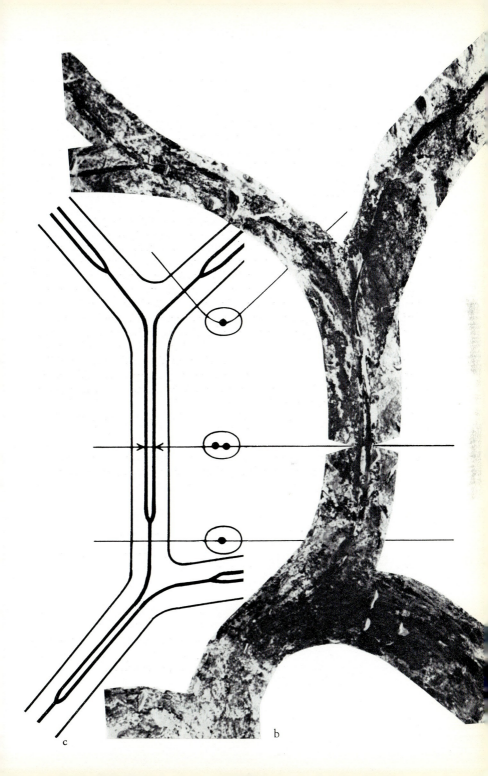

Anhang

Sciadophyton STEINMANN 1929:

Die Wuchsform ist anscheinend eine Rosette. Die einzelnen Sproßabschnitte sind ungegabelt bis zweimal dichotom gegabelt und blattlos. Sporangien sind nicht bekannt. An den Sproßenden wurden anscheinend Bulbillen (Brutknospen) gebildet. Die Anatomie dieses Genus ist nicht bekannt. Typus-Species: *Sciadophyton steinmanni* KR. et WEYL. 1930, entspricht. *S. laxum* (DAWSON pars) STEINMANN et ELBERSKIRCH.

Sciadophyton steinmanni KR. et WEYL. 1930 (Bild 14): Diese Pflanze liegt stets rosettenartig auf dem Sediment und ist wohl immer in Lebensstellung eingebettet. Die einzelnen, dichotom gegabelten Sproßabschnitte lassen die Stele, die relativ kräftig erscheint, erkennen, Tracheïden sind nachgewiesen. Die strahlenförmig angeordneten Sproßabschnitte werden etwa 3 cm lang und gut 4 mm breit. An den Enden der Sproßabschnitte können knopfartige Gebilde mit gekerbtem Rand stehen, die als Bulbillen angesprochen wurden. Sie weisen im Abdruck radiäre Strukturen auf und scheinen, soweit ersichtlich, in vegetativer Vermehrung als Ganzes abgefallen und zu neuen Pflanzen ausgewachsen zu sein. *Sciadophyton steinmanni* bildet ganze Rasen und hat anscheinend den trocken gefallenen Uferrand von Tümpeln, Seen oder Sandbänken als Pionierpflanze besiedelt, wobei der rosettenartige Wuchs eine sedimentfangende und -festigende Wirkung gehabt haben könnte.

Vorkommen: Unterdevon (stratigraphische Charakterspecies).

a (M 1:1)   b
b Ausschnitt mit als Brutknospen gedeuteten Organen (M 5:1)
Bild 14. *Sciadophyton steinmanni* KR. et WEYL., Wahnbachtal bei Siegen (Abbildungsbeleg zu GOTHAN et REMY 1957).

6.2 Psilophytina

Psilophytina sind Pflanzen, deren Sprosse durch übergipfelte Verzweigungen (Bild 4) eine Arbeitsteilung in tragende Achsen und vorwiegend der Assimilation und der Bildung der Sporangien dienende Äste aufweisen. Die Stele ist eine Protostele. Die Äste tragen Raumwedel. Die Sporangien stehen paarweise endständig.

Psilophyton (DAWSON) HUEBER et BANKS 1967:
Die Sprosse sind übergipfelt und dichotom verzweigt, nackt oder mit dornenförmigen Emergenzen besetzt. Die Sporangien sind länglich elliptisch; sie stehen paarweise endständig an mehrfach dichotom gegabelten Seitenästen. Die Stele ist als Protostele ausgebildet; sie kann durch interkalare Wachstumsvorgänge mit Verschiebungen zwischen Stelär- und Rindenzylinder sowie Verwachsungen (Konkauleszenz) bereits differenziert sein. Das Protoxylem wird infolge interkalarer Verlagerung des Gabelpunktes in das Internodium und durch gleichzeitige Konkauleszenz zu einem im Querschnitt balken- bis sanduhrförmigen Doppelprotoxylem. Die sonst normale Trennung des Protoxylems nach der Gabelung in zwei isolierte Protoxylemstränge — so noch bei *Taeniocrada* — unterbleibt infolge der Konkauleszenz. Das Metaxylem rundet die Protostele ab. Es ist zu vermuten, daß es bei einigen Species des Genus *Psilophyton* bereits in ein noch unregelmäßiges und nicht kompaktes Sekundärxylem übergehen kann. Die Vertreter dieses Genus sind allein nach Abdruckmaterial nicht zu bestimmen. Typus-Species: *Psilophyton princeps* (DAWS.) HUEB. 1968.

Psilophyton princeps (DAWS.) HUEB. 1968: Die Sprosse dieser Species sind locker spiralig mit Emergenzen besetzt. Die Sporangien sitzen endständig an den Sprossen; sie sind etwa 7 bis 8 mm lang.
Vorkommen: Unterdevon bis Mitteldevon.

Psilophyton dawsonii BANKS, LECL. et HUEB. 1975 (Bild 15): Diese Species hat völlig nackte Sprosse mit unregelmäßig spiralig stehenden Ästen. Es wechseln dreidimensional übergipfelte bis dichotom verzweigte Äste, die in zueinander senkrecht stehenden Dichotomien auslaufen, mit fertilen, etwa sechsmal dichotom gegabelten Ästen, die etwa 32 Paare 3 bis 5 mm lange und 1 bis 1,5 mm breite Sporangien tragen. Die Sporangienwände ähneln im Aufbau der äußeren Rinde der Sprosse. Die Protostele der Sprosse mißt ein Viertel des Sproßdurchmessers und ist im Querschnitt balken- bis sanduhrförmig. Die Tracheïden sind leiterförmig verdickt und zeigen Netzleistensysteme aus Sekundärwandmaterial zwischen den einzelnen Wandverdickungen. Es ist möglich, die partiell deutliche Reihung der Tracheïden als phylogenetisches Initialstadium der

Sekundärxylembildung aufzufassen; dann stände *P. dawsonii* am Anfang der Entwicklung der Prospermatophyta. Die Innenrinde besteht aus einer Art Schwammparenchym, die Außenrinde ist kollenchymatisch. Die Epidermis wird von pflastersteinartigen Zellen gebildet.

Vorkommen: Unterdevon (stratigraphische Charakterspecies).

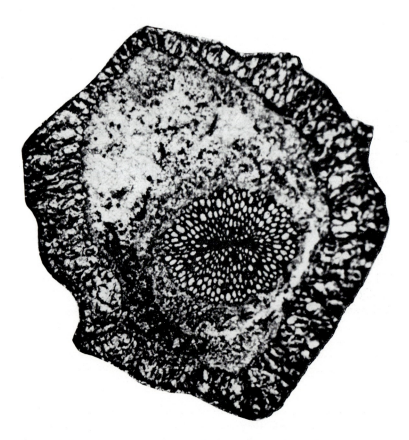

Bild 15. *Psilophyton dawsonii* BANKS, LECL. et HUEB.; Unterdevon von Gaspé, Kanada. Querschnitt durch die höhere Region einer Hauptachse in der Nähe des Abganges einer Seitenachse; das Protoxylem ist hier infolge von Konkauleszenz bandförmig. (Nach einem von H. P. BANKS den Verfassern zur Verfügung gestellten Peel) (M 50:1).

„*Psilophyton*" *pubescens* KR. et WEYL. 1938: Diese Species ist aus wenigen, etwa 3 bis 10 mm breiten, strukturzeigenden Abdrücken bekannt. Die Sproßreste sind mit Längsrunzeln und locker stehenden Trichomen bzw. Emergenzen bedeckt, die länger als ihr Abstand untereinander sind. Sie stehen mehr oder weniger senkrecht vom Sproß ab, sind 1 bis 2 mm lang, zugespitzt und strichdünn. Abrißstellen der Trichome erscheinen als feine Grübchen. Das Sproßsystem ist übergipfelt. Die Achsen weisen Sekundärxylem von mehr als 24 Zellreihen Stärke auf. Neubearbeitung und Neuaufsammlungen dieser Species sind dringend notwendig. Die fertilen Systeme, Dichotomien mit asymmetrischer Übergipfelung, tragen endständig ovale, 1 bis 2 mm lange Sporangien. Die taxonomische Zuordnung zum Genus *Psilophyton* ist nicht eindeutig.

Vorkommen: Mitteldevon.

„*Psilophyton*" *burnotense* (GILK.) KR. et WEYL. 1948: Die Sprosse sind übergipfelt, die Gabelungen recht spitzwinkelig. Die 2 bis 5 mm breiten Abdruckreste lassen die Ränder als scharfe Leisten erkennen, sind aber in kleineren Bruchstücken unbestimmbar. Diese Species ist nicht mit innerer Struktur bekannt.

Vorkommen: Unterdevon.

Dawsonites HALLE 1916:

Die Hauptsprosse sind übergipfelt, die Seitenachsen dichotom verzweigt. Die Äste letzter Ordnung sind zurückgekrümmt und tragen terminal gedrungene, spindelförmige Sporangien. Nach BANKS et al. 1975 soll *Dawsonites* mit *Psilophyton* identisch sein und für nicht strukturzeigendes Material als Formgenus benutzt werden. Typus-Species: *Dawsonites arcuatus* HALLE 1916.

„*Dawsonites*" *jabachensis* KR. et WEYL. 1935 (Bild 16): Diese mit Vorbehalt zu dem Genus *Dawsonites* gestellte Species hat im Abdruck bis 10 mm breite, übergipfelte Sprosse. In Abständen von etwa 6 cm treten Gabelungen mit recht offenem Abzweigungswinkel auf. Die abzweigenden Äste sind wesentlich dünner als der Hauptsproß. Die Sproßabdrücke weisen auf ihren sichtbaren Seiten jeweils drei Längsstreifen in regelmäßigen Abständen auf. Diese Längsstreifen sind im Sediment als deutliche Eindrücke von festem Material abgeprägt. Ob es sich dabei um Abdrücke von Bast- bzw. Sklerenchymsträngen oder Stelenteilen handelt, ist nicht erwiesen. Besonders auffallend und vom Sammelgenus *Dawsonites* abweichend sind die als Sporangien gedeuteten Organe. Sie sind 2,2 bis 7 mm lang und 2 bis 5 mm breit. Da sie auf der abaxialen Seite, und nur dort, 5 bis 9 Baststreifen aufweisen, die durch Gabelungen aus den Strängen des Tragorgans (Achse) hervorgehen, könnte ein einem

a Übersicht (M 1:1)
b Ausschnitt aus a, die Längsstreifung des Sproßrestes ist typisch (M 3:1)
c blattartiges, als Sporangium gedeutetes Organ (M 3:1)

Bild 16. „*Dawsonites*" *jabachensis* Kr. et Weyl., Alken (Mosel), oberes Unterdevon, unteres Ems.

Sporophyll aufliegendes Sporangium vorliegen. Diese Species besiedelte ein hydro- bis hygrophiles Biotop.

Vorkommen: Unterdevon.

6.3 Zosterophyllophytina

Hier werden Pflanzen zusammengefaßt, deren Sprosse dichotom bis übergipfelt verzweigt und unbeblättert sind. Die Stele ist eine Stylostele (siehe S. 68) Auf den ersten Blick ergibt sich Ähnlichkeit mit der zahnradförmigen Stele der Lycophyta, doch sind dort die Protoxylemgruppen wie die Zähne eines Zahnrades deutlich getrennt (Bild 2 d). Bei den zu den Zosterophyllophytina gerechneten Pflanzen bilden die Protoxylemelemente jedoch infolge tangentialer Differenzierung einen mehr oder weniger geschlossenen Ring (Bild 2c). Die Sporangien sitzen lateral an den Achsen; die Dehiszenzen sind als apikale Verdickungen ausgebildet.

Zosterophyllum PENHALLOW 1893:
Die Sprosse sind blattlos, dichotom bis übergipfelt verzweigt oder unverzweigt. Die Sporangien stehen zweizeilig alternierend an den Sproß-

Bild 17. *Zosterophyllum rhenanum* KR. et WEYL., Wahnbachtal b. Siegburg, Unterdevon; Sproßreste mit den typischen zweizeiligen Sporangienständen (M 1:1); (Abbildungsbeleg zu REMY et REMY 1959).

enden. Die Stele ist eine Stylostele. Typus-Species: *Zosterophyllum myretonianum* PENH. 1893:

Zosterophyllum llanoveranum CROFT et LANG 1942: Diese Species ist selten verzweigt. Die Sprosse sind nackt, bis zu 20 cm lang und 0,2 cm breit. Die 4 mm hohen und 3,5 mm breiten Sporangien sitzen vertikal auf 0,5 bis 1 mm breiten und bis 4 mm langen Stielen, die spitzwinklig in einer oder zwei Reihen lateral an den Achsen angeordnet sind. Die Stele hat einen Durchmesser von 0,1 bis 0,2 mm. Die Metaxylem-Tracheïden sind treppenförmig verdickt. Die breite Rinde kann in drei Zonen unterteilt werden; die äußerste Zone besteht aus dickwandigen, polygonalen Zellen.

Vorkommen: Unterdevon (England).

Zosterophyllum rhenanum KR. et WEYL. 1932 (Bild 17): Diese Species hat nackte, relativ starr aussehende Sprosse, die meist zu vielen nebeneinander liegen und relativ selten gegabelt sind. Die aus den Gabelungen resultierenden Seitensprosse stellen sich bald durch relativ scharfes Umbiegen parallel zum Muttersproß. Die Sprosse sind 2 bis 5 mm breit und von einer nur etwa 0,2 mm breiten Stele durchzogen. Die Sporangien sind umgekehrt keilförmig bis buchtig nierenförmig und haben an ihrem Oberrand eine Verdickung. Sie stehen einseitig alternierend in zwei Zeilen in ährenförmigen Ständen von 1 bis etwa 5 cm Länge und 0,5 bis 0,8 cm Breite. Strukturerhaltene Stücke sind bisher nicht beschrieben worden.

Vorkommen: Unterdevon.

Sawdonia HUEBER 1971:

Die Sprosse sind übergipfelt bis dichotom verzweigt; sie sind spiralig mit dicht stehenden Trichomen, die in Drüsen enden, besetzt. Die Sporangien sitzen lateral an den apikalen Sproßabschnitten. Die Stele ist eine Stylostele. Typus-Species: *Sawdonia ornata* HUEB. 1971, entspricht *Psilophyton princeps* var. *ornata*.

Sawdonia ornata HUEB. 1971 (Bild 18): Die Sprosse sind im Abdruck bis 6,5 mm breit; die Stele mißt im Abdruck etwa 0,7 mm. Die Sproßstücke sind gleichmäßig und spiralig mit Emergenzen von etwa 3 mm Länge besetzt. Sie sitzen den Achsen mit herablaufender Basis an und sind apikal drüsenartig verdickt. Die Sporangien sitzen lateral an den jüngeren Sproßabschnitten. Die Sporangien sind 3 bis 3,5 mm lang, ihre Stiele sind 0,5 bis 0,75 mm lang und 1 bis 1,25 mm breit und weisen Leitbündel auf. Die hierher gerechneten Vertreter aus dem deutschen Mitteldevon (Bild 18) können noch nicht mit Sicherheit dieser Species zugeordnet werden, da sie weder strukturerhalten noch mit ansitzenden

Sporangien gefunden wurden. Das Material vom locus typicus (Gaspé, Kanada) ist anatomisch bekannt.

Vorkommen: hohes Unterdevon und Mitteldevon.

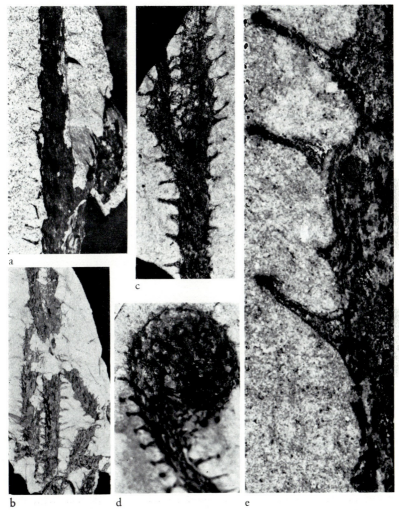

Bild 18. a: *Sawdonia ornata* HUEBER, Gaspé, Kanada, Unterdevon, Sproßstück mit Dornen; (M 3:1). b bis e: *Sawdonia* cf. *ornata* HUEBER, Hagen-Ambrock, Brandenberg-Schichten, Mitteldevon; b Übersicht (M 1:1), c (M 3:1), d (M 3:1), e (M 10:1); (b bis e Abbildungsbelege zu MUSTAFA 1977).

Gosslingia HEARD 1927:

Die Sprosse sind deutlich übergipfelt, die Seitenachsen jedoch dichotom gegabelt und leicht gebogen. Die Achsen sind glatt oder fast glatt und haben Durchmesser von etwa 2 mm (bei Strukturerhaltung). Die Stele ist eine Stylostele. Die Sporangien sind nierenförmig, etwa 1 mm lang und 2 bis 3 mm breit. Dieses Genus ist in mehreren, zur Zeit nicht näher einer Species zuzuordnenden Resten im Abdruck und auch mit erhaltener Struktur aus Deutschland bekannt. Typus-Species: *Gosslingia breconensis* HEARD 1927.

Vorkommen: Unterdevon bis Mitteldevon.

Euthursophyton MUSTAFA 1977:

Die Sprosse sind übergipfelt bis dichotom verzweigt, die Seitenachsen dichotom verzweigt und zurückgekrümmt. Die Sprosse sind spiralig mit Emergenzen besetzt. Die Sporangien sind noch nicht bekannt. Die Stele ist eine Stylostele. Typus-Species. *Euthursophyton hamperbachense* MUST. 1977.

Euthursophyton hamperbachense MUST. 1977 (Bild 19): Die im Abdruck bis zu 6 mm breiten Sprosse sind von der Basis bis zur Spitze mit etwa 5 mm langen und 0,3 mm breiten Emergenzen besetzt; diese stehen zur Sproßspitze hin lockerer. Die Stele hat mehr als 2 mm Durchmesser. Das Sproßsystem ist übergipfelt, in den apikalen Abschnitten jedoch noch dichotom. Die äußersten Sproßenden sind hakenförmig zurückgekrümmt.

Vorkommen: Mitteldevon.

Stolbergia FAIRON 1967:

Die Sprosse sind übergipfelt. An den Hauptachsen sitzen spiralig stachelförmige Abzweigungen. Die Sporangien sind noch nicht bekannt. Die Stele ist eine Stylostele. Die stachelförmigen Abzweigungen weisen Stelen auf, deren Bau dem der Hauptachsen entspricht. Typus-Species: *Stolbergia spiralis* FAIR. 1967.

---

a bis d Sproßstücke auf dem Sediment; a (M 2:1), b (M 1:1), c Ausschnitt aus b (M 4:1), d (M 2:1)
e, f Querschnitte (M 40:1)
g, h Ausschnitte aus Querschnitten (M 100:1)
i tangentialer Längsschnitt durch die Außenrinde (ar) und die Innenrinde (ir) (M 150:1)
k tangentialer Längsschnitt durch die Rinde (r) und die Stele, mit Proto- (px) und Metaxylemtracheïden (mx) (M 150:1)

Bild 19. *Euthursophyton hamperbachense* MUSTAFA, a bis c und e bis k Hagen-Ambrock, d Nachrodt, Mitteldevon (Abbildungsbelege zu MUSTAFA 1977).

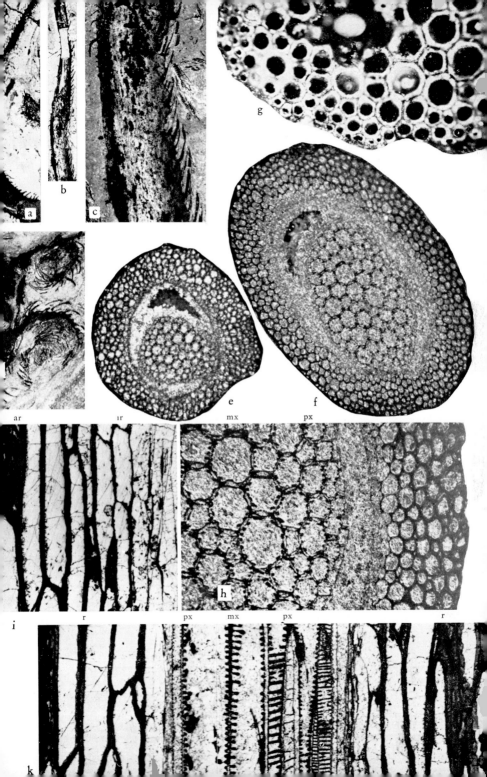

Stolbergia spiralis FAIR. 1967: Diese Species hat Durchmesser von etwa 2 mm. Die Hauptachse trägt spiralig locker stehende, etwa 2,5 mm lange, stachelförmige Seitenzweige. Diese sind an ihrer Basis in die tragende Achse eingesenkt und verlaufen parallel zu ihr; sie biegen erst in ihren Spitzenregionen spitzwinklig von der Hauptachse ab. Die stachelartigen Seitenzweige haben wie die Hauptachse eine Stylostele.
Vorkommen: Mitteldevon (Aachen).

7. Prospermatophyta

Die hier zusammengefaßten Pflanzen weisen Heterosporie mit verschiedenem Differenzierungsgrad der Megasporen zu Samensporen auf. Dabei wird auch die eusporangiate Sporangienwand verändert und von zusätzlichen Telomen eingeschlossen; die Samenanlage entsteht. Bei den Mikrosporen ist der Keimungspol noch die proximale Hemisphäre mit der Tetradenmarke. Die bei einigen Linien der Pteridospermatae der Karbon- und Permzeit verbreitete Bildung des Saccus setzt bereits im Mitteldevon bei den Protopteridiales ein. Die Stämme weisen in der Regel Sekundärxylem auf. Die assimilierenden Organe können als kleine, gegabelte, kaum spreitige Organe *(Protopteridium)*, als spreitige Blättchen in größeren Wedeln *(Archaeopteris)* oder als spreitige Solitärblätter *(Ginkgophytopsis, Eddya, Noeggerathia)* ausgebildet sein. Die Sproßreste können bis weit über einen Meter Durchmesser aufweisen *(Callixylon*-Holz mit *Archaeopteris*-Wedeln) und wie die heutigen Coniferen fast nur aus Sekundärxylem aufgebaut sein. Die Prospermatophyta in der derzeitigen Fassung bilden das evolutionäre Sammelbecken, aus dem die Sippen der Pteridospermatae und Cycadatae einerseits und die der Pinatae (Coniferae) und Ginkgoatae andererseits entstanden sind.

Der am Beispiel des Genus *Taeniocrada* besprochene und abgebildete Vorgang der Konkauleszenz (Bild 13) führte bereits im Unterdevon bei Verlust des interkalaren Streckungswachstums der Mesome sowie Einordnung der Telome in einer Ebene und ihrer parenchymatischen Verwachsung zum Palaeophyll vom Typ des *Germanophyton psygmophylloides* mit seiner typischen Fächeraderung (siehe Kapitel 11.3.1.1).

Taeniocrada ist also nur als Modell, nicht aber als Ausgangsform für das Palaeophyll zu denken. Ein weiteres Kennzeichen der Palaeophylle ist, daß sie spiralig der tragenden Achse ansitzen. Das Paelaeophyll wird, soweit bisher bekannt, nicht durch Übergipfelung vom Fächer- zum Fiederaderungsblatt weiter differenziert; es kann einige Aderkommissuren erwerben, und es kann durch Reduktion der Telomanzahl zum Nadelblatt werden.

7. Prospermatophyta

Die Primärstelen der Hauptachsen und Äste der Prospermatophyta mit palaeophyller Belaubung werden durch Konkauleszenz auf etwa 3 bis 10 vermehrt, diese Primärstelen bilden stets ein offenes Stelärsystem ohne Anastomosen. Die Gesamtanordnung der Primärstelen läßt sich als Polystele oder Eustele bezeichnen. Im Mitteldevon wird die Stele der Hauptachse durch Sekundärxylem differenziert.

Die Träger des Palaeophylls neigen zur Anordnung der fertilen Organe in strobilusartigen Bildungen. Im Mitteldevon ist diese Kombination von Merkmalen bei dem Genus *Enigmophyton*, im Oberdevon bei dem Genus *Eddya* und, in etwas differenzierter Form, mit an Astsystemen ansitzenden Palaeophyllen bei dem Genus *Archaeopteris* besonders deutlich. Die Entwicklungstendenzen dieser und anderer Genera werden von BECK, aber auch von anderen Autoren, auf Ahnen der Coniferophytina bezogen. Man könnte also aufgrund der bisher bekannten Merkmalskombinationen bereits die Grundlage für eine Unterabteilung der Proconiferophytina erkennen. Als Kriterien könnten gelten:

1. Die Gabeladerung und die bereits im Unterdevon überlieferte parenchymatische Verwachsung der in ihrem Aderungssystem nicht übergipfelten band-, fächer-, gabel- oder nadelförmigen Blätter.

2. Die stets spiralige Stellung und, damit zusammenhängend, die Bildung des „Wedels" aus Astsystemen mit echten, spiralig ansitzenden Blättchen.

3. Die nicht anastomosierende, offene Eustele in der Hauptachse, anscheinend ohne markständige Tracheiden, aber zumindest zum Teil mit spezifisch zentripetal ausbiegenden Primärstelen.

4. Das Sekundärxylem aus englumigen, gleichförmigen Tracheiden und die Anordnung der Tüpfel zu Feldern.

5. Die SANIO'schen Streifen zwischen den Tüpfelfeldern.

6. Die Markstrahlen mit Markstrahltracheiden.

7. Die Neigung zur Strobilus-Bildung bei den fertilen Organen.

Einer derart zu kennzeichnenden Unterabteilung der Proconiferophytina könnte man die Unterabteilung der Procycadophytina gegenüberstellen.

Als Kriterien könnten gelten:

1. Die Tendenz, durch extreme Übergipfelung aller Sproßelemente, über das frühevolutionäre Stadium „Raumwedel" einen echten, in allen Teilen planierten Wedel und letztlich das Großblatt zu bilden. Die parenchymatische Verwachsung setzt aufgrund der zunächst reichen Aufgliederung im Raum erst später als bei den Proconiferophytina ein.

2. Die Procycadophytina erreichen durch völlige Übergipfelung die strenge Durchfiederung bis in das Aderungssystem der Blätter und die Möglichkeit, ein geschlossenes Aderungssystem (Maschenaderung) auszubilden, das den jeweiligen ökologischen Gegebenheiten besser angepaßt werden kann.

3. Die Primärstelen der Hauptachsen und Äste sind wie bei den Proconiferophytina als Eustele oder Polystele ausgebildet, aber sie anastomosieren; außerdem bilden sich große Blattlücken. Meist sind markständige Tracheiden zu finden.

4. Das Sekundärxylem ist locker gebaut und neigt zu heterogenem Bau; es besteht aus großlumigen Tracheiden.

5. SANIO'sche Streifen werden nicht angelegt.

6. Die Markstrahlen sind breit, und die Rinde weist besondere Versteifungselemente auf *(Dictyoxylon-* bzw. *Sparganum-*Struktur).

7. Die Mikrosporangien und die Samenanlagen bleiben endständig.

Pertica, an der Wende Unter-/Mitteldevon, *Protopteridium*, aus dem Mitteldevon, und *Rhacophyton*, aus dem Oberdevon, könnten diesen Weg charakterisieren.

Die bisherige Bewertung der Psilophyta s.l. als alleinige Ausgangsgruppe und Durchgangsstadium für die Entwicklung aller höherer Landpflanzen könnte hier den Blick von anderen, für die Phylogenie wichtigen Details abgelenkt haben. Es müssen aber weitere Befunde abgewartet und ältere neu überdacht werden.

Die im Anschluß an die Prospermatophyta dargestellten Noeggerathiophyta (ZIMMERMANN 1959) könnten den Proconiferophytina als Noeggerathiophytina (S. 111) angereiht werden und würden damit ihre isolierte Stellung verlieren. Man könnte sie vielleicht als auf der Stufe der Heterosporie stehengebliebene eigene Klasse der Prospermatophyta betrachten. Man sollte das Stadium der Heterosporie bei den Prospermatophyta nicht als Stadium mit pteridophytischen Fruktifikationsorganen bezeichnen, da sonst automatisch eine taxonomische Wertung mit einfließt, denn „pteridophytisch" muß auf das allein aus der lebenden Flora hergeleitete, nicht sehr glücklich gewählte Taxon „Pteridophyta" bezogen werden. Nach unserem heutigen Wissen ist die Sporenfortpflanzung aber nur als sehr generelles, entwicklungsgeschichtlich notwendiges Organisationsstadium zu bewerten. Die Filicatae und die Hydropteridatae sind dagegen abgeleitete und eigens spezialisierte Organisationsstadien, und die Heterosporie tritt gerade bei den Farngewächsen nur untergeordnet und erst spät und parallel entwickelt auf.

7. Prospermatophyta

7.0.0.1 Cladoxylales

Die Cladoxylales sind polystele Gewächse mit bandförmigen, radiär angeordneten Einzelstelen, die in der Regel von Sekundärxylem umgeben sind. Die Cladoxylales sind in der derzeitigen Fassung eine künstliche Ordnung, die zunächst allein nach dem Aufbau der Stele im Sproßquerschnitt definiert ist. Manche Cladoxylales nähern sich in der Stellung und Ausbildung der Einzelstelen den Pteridospermatae aus der Familie der Medullosaceae. Taxonomisch werden die als Cladoxylales bezeichneten Pflanzen Prospermatophyta sehr eigener Prägung, vorwiegend aus der Entwicklungsrichtung der Procycadophytina, gewesen sein. Die assimilierenden Organe sind in Telome gegabelt und nicht parenchymatisch verwachsen. Sie werden bei der Behandlung der Species als Blätter bezeichnet. Das auf Seite 98 nach der Anordnung der Stelen im Sproßquerschnitt bei den Cladoxylales behandelte Genus *Duisbergia* könnte zu den Proconiferophytina gehören. Die bisher angenommene Zuordnung zu den Lycophyta ist nicht zu belegen.

Die Stelen der als Sammelgruppe bewerteten Cladoxylales weisen am äußeren (peripheren) Ende je eine Protoxylemgruppe auf, die zentripetal gerichtetes Metaxylem ausdifferenziert. Die Stelen können außerdem an der inneren zentripetalen Seite eine weitere Protoxylemgruppe aufweisen; beide Gruppen werden durch zentrifugal bzw. zentripetal ausdifferenziertes Metaxylem zu Xylemplatten verbunden (Bild 2 i—k). Je nach Stellung an der Gesamtpflanze können diese Stelen gestreckt bleiben oder V- bis W-förmig ausgebildet sein. Alle Cladoxylales weisen in der Rinde Steinzellennester auf. Die Genera *Calamophyton* und *Pseudosporochnus* bilden Stämme mit spiralig ansitzenden Hauptästen, die sich ihrerseits jeweils in etwa dreifacher Folge handförmig bzw. gestaucht dichotom verzweigen, so daß besenartige Astaggregate zustande kommen. Demgegenüber tragen die Vertreter des Genus *Duisbergia* die Blätter direkt an einem offensichtlich unverzweigten Stamm und haben die Wuchsform einer *Yukka* (Palmlilie).

Cladoxylon UNGER 1856:

Das Sproßsystem ist spiralig aufgebaut und polystel. Die Protoxyleme sind allseitig von Metaxylem umgeben (mesarch) und werden durch das Metaxylem zu geraden, bandförmigen oder U- bis W-förmigen Primärstelen verbunden. Die Stelen sind in den meisten Fällen von Sekundärxylem umgeben. Blätter bzw. Wedel und Fiederchen wie auch die fertilen Organe sind bisher kaum bekannt. Typus-Species: *Cladoxylon mirabile* UNG. 1856.

Cladoxylon bakrii MUST. 1977 (Bild 20): Der Stelenbau unterscheidet *Cladoxylon bakrii* deutlich von *C. scoparium*. Mehr als fünfundvierzig,

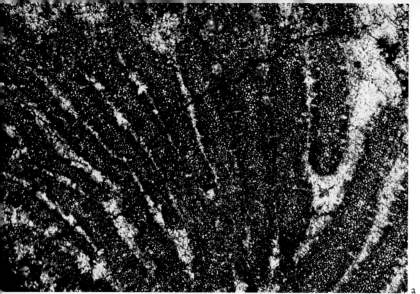

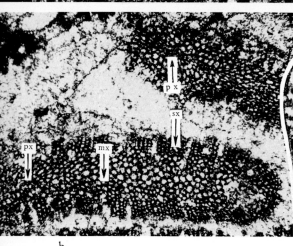

a Ausschnitt (M 20:1)
b Einzelstele mit Protoxylem (px, links), Metaxylem (mx, zentral) und umlaufendem Sekundärxylem (sx) (M 50:1)
c Querschnitt (M 5:1)

Bild 20. *Cladoxylon bakrii* MUSTAFA, Hagen-Ambrock, Brandenberg-Schichten, Mitteldevon (Abbildungsbeleg zu MUSTAFA 1977).

im Querschnitt meist bandförmige Einzelstelen mit einer peripheren Protoxylemgruppe und deutlichem Sekundärxylem stehen peripher und in streng radialer Anordnung. Sie umschließen einen Zentralbereich mit nur wenigen rundlichen bis ovalen (markständigen) Stelen.

Vorkommen: Mitteldevon.

Cladoxylon scoparium KR. et WEYL. 1926 (Bild 21): Diese Species hat abweichend von der Genusfassung und von allen anderen beschriebenen Species des Genus *Cladoxylon* Äste mit gestauchten Dichotomien. Sie sollte daher nicht im Genus *Cladoxylon* verbleiben. Die Äste sind spiralig mit ein- bis mehrmals unregelmäßig dichotom gegabelten Blättchen besetzt. Am unteren Teil der Sprosse sitzen die Blättchen locker und mit breiten Basen an. Sie sind mit 5 bis 10 mm Länge relativ kurz und gelappt. Am oberen Teil der Sprosse stehen die Blättchen dichter. Sie sind gestielt, bis 18 mm lang, stärker aufgeteilt und enden in schmalen Blattzipfeln. Die fertilen Organe sind nicht photographisch abgebildet worden. Sie sind, der Zeichnung von KRÄUSEL et WEYLAND zufolge, gestauchte Dichotomien aus vielen Sporophyllen mit endständig ansitzenden Sporangien, die das Bild eines unregelmäßigen Fächers ergeben. Stamm und Hauptäste sind polystel mit Sekundärxylem. Um einen Markraum stehen etwa zehn U-, V- und W-förmige Stelen. Die Rinde ist mit Steinzellennestern durchsetzt.

Vorkommen: Mitteldevon.

Calamophyton KRÄUSEL et WEYLAND 1926.
Die Hauptäste sitzen spiralig am Stamm. Sie sind in etagierten, gestauchten Dichotomien mehr oder weniger handförmig in Seitenäste verzweigt. Die Blättchen sitzen den Ästen unregelmäßig spiralig an und sind mehrfach dichotom gegabelt. Die Sporangien sitzen an umgewandelten, teilweise sterilen Blattorganen. Die Stele ist als Polystele ausgebildet, wobei jede Einzelstele zwei Protoxylemgruppen aufweist und von Sekundärxylem umgeben ist (Bild 2 k) Typus-Species: *Calamophyton primaevum* KR. et WEYL. 1926.

Calamophyton primaevum KR. et WEYL. 1926 (Bild 22): Die Äste sind mindestens zwei- oder dreimal etwas asymmetrisch handförmig etagiert verzweigt. Die Zweige sind spiralig mit bis dreifach dichotom gegabelten Blättern besetzt. An einzelnen Zweigen werden in den Spitzenabschnitten Sporangienstände mit gegabelten Sporangiophoren angelegt, die an drei zurückgekrümmten Abschnitten jeweils zwei Sporangien tragen und in zwei gestreckte und gegabelte sterile Abschnitte auslaufen. Stamm und Hauptäste haben mehr als 30 radial gestellte Stelen. Zumindest in den Stämmen ist das Primärxylem von Sekundärxylem umgeben. Im Zentrum

a Sproßabschnitt mit als Querstreifung erkennbaren Abdrücken von Steinzellennestern in der Rinde (M 1:1)
b Ausschnitt, Gabelblatt (M 5:1)

Bild 21. *Cladoxylon scoparium* KR. et WEYL., Kirberg bei Elberfeld, Honseler-Schichten, Mitteldevon (Abbildungsbeleg zu REMY et REMY 1959).

des Stammes bleibt ein Mark und nach außen schließt sich eine mit Steinzellennestern durchsetzte Rinde an.

Vorkommen: Mitteldevon (stratigraphische Charakterspecies).

Hyenia NATHORST 1915:
Die unverzweigten oder dichotom bis handförmig gegabelten Sprosse entspringen — laut Literatur — büschelförmig einem kräftigen, horizontalen Rhizom. Die Blätter sind mehrfach gegabelt. Typus-Species: *Hyenia sphenophylloides* NATH. 1915.

Hyenia elegans KR. et WEYL. 1926 (Bild 23): Man nimmt an, daß von einem bis 4,4 cm starken Rhizom Luftsprosse und Wurzeln abgingen, was aber bisher nicht eindeutig nachgewiesen werden konnte. Es ist nach allen Abbildungen und zugänglichen Stücken nicht auszuschließen, daß diese Rhizome den Stämmen von *Calamophyton* entsprechen und spiralig mit Ästen besetzt sind. Die Stelen lassen ebenfalls Übereinstimmung oder enge Verwandtschaft mit *Calamophyton* erwarten. Die bisher als Luftsprosse beschriebenen Sprosse wären dann als Äste zu deuten; sie sind dichotom bis zum Teil handförmig gegabelt und tragen relativ starre, unregelmäßig sprialig ansitzende Blättchen oder pseudowirtelig und locker stehende Sporangiophore. Die bis etwa 1,5 cm langen Blättchen sind bis zu viermal dichotom gegabelt. Die Sporangiophore sind etwa 5 bis 8 mm lang, einmal dichotom gegabelt, zurückgekrümmt und tragen jeweils zwei endständige Sporangien. Die Sporangien haben einen länglich elliptischen Umriß, sind etwa 2 mm lang und 0,5 mm breit.

Vorkommen: Mitteldevon.

Pseudosporochnus POTONIÉ et BERNARD 1904:
Der Stamm ist kräftig, aufrecht und mit großer Wahrscheinlichkeit wie der von *Calamophyton* spiralig verzweigt. Die Äste sind aus mehrfach etagierten, gestauchten Dichotomien zusammengesetzt. Im Gegensatz zu *Calamophyton* tragen die Äste nicht einfache, mehrfach gegabelte Blättchen, sondern wedelartige, mit unregelmäßig spiralig ansitzenden Gabelblättchen besetzte Organe. Die Sporangien sitzen an mehrfach gegabelten, blattartigen Achsen. Die Stele ist aus sehr vielen, bandförmigen Einzelstelen mit jeweils 2 polaren Protoxylemgruppen, die durch Metaxylem verbunden sind, zusammengesetzt. Sekundärxylem ist bisher nicht nachgewiesen worden. Es ist unwahrscheinlich, daß die Stämme die Äste nur apikal in einer Etage trugen, wie für *P. nodosus* angenommen. Die Stärke und der Abgangswinkel der angenommenen Luftwurzeln lassen auch eine Deutung als Basisstücke abgehender Äste zu, so daß, wenn man die Stämme um 180° dreht, normal spiralig verzweigte Stämme vorliegen würden. Typus-Species: *Pseudosporochnus krejcii* POT. et BERN. 1904.

7. *Prospermatophyta*

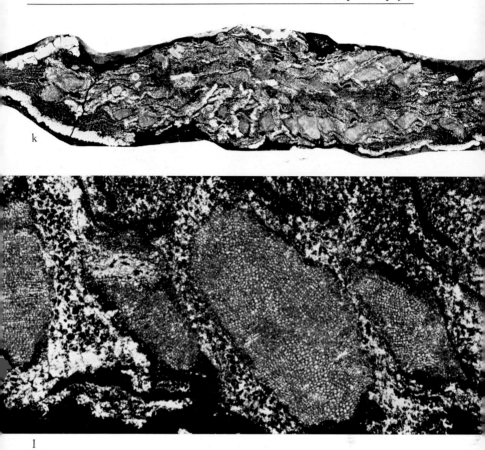

a, b, c   Aststücke (M 1:1)
d   Ausschnitt aus c (M 3:1)
e   fertile Aststücke (M 1:1)
f   Ausschnitt aus e (M 6:1), Steinzellennester deutlich sichtbar
g   Bruchstück eines fertilen Blattes (M 10:1)
h   Steinzellennester (st), quer (M 50:1)
i   Tracheide des Sekundärxylems (M 500:1)
k   Querschnitt (M 2,5:1)
l   Ausschnitt aus k (M 20:1)

Bild 22. *Calamophyton primaevum* Kr. et Weyl., Hagen-Ambrock, Brandenberg-Schichten, Mitteldevon (Abbildungsbeleg zu Mustafa 1977).

a Aststücke mit ansitzenden Blättern (M 1:1)
b einzelnes Blatt (M 4:1)
c fertile Abschnitte mit Sporangien (M 1:1)

Bild 23. *Hyenia elegans* KR. et WEYL., a und b Elberfeld, Brandenberg-Schichten, c Lindlar, Mühlenberg-Schichten, Mitteldevon (a und b Abbildungsbelege zu REMY et REMY 1959).

a Basis eines Astes (Wedels), apikal handförmig aufgegabelt und spiralig mit großen Blättern besetzt (M 1:2)
b Spitzenstück eines Wedelteils, man erkennt die Querstreifung durch Steinzellennester (M 1:1)
c Ausschnitt aus einem Achsenabdruck mit den kohlig erhaltenen Steinzellennestern (M 3:1)

Bild 24. *Pseudosporochnus verticillatus* OBRHEL; a, b, Srbsko, Böhmen, Mitteldevon; c Goë, Belgien, Mitteldevon (a und b Abbildungsbelege zu REMY et REMY 1959).

Pseudosporochnus verticillatus (al. *P. krejcii*, al. *P. nodosus*) KREJČÍ 1881) OBRHEL 1961 (Bild 24): Die höchstwahrscheinlich spiralig am Stamm ansitzenden Äste sind handförmig etagiert verzweigt. Sie sind zu palmaten Wedeln symmetrisch planiert. Die Blättchen sind bis dreimal dichotom gegabelt, bis 4,5 cm lang, bis 1 mm breit und stehen sehr dicht. Die Sporangienstände sind blattartig gegabelt und tragen endständig die orthotropen Sporangien. Die Rinde besitzt deutliche Steinzellennester. Die in der Literatur genannten Unterschiede zu *P. nodosus* sind nicht recht ersichtlich, daher werden hier beide Species zusammengefaßt.

Vorkommen: Mitteldevon (stratigraphische Charakterspecies).

Pseudosporochnus ambrockense MUST. 1977 (Bild 25): Sproß, Äste und Blättchen sind wie bei *P. verticillatus* gebaut. Die Blättchen sind bis 4 cm lang und bis 1 mm breit. Die Sporangienstände sind zweimal dichotom und dann alternierend bis pseudogegenständig gegabelt. Erst hier sitzen endständig zwei anatrope Sporangien. Es kann allerdings noch eine weitere Gabelung erfolgen, die dann erst die Sporangien trägt. Die Sporangien selbst sind im Abdruck etwa 2,5 mm lang und 1,3 mm breit. *P. ambrockense* unterscheidet sich von *P. verticillatus* durch die komplizierter aufgebauten fertilen Wedel und vor allem durch die anatrope Stellung der Sporangien.

Vorkommen: Mitteldevon.

Pseudosporochnus chlupaci OBRHEL 1959: Von dieser Species sind nur Seitenäste bekannt, an denen wechselständig 2 cm lange und fünf- bis sechsmal dichotom gegabelte Blättchen stehen. Die Blättchen sind zart und verbreitern sich recht typisch unterhalb jeder Gabelung keilförmig. Der Gesamtumriß der Blättchen ist breit keilförmig bis dreieckig.

Vorkommen: Mitteldevon (Tschechoslowakei).

Duisbergia KRÄUSEL et WEYLAND 1929:

Der Stamm ist kräftig, steht aufrecht und ist anscheinend unverzweigt. Die Blätter sitzen spiralig und in Geradzeilen direkt am Stamm; sie sind mehraderig und spreitig. Die fertilen Organe sind unbekannt. Die Stele ist als Polystele ausgebildet, wobei jede Einzelstele von Sekundärxylem umgeben ist. Typus-Species: *Duisbergia mirabilis* KR. et WEYL. 1929.

Duisbergia mirabilis KR. et WEYL. 1929 (Bild 26): Diese Species hat einen kräftigen, über 2 m hohen und anscheinend unverzweigten Stamm. Sie trägt einen starren Blattschopf aus spiralig und in Orthostichen ansitzenden Blättern (*Yukka*-Habitus). Die Blätter kennt man nicht vollständig erhalten, daher sind ihre wirkliche Umrißform, ihre Länge und ihre Breite noch nicht bekannt. Vom Sproß treten 3 Adern in das Blatt

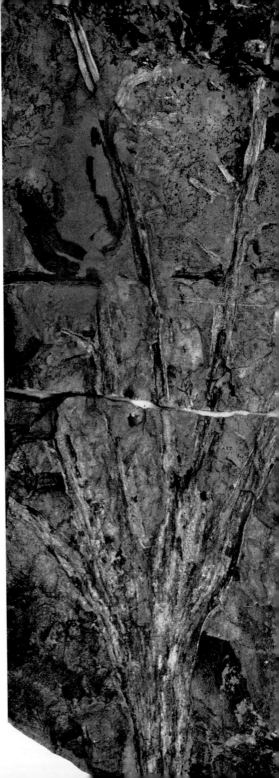

a Wedel mit handförmiger Aufgabelung und Blattbasen (M 1:1)
b Stück eines fertilen Wedels mit Sporangienträgern und anatropen Sporangien (M 2:1)

Bild 25. *Pseudosporochnus ambrockense* MUSTAFA, Hagen-Ambrock, Brandenberg-Schichten, Mitteldevon (Abbildungsbeleg zu MUSTAFA 1977).

ein und gabeln sich in rascher Folge auf. Die Blätter werden daher von vielen, parallel verlaufenden Adern durchzogen und fasern an der Spitze parallel zu den Adern auf (Vertreter der Palaeophyllen oder Parallelentwicklung der Cordaïten-Blattform). Die Gestalt und das Ansitzen der Sporangien sind noch unbekannt; die bisherigen Angaben der Literatur genügen jedenfalls nicht. Die Anatomie der Hauptachse läßt je nach Schnittlage bis mehr als 60 radial gestellte Xylemplatten mit polaren Protoxylemgruppen und kräftig entwickeltem Sekundärxylem erkennen. Innen bleibt ein sehr großer Markraum erhalten. Ob dieser Markraum ein Speicherparenchym enthielt, ist nicht bekannt; immerhin könnte *Duisbergia mirabilis* bereits Xeromorphosen aufweisen.

Vorkommen: Mitteldevon (stratigraphische Charakterspecies).

7.0.0.2 Protopteridiales

Die Protopteridiales haben je nach Genus bzw. Species lang- oder kurzarmige, diarche, triarche oder tetrarche Primärstelen mit in den Armen oder an den Enden der Arme stehenden Protoxylemgruppen (Bild 2 g). Ein kräftiges, zentrifugal ausgebildetes und typisch gymnospermenartiges Sekundärxylem rundet die Primärstelen ab. Die Markstrahlen sind sehr hoch. Die Außenrinde weist Sklerenchymelemente vom *Dictyoxylon*-Typ auf (siehe Bild 32). Die Sprosse sind dreidimensional verzweigt. Die fertilen Wedel sind komplex, die Sporangien spindelförmig mit proximalem Öffnungsmechanismus und die Mikrosporen zumindest bei einigen Genera saccat. Die assimilierenden Organe sind in Telome gegabelt und nicht parenchymatisch verwachsen. Sie werden bei der Behandlung der Species nicht ganz korrekt als Blättchen bezeichnet. Diese Blättchen stehen drei-, vier- oder vielzählig spiralig, und die ganzen Seitenauszweigungen bilden Raumwedel. Durch Übergipfelung werden diese Organe bei dem Genus *Rhacophyton* schon zu deutlichen Fiedern und Fiederchen obschon sie anscheinend noch nicht völlig planiert sind.

---

a Sproßstück mit Blattbasen (M 1:1)
b Naturmazerat einer Einzelstele mit Abgängen der foliaren Stelenteile (M 2:1)
c Querschliff, viele Einzelstelen umgeben einen zentralen Markraum (M 4:1)
d Ausschnitt einer Einzelstele, man erkennt das Protoxylem (px) mit dem anschließenden Metaxylem (mx) und dem Sekundärxylemring (sx) (M 40:1)
e Außenansicht des Stelärkörpers ohne Rinde; die Einzelstelen sind radial gestellte Längsbänder (M 1:1)

Bild 26. *Duisbergia mirabilis* KR. et WEYL., a Nachrodt, b Lindlar, c bis e Hagen-Ambrock, Brandenberg-Schichten, Mitteldevon (Abbildungsbelege zu MUSTAFA 1977).

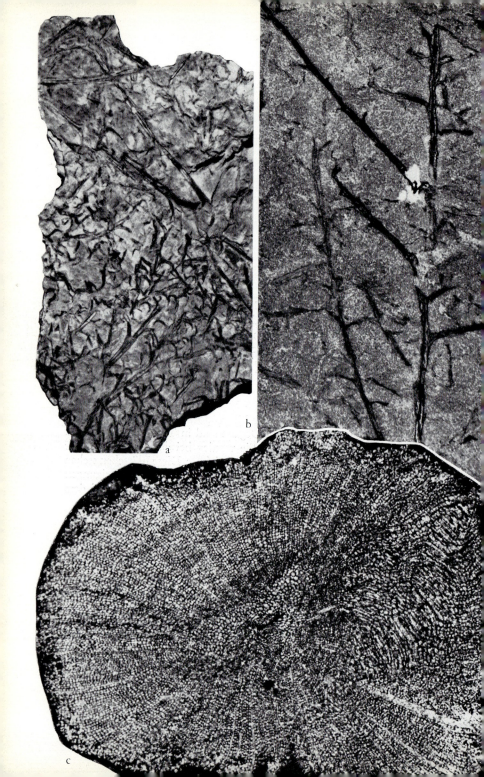

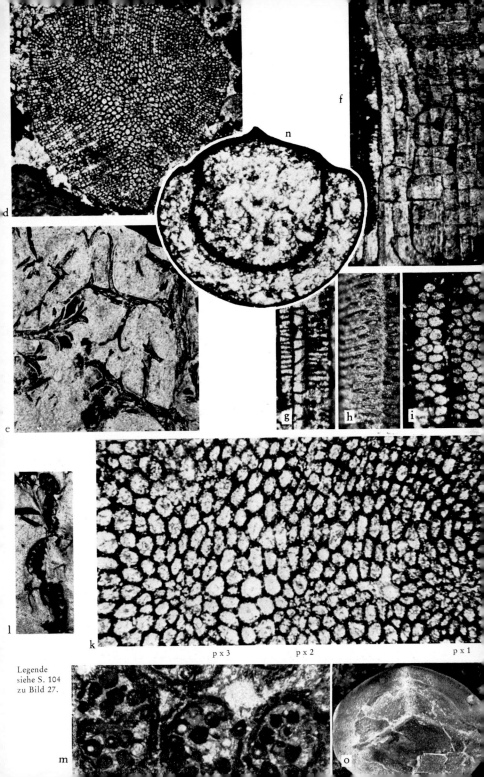

p x 3   p x 2   p x 1

Legende
siehe S. 104
zu Bild 27.

Protopteridium KREJČÍ 1880 (al. *Ptilophyton* DAWS. 1878, al. *Aneurophyton* KR. et WEYL. 1923 pars, al. *Rellimia* LECL. et BON. 1973): Die Sprosse sind dreizählig spiralig verzweigt, die Blätter sind gabelig, noch nicht spreitig abgeflacht und die Stele ist triarch mit kräftigem Sekundärxylem. Die kompliziert gebauten Mikrosporen haben einen Saccus. Neuere Untersuchungen haben ergeben, daß die Genera *Protopteridium* und *Aneurophyton* zu vereinigen sind; der gültige Name ist *Protopteridium* (siehe Anmerkung S. 414). *Protopteridium* gehört zu den ältesten busch- bis baumförmigen Pflanzen mit einem kräftig entwickelten, geschlossenen Sekundärxylem-Ring. Typus-Species: *Ptilophyton thomsonii* DAWS. 1878, *Protopteridium hostinense* KREJ. 1880, al. *P. thomsonii* KR. et WEYL. 1932.

Protopteridium thomsonii KR. et WEYL. 1932 (Bild 27): Die Sprosse sind in dreizähligem Rhythmus mit Ästen und diese mit ewa 9 mm langen und 0,5 mm breiten, einmal gegabelten Blättern besetzt; sie sind noch nicht spreitig entwickelt. Die Blätter werden in jugendlichem Zustand in einer Art Knospe von 2 Hüllorganen geschützt. Die fertilen Organe sitzen an Stelle von Blättern an getrennten Ästen. Es sind gegabelte Organe, die alternierend in drei Ordnungen von Ästchen aufgegliedert sind. Die Ästchen der letzten Ordnung tragen an ihren Enden jeweils zwei etwa 5 bis 7 mm lange, zigarrenförmige Sporangien mit einer aufgesetzten Spitze. Die 95 bis 115 μ großen Mikrosporen (Pollenkörner) haben einen Luftsack (Saccus). Die Achse hat im Querschnitt eine

---

Legende zu Bild 27 (siehe S. 103):

a, b Aststücke (M 1:1)
c Querschnitt durch den Stelärkörper einer älteren Achse mit mächtigem Sekundärxylem, im Zentrum das leicht deformierte, dreieckige Primärxylem (M 20:1)
d Querschnitt durch den Stelärkörper einer jungen Achse, der symmetrisch dreieckige Primärxylemkörper wird von Sekundärxylem ummantelt (M 25:1)
e Aststück mit einmal gegabelten Blättern (M 2:1)
f radialer Längsschnitt eines Markstrahles, links die zum Metaxylem gerichtete Seite mit den längeren, zum Teil umgebogenen Zellen, die in zentrifugaler Richtung kürzer und radial gestreckt werden (M 100:1)
g Tracheiden des Protoxylems, die mittlere sehr längsgedehnt (M 250:1)
h Tracheide des Metaxylems (M 250:1)
i Tracheide des Sekundärxylems (M 250:1)
k Ausschnitt aus d, am unteren Rand liegen drei Protoxylemgruppen (px1 bis px3), diese differenzieren radial das Metaxylem aus (M 100:1)
l Sporangienstände (M 1:1)
m einzelne Sporangien im Querschnitt (M 50:1)
n Mikrospore im Schnitt, die Tetradenmarke (Kegelspitze oben) und der gleichmäßig abgeblähte Saccus (unten bis über den Äquator) sind erkennbar (M 500:1)
o Mikrospore in proximaler Aufsicht, die fast bis an den Äquator reichende Tetradenmarke und der subpolare Ansatz des Saccus sind gut erkennbar (M 500:1)

Bild 27. *Protopteridium thomsonii* (DAWS.) KR. et WEYL.; a Kirberg, Elberfeld, Honseler Schichten, Mitteldevon; b bis o Hagen-Ambrock, Brandenberg-Schichten, Mitteldevon (Abbildungsbelege zu MUSTAFA 1975).

triarche Stele mit je nach Achsenordnung 3 bis 9 mesarchen Protoxylemgruppen, die durch Metaxylem zu einer deutlich dreieckigen Primärstele verschmolzen sind. Um diese dreieckige Primärstele wird ein einheitlicher Sekundärxylem-Zylinder gebildet, wobei die Dreiecksform abgerundet wird. Die Rinde muß kräftig entwickelt gewesen sein und war mit bandförmigen, senkrecht radial gestellten und vermaschten Sklerenchymplatten verstärkt *(Dictyoxylon-*Struktur). *Protopteridium thomsonii* besiedelte feinsandig-tonige Standorte und ist nicht auf absolut wassergetränkten Boden angewiesen gewesen. Entsprechend der inneren Differenzierung und dem Standort, bildete *P. thomsonii* echte Wurzeln aus.

Vorkommen: Mitteldevon (Europa); Mittel- und Oberdevon (Nordamerika); (stratigraphische Charakterspecies).

Tetraxylopteris BECK 1957:

Die Äste sitzen dem Stamm in dekussierter Stellung an und tragen mehrfach dichotom gegabelte Blätter. Die Sporangien sitzen an dichotom und alternierend verzweigten Systemen. Die Primärstele ist tetrarch und wird von Sekundärxylem umgeben. Typus-Species: *Tetraxylopteris schmidtii* BECK 1957.

Tetraxylopteris schmidtii BECK 1957 (Bild 28): Sowohl die Achsen als auch die fertilen Gabelsysteme und die Blättchen stehen dekussiert. Die Blättchen sind dreidimensional dichotom gegabelt. Die fertilen Organe sind wie die von *Protopteridium thomsonii* adaxial gebogen und zweimal dichotom gegabelt. Sie tragen an alternierend stehenden Elementen vierter Ordnung die Sporangien an kurzen Stielchen. Die Primärstelen sind tetrarch und haben Durchmesser von 1,5 bis 6 mm. Das Primärxylem des Stammes setzt sich aus zahlreichen bis etwa 30 mesarchen Protoxylemgruppen, Metaxylem und parenchymatischem Gewebe zusammen. Die Protoxylemgruppen sind in vier Reihen angeordnet, die in Kreuzform stehen. Ältere Achsen haben Sekundärxylem mit meist einreihigen, selten zweireihigen Markstrahlen. Die Stele der Blättchen ist rund, hat 0,2 bis 1,0 mm Durchmesser und weist 1 bis 4 Protoxylemgruppen auf. Die Außenrinde hat Sklerenchymbänder, die netzförmig verbunden sind *(Dictyoxylon-*Struktur).

Vorkommen: Mitteldevon (Europa); Oberdevon (Nordamerika).

Triloboxylon MATTEN et BANKS 1966:

Sproß und Äste sind monopodial und dreizählig spiralig verzweigt. Die Blätter sind mehrfach dichotom gegabelt. Kurzäste tragen die Sporangien. Die Primärstele ist lang dreiarmig, mit eingestreutem Grundgewebe und von Sekundärxylem umgeben. Typus-Species: *Triloboxylon ashlandicum* MATT. et BANKS 1966.

Triloboxylon ashlandicum MATT. et BANKS 1966 (Bild 29): Die Achsen sind gerade und haben bis zu 18 mm Durchmesser. Die bis zu 4 mm dicken, spitzwinkelig und spiralig ansitzenden Äste tragen in Abständen von 2 bis 12 mm spiralig ansitzende Blättchen. Diese sind etwa 10 mm lang, an der Basis etwa 1 mm breit und mehr als viermal dichotom gegabelt. Die Sporangien sitzen an zweimal dichotom gegabelten, rein fertilen „Kurzästen", die an Stelle der sterilen Äste letzter Ordnung den Ästen vorletzter Ordnung in dichter Folge „kauliflor" ansitzen.

Das Primärxylem der Achsen ist lang dreiarmig und hat einen Durchmesser von 1 bis 4 mm. Das mesarche Protoxylem bildet zahlreiche, radial bandförmig in der Mitte der Stelenarme angeordnete Gruppen, die von Metaxylem und eingestreutem Grundgewebe umgeben sind. Die Achsen erster Ordnung haben 21 bis 28, die Achsen zweiter Ordnung 3 bis 6 Protoxylemgruppen. Ältere Achsen haben kräftiges Sekundärxylem. Die Außenrinde hat gemaschte Sklerenchymstränge mit dazwischen liegendem Parenchym *(Dictyoxylon-*Struktur). Die Rinde älterer Achsen hat ein sekundäres Abschlußgewebe (Periderm).

Vorkommen: Mitteldevon (Europa); Oberdevon (Nordamerika).

Rhacophyton CRÉPIN 1875:

Der Sproß ist spiralig mit zu Wedeln planierten Ästen besetzt. Die Fiederchen sind dichotom bzw. unregelmäßig fiederig übergipfelt. Die Sporangien stehen an speziellen, komplex gebauten Ästen. Die Primärstele ist diarch und von Sekundärxylem umgeben. Typus-Species: *Rhacophyton condrusorum* CRÉP. 1875.

Rhacophyton condrusorum CRÉP. 1875 (Bild 30): Die Wedel werden bis 60 cm lang und sind mindestens zweifach gefiedert. Sie scheinen zu zweit (als Gabel) der tragenden Achse zu entspringen. Die Fieder letzter Ordnung trägt dichotom gegabelte Fiederchen; diese stehen in der Regel rechtwinklig zur Achse. Die Fiederchen sind sehr zart, so daß sie fast wie ein einfaches Adergerüst aussehen. Die Sporangien sind spindelförmig, apikal flaschenhalsförmig ausgezogen, etwa 2 mm lang und stehen in rein fertilen Ständen. Die Achsen sind durch eine diarche Stele, in den letzten Auszweigungen mit Metaxylem, in den Hauptachsen außerdem mit kräftigem Sekundärxylem gekennzeichnet. Diese Species unterscheidet sich anscheinend kaum von *R. incertum* (al. *R. ceratangium* ANDR. et PHILL. 1968) (DAWS.) KR. et WEYL. 1941 aus dem Oberdevon von Nordamerika (West Virginia).

Vorkommen: Oberdevon (stratigraphische Charakterspecies).

Rhacophyton zygopteroides LECL. 1951. Die Stämme sind bis zu 1 cm breit; an ihnen sitzen mehr oder weniger spiralig die sterilen, zweifach

Bild 28. *Tetraxylopteris schmidtii* BECK, Hagen-Ambrock, Brandenberg-Schichten, Mitteldevon; Querschnitt durch einen Ast oder jungen Sproß; die Protoxylemgruppen stehen kreuzförmig und initiieren allseitig Metaxylem (M 20:1) (Abbildungsbeleg zu MUSTAFA 1975).

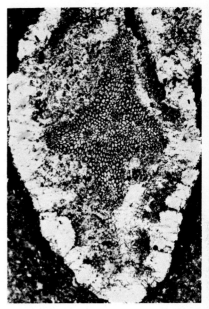

b

a Querschnitt durch einen Ast oder jüngeren Sproß, die Protoxylemgruppen stehen zu vielen auf drei Strahlen und sind radial durch Metaxylem verbunden (M 15:1)
b Längsschnitt durch das Metaxylem (M 200:1)

Bild 29. *Triloboxylon ashlandicum* MATTEN et BANKS, Hagen-Ambrock, Brandenberg-Schichten, Mitteldevon (Abbildungsbelege zu MUSTAFA 1977).

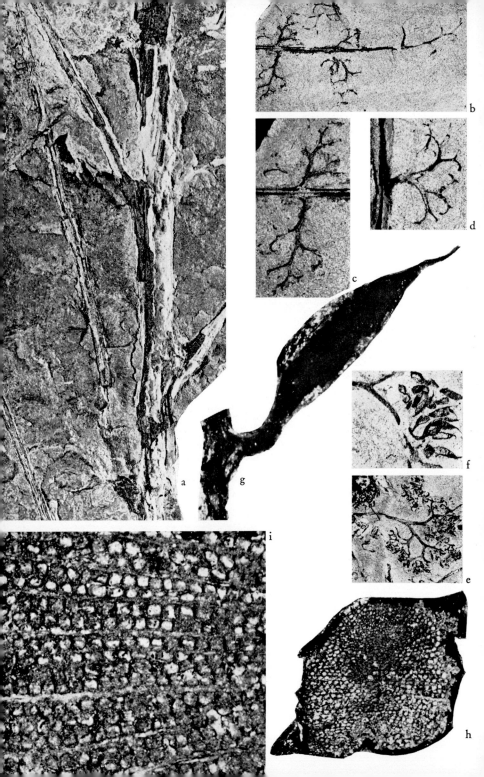

gefiederten Wedel. Die dichotom gegabelten Fiederchen neigen auffallend zur Übergipfelung. Fertile Wedel sind zweimal dichotom (diplotmematisch) gegabelt, so daß jeweils zwei längere und zwei kürzere Äste abgehen. Die basipetalen kürzeren Äste sind ihrerseits dichotom gegabelt und tragen rein fertile Aggregate, die im Aufbau des Tragesystems denen von *Protopteridium* nahestehen; die akropetalen Äste dagegen sind mit Fiederchen besetzt. Die Sporangien sind etwa 2 mm lang und spindelförmig. Die Achsen sind durch eine diarche Stele, in den letzten Auszweigungen mit Metaxylem, in den Hauptachsen außerdem mit Sekundärxylem, gekennzeichnet.

Vorkommen: Oberdevon.

7.0.0.3 Archaeopteridiales

Die Primärstelen der Archaeopteridiales stehen ringförmig angeordnet um ein Mark (Eustele); die Metaxyleme werden im wesentlichen zentripetal ausgegliedert. Dieser Primärstelenring wird nach außen von einem sehr kräftigen Sekundärxylem umgeben. Der Stamm ist typisch koniferenartig gebaut und besteht zu etwa 90 % aus Sekundärxylem (Bild 31); Stämme von bis zu 1,5 m Durchmesser sind bekannt. Die Markstrahlen sind meist niedrig und schmal, in ihnen sind Markstrahltracheïden nachgewiesen. Das Holz gehört zum *Callixylon*-Typ. Die Blätter sitzen spiralig an großen wedelartigen Astsystemen *(Archaeopteris-„Wedel")*. Die Sporangien stehen mit den Blättern gemischt, beziehungsweise sie stehen auf den Blättern, wie bei *A. macilenta*. Heterosporie ist nachgewiesen.

Archaeopteris DAWSON 1971:
Der Sproß ist spiralig mit etagierten, wedelartigen Astsystemen besetzt. Die Blättchen sitzen schief, schwach stengelumfassend an und haben eine deutliche Fächeraderung (Bild 31). Sie können einen breit keilförmigen bis rhombischen Umriß haben, sie können aber auch als kaum spreitig ausgebildetes Gabelblatt vorliegen. An den wedelartigen Astsystemen stehen zwischen den beblätterten Ästen letzter Ordnung ebenfalls noch

---

a Sproßachse (? Ast) mit Wedelstielen (M 1:1)
b, c Fieder mit streng übergipfelten Fiederchen, b (M 1:1), c (M 2:1)
d dichotomes Fiederchen aus dem basalen Abschnitt eines Wedels (M 2:1)
e, f Stücke eines fertilen Wedels mit Sporangien, e (M 1:1), f (M 2:1)
g Sporangium (M 30:1)
h Querschnitt durch eine Achse, das bandförmige Primärxylem im Zentrum ist von Sekundärxylem umgeben, die Rinde ist in Kohle umgewandelt (M 20:1)
i Ausschnitt aus dem Sekundärxylem von h (M 60:1)

Bild 30. *Rhacophyton condrusorum* CRÉPIN, Aachen, Condroz-Sandstein, Oberdevon (Abbildungsbelege zu SCHULTKA 1977).

Blättchen, die, nicht ganz richtig, als Zwischenfiederchen bezeichnet werden (vergl. S. 168, 179). Die Sporangien sind spindelförmig. Heterosporie ist nachgewiesen. Typus-Species: *Archaeopteris hibernica* (FORB.) DAWS. 1871 (Beschreibung der Laubform siehe Kap. 11).

8. Noeggerathiophyta (Noeggerathiophytina)

Die Noeggerathiophyta sind bisher vom tiefen Namur bis etwa Ende Perm nachgewiesen. Sie stehen taxonomisch isoliert und könnten sich aus den gleichen Vorfahren wie die Prospermatophyta der Archaeopteridiales-Verwandtschaft entwickelt haben; sie haben es zu einer ausgeprägten Heterosporie gebracht, haben diese Organisationsstufe aber anscheinend nie überschritten. Die Astsysteme („Wedel") sind durch schief und etwas stengelumfassend ansitzende Blättchen mit fächerförmiger Aderung gekennzeichnet. Die Wedel sitzen spiralig an dünnen Stämmen, deren Struktur und Stelenbau nicht näher bekannt ist. Die fertilen Organe sind zu zapfenartigen Ständen zusammengefaßt, es sind gestauchte Sproßseitenachsen. Die Sporophylle tragen die Sporangien in mehreren Kreisen auf ihrer Oberseite. Die Sporophylle sind infolge von interkalaren Verschiebungen und Konkauleszenz bei der Ordnung der Noeggerathiales halbkreisförmig stengelumfassend verwachsen, bei der Ordnung der Discinitales kreisförmig stengelumfassend zu Scheiben verwachsen und bei der Ordnung der Tingiales, die im euramerischen Florenbereich bisher nicht sicher nachgewiesen ist, kreuzständig ausgebildet (Beispiele für Genera und Species siehe Kap. 11). HIRMER (1940) hat auf die Übereinstimmungen von *Archaeopteris* und *Noeggerathia* hingewiesen. Sofern *Noeggerathia* Sekundärxylem ausbildet, müßte man ohne Zweifel von einer Unterabteilung Noeggerathiophytina der Prospermatophyta (vergl. S. 88) und nicht von einer eigenen Abteilung (wie ZIMMERMANN 1959) sprechen.

---

a Querschnitt durch einen Viertelsektor des Xylems vom Stamm einer *Archaeopteris*-Species (M 1:1)
b Querschnitt (M 100:1)
c Radialschnitt mit Markstrahlen (M 100:1)
d, e radialer Längsschnitt mit der genus-typischen Gruppierung der Tüpfel zu Tüpfelfeldern, d (M 200:1), e (M 400:1)
f Tangentialschnitt mit 1 bis 2 Zellen breiten und zwei bis vielen Zellen hohen Markstrahlen (M 100:1)
g Tangentialschnitt mit der unterschiedlichen Tüpfelung der tangentialen Tracheiden-Wände (M 200:1)

Bild 31. *Callixylon* cf. *whiteanum* ARNOLD, Ada, Oklahoma, Woodford Shale Formation, Oberdevon.

9. Spermatophyta

Die Samenpflanzen können krautig, strauch- oder baumförmig sein und mächtige Holzstämme ausbilden. Die Blätter sind meist großflächig, sie können als gefiederte Wedel, als flächige Blätter oder aber auch als nadelförmige Blätter ausgebildet sein. Anstelle der Megasporangien werden Samenanlagen bzw. Samen oder Früchte an zum Teil speziellen nackten Megasporophyllen gebildet. Die Stelenform ist meist die Eustele mit Sekundärxylem (Bild 2 h). Der Generationswechsel ist heteromorph, er findet als innerer, äußerlich nicht sichtbarer Generationswechsel in der Samenanlage bzw. im Pollenkorn statt. Der Sporophyt ist deutlich in die Sproßachse mit Blättern und Wurzeln gegliedert. Die Spermatophyta stammen direkt von den Prospermatophyta ab.

9.1 Cycadophytina

9.1.1 Pteridospermatae

Die Pteridospermatae haben als auffallendes äußeres Merkmal wie die Filicatae das großflächige Blatt, beziehungsweise den Wedel (Pteridophyll), zu reicher Entfaltung gebracht. Sie entwickeln Fächer-, Fieder- und einfache Maschenaderung und gehören letztlich zur Vorfahrengruppe der heute noch lebenden Cycadeen und sogar der Angiospermen. Einige Genera tragen die Samenanlagen, beziehungsweise die reifen Samen, an den Laubwedeln; in der Regel werden aber getrennte Tropo- und Sporophylle ausgebildet. Die Stämme der Pteridospermatae werden äußerlich durch kräftige Wedelbasen verstärkt; außerdem können auch Luftwurzeln auftreten. Die Pteridospermatae besitzen kurze, knollige oder auch höhere, baumförmige Stämme; außer den aufrechten Wuchsformen gibt es spreizklimmende Pflanzen. Die Geschichte der Pteridospermatae beginnt ohne Zweifel im Mitteldevon bei den Prospermatophyta; die polystelen Stämme mit Sekundärxylem, die komplizierten Sporangien und Mikrosporen sowie die mindestens seit dem Oberdevon belegten Samen lassen keine andere Deutung zu. Die heutige Definition des Samens, derzufolge der Embryo auf der Mutterpflanze vorgebildet wird, kann und muß nicht auf ältere Evolutionsstadien angewendet werden; sie wird den evolutionären Frühstadien dieser Organe nicht ganz gerecht. Ehe der Same das feste Integument erwarb, das ihn auch als Fossil kenntlich macht, wird ein Stadium der echten Samenspore, mit mehr oder weniger weichen Hüllen, eingeschaltet gewesen sein. Dieses Stadium ist aber nicht durch Abdrücke, sondern nur durch Intuskrustationen nachweisbar. Der Fortschritt in der Entwicklung der Prospermatophyta und der Pteridospermatae lag darin, daß sich diese Gewächse stärker von den Umwelteinflüssen befreien konnten. Sie konnten sich mit der Fortpflanzung durch differenzierte Samensporen oder Samen vom ständig feuchten Biotop lösen und damit die Möglichkeit der Leitbündel- und Xylemdifferenzierung wirklich ausnutzen. Für einige Pteridospermatae ist die Befruchtung durch Tiere nicht auszuschließen und die weichen, fleischigen Außenhüllen der Samen werden dazu beigetragen haben, daß auch die Verbreitung der Samen und damit die Ausweitung der Lebensräume durch Tiere erfolgte.

9.1.1.0.1 Auf Achsen und Wedel gegründete Familien

Calamopityaceae:
Die Calamopityaceae treten an der Wende vom Oberdevon zum Karbon auf. Die Achsen haben eine Eustele, wie sie in den Grundzügen im Oberdevon auch bei den Archaeopteridiales *(Callixylon)* und bei dem Genus *Eddya* auftritt. Die Calamopityaceae könnten von Protopteridiales des Mitteldevon abgeleitet werden; die vielen markständigen Tracheïden oder Tracheïdengruppen lassen die Ableitung über den Vorgang der Medullation, auch als Parenchymatisierung bezeichnet, möglich erscheinen. Die foliaren Stelen werden in ontogenetisch frühen Stadien selbständig und sind als solche auch deutlich erkennbar. Das Sekundärxylem der Achsen ist locker gebaut und klingt an die Verhältnisse bei den Lyginopteridaceae an. In die gleiche Richtung weisen auch die Organisation der außerxylematischen Gewebe und der Aufbau der gabeligen Wedelsysteme. Die fertilen Organe sind bisher nicht bekannt. Typus-Species: *Calamopitys saturni* UNGER 1856.

Lyginopteridaceae:
Die Achsen haben eine Eustele (Bild 2 h, 32). Die Rinde ist durch Sklerenchymplatten flexibel versteift *(Dictyoxylon*-Struktur, Bild 32). Im Abdruck erinnern diese Achsen an ein etwas verdrücktes, kleinpolsteriges *Lepidodendron*. Außen auf der Epidermis sitzen Trichome mit Klimm- oder Drüsenfunktion. Zu dieser Familie gehörendes, sehr kleinfiederiges Laub ist beispielsweise als „*Sphenopteris*" *hoeninghausi* bekannt (siehe Bild 98 und Kap. 11.3.2.2). Die Wedelachsen haben eine v- oder w-förmige Stele ohne Sekundärxylem; sie sind als *Rhachiopteris aspera* bekannt (Bild 32 c). Die Wedelachsen sind dichotom gegabelt, das Fußstück des Wedels trägt Fiedern; alle Achsen sind deutlich mit Trichomen besetzt. Die Samen (*Lagenostoma*-Typ) sind oval und wurden in einer sechszipfeligen Hülle (Cupula) getragen. Sie lassen im Querschnitt von außen nach innen die derbe Samenschale (Integument), das Megasporangium (Nucellus) und die Megaspore erkennen. Der Nucellus ist unten mit dem Integument verwachsen; oben ist er zu einer Pollenkammer ausgebildet. Samen mit einer Pollenkammer sind bei den heute lebenden Cycadeen zu finden. In der Pollenkammer entließen die

Mikrosporen noch bewegliche Spermien. Typus-Species: *Lyginopteris oldhamia* (BINN.) POT. 1897.

Lyginopteris oldhamia (BINN.) POT. 1897 (Bild 32): Die Stämme haben Durchmesser bis zu 5 cm. Um ein zentrales Mark mit Speicher- oder Steinzellennestern stehen 5 Protoxylemgruppen, die vorwiegend zum Zentrum Metaxylem und zur Peripherie Sekundärxylem abgeben. Zwischen den einzelnen Stelen können breitere primäre Markstrahlen verbleiben. Das Metaxylem besteht aus Treppen- bis Netztracheïden und das Sekundärxylem, welches im Alter als geschlossener Ring ausgebildet ist, besteht aus Tracheïden mit großporiger Hoftüpfelung. Das Sekundärxylem hat deutlich zu unterscheidende primäre und sekundäre Markstrahlen. Die Wedelspuren weisen zunächst Sekundärxylem auf. Sie gabeln sich noch in der Rinde des Stammes und verlieren dort das Sekundärxylem. Die Rinde der Stämme ist durch radial gestellte, untereinander gemaschte Sklerenchymplatten flexibel versteift und außen mit Trichomen besetzt, die zum Teil Drüsenköpfe tragen oder abwärts gekrümmte Kletterhaken darstellen. Die Wedelachsen haben eine v- bis w-förmige Stele ohne Sekundärxylem.

Vorkommen: höheres Namur C bis tieferes Westfal B.

Medullosaceae:

Die Achsen sind kräftig und werden wie die Stämme der Cycadeen durch dichtstehende, kräftige Wedelbasen verstärkt. Die Wuchsform der Medullosaceen war halbstamm- bis baumförmig. Die Stele ist als Polystele aus mehreren bis vielen Einzelstelen, die sekundäres Dickenwachstum aufweisen, ausgebildet (Bild 33, 34). Dieser Stelentyp könnte sich aus den bei den Protopteridiales bekannten Stelentypen durch intrastelare Medullation und Vermehrung der Anzahl der Einzelstelen oder direkt von Psilophytales, durch Vermehrung der Einzelstelen oder aus der Polystele der Cladoxylales beispielsweise aus der des Genus *Xenocladia* des Mitteldevon entwickelt haben. Die erdgeschichtlich jüngeren

---

a Zeche Westfalia bei Dortmund, Stämmchen mit *Dictyoxylon*-Struktur, Wedelachse mit Trichomen und Laub im Abdruck (M 1:1)
b Querschnitt durch einen Stamm; im Zentrum das Mark mit Steinzellennestern (schwarz), umgeben von 5 Primärstelen und einem geschlossenen Sekundärxylemring, ganz außen die Außenrinde mit den radial gestellten, sich vermaschenden Sklerenchymplatten *(Dictyoxylon*-Struktur im Abdruck) (M 3:1)
c Querschnitt durch eine Wedelachse, im Zentrum das w-förmige Xylem (schwarz), ganz außen die Baststränge der Rinde (M 6:1)

Bild 32. *Lyginopteris oldhamia* (BINN.) POT.; Ruhrkarbon, Westfal A (Abbildungsbelege zu GOTHAN et REMY 1957).

9.1 Cycadophytina

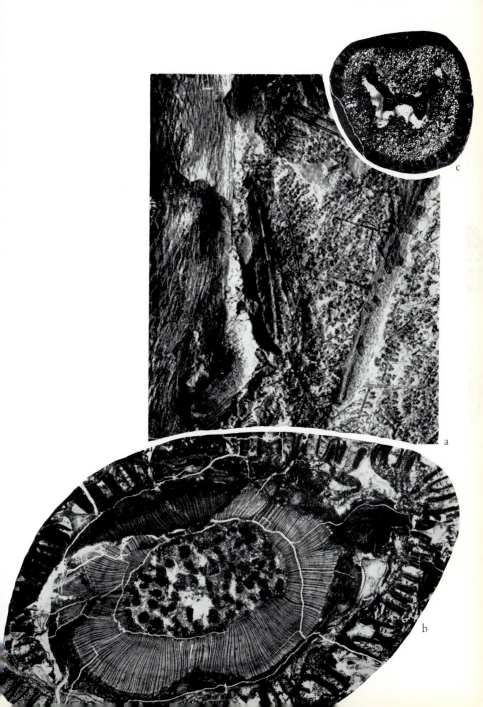

Bild 33. Medullosaceen. Die Figuren b und c sind so montiert, daß sie den Querschnitt durch eine Pflanze (a) an eben dieser Stelle zeigen (Abbildungsbelege zu GOTHAN et REMY 1957).
(Legende siehe S. 117.)

Species des Genus *Medullosa,* zum Beispiel Species des Autun, weisen um zentral stehende Einzelstelen herum zusätzlich einen dicken, mehr oder weniger geschlossenen Ring von Sekundärxylem auf (Bild 33), der von einem Ring sekundären Abschlußgewebes, dem Periderm, umschlossen wird. Die Wedelachsen *(Myeloxylon,* Bild 33 c) haben eine Ataktostele ohne Sekundärxylem; sie sind wie Monokotylenachsen, wie etwa die Palmenstämme, gebaut. Die Hauptachsen sowie die Wedelachsen und -basen werden von einer Außenrinde umgeben, in die dicht stehende Sklerenchymstränge eingelagert sind. Sie sind daher im Abdruck unregelmäßig längsgestreift *(Aulacopteris-/Sparganum*-Struktur, Bild 33 a). Die Fiederchen gehören zum *Neuropteris-, Reticulopteris-, Alethopteris-* und *Lonchopteris*-Laubtyp (Kap. 11.3.2.4 ff.). *Sutcliffia* SCOTT 1906, als eigenes Genus herausgestellte Sproßreste der Medullosaceae, trug Belaubungen vom *Reticulopteris-* (al. *Linopteris-)* Laubtyp. Der Stelärkörper besteht aus vielen, eng gedrängten Primärstelen vom *Heterangium*-Typ und wird nicht ganz richtig als eine große Zentralstele angesprochen. Die Samen sind oft von beträchtlicher Größe (bis gut 8 cm); sie hatten keine Cupula. Im Längsschnitt sind sie im Prinzip wie die von *Lyginopteris* organisiert, doch ist die Pollenkammer meist relativ klein (Bild 35 f). Das Integument ist in die harte Sklerotesta und die weiche Sarkotesta (Fruchtfleisch) differenziert. Die Sklerotesta hat meist Längsrippen, deren Anzahl zur Unterteilung in Genera benutzt wird. Die Mikrosporangien werden zu vielen vereinigt in Form von synangialen Organen ausgebildet. Am besten bekannt sind die Organisationspläne der *Whittleseyina-* (Bild 36 a, b) und *Dolerotheca*-Species. Die Pollenkörner sind sehr groß, bis fast zu einem halben Millimeter, und lassen daran denken, daß Tiere an der Befruchtung beteiligt waren. Typus-Species: *Medullosa stellata* COTTA 1832 (Bild 33 b).

Vorkommen: Namur bis Perm.

Medullosa anglica SCOTT 1899 (Bild 34): Die Stämme haben, einschließlich der ansitzenden Wedelbasen, Durchmesser von 7 bis 8 cm. Im

---

Legende zu Bild 33 (siehe S. 116):

a *Aulacopteris*, Ibbenbüren, Westfal, Flöz 2, Abdruck einer Medullosaceen-Sproßachse mit ansitzenden Wedelbasen, eine der Wedelbasen läßt gerade noch die typische Gabelung erkennen (M 1:1)

b *Medullosa* cf. *stellata* COTTA, Fundort nicht sicher bekannt (? Chemnitz), Autun, Querschnitt eines verkieselten, mit Geweben erhaltenen Sprosses, im Zentrum viele Einzelstelen mit Sekundärxylem in einem Grundgewebe, diese von einem kompakten, an einer Seite offenen Sekundärxylemring umgeben (M 0:1)

c *Myeloxylon* spec. indet., Karl-Marx-Stadt (Chemnitz), Autun, Querschnitt durch eine verkieselte, mit Geweben erhaltene Wedelachse; über den gesamten Querschnitt sind die Einzelstelen als Ataktostele verstreut (M 1:1)

d *Myeloxylon* spec. indet., Ausschnitt aus der Rindenregion (M 20:1)

Stammzentrum befinden sich drei Einzelstelen, die jeweils von Sekundärxylem umgeben sind und je nach Schnittlage bzw. Stellung zum Nodium entweder völlig getrennt oder verbunden sein können. Die Form der Einzelstelen ist im Querschnitt unregelmäßig länglich. Die drei Stelen werden von einer sekundären Rinde, dem Periderm, umgeben. Die primäre Rinde der Stämme wird von Sekretkanälen durchzogen. Die Wedelbasen *(Myeloxylon)* haben Durchmesser von etwa 4 cm; sie weisen zahlreiche Stelen auf, die über den ganzen Querschnitt verteilt sind. Wie im Stamm kommen auch hier zahlreiche Sekretkanäle vor. In der Außenrinde der Wedelbasen liegen Sklerenchymstränge.

Vorkommen: Namur C und älteres Westfal.

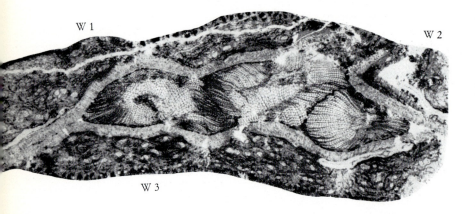

Bild 34. *Medullosa anglica* SCOTT, Essen-Werden, Ruhrkarbon, Namur C, Flöz Hauptflöz; Querschnitt mit ansitzenden Wedelbasen; der eigentliche Sproßquerschnitt ist gerundet dreieckig und weist drei sproßeigene Stelengruppen auf; das „graue Band" entspricht der Sproßrinde; nach außen folgen drei Wedelbasen (W 1 bis W 3), von denen die rechts liegende (W 2) verdrückt und nicht mehr im Bild ist; die dunkle Punktierung der Umrandung zeigt Baststränge, sie entsprechen der längsverlaufenden Baststreifung am Abdruck in Bild 33a (M 5:1).

9.1.1.0.0.1 Auf Samen gegründete Genera

Die Samen der Pteridospermatae haben meist radiärsymmetrischen Bau, nur selten sind sie bilateralsymmetrisch. Sie werden nach rein morphographischen Merkmalen am Abdruck oder aber an Hand der Anatomie den verschiedenen Genera zugeordnet.

9.1.1.0.0.1 a Radiärsymmetrische Samen:

▷ Samen mit Cupula:

a) Cupula mit einem einzigen Samen:

Die Cupulen bestehen aus etwa 4 bis 6 basal verwachsenen Hüllorganen. Die leeren Cupulen können als vier- bis sechsstrahlige Sterne auf dem Sediment liegen und sind dann leicht mit Mikrosporangien zu verwechseln.

Calymmatotheca STUR 1877 (im Abdruck erhalten):
Die Cupulen sind vier- bis sechszipfelig; durch Aufspaltung der Cupulenzipfel können weitere Zipfel entstehen. Bei einigen Species sind die Cupulen mit Drüsen besetzt (Cupulen der Samen der Lyginopteriden). Typus-Species: *Calymmatotheca stangeri* STUR 1877.

Diplotheca KIDSTON 1903 (Bild 35 a, b; im Abdruck erhalten):
Die Cupulen sind zehn- bis zwölfzipfelig, wobei jeweils zwei Zipfel zu einem gegabelten Cupulen-Telom gehören. Typus-Species: *Diplotheca stellata* KIDST. 1903.

Lagenostoma WILLIAMSON 1876 (anatomisch erhalten):
Diese Samen sind oval und sehr klein, nur wenige Millimeter lang (Samen der Lyginopteriden). Typus-Species: *Lagenostoma ovoides* WILL. 1876.

Lagenospermum NATHORST 1914 (im Abdruck erhalten):
Die Samen sind spindelförmig, klein und weisen Längsrippen auf. Typus-Species: *Lagenospermum nitidulum* (HEER) NATH. 1914.

Tyliosperma MAMAY 1954 (Bild 35 c; anatomisch erhalten):
Diese Samen sind klein und rundlich. Das Integument ist apikal in sieben Loben geteilt. Die Cupule ist in tiefe Zipfel aufgeteilt. Typus-Species: *Tyliosperma orbiculatum* MAMAY 1954.

b) Cupula mit mehreren Samen:

Gnetopsis RENAULT et ZEILLER 1884 (Bild 35 d; im Abdruck erhalten):
Diese Samen sind oval, längsgerippt, sehr klein und mit fiederigen Anhängen versehen. Typus-Species: *Gnetopsis elliptica* REN. et ZEILL. 1884

Calathospermum WALTON 1940 (Bild 35 e; anatomisch erhalten):
Große Cupulen aus sechs partiell freien Telomen enthalten viele gestielte orthotrope Samenanlagen bzw. Samen. Das Integument der Samenanlagen läuft in lange, runde Fortsätze aus, bildet also keine geschlossene Mikropyle. Die Fortsätze sind von einer Stele durchzogen;

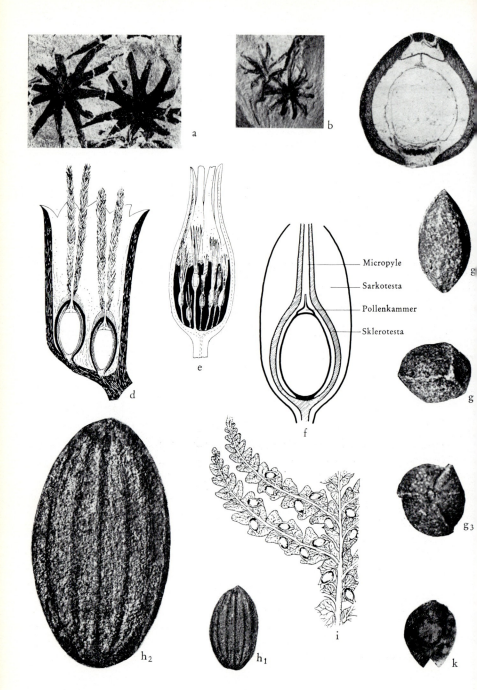

9.1 Cycadophytina

das bedeutet, daß die Cupule aus ehemals freien Telomen besteht. Der Nucellus ist in eine zunächst kuppel- und dann flaschenhalsförmige Pollenkammer ausgezogen (sogenannter Salpynx). Typus-Species: *Calathospermum scoticum* WALT. 1940.

▷ Samen ohne Cupula:

a) Samen mit Längsrippen, die Auswüchse der Sklerotesta sind:

Trigonocarpus BRONGNIART 1828 (Bild 35 g 1 bis g 3; im Abdruck erhalten):
Diese Samen sind länglich oval und bis zu mehreren Zentimetern groß. Das typische Merkmal sind drei bis sechs Längsrippen auf der Sklerotesta. Die Sarkotesta ist bei den Abdrücken als Kohlensaum an den Seiten des Samens zu erkennen. Trigonocarpen können öfter als Sedimentkerne vorliegen. Typus-Species: *Trigonocarpus parkinsoni* BRGT. 1828 (nach BRONGNIART 1874 ist *T. noeggerathi* [STERNB.] BRGT. als Typus-Species zu werten).

Pachytesta BRONGNIART 1874 (anatomisch erhalten):

Die Samen sind länglich, sehr groß und von einer sehr dicken, differenzierten Sklerotesta umgeben. Dieses Genus weist auf der Sklerotesta drei bis sechs Längsrippen auf. Es ist möglich, daß *Trigonocarpus* (Abdruck) und *Pachytesta* (strukturbietend) übereinstimmen. Typus-Species: *Pachytesta incrassata* BRGT. 1874.

Hexagonocarpus RENAULT 1890 (im Abdruck erhalten):

Diese Samen sind länglich oval und bis zu mehreren Zentimetern groß. Das typische Merkmal sind die sechs flügelartigen Längsrippen auf der Sklerotesta und die basal in mehr oder weniger deutliche Ohren ausgezogene Sarkotesta. Es handelt sich um Samen von *Paripteris* und *Linopteris*. Typus-Species: *Hexagonocarpus crassatus* REN. 1890.

---

a *Diplotheca stellata* KIDST., Segen-Gottes-Grube bei Altwasser, Schlesien, zwei Cupulen mit den typischen Doppelzipfeln (M 2:1)
b *Diplotheca stellata* KIDST., Wenzeslaus-Grube bei Neurode, Schlesien, zwei Cupulen an dem gegabelten Stiel (M 1:1)
c *Tyliosperma orbiculatum* MAMAY, Cherokee Group, Kansas, Desmoinesian, hohes Oberkarbon (nach einem von R. W. BAXTER erhaltenen Peel) (M 10:1)
d *Gnetopsis elliptica* REN. et ZEILL., Rekonstruktion aus ANDREWS 1948
e *Calathospermum scoticum* WALTON, Rekonstruktion aus ANDREWS 1948
f schematischer Längsschnitt durch einen Samen vom *Trigonocarpus*-Typ
g *Trigonocarpus* cf. *noeggerathi* (STBG.) BRGT., Recke bei Ibbenbüren, Westfal D, mit g1 Seitenansicht, g2 Spitze, g3 Basis (M 1:1)
h *Holcospermum* spec. indet. NATH., Hemer, Ziegelei Bröffel, Namur, h1 (M 1:1), h2 (M 3:1)
i *Emplectopteris triangularis* HALLE, Shansi, China, platysperme Pteridospermatae, nach HALLE
k *Samaropsis* spec. indet. (M 1:1)

Bild 35. Samen und Cupulen der Pteridospermatae.

Hexapterospermum BBRONGNIART 1874 (anatomisch erhalten):
Diese Samen sind länglich, die Sklerotesta weist sechs sehr ausgeprägte flügelartige Rippen auf. Typus-Species: *Hexapterospermum stenopterum* BRGT. 1874.

Ptychotesta BRONGNIART 1874 (anatomisch erhalten):
Diese Samen sind länglich, die Sklerotesta weist sechs Rippen auf. Typus-Species: *Ptychotesta tenuis* BRGT. 1874.

Murinicarpus STOCKMANS et WILLIÈRE 1961 (im Abdruck erhalten):
Die in diesem Genus zusammengefaßten Samen sind klein, etwa 1 cm lang, zylindrisch oval, haben drei bis sechs Längsrippen und eine fleischige Sarkotesta, die sich als Saum abzeichnet. Es sind morphographisch generell kleine Trigonocarpen. Typus-Species: *Murinicarpus andanensis* (STOCKM. et WILL.) STOCKM. et WILL. 1961.

Holcospermum NATHORST 1914 (Bild 35 h; im Abdruck erhalten):
Diese Samen sind länglich bis rundlich oval und haben etwa acht bis zwölf relativ flache Rippen. Typus-Species: *Holcospermum dubium* NATH. 1914.

Stephanospermum BRONGNIART 1874 (anatomisch erhalten):
Diese Samen sind länglich, bis etwa 2 cm lang und haben eine lang ausgezogene Mikropyle, die aus einem kragen- bis kronenartigen distalen Fortsatz der Sarkotesta herausragt. Das Genus ist auch im Abdruck erkennbar. Typus-Species: *Stephanospermum akenoides* BRGT. 1874.

Stephanoradiocarpus STOCKM. et WILL. 1961 (im Abdruck erhalten):
Diese Samen sind etwa 1,5 cm lang und gleichen denen des Genus *Stephanospermum*, die Mikropyle ragt aber nicht aus dem umlaufenden Kragen der Sklerotesta heraus. Die Samen haben Längsrippen. Typus-Species: *Stephanoradiocarpus bernissartensis* STOCKM. et WILL. 1961.

b) Samen mit Längsriefen, die nicht von Rippen der Sklerotesta herrühren:

Neurospermum ARBER 1914 (im Abdruck erhalten):
Diese Samen sind zum Teil sehr groß, zylindrisch oval und unregelmäßig längsgestreift. Die Streifung kann flexuos verlaufen; die Mikropyle kann betont sein. Diese Samen gehören zu dem Genus *Neuropteris*. Typus-Species: *Neurospermum kidstoni* ARB. 1914.

Rhabdocarpus GOEPPERT et BERGER 1848 (im Abdruck erhalten):
Diese Samen sind gedrungen und enden gerundet bis zugespitzt. Sie sind etwa haselnußförmig und weisen viele zarte Längsstreifen auf, die nicht als Sklerotestarippen, sondern als Sklerenchymstränge zu deuten sind. Die Samen haben eine sehr dicke Sarkotesta. Es ist nicht klar, ob hier wirklich ein radiärsymmetrischer Same vorliegt. Typus-Species: *Rhabdocarpus tunicatus* GOEPP. et BERG. 1848.

9.1.1.0.0.1 b Bilateralsymmetrische Samen

Samaropsis GOEPPERT 1864 (Bild 35 k; im Abdruck erhalten):
Diese Samen sind geflügelt, sehr klein, etwa 3 (5) bis 8 (7) mm groß und gehören, soweit es das Typus-Material von GOEPPERT bzw. Material von der Typus-Region betrifft, zu den Pteridospermatae. Die Samen werden von einem in der größeren Symmetrieebene umlaufenden Flügel umgeben. Der Flügel ist am Apex geteilt, wobei — wohl je nach Erhaltungszuständen — die Ränder der freien Spitzen gerade verlaufen oder zangenförmig nach innen gebogen sein können. Der Samenkörper und der Flügel sind leicht parallel gestreift. Dieses Genus wird in der Regel unkorrekt verwendet; es hat auch vor *Cornucarpus* in der Fassung von ARBER die volle Priorität. Typus-Species: *Samaropsis ulmiformis* GOEPP. 1864.

Cornucarpus ARBER 1914 (Bild 35 i; im Abdruck erhalten):
Diese Samen sind klein und abgeplattet; sie werden, soweit bisher nachgewiesen, direkt am Laub getragen. Der Umriß ist rundlich bis dreieckig-herzförmig. In der größeren Symmetrieebene kann ein Flügel um den Samen herumlaufen; nach der emendierten Diagnose von HALLE 1927 muß der Flügel aber überhaupt nicht vorhanden sein. Damit stellt HALLE in Rechnung, daß die Flügelung durch den Abdruck der Sarkotesta hervorgerufen wird. Auf jeden Fall ist der „Flügel" am reifen Samen distal in zwei spitze Hörner geteilt. Samen dieses Typs kommen bei den Genera *Dicksonites, Emplectopteris* und *Eremopteris* vor. Typus-Species: *Cornucarpus acutum* (L. et H.) ARB. 1914.

Acanthocarpus GOEPPERT 1864 (im Abdruck erhalten):
Diese Samen sind nicht oder nur sehr zart, infolge des Abdruckes der Sarkotesta, geflügelt. Sie fallen durch starre, unregelmäßig baculate (stäbchenförmige) Auswüchse der Sklerotesta auf. Diese Auswüchse sind aber nicht bei allen Erhaltungszuständen gleich deutlich; sie treten anscheinend nach Verlust der Sarkotesta besonders hervor. Dieses Genus sollte auf kleine, dreieckige, apikal zugespitzte Samen beschränkt bleiben. Typus-Species: *Acanthocarpus xanthioides* GOEPP. 1864.

9.1.1.0.0.2 Auf Mikrosporangien gegründete Genera

Whittleseya NEWBERRY 1853 (Bild 36 a, b):
Dieses Genus umfaßt hohle, becherförmige, oben offene Organe, in deren Wand zahlreiche Sporangien nebeneinander in einem Grundgewebe eingebettet sind. Es handelt sich um Mikrosporangienstände der imparipinnaten Neuropteriden und Alethopteriden. Typus-Species: *Whittleseya elegans* NEWB. 1853.

Aulacotheca HALLE 1933 (Bild 36 c, d):
Dieses Genus ähnelt *Whittleseya*, umfaßt aber kleinere und oben geschlossene Organe. Typus-Species: *Aulacotheca elongata* (KIDST. 1886 pars) HALLE 1933.

Dolerotheca HALLE 1933:
Dieses Genus beinhaltet schüssel- oder glockenförmige Organe, die bis zu mehreren Zentimetern groß werden können. Das ganze Organ ist von einem Grundgewebe erfüllt, in dem radial in Reihen ausgerichtet die Sporangien stehen. Typus-Species: *Dolerotheca fertilis* (REN. 1896) HALLE 1933.

Potoniea ZEILLER 1899 (Bild 36 e, f):
Dieses Genus umfaßt körbchenartige Organe, deren Innenraum vollständig von frei stehenden Sporangien erfüllt ist. Es handelt sich um Mikrosporangien der paripinnaten Neuropteriden. Typus-Species: *Potoniea adiantiformis* ZEILL. 1899.

9.2 Coniferophytina

Es sind baumförmige Gewächse mit monopodialem, reichlich verzweigtem Sproß. Das Sekundärxylem ist aus gleichartigen Tracheïden und schmalen Markstrahlen aufgebaut. Die Blätter haben einen dichotomen Aderungsplan; sie sind gabel- bis fächerförmig (Ginkgoatae), bandförmig (Cordaïtidae) oder nadelförmig (Pinidae = Coniferae). Die fertilen Organe sind eingeschlechtlich, die Samen meist platysperm (flach) mit einem Integument. Die Coniferophytina sind seit dem Ende des Devon nachweisbar; sie schließen sich an die Proconiferophytina des älteren Devons an (vgl. S. 87).

9.2.1 Ginkgoatae

Die Blattorgane sind Gabelblätter oder umgekehrt keilförmige bis bandförmige Blätter mit Fächer- bzw. Paralleladerung und oft symmetrischer

9.2 *Coniferophytina*

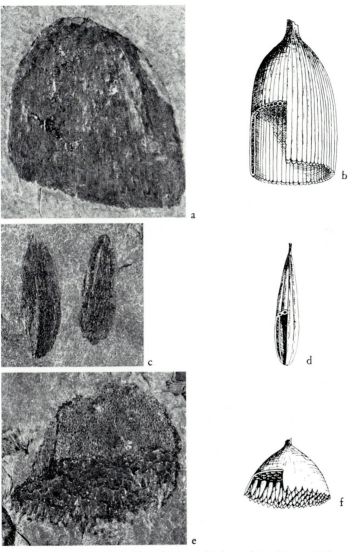

a *Whittleseya* spec. indet., Zeche Klosterbusch, Ruhrkarbon, Westfal A (M 2,5:1)
b Rekonstruktion (M etwa 1,5:1)
c *Aulacotheca* spec. indet., Grube Dechen, Saar, Westfal C (M 2,5:1)
d Rekonstruktion (M etwa 1,5:1)
e *Potoniae* spec. indet., Grube Dechen, Saar, Westfal C (M 2,5:1)
f Rekonstruktion (M etwa 1,5:1)

Bild 36. Beispiele für Mikrosporangien-Organe der Pteridospermatae.

B *Daten zur Taxonomie der terrestren Pflanzen des Erdaltertums*

Lappung. Die fertilen Organe stehen an langen Achsen in den Achseln von Tragblättern. Die Samenanlagen sind gestielt bis sitzend und nicht von sterilen Blattorganen begleitet. Die Ginkgoatae sind hohe, baumförmige Holzgewächse mit typischem Gymnospermen-Xylem.

Die phylogenetische Entwicklung der Ginkgoatae im weitesten Sinne könnte bereits im Unterdevon einsetzen. Von dieser Zeit an sind kontinuierlich Blatt- und Sproßreste überliefert, die in der Morphologie der Blätter, die spiralig an den Achsen ansitzen, an diese ursprünglichen Coniferophytina anklingen. Alle Blätter aus dem Paläophytikum stimmen darin überein, daß sie nicht in Stiel und Blattspreite gegliedert sind und breit am Sproß herablaufen. Dieses Merkmal weisen auch die aus dem Perm bekannten Blätter der als Ginkgoatae angesehenen Fossilien auf. Ab Oberdevon sind entsprechende Blätter an Sprossen mit eindeutigem Sekundärxylem nachgewiesen worden (*Eddya* BECK 1967), so daß wohl insgesamt alte Glieder der Proconiferophytina vorliegen werden. Als Beispiele für die präpermische Zeit seien einige der vielen bisher willkürlich morphographisch als eigene Genera bewerteten Vertreter aufgeführt, vgl. auch *Brandenbergia* MUST. 1975 (S. 307).

Germanophyton (al. *Prototaxites*) *psygmophylloides* (KR. et WEYL.) HØEG 1942 aus dem Unterdevon darf unseres Erachtens in die Ahnenreihe dieser Proconiferophytina aufgenommen werden. Das von KRÄUSEL et WEYLAND 1930 beschriebene und abgebildete, mehr als 30 cm lange und mehr als 18 cm breite, keilförmige und fächeraderige Blatt ist bestimmt nicht als Phylloid und das Sproßstück bestimmt nicht als Cauloid eines Algenthallus aufzufassen, was HØEG bereits 1942 deutlich zum Ausdruck bringt.

Platyphyllum peachii HØEG 1942 aus dem Mitteldevon ist bisher nur durch isolierte Blätter bekannt. Diese sind 3,5 cm lang, bis 3,5 cm breit, deutlich keilförmig und haben eine Fächeraderung. Die Blätter des Holotypus sind durch Bakterienbefall auf natürliche Weise vormazeriert, und die Leitbündel fasern daher in die einzelnen Tracheïdenstränge auf.

Enigmophyton superbum HØEG 1942 aus dem Bereich des oberen Mittelbzw. unteren Oberdevon hat bis etwa 16 cm lange und 12 cm breite, keilförmige und fächeraderige Blätter, die spiralig an Achsen mit etwa 5 mm dickem Xylemkörper ansitzen. Die dazugerechneten fertilen Organe sind zu Ständen vereinigt.

Eddya sullivanensis BECK 1967 aus dem Oberdevon sitzt an Stämmen mit eindeutigem Sekundärxylem. Die Blätter sind 4 bis 6 cm lang, 2,5 cm breit und spiralig am Sproß inseriert. Die Stellung zu den Proconiferophytina ist hier unzweifelhaft (Bild 63).

9.2 Coniferophytina

Platyphyllum majus (ARBER) HØEG 1942 aus dem Unterkarbon hat 16 cm lange, 15 cm breite, keilförmige, fächeraderige Blätter mit lobiertem Vorderrand.

Ginkgophytopsis flabellata (L. et H.) HØEG 1967 aus dem Oberkarbon hat mehr als 15 cm lange und 11 cm breite, keilförmige, fächeraderige Blätter. Sie sind leicht stengelumfassend und in spiraliger Anordnung an den Achsen ansitzend gefunden worden.

Diese Aufzählung einiger von der Blattgestalt her Ginkgoatae-artiger Fossilien vom Unterdevon an, soll darauf aufmerksam machen, daß die Coniferophytina eine phylogenetisch sehr alte und taxonomisch eventuell eigenständige Gruppe bilden. Diese alten Vertreter könnten, wenn man wollte, als die eigentlichen Proconiferophytina den übrigen Prospermatophyta gegenübergestellt werden. Die Archaeopteridiales und Verwandte wären dann ebenfalls dahin zu rechnen. Die eigenständige Phylogenie der Coniferophytina wurde bisher nicht recht beachtet, da die Psilophyta mit ihrer sehr ursprünglichen Anatomie und Morphologie und der Abwandlung durch die Übergipfelung bis in die letzten Auszweigungen des Sprosses bisher als alleinige Ausgangsgruppe aller höheren Pflanzen angesehen wurden (vgl. Kapitel 6). Man könnte annehmen, daß demgegenüber die Coniferophytina durch eine konstante, nur das tragende Sproßsystem erfassende Teilübergipfelung, also streng übergipfelte Stämme und Äste, aber nie übergipfelte fächeraderige band- bis keilförmige oder schmal lobierte bis nadelförmige Blätter, gekennzeichnet sind (vgl. Kapitel 9.2.2.2.4). Wir wissen daher bei einfachen Formen auch nicht, ob wir sie den Pinatae oder den Ginkgoatae zurechnen sollen, sofern nicht charakteristische Fruktifikationen im Zusammenhang gefunden werden. Da die Fruktifikationen der Ginkgoatae zu den einfachsten Typen gehören und auch mit ausgestorbenen Parallelentwicklungen gerechnet werden muß, herrscht auch aus dieser Sicht, trotz der Kenntnis fertiler Organe, noch große Unsicherheit. Das mag der Grund dafür sein, daß man die Geschichte der Ginkgoatae bisher erst mit dem Auftreten der Genera *Trichopitys*, *Sphenobaiera* und *Ginkgophyllum* beginnen läßt.

Trichopitys SAPORTA 1875

Nicht in Stiel und Spreitenteil gegliederte Blätter sind durch Dichotomien in einaderige, schmale und oft sehr lange Loben zerteilt. Die Blätter sitzen spiralig an den Ästen, die Samenanlagen sind sehr ursprünglich terminal gestellt. Typus-Species: *Trichopitys heteromorpha* SAPORTA 1875.

Trichopitys heteromorpha SAPORTA 1875 (Bild 37): Die Blätter sind 6 bis 10 cm lang, mehrfach sehr spitzwinkelig dichotom gegabelt und enden in 4 bis 12 etwa einen Millimeter breiten Segmenten. Die Enden sind wie gotische Bögen zugespitzt.

Vorkommen: höheres Autun und Saxon.

b Friedrichroda i. Thür., höheres Autun, Spitzenstück eines Langtriebes (M 1:1)
a Lodève, höheres Autun, Langtrieb mit Samenanlagen an den Kurztrieben (M 1:1)

Bild 37. *Trichopitys heteromorpha* SAP., (Abbildungsbelege: a zu R. FLORIN 1949, Photo Naturhist. Riksmuseum Stockholm, Sammlung École Nat. Sup. des Mines, Paris; b Sammlung Geol. Pal. Inst. Göttingen).

9.2 Coniferophytina

Bild 38. *Trichopitys gracilis* BOER. et VISS. spec., Agay, Dept. Var, Saxon, ?Thuring (M 1:1).

Trichopitys (al. *Esterella*) *gracilis* BOERSMA et VISSCHER 1969 (Bild 38): Die Blätter sind bis etwa 20 cm lang, mehrfach dichotom gegabelt und enden in 8 bis 16 nicht ganz einen Millimeter breiten Segmenten. An der Basis sind die Blätter etwa 3 Millimeter breit.
Vorkommen: Saxon und ?Thuring.

Sphenobaiera FLORIN 1936
Nicht in Stiel und Spreitenteil gegliederte Blattorgane. Sie weisen eine dichotome Hauptgabelung und ein- bis mehrfache Aufgabelung der resultierenden Loben auf. Der Gesamtumriß des Blattes ist umgekehrt keilförmig, die Aderung ist an der Basis fächerförmig gegabelt und verläuft dann parallel. Die Species gehören den mesophilen Assoziationen an. Typus-Species: *Sphenobaiera spectabilis* (NATH.) FLORIN 1936 (Jura).

Sphenobaiera digitata (BRGT.) FLORIN 1936 (Bild 39): Ein etwa 1 bis 3 cm langer Basalabschnitt gabelt sich dichotom. Die resultierenden Gabelabschnitte weisen symmetrisch anadrome Übergipfelung auf, das heißt, der Außenast der Gabelung scheint annähernd gerade durchzulaufen, während nach innen Gabeläste abgegeben werden, die sich ihrerseits gabeln, wobei neben der Dichotomie deutliche Pendelübergipfelung auftreten kann. Auf diese Weise bilden drei bis vier Gabelungen etwa 8 bis 12 Spreitenlappen. Die einzelnen Spreitenlappen bleiben bis zu ihrem stumpfen Ende parallelrandig und haben untereinander etwa dieselbe Breite; das Basalstück ist kaum breiter als die Spreitenlappen. Zur Zeit wird unter dieser Species sehr unterschiedliches Material zusammengefaßt.

Vorkommen: ?höheres Autun bis Thuring.

Bild 39. *Sphenobaiera digitata* (BRGT.) FLORIN, Rottleberode, Thuring (Kupferschiefer) (M 1:1).

9.2.2 Pinatae

Die fertilen Organe sind ursprünglich zu Blütenständen in den Achseln von Trag-(Hoch-)blättern zusammengefaßt; sie bestehen aus verkürzten Achsen mit gestielten Sporangiengruppen bzw. gestielten bis sitzenden Samenanlagen, die in der Regel von ehemaligen Tragblättern als sterilen Blattorganen begleitet werden.

9.2.2.(1) Cordaitidae

Cordaites UNGER 1850:

Die Stämme der Cordaiten wurden bis über 10 m hoch. Die Rindenoberfläche ist recht glatt. Die nach dem Abfallen der Blätter auf der Rinde sichtbaren Male sind von quergestreckter Form. Das Xylem der Stämme ist typisch koniferenartig gebaut. Im Zentrum hatten die

Stämme ein großes Mark mit Querfächerung, wie es sich heute bei verschiedenen Walnußgewächsen findet. Da das Mark bereits bei der lebenden Pflanze aufreißt und außerdem durch Zersetzung leicht zerstört wird, bilden sich bei der Fossilisation sehr charakteristische Sedimentausgüsse *(Artisia)*, die die Querriefung abpausen (Bild 40 g). Manchmal sind sie noch von einer dicken Kohlenrinde umgeben, in die der Xylemkörper und die Rinde des Stammes umgewandelt worden sind.

Das an das Mark anschließende Primärxylem ist im Vergleich zu dem anderer Hölzer breit. Es ist durch die Ring- und Spiraltracheiden des Protoxylems und die Netztracheïden des Metaxylems gekennzeichnet. Das an das Primärxylem nach außen anschließende Sekundärxylem hat araucaroid, das heißt eng bienenwabenförmig getüpfelte Tracheïden; das Holz ist als *Mesoxylon* und *Dadoxylon* bekannt. Die Wurzeln, die unter dem Genus-Namen *Amyelon* bekannt sind, weisen im Gegensatz zu den Stämmen kein Mark auf. Der zentrale Raum ist gänzlich von einem, meist vierarmigen, Primärxylem ausgefüllt. Das Sekundärxylem ist wie das der Stämme aufgebaut.

Die Blätter der Cordaiten (Bild 40 a bis d) werden meist als Bruchstücke gefunden und können daher mit den in Abdrücken ebenfalls längsgerieften Wedelachsen *(Aulacopteris,* Bild 33 a) von Neuropteriden oder Alethopteriden verwechselt werden, die aber eine dickere Kohlenschicht und gröbere Baststränge anstelle der Adern zeigen. Die Blätter sind einfach bandförmig, lanzettlich oder spatelförmig. Ihre Spitzen können stumpf, rundlich oder mehr spitz enden, manchmal sind sie lazeriert und in parallele Streifen eingerissen. Die Blattränder sind glatt. Die Blätter sind von zahlreichen, fast parallelen Adern und zwischen diesen liegenden Baststrängen durchzogen (Bild 40 d). Die Adern sind kräftig und gabeln sich gelegentlich, besonders an der Blattbasis, sehr spitzwinkelig. Die Baststränge stehen in variabler Anzahl zwischen bzw. oberhalb und unterhalb der kräftigen Adern. Die Blattoberfläche ist zwischen den Adern mit feinen Querrunzeln versehen. Die Bestimmung der Blätter ist insofern schwierig, als vollständige Blätter mit erhaltener Basis und Spitze nur selten überliefert sind. Die kürzeren Bruchstücke lassen nur wenige Merkmale wie Breite, Aderanzahl pro Millimeter und Verhältnis von Adern zu den zwischen ihnen liegenden Baststrängen erkennen. MAHESHWARI et MEYEN haben 1975 ein Ordnungsschema für Blätter, die auf die Cordaitidae bezogen werden könnten, veröffentlicht. Die wirkliche taxonomische Bestimmung ist aber nur mit Hilfe der Anatomie und der Epidermalstruktur möglich; hier fehlt aber eine grundlegende Revision.

Die Blütenstände der Cordaiten *(Cordaianthus,* Bild 40 e) saßen an den beblätterten Sproßabschnitten. Aus der Streu des verkieselten Wald-

bodens von Grand'Croix hat RENAULT bereits 1879 in Längs- und Querschnitten den Aufbau von *Cordaianthus* einschließlich der dazugehörenden Pollenkörner aufgeklärt. Die Blüten sind zweizeilig an einer gemeinsamen Achse angeordnet und stehen jeweils im Winkel eines Deck- oder Tragblattes. Die Blüten selbst bestehen aus spiralig stehenden, schuppenartigen Blättern, an einigen von ihnen werden Pollensäcke bzw. Samenanlagen ausgebildet. Die Samen der Cordaiten sind platysperm und werden, wenn sie proximal herzförmig und distal abgerundet sind, in dem Genus *Cardiocarpus* BRONGNIART 1881, wenn sie proximal herzförmig und distal zugespitzt sind in dem Genus *Cordaicarpon* (al. *Cordaicarpus*) GEINITZ 1862 und wenn sie herzförmig und im Abdruck deutlich geflügelt sind, in dem Genus *Samaropsis* GOEPPERT 1864 geführt (Bild 40 f).

Die Cordaiten treten erstmals im Laufe des Dinant auf und sind von da an bis in das höhere Autun häufig. Sie gehören zu den häufigsten baumförmigen Gewächsen der karbonischen Wälder, wobei je nach Species hygrophile bzw. bevorzugt mesophile Standorte besiedelt werden. Die Cordaiten gehören in starkem Maße zu den zonalen Assoziationen; sie können aber auch flöz- bzw. brandschieferbildend in den azonalen Assoziationen auftreten. Typus-Species: *Cordaites borassifolius* (STERNBG.) UNG. 1850.

Cordaites borassifolius (STERNBG.) UNG. 1850:
Die Blätter sind etwa 25 bis 60 cm lang und bandförmig und bis 10 cm breit. Sie sind in der Mitte etwa parallelrandig, keilen zur Spitze hin mit gebogenen Seitenrändern aus und enden in rundlich zugespitzten Enden. Sie sind paralleladerig; es wechselt stets eine dicke Ader mit einem dünnen Baststrang ab. Pro Zentimeter Blattbreite sind etwa 22 bis 33 Adern und Baststränge ausgebildet. Bei dieser Species handelt es sich um eine Sammelspecies.

Vorkommen: höheres Westfal bis Autun.

---

a Blatt vom Typ des *Cordaites principalis* (GERM.), Grube Itzenplitz, Westfal D, Saar (M 1:2)
b Blatt vom Typ des *C. principalis* GERM., Vorhalle b. Hagen, Namur B (M 1:1)
c Ausschnitt aus b (M 4:1)
d Querschnitt durch ein Blatt, x = Xylem der Adern, Sk 1 = Bast bzw. Sklerenchym zwischen den Adern, Sk 2 = Bast bzw. Sklerenchym oberhalb und unterhalb der Adern, Essen-Werden, Namur C (M 40:1)
e *Cordaianthus* spec. indet., Dortmund, Zeche Westfalia (M 1:1)
f *Cardiocarpus gutbieri* GEIN., Manebach i. Thür., Unterer Goldhelm, Autun (M 1:1), Abbildungsbeleg zu H. POTONIÉ, 1893
g *Artisia* spec. indet., Witten, Zeche Nachtigall (M 1:1)

Bild 40. Beispiele für Cordaitidae.

Cordaites principalis (GERM.) GEIN. 1855 (Bild 40 a bis c):
Die Blätter sind etwa 30 bis 90 cm lang und bandförmig und gut 5 cm breit. Die größte Breite erreichen sie im vorderen Blattdrittel. Die Spitzen sind gerundet bis abgestumpft. Die Blätter sind paralleladerig; es wechselt eine dicke Ader mit zwei bis fünf dünnen Basssträngen ab. Pro Zentimeter Blattbreite sind etwa 18 bis 22 Adern und Baststränge ausgebildet. Diese Species ist eine Sammelspecies.
Vorkommen: höheres Westfal bis Autun (ähnliche Formen bereits vom Namur an).

Dorycordaites ZEILLER 1888:
Die Blätter sind einfach, lanzettlich oder lineal lanzettlich, allgemein an der Spitze spitz und ganzrandig, aber manchmal lazeriert und in parallele Streifen eingerissen. Sie sind von zahlreichen zarten, parallelen Adern durchzogen, die alle gleich fein sind und sehr eng stehen. Die Adern gabeln sich ab und zu unter sehr spitzem Winkel und sind sehr dünn. Typus-Species: *D. palmaeformis* (GOEPP.) ZEILL. 1888 (GR. 'EURY 1877).

Dorycordaites palmaeformis (GOEPP.) ZEILL. 1888:
Die Blätter sind etwa 30 bis 60 cm lang und bandförmig und bis 5 cm breit. Sie sind in der Blattmitte am breitesten und werden zur Spitze hin nur langsam und gleichmäßig mit fast geraden Seitenrändern schmaler. Die Spitzen sind abgerundet zugespitzt. Die Blätter sind paralleladerig; die Adern sind sehr fein. Pro Zentimeter Blattbreite sind etwa 80 bis 100 Adern ausgebildet.
Vorkommen: hohes Westfal und Stefan.

Poacordaites GRAND 'EURY 1877:
Die Blätter sind einfach, schmal, lineal, sehr lang und an den Spitzen leicht verschmälert und stumpf. Sie sind von einfachen, feinen, gleichmäßigen Adern durchzogen. Typus-Species: *P. latifolius* (GOEPP. 1852) GR. 'EURY 1877.
Vorkommen: Stefan.

Titanophyllum RENAULT 1890:
Dieses Genus könnte zu den Cordaïtales gestellt werden; RENAULT stellte es zu den Cycadeen. Es sind Blätter von bis zu 75 cm Länge und bis zu 25 cm Breite bekannt. Die Blätter sind längsgestreift. Die Längsstreifung rührt, wie bei den Cordaïten, von subepidermalen Basssträngen und Leitbündeln her. Die Adern laufen streng parallel und sind nicht durch Komissuren verbunden. Typus-Species: *T. grandeuryi* REN. 1890.

9.2.2.(2) Pinidae (Coniferae)

Der heute bei den Coniferen bekannte Blütenbau mit Zapfenbildung kann von dem bei den Cordaïten bekannten abgeleitet werden. Die Coniferen des Oberkarbons und Unterperms belegen, daß die für die Coniferen so typische Zapfen-Blüte aus einem langen, zapfenförmigen Blütenstand mit radiär gebauten Einzelblüten aus sterilen und fertilen Schuppen und gegabelten Tragblättern hervorgegangen ist. Bereits im Perm bildet sich durch Reduktion, Planation und Verwachsung aus den einzelnen radiär gebauten axillären Blütenständen jeweils eine zweidimensionale Frucht- oder Samenschuppe und aus dem dazugehörenden Tragblatt die Deckschuppe. Die Blätter sind meist nadelartige Blattorgane. Im Paläophytikum sind auch Gabelblätter ausgebildet. Die Coniferen sind baumförmige Gewächse mit kräftigem Stamm und mächtigem Sekundärxylem, die gegen Ende des Oberkarbons in taxonomisch einstufbaren Vertretern nachzuweisen sind. Sie besiedelten mesophile Standorte und waren stets waldbildende Elemente. Die Coniferen umfassen Familien, deren Entwicklung auch in der Gegenwart noch nicht abgeschlossen ist. Die alte Ordnung Voltziales läßt den Weg von einem fertilen Kurzsproß zu dem Samenschuppen-Deckschuppen-Komplex der modernen Pinales verfolgen. Am Sproß und am fertilen Kurzsproß sind Gabelblätter ausgebildet.

9.2.2.2 Voltziales

9.2.2.2.1 Walchiaceae

Sie stellen die ältesten Pinidae mit Nadelblättern. Sie sind in Makroresten seit dem jüngeren Stefan vertreten. Aus dem englischen Westfal gibt A. SCOTT, 1974, Coniferenreste an (siehe Kap. 9.2.2.2.4). Die Walchiaceen sind mittelgroße Holzbäume mit monopodialem Stamm. Die Zweige saßen zu fünft bis sechst etagenförmig und waren fiederig verzweigt. Sie fielen wie die Wedel als ganzes ab. Der Holzstamm weist im Zentrum ein Mark auf; die mit Sediment gefüllten Markraumausgüsse sind als *Tylodendron* bekannt. Die mit Struktur erhaltenen Hölzer werden mit anderen ähnlich gebauten unter dem Sammelgenus *Dadoxylon* zusammengefaßt. An den Hauptachsen und in den Blütenständen saßen oft gegabelte Blätter *(Gomphostrobus*-Blattyp).

Walchia STERNBERG 1825:

Die Blättchen sind nadelförmig bis etwas dreieckig. Ihre Stomata stehen in Einzelreihen, aber in mehr als zwei Streifen, und sind längsorientiert. Die Epidermis ist mit Trichomen besetzt. Die Blättchen (Nadeln) laufen nicht an der Achse herab. Typus-Species: *Walchia filiciformis* (SCHLOTH.) STERNBG. 1825.

a   b

Bild 41. *Walchia filiciformis* (SCHLOTH.) STERNBG., Manebach, Langguthszeche, Autun; a (M 1:1), b Ausschnitt (M 3:1) (Abbildungsbeleg zu GOTHAN et REMY 1957).

Walchia filiciformis (SCHLOTH.) STERNBG. 1825 (Bild 41):
Die Blättchen sind recht starr und sitzen den Achsen fast rechtwinkelig an. Ihre Spitzen sind hakenförmig um fast 90° gekrümmt. Die Blättchen sind bis etwa 6 mm lang und etwa 1,5 mm breit.
Vorkommen: Autun (stratigraphische Charakterspecies).

Walchia germanica FLORIN 1939 (Bild 42): Die Blättchen sind starr, deutlich gekielt, fast rechtwinklig von der Achse abgespreizt und im letzten Viertel konkav, hakenförmig aufwärts gebogen. Sie sind 6 bis 10 mm lang, etwa 1,5 mm breit und laufen in eine schlanke, nadelförmige Spitze aus.
Vorkommen: höheres Autun (stratigraphische Charakterspecies).

9.2 Coniferophytina

Lebachia FLORIN 1938

Die Blättchen sind nadel- bis mehr schuppenförmig. Die Stomata sind nicht streng zur Längsachse ausgerichtet und stehen stets in zwei Streifen. Die Blättchen laufen an den Achsen herab. Typus-Species: *Lebachia piniformis* (SCHLOTH.) FLORIN 1938.

Bild 42. *Walchia germanica* FLORIN, Friedrichroda i. Thür., höheres Autun, (M 1:1) (Sammlung GEORGI, teste FLORIN 1939; Abbildungsbeleg zu REMY et REMY 1959).

137

a Löbejün b. Halle, höchstes Stefan (M 1:1)
b Oberhof i. Thür., Autun (M 1:1)

Bild 43. *Lebachia piniformis* (SCHLOTH.) FLORIN. (Abbildungsbeleg zu GOTHAN et REMY 1957).

Lebachia piniformis (SCHLOTH.) FLORIN 1938 (Bild 43): Die Blättchen sind schwach konkav bis s-förmig gekrümmt und stehen etwa parallel zur Achse. Sie sind bis etwa 7 mm lang und etwa 1 mm breit.

Vorkommen: hohes Stefan und Autun (stratigraphische Charakterspecies).

Walchia (?Lebachia) geinitzii FLORIN 1939 (Bild 44): Die Blättchen sind derb und gewölbt. Sie wirken rundlich dreieckig und sind unter spitzem Winkel spiralig an der Achse inseriert oder liegen ihr dicht an. Sie sind 2 bis 3 mm lang, 1 bis 1,5 mm breit und laufen an der Achse herab.

Vorkommen: ?höchstes Autun, Saxon (es könnte sich um eine biostratigraphische Leitspecies für das Saxon handeln).

9.2.2.2.2 Voltziaceae

Voltzia BRONGNIART 1828

Dieses Genus ist heterophyll. Die Nadeln sind oft recht lang und schmal. Die Zweige mit kurzen Nadeln sind in der Regel sehr dicht in engen Spiralen benadelt. Die Fruchtschuppe läßt noch ihre Ableitung aus dem radiären Schuppenkomplex der Walchiaceae erkennen. 5 bis 8 weitgehend verwachsene Schuppenelemente liegen in einer Ebene. Meist sind 5 sterile und 3 fertile Schuppenelemente ausgebildet. Typus-Species: *Voltzia brevifolia* BRGT. 1828 (Buntsandstein).

Pseudovoltzia FLORIN 1927

Dieses Genus ist heterophyll. Die schlanken Nadeln stehen relativ locker spiralig, was auch auf die kurzen Nadeln zutrifft. Die Fruchtschuppe ist aus 3 sterilen und 2 fertilen Schuppenelementen, die noch frei sind und nicht alle in einer Ebene liegen, zusammengesetzt. Die Deckschuppe ist ungegabelt und mit dem Fruchtschuppenkomplex basal verwachsen. Typus-Species: *P. libeana* (GEIN.) FLORIN 1927.

Pseudovoltzia libeana (GEIN.) FLORIN 1927 (Bild 45): Die Blätter stehen in einem Winkel von etwa 45° zur Achse und laufen basal deutlich an ihr herab. Ihr Umriß ist lineal, ihr Ende ist ausgeprägt zugespitzt. In der Regel nimmt die Länge der Blätter an einem Zweig zur Spitze hin zu. Insgesamt erscheinen die Zweige starr.

Vorkommen: Thuring (stratigraphische Charakterspecies).

9.2.2.2.3 Ullmanniaceae

Ob auch diese Familie zu den Voltziales zu stellen ist, ist noch fraglich.

Ullmannia GOEPPERT 1850

Diese Coniferen haben zungenförmige bis lineale Blätter, die etwas an den Achsen herablaufen und sehr dicht in deutlich spiraliger Anordnung

Bild 44. *Walchia (?Lebachia) geinitzii* FLORIN, Monte Dasdana, Voralpen, nahe Brescia, Saxon; a (M 1:1), b Ausschnitt (M 2,5:1), (Abbildungsbeleg zu CASSINIS, 1966).

9.2 Coniferophytina

Bild 45. *Pseudovoltzia libeana* (GEIN.) FLORIN, Frankenberg i. Hess., Fruchtschuppe (M 1:1).

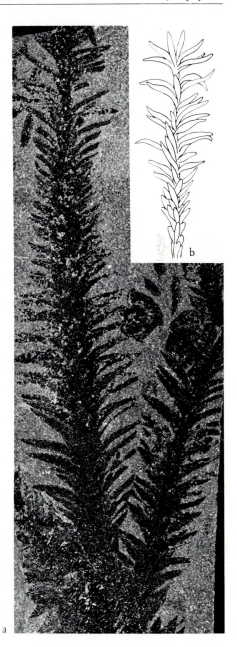

a Fundort unbekannt, Thuring (Kupferschiefer) (M 1:1)
b nach WEIGELT 1928
c *Ullmannia bronni* GOEPP., nach WEIGELT 1928

Bild 46. Beispiele für Ullmanniaceae; a und b *Ullmannia frumentaria* GEIN.

stehen. Einige Species weisen eine ausgeprägte Heterophyllie auf. Die Fruchtschuppen muten bereits recht modern an. Der aus 5 noch erkennbaren Einzelschuppen bestehende Fruchtschuppenkomplex ist zu einem einheitlichen, geschlossenen Organ verwachsen. Es wird nur noch ein Same ausgebildet. Die Deckschuppe, ursprünglich gegabelt, ist nur noch einfach und in der Regel kürzer als die Fruchtschuppe. Typus-Species: *Ullmannia bronni* GOEPP. 1850.

Ullmannia bronni GOEPP. 1850 (Bild 46 c): Die Blätter stehen sehr dicht, sie sind schuppenförmig, rundlich eiförmig bis stumpf zugespitzt und an den Spitzen zur Achse hin gekrümmt.

Vorkommen: Saxon und Thuring (stratigraphische Charakterspecies).

Ullmannia frumentaria (SCHLOTH.) GOEPP. 1850 (Bild 46 a, b): Die Blätter stehen dicht, sie sind gerade bis schwach sichelförmig gebogen, randlich etwas gezähnt und am Ende stets zugespitzt. Die Species ist im deutschen Zechstein sehr häufig und ähnelt *Pseudovoltzia*, die Blätter laufen jedoch kaum an der Achse herab und liegen enger an.

Vorkommen: Thuring (stratigraphische Charakterspecies).

Anhang

Coniferophytina unsicherer Verwandtschaft aus dem älteren Perm.

Dicranophyllum GRAND 'EURY 1877

Es sind baumförmige Gewächse. Die Blätter sind schmal, relativ starr, ein- bis zweimal gegabelt und durch sklerenchymatische Stränge längsgestreift. Sie sitzen in spiraliger Stellung auf polsterartigen Bildungen. Typus-Species: *Dicranophyllum gallicum* GR.'EURY 1877.

Dicranophyllum gallicum GR.'EURY 1877 (Bild 47): Die Blätter sind etwa 4 cm lang, 2 bis 3 mm breit und ein- bis zweimal gegabelt. Der Gabelungswinkel beträgt etwa 40°. Die Mikrosporangienstände sind zapfenartig.

Vorkommen: Stefan und Autun (stratigraphische Charakterspecies).

Dicranophyllum hallei R. et R. 1959 (Bild 48): Die durch sklerenchymatische Stränge gestreiften Blätter sind länger als 10 cm, 4 bis 5 mm breit und erst nach etwa 9 cm Länge einmal gegabelt. Der Gabelungswinkel beträgt etwa 25°. Die bis 3 cm breiten Sproßreste tragen breite, lepidodendroide Blattpolster.

Vorkommen: höheres Autun (stratigraphische Charakterspecies).

Dicranophyllum longifolium REN. 1888 bis 1890: Die Blätter sind etwa 12 cm lang, 3 mm breit und nach etwa 6 cm einmal gegabelt. Der

9.2 Coniferophytina

Bild 47. *Dicranophyllum gallicum* Gr'Eury; a und c Stockheim (M 1:1), b Oberhof i. Thür., höheres Autun (M 1:1) (ehemalige Sammlung Gimm, Elgersburg).

Gabelungswinkel beträgt etwa 3°. Die Blattpolster sind schmal spindelförmig.

Vorkommen: ?Stefan und Autun.

Carpentieria NĚMEJC et AUGUSTA 1934

Es sind baumförmige Gewächse mit großen, dicht und regelmäßig verzweigten Seitensprossen. Die Äste der letzten Ordnung tragen spiralig

Bild 48. *Dicranophyllum hallei* R. et R., Oberhof i. Thür., höheres Autun, Blätter vom Holotypus (M 2:1); die Pfeile weisen auf die Gabelung hin (Abbildungsbeleg zu R. REMY et W. REMY 1959).

inserierte, etwa 5 bis 12 mm lange Blätter, die einmal auf etwa halber Blattlänge gegabelt sind und an den Achsen herablaufen. Typus-Species: *Carpentieria marcana* NĚM. et AUG. 1934.

Die Genera *Dicranophyllum* und *Carpentieria* sowie die als *Gomphostrobus* bezeichneten Blätter der Coniferen vom *Walchia*-Typus belegen das Gabelblatt bei den Coniferophytina im älteren Perm. Das Genus *Buriadia* SEWARD et SAHNI belegt das spreitige, umgekehrt keilförmige und fächeraderige Blatt ebenfalls im Perm. Das Genus *Podozamites*, ab Ende der Trias, und die noch lebenden Podocarpaceae belegen das spreitige, bandförmige, paralleladerige Blatt. Neuere Funde könnten das Gabelblatt auch bei den Vorfahren der genannten Genera belegen und damit die Ahnenreihe der Pinidae (Coniferen) zurückverfolgen lassen. So könnten die von A. SCOTT 1974 im Westfal Englands nachgewiesenen Gabelblätter mit Merkmalen der Pinidae auf Verwandte des Genus *Carpentieria* hinweisen.

10. Filicophyta

10.0.1 Filicatae

Die Filicatae sind Sporenpflanzen, die das großflächige Pteridophyll (Wedel) zu reicher Entfaltung gebracht haben, wie auch das Bild der heute lebenden Flora zeigt. Die Sprosse sind entweder als Rhizom, als kurzer, knolliger Sproß oder als aufrechter Stamm entwickelt. Nach der Wuchsform gibt es Boden-, Baum-, Kletter-, Spreizklimmfarne und epiphytische Farne. Bei stammbildenden Species wird der Stamm durch einen Wurzelmantel versteift; man könnte daher von einem Bauplan „Wurzelmantelbaum" sprechen. Die Stelen weisen bis auf diejenigen bei einigen Ophioglossales kein Sekundärxylem auf. Die Sporangien stehen in der Regel an der Unterseite der Wedel an den Adern; sie stehen entweder einzeln oder zu mehreren in Gruppen (Sori) oder sind teilweise bzw. völlig miteinander verwachsen (Synangien). Die Wand der reifen Sporangien ist bei den heutigen Filicatae entweder mehrzellschichtig (eusporangiat) und ohne Anulus oder sie ist einzellschichtig (leptosporangiat) und mit einem Anulus versehen. Die Filicatae sind isospor, die Hydropteridatae sind heterospor und erst aus dem Mesophytikum bekannt. Aus der ohne Befruchtung auskeimenden Spore entwickelt sich ein Prothallium (= Gametophyt), das die geschlechtliche Generation der Filicatae darstellt. Die eusporangiaten Filicatae weisen autotrophe, langlebige Prothallien auf, die leptosporangiaten zumindest in der Flora der Gegenwart nur kurzlebige Prothallien. Aus den durch

Spermatozoïden befruchteten Eizellen des Prothalliums gehen dann wiederum Sporophyten hervor. Dieser äußerlich sichtbare Generationswechsel ist für alle Sporenpflanzen kennzeichnend.

Die Geschichte und die Ableitung der Filicatae ist eines der schwierigsten Kapitel der Paläobotanik. Der Bauplan des Sprosses, das Blatt als Wedel, die Stellung der Sporangien ergeben ein seit rund 350 Millionen Jahren fest geprägtes Bild, ganz gleich, ob man einen eusporangiaten oder einen leptosporangiaten Farn, einen Bodenfarn oder einen Baumfarn zugrundelegt.

Es ist nicht zu leugnen, daß die Evolution von der Isosporie über die Heterosporie zur Samenspore und zum Samen verlief. Doch das bedeutet nicht, daß die eigentlichen Filicatae im Sinne des heutigen Organisationsplanes an der Wurzel des Stammbaumes der höheren, makrophyllen Landpflanzen standen. Die Fossilien belegen vielmehr, daß — in einer Art evolutionärer Übersteuerung — bei der Besiedlung des festen Landes nicht zuerst der Organisationsplan der Filicatae fixiert wurde, sondern daß bereits mit Beginn des Mitteldevons Gewächse entstanden waren, die in der Organisation der Stelen (mit Sekundärxylem) und der Rindengewebe sowie der Sporen über die Organisationshöhe der Filicatae hinausreichen und geradlinig über prospermatophytische Linien zu den Pteridospermatae führen. Der Organisationsplan der Filicatae hat sich vom Unterdevon an entwickelt und ist erst im Oberdevon zu dem bis heute bekannten Organisationsplan fixiert worden.

Die Ordnung der Coenopteridales ist eine nur fossil bekannte Sammelgruppe, deren bisher am besten bekannte Genera Entwicklungslinien angehören, die nicht zu den Marattiales, Schizaeceae oder Osmundales des Paläophytikums führen. Der beispielsweise durch die Marattiales zu kennzeichnende und bis in die Gegenwart belegte Organisationsplan des Wurzelmantelbaumes beginnt anscheinend mit einem Stelenrohr aus bandförmigen Stelen, wie bei *Megaphyton kuhianum*. Die Ahnen müßten bei Species gesucht werden, die durch ringförmig gestellte Protoxylemgruppen mit tangentialer Metaxylemdifferenzierung, also ringförmiger Stele, zum Beispiel einer Stylostele, gekennzeichnet sind. Hier bieten sich Organisationspläne wie bei den Zosterophyllales an. Die Übereinstimmung des Wedel-, Fieder- und Fiederchenbaues belegt übrigens, daß die Pteridospermatae, die Coenopteridales und die Marattiales usw. einem gemeinsamen Genbestand entspringen. Hier fehlen uns aber bisher die Belege. Von den alten Filicatae kennen wir strukturzeigend hauptsächlich die Stämme und Wedelachsen von Genera der hygrophilen Assoziationen; es fehlen weitgehend die der mesophilen Assoziationen, die für die Differenzierung des Organisationsplanes der Filicatae eine Rolle gespielt haben werden.

10. Filicophyta

10.0.1.(1) Eusporangiate Filicatae
10.0.1.1 Coenopteridales

Der Organisationsplan der Filicatae ist vom Oberdevon bis Perm durch die keinem heute lebenden Taxon zuzuordnenden Coenopteridales vertreten. Die Coenopteridales sind von krautiger Wuchsform. Der Verzweigungsmodus ist teilweise sehr unregelmäßig und kompliziert. Die Stelen der Hauptachsen sind, je nach Genus, rund bis unregelmäßig gelappt. Typisch ist für jede Species aber die Struktur der Wedelstele, nach deren Form die Coenopteridales in Genera unterteilt werden. Die Sporangien haben mehrzellschichtige Wände und weisen einen Anulus auf. Im Unterkarbon differenzieren sich aber auch einzellschichtige Sporangien heraus, so bei *Botryopteris antiqua*, die einen transversalen Anulus aufweist.

10.0.1.1.0.1 Auf Sprosse gegründete Genera

Anachoropteris CORDA 1845

Die Stämme haben rundliche Primärstelen mit mehreren Protoxylemgruppen und eingeschaltetem Parenchym. Das Genus ist durch die im Querschnitt beidseitig und adaxial stark eingerollte Wedelstele gekennzeichnet (Bild 49). Das Laub ist sphenopteridisch mit flächiger Spreite. Als fertiles Organ stellte KUBART 1917 *Chorionopteris gleichenioides* CORDA zu *Anachoropteris*. PHILLIPS et ANDREWS 1965 fanden große Sporangienmassen, ähnlich der *Botryopteris*-Fruktifikation, im Zusammenhang mit einem *Anachoropteris*-Wedel. Typus-Species: *Anachoropteris pulchra* CORDA 1845.

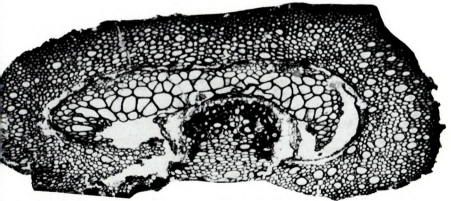

Bild 49. *Anachoropteris* spec. indet., Essen-Werden, Namur C, Querschnitt (M 20:1) (Photo HEERMANN).

Ankyropteris STENZEL 1889 (Bild 50)

Die Stämme haben mehrarmige Primärstelen mit mehreren Protoxylemgruppen und eingeschaltetem Parenchym; die genaue Lage und die Ausdehnung der Protoxylemgruppen ist heute noch nicht bekannt. Die Wedelstele ist H-förmig (Bild 50). Das Laub ist bei einigen Species sphenopteridisch mit flächiger Spreite. Typus-Species: *Ankyropteris scandens* STENZ. 1889.

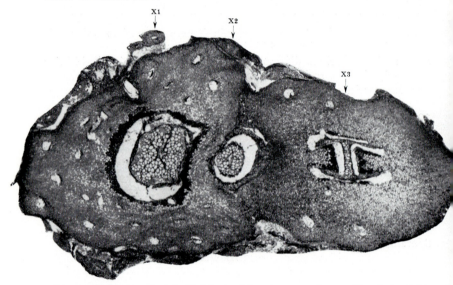

Bild 50. *Ankyropteris* (al. *Tedelea*) *glabra* BAXTER; Booneville, Ind., USA, tieferes Stefan; x_1 = Xylem des Stammes, x_2 = Xylem eines Astes noch in der Rinde des Stammes, x_3 = „H"-förmiges Xylem einer Wedelachse (M 6:1); (nach einem den Verfassern überlassenen Peel des Holotypus). Die Pfeile weisen nicht direkt bis an das Xylem, sondern nur in seine Richtung.

Botryopteris RENAULT 1875 (Bild 51)

Die Stämme haben rundliche Primärstelen mit (?einer) mehreren Protoxylemgruppen (Bild 51). Die Wedelstelen bestehen aus zwei bis drei adaxial gelegenen Protoxylemgruppen, die durch abaxiales Metaxylem asymmetrisch verbunden werden. Das Laub ist echt sphenopteridisch. Sporangienmassen von mehr als 50 000 Sporangien sitzen als große, fast kugelförmige Ansammlung an einer zweizeilig verzweigten Achse, die diese Sporangienansammlung durchzieht und an deren Enden jeweils Sori aus 5 bis 6 Sporangien sitzen. Jedes Sporangium hat einen Anulus, der vom distalen, sich verschmälernden Pol bis fast an den proximalen Pol reicht und etwa ³/₄ des Sporangienumfangs auf der distalen Hemisphäre bedeckt. Typus-Species: *Botryopteris forensis* REN. 1875.

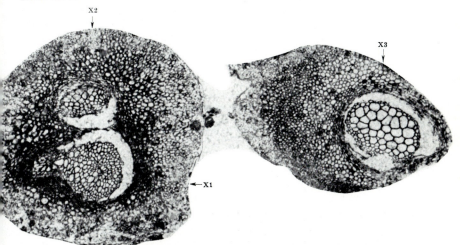

Bild 51. *Botryopteris* spec. indet.; Essen-Werden, Namur C; Querschnitt; x_1 = Xylem eines Astes bzw. Stammes, x_2 = Xylem einer Wedelachse noch in der Rinde, x_3 = Xylem einer bereits von dem Ast oder Stamm getrennten Wedelachse (M 20:1). Die Pfeile weisen nicht direkt bis an das Xylem, sondern nur in seine Richtung.

10.0.1.1.0.2 Auf Fruktifikationen gegründete Genera

Chorionopteris CORDA 1845 (?*Anachoropteris* pars CORDA 1845)
Vier, eventuell mehr, Sporangien sitzen als Sorus bzw. Synangium einer gemeinsamen Plazenta auf und sind basal schwach miteinander verwachsen; sie werden von einer gemeinsamen Hülle eingeschlossen. Typus-Species: *Chorionopteris gleichenioides* CORDA 1845.

Tedelea EGGERT et TAYLOR 1966
2 bis 7 gestielte, deutlich getrennte Sporangien sitzen zu einem Sorus vereint. Ein Anulus ist durch verdickte Zellen, die kappenförmig auf dem Sporangienscheitel liegen, angedeutet. Typus-Species. *Tedelea glabra* (BAXT.) EGG. et TAYL. 1966.

Zygopteris (CORDA 1845) SAHNI 1932
3 bis 10 Sporangien sitzen schwach gestielt zu einem Sorus vereint. Ein mehrere Zellen breiter Anulus zieht senkrecht über den Sporangienscheitel. Typus-Species: *Zygopteris primaeva* (COTTA) CORDA 1845.

Schizostachys GRAND 'EURY 1877 (al. Biscalitheca MAMAY 1957)

5 bis 9 oder mehr kurz gestielte Sporangien stehen einzeln, also ohne gemeinsame Plazenta, annähernd zweireihig an einer Mittelader ohne Spreite. Ein mehrere Zellen breiter Anulus zieht senkrecht über den Sporangienscheitel (Bild 52 a). Die Sporangien sind asymmetrisch gebaut.
Typus-Species: *Schizostachys frondosus* GR. 'EURY 1877.

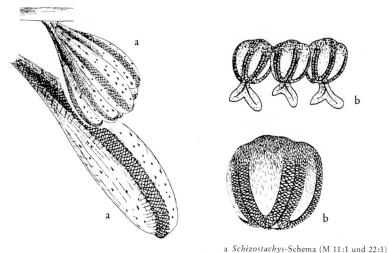

a *Schizostachys*-Schema (M 11:1 und 22:1)
b *Corynepteris*-Schema (M 12:1 und 25:1)

Bild 52. Beispiele für Sporangien der Corynepteriden.

Corynepteris BAILY 1860

4 bis 7 Sporangien sind zu einem Synangium verwachsen. Ein mehrere Zellen breiter Anulus zieht senkrecht über den Sporangienscheitel (Bild 52 b). Die Sporangien sitzen an stark modifizierten Wedelabschnitten. Typus-Species: *Corynepteris stellata* BAILY 1860.

10.0.1.2 Marattiales

Von den bis in die Gegenwart belegten Filicatae sollen die Vertreter der alten baumförmigen Marattiales etwas eingehender beschrieben werden. Es sind Wurzelmantelbäume; die Stämme werden von einem Mantel aus stammbürtigen Wurzeln verstärkt und tragen an der Spitze einen Schopf aus Wedeln. Sind die Stämme echt versteinert erhalten, werden sie in das Genus *Psaronius* gestellt (Bild 53). Diese Versteinerungen aus Torfdolomiten oder Kieselbänken lassen die Anatomie der Stämme sehr gut erkennen; sie unterscheidet sich nur unwesentlich von der der heute

Bild 53. *Psaronius* spec. indet., Karl-Marx-Stadt (Chemnitz), Autun (M 1:1).

lebenden Filicatae der entsprechenden Verwandtschaft. Liegen die Stämme dagegen als Abdrücke vor, werden sie, sofern der Wurzelmantel erhalten ist, nur selten beachtet und die Wurzeln, die sich als Längsbänderung abdrücken, werden nur selten richtig erkannt (Bild 55 a). Ist der Wurzelmantel nicht erhalten oder liegen Stücke oberhalb des Wurzelmantels vor, sind bei guter Erhaltung die Wedelmale mit den Leitbündelnarben zu erkennen. Wedelachsen mit erhaltener Struktur werden z. B. in das Genus *Stipitopteris* GRAND'EURY 1877 und das Genus *Stewartiopteris* MORGAN et DELEVORYAS 1952 gestellt. Die Wedelachsen weisen Epidermisanhänge auf (Trichome, Spreuschuppen), die auch bei Abdrücken durch die punktförmigen Abrißmale zu erkennen sind. Die Wedel der Marattiales tragen Fiederchen vom Laubform-Typus *Pecopteris*; als Tendenz ist parallel zur Synangienbildung die Verschmelzung der Fiederchen zu foliaren Fiedern im ausgehenden Karbon zu beobachten (siehe Kap. 11.3.2.3). Die Fiederchen sitzen den Achsen mit ganzer Breite an und weisen Fiederaderung auf. Die Fiederchen sind in der Anatomie typisch blattartig. Sie weisen Palisaden- und Schwammparenchym auf und sie tragen auf ihren Unterseiten die Sporangien. Die Sporangien sind ab Ende Namur zunächst als Sori, das heißt als freie Sporangiengruppen (Bild 56 a) und ab Ende Westfal auch als teilweise oder völlig verwachsene Synangien (Bild 56 b, c) ausgebildet. Ein Anulus ist in keinem Fall vorhanden.

10.0.1.2.0.1 Auf Sprosse gegründete Genera

Die in der Literatur bisher auf Marattiales bezogenen ältesten Stämme mit erhaltener Struktur stammen aus den Lower Coal Measures von England bzw. dem Namur C Deutschlands *(Psaronius renaultii* WILLIAMSON). Stämme in Sedimentkernerhaltung mit teilweise erhaltener Struktur sind von der Wende Dinant-Namur aus Deutschland bekannt *(Megaphyton kuhianum* GOEPPERT, Bild 54). Der Bauplan des Stelärkörpers stimmt bei *M. kuhianum* GOEPP. und *P. renaultii* WILL. weitgehend überein; die Stammstele ist ein geschlossener oder fast geschlossener Ring von dem zweizeilig Wedelstelen abgegeben werden (disticher *Psaronius, Megaphyton* sensu lato). Bisher werden eindeutig Laubreste der Marattiales von der Wende Namur/Westfal ab angegeben *(Asterotheca miltoni,* Bild 118). Welche anderen Wedel könnten aber auf *Psaronius renaultii* oder *Megaphyton kuhianum* bezogen werden? Hier sind Beobachtungen von CORSIN und seinen Mitarbeitern zu erwähnen, die auf Zusammenhänge von Wedeln des Genus *Senftenbergia* mit zweizeiligen Stämmen vom *Megaphyton*-Typ hinweisen, so DALINVAL 1960 bei der Bearbeitung der Pecopteriden aus Nordfrankreich (siehe S. 156, 159). Wenn die von CORSIN und DALINVAL publizierten Beobachtungen zuträfen, so müßten sich die Schizaeaceae und die Marattiaceae im Unterkarbon oder höchsten Devon aus einem gemeinsamen Ahn entwickelt haben. Man dürfte dann aber auch nicht mehr alle Megaphyten im weiteren Sinne zu den Marattiales rechnen und müßte vor allem die zu erwartende verschiedene anatomisch-histologische Differenzierung studieren und taxonomisch berücksichtigen. STIDD (1974) lehnt jede Möglichkeit, *Senftenbergia* und *Megaphyton* zu vereinigen, ab.

Psaronius COTTA 1832

Dieses Genus umfaßt echt versteinerte, strukturerhaltene Stämme und Wurzeln der Marattiales. Die Stele der Stämme besteht aus einer bis vielen breit bandförmigen Einzelstelen (stammeigene Stelen und abzweigende Wedelstelen), die gegen das Stammzentrum hin mehr oder weniger konkav gebogen sind. Die Einzelstelen können zwei-, drei-, vier- und vielzeilig angeordnet sein oder spiralig stehen. Dementsprechend stehen auch die Wedel am Stamm. Die bandförmigen Einzelstelen lassen nur selten eine deutliche Gliederung in Protoxylemgruppen und Metaxylem erkennen. Meist ist das Protoxylem bzw. seine genaue Lage nicht nachzuweisen. Nach außen folgt auf das Xylem das Phloem; eine Endodermis fehlt. Bei verschiedenen Species sind in der Rinde Sklerenchymbänder als mechanische Verstärkung eingelagert. Im Parenchym können Sekretgänge liegen. Nach außen wird der Stamm von einem Wurzelmantel eingeschlossen, der bei einigen Species sehr hoch am

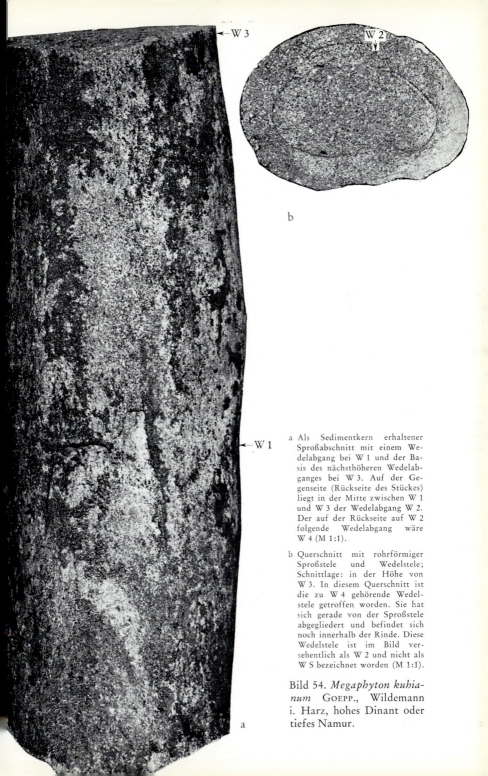

a Als Sedimentkern erhaltener Sproßabschnitt mit einem Wedelabgang bei W 1 und der Basis des nächsthöheren Wedelabganges bei W 3. Auf der Gegenseite (Rückseite des Stückes) liegt in der Mitte zwischen W 1 und W 3 der Wedelabgang W 2. Der auf der Rückseite auf W 2 folgende Wedelabgang wäre W 4 (M 1:1).

b Querschnitt mit rohrförmiger Sproßstele und Wedelstele; Schnittlage: in der Höhe von W 3. In diesem Querschnitt ist die zu W 4 gehörende Wedelstele getroffen worden. Sie hat sich gerade von der Sproßstele abgegliedert und befindet sich noch innerhalb der Rinde. Diese Wedelstele ist im Bild versehentlich als W 2 und nicht als W S bezeichnet worden (M 1:1).

Bild 54. *Megaphyton kuhianum* GOEPP., Wildemann i. Harz, hohes Dinant oder tiefes Namur.

Sproß heraufreicht. Es lassen sich eine innere, pseudoparenchymatisch verwachsene Wurzelzone und eine äußere Zone aus freien Wurzeln unterscheiden. Dies ist ein Unterschied zwischen den Marattiales-Stämmen des Paläophytikums und denen der Gegenwart, bei denen der Wurzelmantel nur aus freien Wurzeln besteht. Im übrigen sind die Struktur, die Lage der Protoxyleme und die Morphologie der Einzelstelen noch nicht genügend untersucht, so daß *Psaronius* als Sammelgenus, eventuell auch für nicht zu den Marattiales gehörende Stämme, betrachtet werden muß. Typus-Species: *Psaronius asterolithus* COTTA 1832 (Wurzel). Hilfsweise wird als Typus-Species für Stämme *P. helmintholithus* (SPRENGEL) COTTA 1832 (ANDREWS 1955 bzw. 1970) vorgeschlagen.

Caulopteris LINDLAY et HUTTON 1832

Hierunter werden Abdrücke von Stämmen mit rundlichen bis ovalen oder oval asymmetrischen, drei-, vier- und vielzeilig oder spiralig stehenden Wedelmalen zusammengefaßt. Da auch rezente Wedelmale sehr variabel sein können, ist eine echte Speciesabgrenzung schwierig. Außerdem ist zu bedenken, daß *Caulopteris* infolge unzureichender Merkmale zunächst nur als Sammelgenus, auch für nicht zu den Marattiales gehörende Stämme, aufgefaßt werden kann. Typus-Species: *Caulopteris primaeva* L. et H. 1832.

Stipitopteris GRAND 'EURY 1877

Es handelt sich hier um ungegabelte, punktierte Wedelachsen, die auf die Marattiales, z. B. vom Typ der *Asterotheca cyathea* oder *A. candolleana*, bezogen werden. Unterhalb der Rinde liegt eine mehr oder weniger geschlossene, adaxial offene, hufeisenförmige Stele; im Zentrum befindet sich eine V-förmige Stele wie auch an den Wedelnarben von *Caulopteris*. Typus-Species: *Stipitopteris aequalis* GR.'EURY 1877.

Megaphyton ARTIS 1825 (Bild 55):

Hierunter werden Abdrücke mit rundlichen bis rundlich-eckigen, meist breiteren als hohen, aber auch mehr langovalen, zweizeilig stehenden Wedelmalen zusammengefaßt. Die Leitbündelnarben in den Wedel-

---

a Grube Dechen, Saar, Stamm mit ansitzenden Wurzeln (Wurzelmantel) und durchgedrückten Wedelmalen (M 1:2)

b Dortmund, Zeche Dorstfeld (M 1:1)

c Fundort unbekannt, Sachsen, Autun, Querschnitt durch einen verkieselten Stamm mit den typischen, zweizeilig angelegten Wedelspuren und dem kräftigen Wurzelmantel (M 1:1)

Bild 55. a, b *Megaphyton* spec. indet., c *Psaronius* spec. indet. (b Abbildungsbeleg zu GOTHAN, 1953).

malen sind so verschiedenartig, daß *Megaphyton* zur Zeit nur als Sammelgenus, auch für nicht zu den Marattiales gehörende Stämme, aufgefaßt werden kann. Nach CORSIN et DALINVAL 1954, CORSIN 1955 und DALINVAL 1960 tragen die *Megaphyton*-Stämme gegabelte Wedel vom Typ der *Senftenbergia aspera, S.plumosa* und *S.pennaeformis*. Die *Megaphyton*-Wedelnarben geben nach CORSIN 1948 Hinweise auf gegabelte Wedelspuren als Anzeichen für dazugehörige, gegabelte Wedel. Im Gegensatz dazu stehen die Ansichten und Angaben von JENNINGS et EGGERT 1970, die die Stämme vom *Ankyropteris*-Typ auf *Senftenbergia* beziehen. Typus-Species: *Megaphyton frondosum* ART. 1825.

Ptychopteris CORDA 1845

Hierunter werden Stammabdrücke mit undeutlichen Wedelmalen verstanden. Es können Stücke mit aufgepreßtem Wurzelmantelanteil bzw. Wurzelnarben aber auch, je nach Auffassung der Autoren, Entrindungszustände vorliegen. Auch *Ptychopteris* ist ein Sammelgenus. Typus-Species: *Ptychopteris macrodiscus* (BRGT.) CORDA 1845.

Hagiophyton CORSIN 1947

Hierunter können Stammabdrücke vom Megaphyton-Habitus, die zweizeilig mit ungegabelten, entfernt stehenden Wedeln besetzt sind, verstanden werden. Die Wedelnarben sind länglich oval. *Hagiophyton* wird von CORSIN zu den Marattiales gerechnet. Typus-Species: nicht spezifiziert.

10.0.1.2.0.2 Auf Fruktifikationen gegründete Genera

Asterotheca PRESL (in CORDA) 1845 (al. *Asterocarpus* GOEPPERT 1836) (Bild 56 a)

4 bis 5 Sporangien sitzen napfkuchenförmig aneinandergepreßt auf einer stielartigen Plazenta. Bei der Reife können die bis zur Basis freien Sporangien auseinanderklappen, so daß eine sternförmige Figur entsteht. Die Dehiszenz erfolgt durch Längsriß an der Innenseite der Sporangien. Typus-Species: *Asterocarpus sternbergii* (GOEPP.) PRESL 1845.

Scolecopteris ZENKER 1837

3 bis 5 Sporangien sind oberhalb der Plazenta basal in ganz geringem Maße verwachsen. Typus-Species: *Scolecopteris elegans* ZENK. 1837.

Acitheca BRONGNIART 1879 (Bild 56 b)

4 bis 6 spitz ausgezogene Sporangien sind basal um eine Plazenta ver-

10. Filicophyta

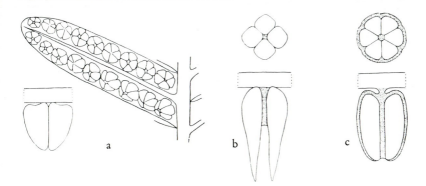

a *Asterotheca*-Schema, Aufsicht auf ein Fiederchen mit Sori und darunter Sorus im Längsschnitt
b *Acitheca*-Schema, Synangium im Quer- und Längsschnitt
c *Ptychocarpus*-Schema, Synangium im Quer- und Längsschnitt

Bild 56. Beispiele für Sporangien der Marattiales.

wachsen. Die Dehiszenz erfolgt durch partiellen Längsriß. Typus-Species: *Acitheca polymorpha* (BRGT.) SCHIMP. 1879.

Cyathotrachus WATSON 1906
4 bis 9 Sporangien sind etwa zur Hälfte basal mit der Plazenta als zentraler Säule verwachsen. Typus-Species: *Cyathotrachus altus* WATS. 1906.

Danaeites GOEPPERT 1836 (al. *Orthotheca* CORSIN 1951)
Etwa 8 bis 16 oder mehr Sporangien stehen zweireihig an der Ader. Sie sollen, zumindest partiell, an der Plazenta verwachsen sein. Typus Species: *Danaeites asplenioides* GOEPP. 1836.

Eoangiopteris MAMAY 1950
5 bis 8 Sporangien stehen zweireihig und sind basal mit der breiten, leicht aufgewölbten Plazenta verwachsen. Typus-Species: *Eoangiopteris andrewsii* MAMAY 1950.

Ptychocarpus WEISS 1869 (Bild 56 c)
6 bis 8 Sporangien sind völlig miteinander zu einem fast parallelrandigen, apikal abgerundeten Synangium verwachsen. Die Dehiszenz erfolgt durch apikale Poren. Typus-Species: *Ptychocarpus hexastichus* WEISS 1869.

10.0.1.(2) Protoleptosporangiate Filicatae

10.0.1.3 Osmundales

Diese Ordnung der Filicatae steht, gemessen an der Ontogenie und dem Bau der Sporangien, zwischen den eusporangiaten und den leptosporangiaten Filicatae; sie ist zumindest seit dem Perm in typischen Stämmen belegt. Einige Sporangien aus dem Karbon könnten für die Präsenz dieser Ordnung bereits im Westfal sprechen. Die Laubwedel sind sphenopteridisch bis pecopteridisch.

10.0.1.3.0.1 Auf Sprosse gegründete Genera

Thamnopteris BRONGNIART 1849

Diese Stämme werden recht kräftig und können einen Mantel aus ansitzenden Wedelbasen aufweisen. Im Stammzentrum liegt eine als Aktinostele angelegte Siphonostele, die ein gemischtes Mark mit großen Tracheïden aufweisen kann. Um dieses Mark folgt ein geschlossener Ring aus typischem Metaxylem mit mehreren bis vielen mesarch liegenden Protoxylemgruppen. Nach außen folgen weiter das Phloem, ein Perizykel und die Endodermis. Der Stamm wird von einer sklerenchymatischen Rinde abgeschlossen. Die Wedelbasen bzw. Wedelachsen weisen in ausgewachsenem Stadium eine hufeisenförmige bis halbmondförmige Primärstele mit mehreren adaxial liegenden Protoxylemgruppen auf. Typus-Species: *Thamnopteris schlechtendali* (EICHW.) BRGT. 1849.

Zalesskya KIDSTON et GWYNHE-VAUGHAN 1908

Diese Stämme dieses Genus sind denen von *Thamnopteris* sehr ähnlich. Typus-Species: *Zalesskya gracilis* KIDST. et GWYN.-VAUGH. 1908.

10.0.1.3.0.2 Auf Fruktifikationen gegründete Genera

Discopteris STUR 1883

50 bis 100 Sporangien bilden einen Sorus an den Aderenden. Die Sporangien haben einen aus wenigen Zellen bestehenden subpolaren, plattigen Anulus. Typus-Species: *Discopteris karwinensis* STUR 1883.

Todeopsis RENAULT 1896

Die Sporangien sind birnenförmig, kurz gestielt und weisen einen subpolaren, plattenförmigen Anulus auf. Typus-Species: *Todeopsis primaeva* REN. 1896.

10. Filicophyta

10.0.1.(3) Leptosporangiate Filicatae

Die bis in das ältere Oberkarbon zurückzuverfolgenden leptosporangiaten Filicatae machen deutlich, daß die heute als Coenopteridales zusammengefaßten Filicatae ein evolutionäres Sammelbecken sind. Die Coenopteridales haben das Sporangium mit dem Anulus als Dehiszenz in Verbindung mit dem Wedel zum Durchbruch gebracht; die leptosporangiaten Filicatae haben, unter Modifizierung der Sporangienwand, dieses Merkmal bis heute beibehalten.

10.0.1.0.1 Schizaeaceae

Über die Anatomie der Stämme oder Rhizome und der Wedelachsen der paläophytischen Schizaeaceae ist bisher nichts Genaueres bekannt; sie werden eventuell unter den bei den Marattiales genannten Genera nach eingehender Untersuchung der Anatomie und Ontogenie gefunden werden können. Von CORSIN et DALINVAL 1954, CORSIN 1955 und DALINVAL 1960 werden megaphytonartige Stämme zu den Schizaeaceae gerechnet (siehe S. 156). Die Wedel sind groß und gehören zu dem Laubform-Typus *Pecopteris* (siehe Kap. 11.3.2.3). Die Schizaeaceae sind seit dem Dinant bekannt. Von den Fruktifikationen soll nur das Genus *Senftenbergia* genannt werden.

Senftenbergia CORDA 1845

Die Sporangien dieses Genus haben einen kappenartigen, nicht wie die heutigen Schizaeaceae einen schwach subpolar gelegenen, einzellreihigen Anulus. Die Sporangien stehen einzeln beiderseits der Mittelader. Zu diesem Genus gehören z. B. die im Karbon häufige Species *Pecopteris plumosa* ART. (Bild 57 a, b) und die seltenere Species *Pecopteris pennaeformis* BRGT. (siehe Kap. 11.3.2.3). Typus-Species: *Senftenbergia elegans* CORDA 1845.

10.0.1.0.2 Gleicheniaceae

Die Rhizome bzw. Stämme und die Wedelachsen der paläophytischen Gleicheniaceae sind nicht bekannt. Die Wedel sind groß und gehören dem Laubform-Typ *Pecopteris* an (siehe Kap. 11.3.2.3); einige Species können etwas sphenopteridisch aussehen. Die Gleicheniaceae sind seit dem Westfal bekannt. Von den Fruktifikationen der paläophytischen Gleicheniaceae soll nur das Genus *Oligocarpia* genannt werden.

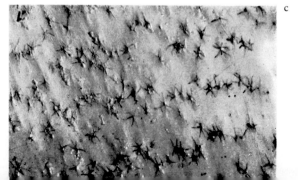

160

10. Filicophyta

Oligocarpia GOEPPERT 1841 (Bild 58)

Die Sporangien tragen, wie die der heutigen Gleicheniaceae, einen schiefliegenden Anulus und sind zu Sori aus 4 bis 6 (selten bis 17) Sporangien vereint. Das Laub ist vom sphenopteridischen oder pecopteridischen Typ, Typus-Species: *Oligocarpia gutbieri* GOEPP. 1841.

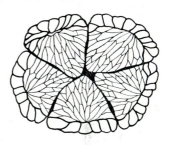

Bild 58. Schema eines Sorus vom *Oligocarpia*-Typ.

Anhang

Auswahl einiger bisher systematisch nicht einzuordnender Sporophylle von Filicatae des Paläophytikums:

Myriotheca ZEILLER 1883

Einzeln stehende Sporangien (monosporangiate Sori) bedecken sitzend, dicht gestellt und regellos verteilt die ganze Unterseite der Fiederchen. Ein Anulus ist nicht ausgebildet. Typus-Species: *Myriotheca desaillyi* ZEILL. 1883.

Sphyropteris STUR 1883 (Bild 59)

Wenige bis viele einzeln stehende Sporangien sitzen auf einer mehr oder weniger balkenartigen Verbreiterung der Spitze oder der Loben der Fiederchen. Die Sporangien haben keinen Anulus. Typus-Species: *Sphyropteris crepini* STUR 1883.

---

a An der Wedelachse die ansitzenden Aphlebien, die Achse selbst ist dicht mit sternförmigen Trichomen (c) besetzt (M 1:1)
b Schema eines Sporangiums vom *Senftenbergia*-Typ mit dem kappenförmigen Anulus
c sternförmige Trichome (M etwa 10:1)

Bild 57. *Pecopteris plumosa* ART., Grube Itzenplitz, Saar, Westfal D, Ausschnitt aus einem Wedel.

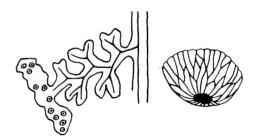

Bild 59. Schema des Ansitzens der Sporangien vom *Sphyropteris*-Typ, daneben einzelnes Sporangium.

Urnatopteris KIDSTON 1884 (Bild 60)

Die Sporangien stehen alternierend zweizeilig an einem fiederigen Achsengerüst; sie sind nicht zu Sori vereinigt. Ein Anulus ist nicht vorhanden. Der sporangientragende Wedelteil ist gegenüber dem Laubwedel völlig umgewandelt. Typus-Species: *Urnatopteris tenella* KIDST. 1884.

Bild 60. Schema des Ansitzens der Sporangien vom *Urnatopteris*-Typ.

Renaultia ZEILLER 1883 (Bild 61)

Die Sporangien stehen einzeln oder zu zweien bis vielen an den Enden von Seitenadern. Die Sporangien sind rundlich eiförmig, ohne Anulus und ohne jegliche andere Zellverdickung. Typus-Species: *Renaultia chaerophylloides* (BRGT.) ZEILLER 1883.

 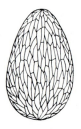

Bild 61. Schema des Ansitzens der Sporangien vom *Renaultia*-Typ, daneben einzelnes Sporangium.

11. Merkmale zur Bestimmung isolierter Pteridophylle der in den Kapiteln 7, 8, 9 und 10 abgehandelten Taxa (siehe Anmerkung S. 415)

Die Untergliederung in Genera erfolgt, sofern nicht ansitzende Sporangien oder Sproßteile mit Struktur gefunden werden, noch heute nach äußeren Merkmalen wie der Aderung und dem Blatt- bzw. Fiederchenumriß. So erhält man sogenannte Formgenera (Morphogenera). Das System nach den Laubformen wurde im wesentlichen von A. BRONGNIART 1822 und 1828 aufgestellt. Es wird nur schrittweise, mit zunehmender Kenntnis von den Fruktifikationen, der Struktur der Epidermen und der Anatomie, durch ein annähernd natürliches System ergänzt und ersetzt werden können.

11.1 Aderungstypen

▷ Fächerige Aderung (Bild 84): Die Adern gehen fächerförmig von der Blatt- bzw. Fiederchenbasis aus. Eine Mittelader ist nicht ausgebildet. Die Einzeladern sind mehrmals gabelig verzweigt; wie bei den Genera *Platyphyllum*, *Eddya* und *Fryopsis* (siehe Kap. 11.3.1.1 und 11.3.2.1). Durch asymmetrische Aufgabelung (partielle Übergipfelung) entstehen, analog dem odontopteridischen Aderungstyp, Sektoren; wie bei dem Genus *Palaeopteridium* (Bild 76). Bei weiterer Übergipfelung und streng geradem, spitzwinkligem Verlauf ergibt sich ein fast fiederiger Aderungstyp; wie bei dem Genus *Rhacopteris* (Bild 73).

▷ Parallele Aderung (Bild 40): Bei dieser Aderung laufen alle Adern einander mehr oder weniger parallel. Eine Mittelader ist nicht ausgebildet. Dieser Aderungstyp findet sich bei langen Blättern oder Blattsegmenten; wie bei den Genera *Cordaites* und *Pterophyllum* (siehe Kap. 9.2.2.[1]).

▷ Fiederige Aderung (Bild 150): Eine Mittelader gibt fiederig meist schwächere, einfache oder gegabelte Seitenadern ab; wie bei den Genera *Pecopteris*, *Alethopteris* und *Neuropteris* (siehe Kap. 11.3.2.3 bis 11.3.2.5).

▷ Maschige Aderung (Bild 146): Eine Mittelader kann mehr oder weniger deutlich ausgebildet sein. Die Seitenadern sind untereinander verbunden und bilden ein engeres oder weiteres Maschenwerk; wie bei den Genera *Linopteris* und *Lonchopteris* (siehe Kap. 11.3.2.4 und 11.3.2.5). Die zusammengesetzte Maschenaderung — kleine Maschen innerhalb von größeren —, wie sie auch bei Blättern der Angiospermen auftritt, ist erst im Mesophytikum bekannt.

▷ Odontopteridische Aderung (Bild 167): Eine Mittelader ist nicht oder nur angedeutet vorhanden. Die odontopteridische Aderung ist aus der fiederigen Aderung durch interkalare Verschiebungen und Konkauleszenz zwischen Stelär- und Rindenzylinder bzw. Fiederchenspreite entstanden. Es treten zwei oder drei Aderbündel aus der Achse in die Fiederchen ein. Diese Bündel gabeln sich pseudofächerig auf und verteilen sich geometrisch auf die Fiederchenspreite. Ein Bündel versorgt die obere, ein Hauptbündel die mittlere und vordere und ein Bündel die untere Region der Fiederchen. Das obere und das Hauptbündel können zusammengefaßt sein. Oft ist infolge Abplattung der Achse die der Achse ansitzende Partie der Fiederchen verdeckt (Blick auf die Unterseite der Fiederchen), so daß die Aderung pseudoparallel erscheint; wie bei den Genera *Odontopteris* und *Lescuropteris* (siehe Kap. 11.3.2.6).

▷ Nebenadern (Bild 153): Hierunter sind Adern zu verstehen, die infolge von interkalaren Verschiebungen zwischen Stelär- und Rindenzylinder bzw. Fiederchenspreite scheinbar zusätzlich zu der normalen fiederigen oder maschigen Aderung aus der Achse direkt in die basalen Spreitenteile des Fiederchens eintreten. Oft ziehen sie in Spreitenlappen der Fiederchen an den Achsen herab; wie bei den Genera *Alethopteris* und *Callipteridium* (siehe Kap. 11.3.2.3 und 11.3.2.5).

11.2 Umrißform und Ansitzen der Blätter oder Fiederchen

11.2.1 Einzelblätter

Es handelt sich um Blätter, die nicht aus Fiederchen oder Fiedern zusammengesetzt sind.

▷ Bandartige Formen (Bild 40): Die Blätter sind parallelrandig oder annähernd parallelrandig. Ihre Basen sind nur etwas verschmälert und meist kreissegmentartig ausgeschnitten. Ihre Spitzen können stumpf, gelappt bzw. gerundet bis zugespitzt sein. Die Aderung ist parallel mit gelegentlichen, sehr spitzen, dichotomen Gabelungen (keine Mittelader). Diese Gruppe enthält Coniferophytina; wie das Genus *Cordaites* (siehe Kap. 9.2.2.[1]).

▷ Palaeophyllale Formen (Bild 63): Die Blätter sind gabelig, umgekehrt keilförmig bis fächerförmig und oft sehr groß, zum Beispiel mit einer Länge von 10 cm und mehr. Ihre Basen sind nie als echte Blattstiele ausgebildet. Der Blattvorderrand kann lobiert, schmal gelappt oder lazeriert bis gezähnt sein. Die Blätter sind nie zu Fiedern vereinigt, sondern sie saßen spiralig an Achsen. Die Aderung ist einfach gegabelt oder fächerförmig mit mehrfachen dichotomen

11.2 Umrißform und Ansitzen der Blätter oder Fiederchen

Gabelungen. Diese Gruppe enthält Prospermatophyta, zum Beispiel die Genera *Enigmophyton*, *Eddya* und **Teile** des Genus *Ginkgophytopsis*, sowie Spermatophyta, zum Beispiel das Genus *Ginkgophyllum* und **Teile** des Genus *Ginkgophytopsis* (siehe Kap. 11.3.1.1).

▷ Taeniopteridische Formen (Bild 66): Die Blätter sind meist länger als vier Zentimeter und haben etwa parallele Seitenränder. Die Basis kann fast herzförmig sein oder keilförmig in ein Stielchen übergehen. Der Blattrand kann glatt, gekerbt, gesägt oder, bei sehr groß werdenden Species, unregelmäßig eingerissen sein. Die Aderung ist fiederförmig mit ausgeprägter Mittelader oder Mittelrippe. Diese Gruppe enthält Pteridospermatae und Cycadatae; wie die Genera *Taeniopteris* und *Lesleya* (siehe Kap. 11.3.1.2).

▷ Fiederlappige Formen (Bild 70): Die Blätter sind wie die der Fiederpalmen bis zur Achse oder fast bis zur Achse bzw. Mittelrippe in mehr oder weniger gleichbreite Segmente (Loben) aufgespalten. Die Aderung der Segmente ist parallel, zum Beispiel bei dem Genus *Pterophyllum* (siehe Kap. 11.3.1.3). Ganz ähnlich, aber sehr unregelmäßig fiederlappig, können große Blätter vom Genus *Taeniopteris* aussehen. Diese Gruppe enthält Pteridospermatae und Cycadatae.

11.2.2 Wedel (siehe Anmerkung S. 415)

Es handelt sich um Blätter, die aus Fiederchen zusammengesetzt sind bzw. um wedelartige Astsysteme mit Blättchen.

▷ Archaeopteridische Formen (Bild 71 und 84): Die Fiederchen bzw. Blättchen sind abgerundet rhombisch bis umgekehrt keilförmig oder nierenförmig bis gedrungen zungenförmig. Die Aderung ist stets fächerförmig mit deutlich dichotomen Gabelungen (siehe Kap. 11.3.2.1).

a) Die Blättchen sitzen den tragenden Achsen schief, leicht stengelumfassend an; sie sind nicht Teile eines planierten Wedels, sondern Blätter an wedelartigen Astsystemen. Beispiele sind die Genera *Archaeopteris* (Prospermatophyta/Proconiferophytina) und *Noeggerathia* (Noeggerathiophyta/Noeggerathiophytina).

b) Die Fiederchen sitzen in der Ebene der tragenden Achsen; sie sind also Teile eines echten, vollständig planierten Wedels. Beispiele sind die Genera *Fryopsis* (Pteridospermatae) und *Anisopteris* (?Filicatae).

▷ Sphenopteridische Formen (Bild 86 und 96): Die Fiederchen sind umgekehrt keilförmig-rundlich, lanzettlich oder auch linealisch. Sie sind an ihren Basen allmählich oder abrupt eingeschnürt. Die Fiederchen sind oft stark gegliedert. Die Aderung ist mehr oder weniger deutlich fiederförmig. Diese Gruppe enthält Pteridospermatae, wie die Genera *Sphenopteris*, *Eusphenopteris*, *Mariopteris*, und Filicatae, wie das Genus *Fortopteris* (siehe Kap. 11.3.2.2).

▷ Pecopteridische Formen (Bild 115): Die Fiederchen sind meist parallelrandig und abgerundet, aber auch dreieckig, selten stärker zerteilt. Sie sitzen an ihrer Basis in der Regel mit ganzer Spreite an; manchmal stehen sie wie die Zinken eines Kammes starr und senkrecht von der Achse ab. Bei einigen Species sind die Fiederchen an den Achsen miteinander verbunden. Die Aderung ist a) fiederig, wie bei dem Genus *Pecopteris* und b) fiederig mit Nebenadern, wie bei dem Genus *Callipteridium* oder c) maschenförmig, wie bei dem Genus *Palaeoweichselia*. Diese Gruppe enthält Pteridospermatae, wie die Genera *Dicksonites* und *Callipteridium*, sowie Filicatae, wie die Genera *Pecopteris*, *Asterotheca*, *Acitheca* und *Ptychocarpus* (siehe Kap. 11.3.2.3).

▷ Neuropteridische Formen (Bild 134 und 144): Die Fiederchen sind zungenförmig, meist abgerundet, seltener zugespitzt und in der Regel ganzrandig. Sie sind an ihren Basen herzförmig eingezogen. Die Fiederchen sitzen nur punktförmig oder aber mit kurzem Stielchen an der Achse an (siehe Kap. 11.3.2.4). Die Aderung ist a) fiederig, wie bei den Genera *Neuropteris* und *Paripteris* oder b) maschenförmig, wie bei den Genera *Reticulopteris* und *Linopteris*. Diese Gruppe enthält nur Pteridospermatae.

▷ Alethopteridische Formen (Bild 153): Die Fiederchen sind parallelrandig bis dreieckig oder lanzettförmig. Sie sitzen mit ganzer Basis den Achsen an. Die Fiederchenspreite läuft basal an der Achse herab; sie kann sich mit der des folgenden Fiederchens vereinigen (siehe Kap. 11.3.2.5). Die Aderung ist a) fiederig, wie bei dem Genus *Alethopteris* oder b) maschenförmig, wie bei den Genera *Lonchopteridium* und *Lonchopteris*. Diese Gruppe enthält nur Pteridospermatae.

▷ Odontopteridische Formen (Bild 166): Die Fiederchen sind dreieckig, trapezförmig gerundet oder zungenförmig. Sie sitzen der Achse mit ganzer Basis an. Die Aderung weist keine ausgesprochene Mittelader auf, die Adern verlaufen nach Aufgabelungen relativ senkrecht zur Achse, wie bei den Genera *Odontopteris* und *Lescuropteris* (siehe Kap. 11.3.2.6). Diese Gruppe enthält nur Pteridospermatae.

11.2.2.1 Fiederiger Wedelbau

Neben Aderungstyp und Umrißform der Fiederchen, Fiedern und Blättchen ist der Wedelaufbau für die Unterscheidung der Pteridophylle

11.2 Umrißform und Ansitzen der Blätter oder Fiederchen

wichtig. Bei dem fiederigen Wedelbau gibt die bis zur Wedelspitze durchlaufende Wedelachse nach beiden Seiten mehr oder weniger regelmäßig alternierend Seitenfiedern ab, die ihrerseits einmal oder mehrmals in gleicher Weise fiederig verzweigt sein können und als letztes Element Fiederchen tragen (Bild 116).

11.2.2.2 Gabeliger Wedelbau

Die Wedelachse läuft nicht bis zur Wedelspitze durch, sie gabelt sich in zwei Gabeläste, die ihrerseits einmal bis mehrmals symmetrisch oder

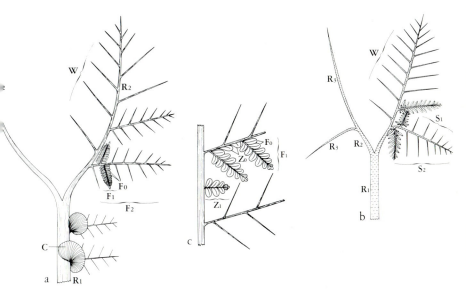

a Wedelschema einer imparipinnaten Neuropteride vom *N.attenuata*-Typ. Die Wedelachse (R), Petiole oder Rhachis, ist einmal gegabelt (R$_1$ in 2mal R$_2$), so daß zwei 3fach gefiederte Wedelteile (W) entstehen. Die Gesamtwedel sitzen dem Sproß (Stamm) spiralig an (siehe Bild 33). Die Achsen sind meist deutlich längsgestreift *(Sparganum*-Skulptur). Das Fußstück ist mit *Cyclopteris*-Blättern (C) besetzt.

b Wedelschema einer Mariopteride vom *M.muricata*-Typ. Die Wedelachse (R) ist doppelt gegabelt (R$_1$ in 2mal R$_2$ und 4mal R$_3$), so daß vier 2fach gefiederte Wedelteile (W) entstehen (diplomematische Gabelung). Die Gesamtwedel sitzen dem Sproß spiralig an. Die Achsen sind unterbrochen quergerieft (durchgedrückte Steinzellennester).

Generelle Kennzeichnung der Lage der Fiederelemente zur Achse bzw. zur Wedelspitze: S$_1$ akropetale oder adaxiale oder acroscopische Lage bzw. Seite der Fieder; S$_2$ basipetale oder abaxiale oder basiscopische Lage bzw. Seite der Fieder.

c Schematische Darstellung der Fiederelemente und Bezeichnung der Fiederelemente: Fiederchen F$_0$, Fieder letzter Ordnung F$_1$, Fieder vorletzter Ordnung F$_2$, etc.; Zwischenfiederchen Z$_0$, Zwischenfieder Z$_1$.

Bild 62. Beispiele für Wedelbau und Terminologie.

asymmetrisch fiederig verzweigt sein können und als letztes Element Fiederchen tragen. Das ungegabelte Basalstück der Wedelachse, das sogenannte Fußstück, kann sehr kurz oder lang und völlig unbeblättert oder mit Fiedern bzw. Fiederchen besetzt sein. Die Gabelung kann als einfache echte Gabelung dichotom (Bild 62 a) oder als Dichasium pseudodichotom erfolgen. Beide Bildungsmöglichkeiten des Gabelwedels sind bereits im Unterkarbon belegt. Der Gabelwedel von *Diplopteridium affine* sei als Beleg für das Dichasium genannt. Die Gabelung kann sich in den resultierenden Gabelästen wiederholen, indem sich diese nochmals, jedoch unsymmetrisch (diplotmematisch) aufgabeln (Bild 62 b).

Jeder der vier Gabeläste ist dann weiter symmetrisch oder asymmetrisch fiederig verzweigt. Auch die doppelte Gabelung kann auf einer echten dichotomen Gabelung oder auf einem Dichasium beruhen. Der Gabelwedel von *Dicksonites pluckeneti* sei als Beleg dafür genannt.

11.2.2.3 Sonderbildungen am Wedel

11.2.2.3.1 Zwischenfiedern

Zwischenfiedern (Bild 62 c): Schließlich ist von Wichtigkeit, ob die Wedelachsen nackt sind, oder ob sie auch noch zwischen den fiederig angelegten Seitenachsen an der Hauptachse Zwischenfiedern oder Zwischenfiederchen tragen.

11.2.2.3.2 Aphlebien

Aphlebia PRESL 1838 (Bild 57 a): Hier werden kleinere oder größere, gelappte oder tief geteilte Blatt- bzw. Fiederorgane zusammengefaßt, die sich meist isoliert, zum Teil aber auch noch an den Wedeln ansitzend, finden. Die Aphlebien haben eine gänzlich andere Form als die gewöhnlichen Fiederchen; sie sind schon voll entwickelt, wenn die Wedel noch jung und eingerollt sind. Sie sitzen am Grunde des Wedels. Typus-Species: *Aphlebia acuta* (GERM. et KAULF.) PRESL 1838 in STERNBERG.

11.2.2.3.3 Cyclopteriden

Cyclopteris BRONGNIART 1830 (Bild 62 a): Am Fußstück verschiedener Neuropteriden- oder Odontopteriden-Wedel sitzen rundliche, radialstrahlig oder maschenförmig geaderte, mehr oder weniger kreisförmige Blattorgane. Ihr Rand kann glatt, gekerbt oder lazeriert sein. Die Cyclopteriden sind leicht abgefallen und werden daher isoliert gefunden. Typus-Species: *Cyclopteris reniformis* BRGT. 1830.

11.3 Übersicht über die wichtigsten Formgenera und Formspecies der Pteridophylle

Obwohl es sich bei den Formgenera der Pteridophylle um künstliche Einheiten handelt, sind doch teilweise Formen zusammengefaßt worden, die natürlichen Genera entsprechen, wie die dazugehörenden fertilen Organe oder/und die Anatomie der Achsen beweisen.

11.3.1 Einzelblätter

Es handelt sich um Blätter, die nicht aus Fiederchen oder Fiedern zusammengesetzt sind.

11.3.1.1 Palaeophyllale Formen (Siehe auch Kapitel 9.2.1)

Platyphyllum (DAWSON) WHITE 1905 (Prospermatophyta):
Es handelt sich hier um umgekehrt keilförmige Blätter mit kräftiger aber lockerer, mehrfach dichotom gegabelter Aderung. Typus-Species: *Platyphyllum* (al. *Cyclopteris*) *brownianum* (DAWS.) WHITE 1905.

Platyphyllum fissipartitum (KR. et WEYL.) HØEG 1942: Die Blätter sind über 5 cm lang, bis etwa 2,5 cm breit und unregelmäßig tief gelappt. Tracheïden sind nachgewiesen; die Aderung ist locker.

Vorkommen: Unterdevon.

Eddya sullivanensis BECK 1967 (Prospermatophyta) (Bild 63): Die Blätter sind umgekehrt keilförmig, 4 bis 6 cm lang und ungestielt. Die Seitenränder sind leicht konkav, der Blattvorderrand ist gut 2,5 cm breit und läßt etwa 90 Adern erkennen, die sich gelegentlich vermaschen. Die Blätter sitzen spiralig an den Achsen. Diese haben einen großen Markraum, um den fünf mesarche Primärxylemgruppen stehen (Eustele). An die Primärxylemgruppen schließt nach außen ein ringförmig ausgebildetes Sekundärxylem mit schmalen Markstrahlen an. Die Tracheïden sind schmal und lang; sie haben auf den Radialwänden — seltener auch auf den Tangentialwänden — runde Tüpfel. Die Tüpfel sind in Gruppen angeordnet und stehen oft auf gleicher Höhe *(Callixylon*-Typ).

Vorkommen: unteres Oberdevon (USA).

Ginkgophytopsis HØEG 1967 (Prospermatophyta/?Ginkgoatae):
Die Blätter sind umgekehrt keilförmig mit dichter und zarter Aderung. Der Blattvorderrand ist bogig gelappt, nicht tief eingeschnitten. Die Basis der Blätter ist lang stielartig ausgezogen und läuft an der tragenden Achse herab. Die Blätter sitzen spiralig an. Typus-Species: *Ginkgophytopsis flabellata* (L. et H.) HØEG 1967.

Bild 63. *Eddya sullivanensis* BECK; Pond Eddy, Sullivan County, N. Y., USA, Oberdevon; Schemazeichnung (M ~ 3:1); (gezeichnet nach BECK, 1967, Tafel 1, Fig. 1 und 3).

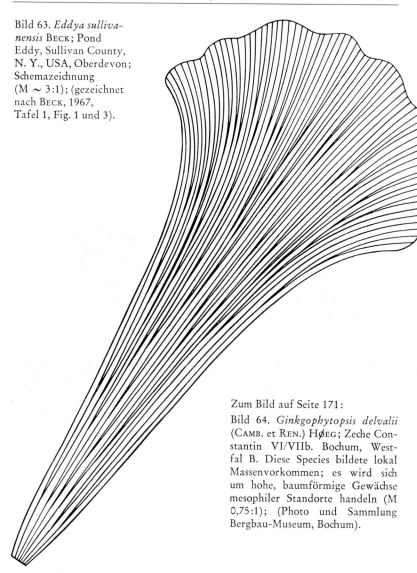

Zum Bild auf Seite 171: Bild 64. *Ginkgophytopsis delvalii* (CAMB. et REN.) HØEG; Zeche Constantin VI/VIIb. Bochum, Westfal B. Diese Species bildete lokal Massenvorkommen; es wird sich um hohe, baumförmige Gewächse mesophiler Standorte handeln (M 0,75:1); (Photo und Sammlung Bergbau-Museum, Bochum).

Ginkgophytopsis (al. *Psygmophyllum*) *delvalii* (CAMB. et REN.) HØEG 1967 (Bild 64): Die Blätter sind bis etwa 35 cm lang und am Vorderrand etwa 14 cm breit. Die Seitenränder sind leicht konkav, der Vorderrand

ist konvex bis lobiert. Die Adern sind gleichartig, annähernd parallel und gabeln sich mehrfach spitzwinkelig.
Vorkommen: Namur und Westfal.

Ginkgophyllum SAPORTA 1875 (Ginkgoatae):
Die Blätter sind mehr oder weniger breit, umgekehrt keilförmig mit recht geradem Vorderrand. An der Basis sind sie deutlich mehraderig und nicht in einen Stiel abgesetzt. Die Spreiten sind lappig, mehr oder weniger symmetrisch und tief eingeschnitten. Die Aderung ist fächerförmig mit mehrfach dichotomen Gabelungen. Typus-Species: *Ginkgophyllum grasseti* SAP. 1875.
Vorkommen: Perm.

Dolerophyllum SAPORTA 1878 (? al. *Doleropteris* GRAND 'EURY 1877) (Pteridospermatae):
Die Blätter sind mehr oder weniger rundlich und haben fächerige, spitzwinkelig gegabelte Adern. Die Adern werden auf der Unterseite von Sekretgängen begleitet. Die als Blattoberseite gedeutete Seite ist anscheinend stets dicht mit langen Trichomen und Stomata besetzt. Die Stomata stehen in Streifen, sind aber unregelmäßig verteilt. Die Epidermiszellen der Blattunterseite sind dickwandig und länglich. Sie stehen wie Palisaden; ihre Spitzen ragen kegelförmig bis papillös über die Oberfläche. Das Genus ist morphographisch mit *Cyclopteris* zu verwechseln und nur nach histologischen oder anatomischen Merkmalen zu bestimmen. Typus-Species: *Dolerophyllum goepperti* (EICHW. 1860) SAPORTA 1878.
Vorkommen: Westfal bis mittleres Perm.

11.3.1.2 Taeniopteridische Formen

Taeniopteris BRONGNIART 1828 (Pteridospermatae, Cycadatae):
Die sehr verschieden großen Blätter sind mehr oder weniger gestielt. Der Stiel geht in die Mittelader über und die Seitenadern verlaufen auffallend gerade zwischen Mittelader und Blattrand; die von Mittel- und Seitenadern gebildeten Winkel liegen zwischen 70 und 90°. Die fertilen Organe sind erst bei wenigen Species bekannt. Nach den fertilen Organen werden eigene Genera gebildet. Die Taeniopteriden sind Mesophyten, lebten also moorferner. Typus-Species: *Taeniopteris vittata* BRGT. 1828 (Jura Englands, Cycadophytina).

Taeniopteris jejunata GR. 'EURY 1877 (Bild 65): Die Blätter sind 8 bis 15 cm lang und 1,5 bis 2 cm breit. Die Mittelader ist deutlich, die Sei-

a Manebach in Thüringen, Autun, Blätter spiralig an der Achse (M 1:1)

b El Bierzo, Stefan C; Aderungsdetail (M 2:1)

c Blattunterseite mit Trichomen (M 4:1)

Bild 65. *Taeniopteris* vom Typ *T. jejunata* GR. 'EURY; (Abbildungsbelege: a zu GOTHAN et REMY 1957; a, b zu REMY et REMY [1966] 1968; c zu REMY 1953).

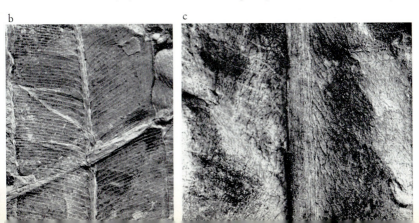

a Holotypus, trotz der fragmentarischen Erhaltung ist der glatte Blattrand erkennbar (M 1:1)

b Ausschnitt aus dem Holotypus; man erkennt deutlich die zwischen den Adern liegenden Drüsen als dicke, schwarze Punkte und den Gabelungsmodus der Seitenadern (M 4:1)

Bild 66. *Taeniopteris multinervia* WEISS; Lebach, Autun; Sammlung Naturhistoriska Riksmuseum, Stockholm, ehemalige Sammlung GOLDENBERG; (Abbildungsbeleg zu WEISS 1869, HALLE 1927).

11.3 *Übersicht über die wichtigsten Formgenera und Formspecies der Pteridophylle*

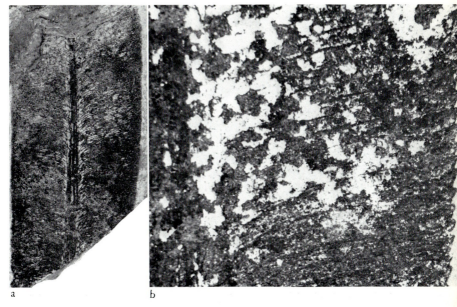

a   b

a Holotypus (M 1:1)
b rechte Blatthälfte eines Topoparatypus mit deutlich gezähntem Blattrand (M 10:1)

Bild 67. *Taeniopteris doubingeri* R. et R.; Millery bei Autun, Autun; (Abbildungsbeleg zu DOUBINGER 1956 und REMY et REMY 1975, Sammlung Société d'Histoire naturelle d'Autun).

tenadern laufen in einem Winkel von etwa 70° zum Blattrand. Es treffen etwa 12 bis 20 Seitenadern auf 1 cm Blattrand.
Vorkommen: hohes Stefan und Autun.

Taeniopteris multinervia WEISS 1869 (Bild 66): Die Blätter sind 10 bis 20 cm lang und 5 bis 7 cm breit. Die Mittelader ist kräftig, die Seitenadern laufen in einem Winkel von 80 bis 90° zum Rand. Etwa 36 Seitenadern treffen auf 1 cm Blattrand. Zwischen den Adern liegen Drüsen.
Vorkommen: Autun.

Taeniopteris doubingeri R. et R. 1975 (Bild 67): Die Blätter dieser Species sind mindestens 12 cm lang und 3 cm breit. Die Mittelader ist deutlich, die Seitenadern verlaufen in einem Winkel von 70 bis 75° zum Rand. Etwa 23 bis 34 Adern treffen auf 1 cm Blattrand. Der Blattrand ist gesägt und mit 0,3 bis 0,5 mm langen Zähnen besetzt.
Vorkommen: Autun.

Taeniopteris tenuis DOUB. et VETT. 1959 (non ABBADO 1900): Die Blätter sind etwa 6,5 bis 7 cm lang und 1,5 cm breit. Die Seitenadern laufen in einem Winkel von 80 bis 90° zum Blattrand. Etwa 28 bis 36 Adern treffen auf 1 cm Blattrand.

Vorkommen: Stefan und Autun.

Lesleya LESQUEREUX 1880 (Pteridospermatae/Cycadatae):
Eine mehr oder weniger derbe Mittelader durchzieht als Mittelrippe das Blatt; die Seitenadern verlaufen zwischen Mittelader und Blattrand recht schräg, teilweise S-förmig gebogen (Gegensatz zu *Taeniopteris*). Die fertilen Organe sind nicht bekannt. Lesleyen gehören zu den mesophilen Assoziationen. Typus-Species: *Lesleya grandis* LESQU. 1880.

Vorkommen: Höheres Westfal C bzw. tieferes Westfal D (Illinois, USA).

Lesleya delafondi ZEILL. 1890: Die Blätter sind über 20 cm lang und etwa 7 cm breit. Der Blattrand ist mit etwa 1 mm langen Zähnen besetzt. Die Mittelader bzw. Mittelrippe ist aus parallelen Leitsträngen aufgebaut. Etwa 8 bis 12 Seitenadern treffen auf 1 cm Blattrand.

Vorkommen: tieferes Autun.

Lesleya weilerbachensis R. et R. 1975 (Bild 68): Die Blätter sind über 25 cm lang und etwa 6,5 cm breit. Der Blattrand ist mit 1,5 bis 2,5 mm langen Zähnen besetzt. Die Mittelader ist aus Einzelbündeln zusammengesetzt. Etwa 10 bis 20 Seitenadern treffen auf 1 cm Blattrand. Die Blattunterseite ist an den Adern zweizeilig mit bis 0,5 mm langen Trichomen besetzt.

Vorkommen: Westfal C.

Lesleya (al. *Taeniopteris*) *eckardti* GERM. 1839 (Bild 69): Die Blätter sind bis über 20 cm lang und 3 cm breit. Der Blattrand ist, soweit bisher bekannt, glatt. Die Mittelader bzw. Mittelrippe ist kräftig und etwa 3 bis 4 mm breit. Etwa 10 bis 20 Seitenadern treffen auf 1 cm Blattrand. Sehr große Blätter erscheinen fast parallelrandig, kleinere lassen erkennen, daß die größte Breite etwas oberhalb der Blattmitte liegt; die Basis ist stets langsam verschmälert.

Vorkommen: Thuring (stratigraphische Leitspecies).

---

a Holotypus (M 1:1)
b Schemazeichnung (M ~ 0,5:1)

Bild 68. *Lesleya weilerbachensis* R. et R.; Grube Dechen b. Neunkirchen, Saar, Westfal C (Abbildungsbeleg zu REMY et REMY 1975).

B Daten zur Taxonomie der terrestren Pflanzen des Erdaltertums

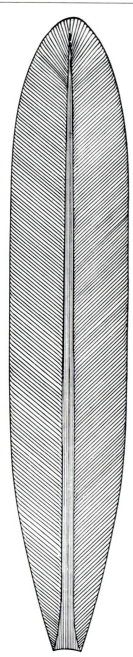

Bild 69. *Lesleya eckardti* GERM.;
Thuring: Schemazeichnung (M ~ 1:1).

11.3 Übersicht über die wichtigsten Formgenera und Formspecies der Pteridophylle

11.3.1.3 Fiederlappige Formen

Pterophyllum BRONGNIART 1828 (Cycadatae, ?Pteridospermatae): Die wie Fiederchen aussehenden Elemente sind durch Einschnitte entstandene Loben eines Blattes. Diese sitzen der Achse mit ganzer Basisbreite und nur leicht zur Oberseite der Achse verschoben an; sie sind nie stengelumfassend. Die Ränder der Fiederloben sind etwa parallel, die Spitzen sind rundlich, die Aderung verläuft parallel. Die Mittelader entspricht der Mittelrippe eines Wedels. Es handelt sich meist um Angehörige der mesophilen Assoziationen. Typus-Species: *Pterophyllum longifolium* BRGT. 1828.

Pterophyllum blechnoides SANDB. 1864 (Bild 70): Die Blätter sind gestielt, ihr Umriß ist lanzettlich und sie sind bis fast zur Achse in Fiederloben eingeschnitten. Diese sind annähernd parallelrandig, an ihren Spitzen abgestumpft gerundet und an ihren Basen spreitig spitzbogig verbunden. Je nach Breite der Fiederloben sind 6 bis 12 parallele Adern vorhanden, die ungegabelt oder einmal fast an der Basis gegabelt sind. Vorkommen: Autun.

11.3.2 Wedel

Es handelt sich um Blätter, die aus Fiederchen oder Fiedern zusammengesetzt sind bzw. um wedelartige Astsysteme mit Blättern.

11.3.2.1 Archaeopteridische Formen (siehe Anmerkung S. 415)

Archaeopteris DAWSON 1871 (Prospermatophyta/Proconiferophytina): Dieses Genus ist durch große, mehrfach gefiederte Wedel mit fächerartig dichotom geaderten Fiederchen (Astsysteme mit Blättchen) sowie durch Zwischenfiederchen an den Wedelachsen gekennzeichnet. Die Zwischenfiederchen sind bei den Archaeopteridiales als primäre Fiederchen an den Ästen höherer Ordnung zu deuten, also nicht durch interkalare Verschiebungen und Konkauleszenzen entstanden. Alle Fiederchen sitzen schräg, schwach stengelumfassend an den Achsen. Das Genus gilt als stratigraphisches Leitgenus für das Oberdevon. Typus-Species: *Archaeopteris hibernica* (FORB.) DAWS. 1871.

Archaeopteris hibernica (FORB.) DAWS. 1871 (Bild 71): Diese Species hat abgerundet rhombische Fiederchen, die länger als 2 cm werden; ihre Ränder sind ganzrandig oder leicht gekerbt. Die Adern sind zart und mehrfach dichotom gegabelt. Die Wedel sind zweimal gefiedert und bis etwa 1,5 m lang bei etwa 30 cm breiten Seitenfiedern.

Vorkommen: Oberdevon (stratigraphische Leitspecies).

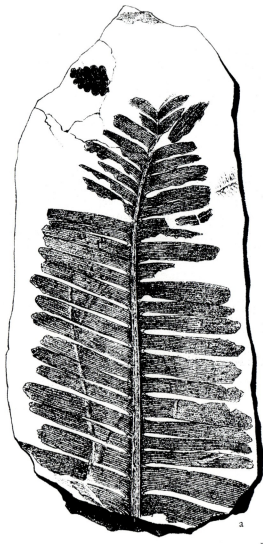

a (M 1:1)

b Schemazeichnung eines Lobus aus der basalen Region eines Blattes (M 3:1)

Bild 70. *Pterophyllum blechnoides* SANDB.; Holzplatz bei Oppenau/Schwarzwald, Autun; (Zeichnung des Holotypus nach SANDBERGER 1864).

11.3 Übersicht über die wichtigsten Formgenera und Formspecies der Pteridophylle

a Achse (senkrecht gestrichelte Linie) mit Fiedern und einer Zwischenfieder (Pfeil) (M 1:1)
b Schemazeichnung (M ~ 2:1)

Bild 71. *Archaeopteris hibernica* (FORB.) DAWS.; Kiltorkan, Irland, Oberdevon; (Abbildungsbeleg zu GOTHAN et REMY 1957).

Archaeopteris roemeriana (GOEPP.) LESQ. 1879/80 (Bild 72): Diese Species hat über 50 cm lange Wedel. Die Fiederchen sind umgekehrt keilförmig und etwa 2 cm lang. Aus wenigen spitzwinkeligen Dichotomien entstehen etwa 25 bis 30 fächerförmig ausstrahlende Adern, die als kleine Zähne am Fiederchenvorderrand hervorstehen können. Die Adern sind sehr derb und starr; sie sind auch bei schlecht oder gar nicht erhaltener Blattspreite gut erkennbar. Die Fiederchen stehen recht dicht, sich berührend bis leicht überdeckend. Die Sporangien sind 1 bis 3 mm lang und zu 6 bis 10 zweizeilig sitzend angeordnet.

Vorkommen: Oberdevon (stratigraphische Leitspecies).

Rhacopteris SCHIMPER 1869 (?Noeggerathiophyta, ?Pteridospermatae): Die Wedel dieses Genus sind nur einfach gefiedert (siehe aber *Rhacopteridium* HIRMER). Die Fiederchen sind rhombisch bis lanzettlich, in Lazinen aufgelöst und durch Betonung des anadromen Basalabschnittes oft deutlich asymmetrisch. Die Fiederchen sitzen schräg mit keilförmiger Basis an der Achse an. Ihre Aderung ist ohne deutliche Mittelader mehr oder weniger als Fächeraderung ausgebildet, jedoch keine typische Fächeraderung. Es handelt sich um Vertreter der ausgesprochen mesophilen Assoziationen. Typus-Species: *Rhacopteris elegans* (ETTINGSH.) SCHIMP. 1869.

Rhacopteris elegans (ETTINGSH.) SCHIMP. 1869 (Bild 73): Die Fiederchen sind von annähernd symmetrisch rhombischem Umriß. Ihre Seitenränder sind in keilförmige, verschieden tief eingeschnittene Segmente aufgelöst.

Vorkommen: Westfal C.

Rhacopteris asplenites (GUTB.) GOTH. 1923 in GÜRICH: Die Fiederchen sind etwa 4 cm lang und über 1 cm breit. Ihr Umriß ist breit rhombisch dreieckig mit flachem Unterrand. Die Ränder sind in oft recht schmale Lazinen aufgeschlitzt. Die Mitteladerregion ist oft deutlich eingesenkt.

Vorkommen: Westfal D.

Rhacopteridium HIRMER 1940 (?Noeggerathiophyta, ?Pteridospermatae):
Die Wedel sind im Unterschied zu *Rhacopteris* zumindest partiell doppelt gefiedert. Sie weisen eine basal sehr kräftige Achse auf. Dieses Genus ist bisher wenig bekannt und zu selten belegt, um die Eigenständigkeit auf Grund eines so geringen Unterschiedes zu bestätigen. Typus-Species: *Rhacopteridium speciosum* (ETTINGSH.) HIRMER 1940.

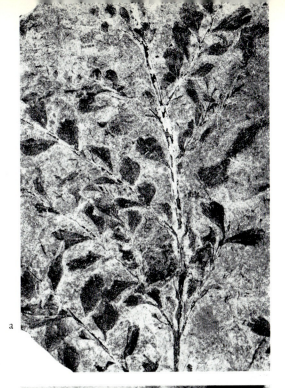

a und b Bäreninsel
  (M 1:1)
c Liebichau, Schlesien
  (M 2:1)

Bild 72. *Archaeopteris roemeriana* (GOEPP.) LESQ.; (c Abbildungsbeleg zu GOTHAN et ZIMMERMANN 1936).

Noeggerathia STERNBERG 1822 (Noeggerathiophyta/Noeggerathiophytina):
Die Wedel sind einfach gefiedert und sitzen spiralig an Ästen oder dünnen Stämmen. Die Fiederchen entspringen schwach stengelumfassend den Achsen deutlich schief. Sie sind umgekehrt eiförmig bis breit keilförmig und weisen einen gezähnten Vorderrand auf. Die Aderung ist deutlich fächerförmig. Die fertilen Organe sind zu Zapfen vereint und heterospor *(Noeggerathiostrobus)*. Die Größenunterschiede zwischen

Bild 73. *Rhacopteris elegans* (ETTINGSH.) SCHIMP.; Stradonitz, Böhmen, Westfal C/D (M 1:1); (Abbildungsbeleg zu GOTHAN et REMY 1957).

11.3 Übersicht über die wichtigsten Formgenera und Formspecies der Pteridophylle

den Mega- und den Mikrosporen liegen bei 10 zu 1, die Anzahl der Megasporen pro Megasporangium wird auf 16 und sogar eine reduziert. Diese Merkmale und die Neigung zur Glattwandigkeit und Längsstreckung der Megasporen, könnten eine Tendenz zur Entwicklung in Richtung Samenspore andeuten. Die auf Seite 111 ausgesprochene Annäherung an die taxonomische Position der Archaeopteridales, ist damit recht groß. Das Gesagte trifft auch auf das mit *Noeggerathia/Noeggerathiostrobus* eng verwandte Genus *Discinites* FEISTMANTEL 1880 zu. Typus-Species: *Noeggerathia foliosa* STERNBG. 1822.

Noeggerathia foliosa STERNBG. 1822 (Bild 74): Die Fiederchen sind groß, etwa 3 cm lang und 2 cm breit. Sie sind breit keilförmig, etwas asymmetrisch und haben einen gezähnten Vorderrand. Die Fiederchen sind oft etwas gewölbt. Sie sitzen alternierend zweizeilig.

Vorkommen: Westfal B und C.

Plagiozamites ZEILLER 1894 (al. *Russellites* MAMAY 1969) (Noeggerathiophyta):
Die Fiedern sitzen stets schief an den Achsen und umfassen den Stengel etwas. Sofern *Noeggerathia zamitoides* STERZEL (1909) richtig gedeutet ist, gehören Fruchtstände, die *Noeggerathiostrobus* ähnlich sind, zu *Plagiozamites*. Typus-Species: *Plagiozamites planchardi* (REN.) ZEILL. 1894.

Plagiozamites planchardi (REN.) ZEILL. 1894 (Bild 75): Die Fiederchen sind oval bis lanzettlich. Ihre Spitzen sind stumpf gerundet. Der Fiederchenrand ist schwach gezähnt. Die Aderung ist parallel, selten gegabelt und auf 1 cm Fiederchenbreite kommen etwa 25 Adern.

Vorkommen: Autun (stratigraphische Charakterspecies).

Palaeopteridium KIDSTON 1923 (?Noeggerathiophyta, ?Pteridospermatae):
Die Wedel sind zweifach gefiedert. Die Fiederchen sind verkehrt eiförmig bis rhombisch und sitzen mit keilförmiger Basis schwach stengelumfassend, schief an der Achse. Das anadrome Basalfiederchen ist größer als die übrigen Fiederchen und aphleboid verändert. Die Aderung ist fächerig und die Adern enden am Vorderrand der Fiederchen in Zähnen. Typus-Species: *Palaeopteridium reussi* (ETTINGSH.) KIDST. 1923.

Palaeopteridium reussi (ETTINGSH.) KIDST. 1923: Die Fiederchen sind etwa 8 mm lang und etwa 6 mm breit. Ihr Umriß ist verkehrt eiförmig mit gezähntem bis schwach lazeriertem Vorderrand. Die Fiederchen stehen eng und überdecken sich leicht.

Vorkommen: Westfal A bis tiefes Westfal C.

a *Noeggerathia foliosa* STBG.; Radnitz, Böhmen, Westfal C/D (M 1:1)
b *Noeggerathiostrobus vicinalis* WEISS 1879; Agnes-Schacht b. Tremosna, CSSR (M 1:1)

Bild 74. *Noeggerathia, Noeggerathiostrobus* (Abbildungsbelege: a zu GOTHAN et REMY 1957; b zu E. WEISS 1879, K. FEISTMANTEL 1879 und REMY et REMY 1956).

11.3 Übersicht über die wichtigsten Formgenera und Formspecies der Pteridophylle

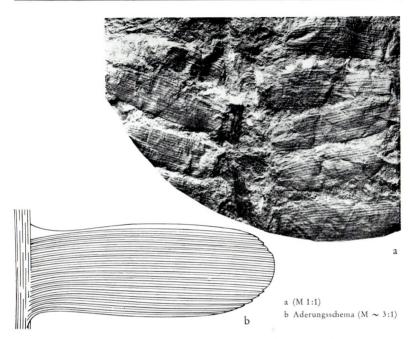

a (M 1:1)
b Aderungsschema (M ~ 3:1)

Bild 75. *Plagiozamites* cf. *planchardi* (REN.) ZEILL.; Plötz bei Halle, Autun.

Palaeopteridium sessilis (H. POT.) LEGG. 1966 (Bild 76): Die Fiederchen sind schief rhombisch bis eiförmig. Sie enden zugespitzt oder abgerundet und sitzen ungestielt mit schmaler Basis den Achsen an. Die Fiederchen sind bis etwa 6 mm lang, stehen eng und überdecken sich zum Teil seitlich. Die Endfiedern und die anadromen Fiederchen der Fiedern vorletzter Ordnung sind etwas größer und asymmetrisch. Die Aderung ist streng fächerförmig; es treten 1 bis 2 Adern in die Fiederchen ein. Die Achsen sind fein gestreift. Die Gesamtwedel sind mindestens zweifach gefiedert.
Vorkommen: Westfal A und B.

Saaropteris HIRMER 1940 (?Noeggerathiophyta, ?Pteridospermatae):
Die Wedel sind nach HIRMER einfach gefiedert, nach Funden von WAGNER 1958 mehrfach gefiedert. Die Fiederchen sind von sphenopteridischem Umriß und sitzen den Achsen mit schmaler Basis an. Sie sind, je nach Stellung im Wedel, fast ganzrandig oder in sehr große, rundlich rhombische Loben zerteilt. Die Mittelader ist wenig deutlich ausgeprägt

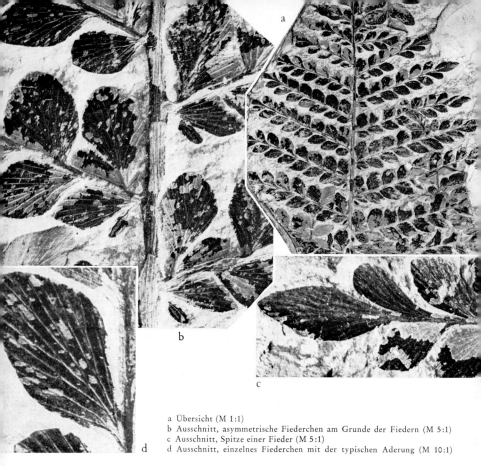

a Übersicht (M 1:1)
b Ausschnitt, asymmetrische Fiederchen am Grunde der Fiedern (M 5:1)
c Ausschnitt, Spitze einer Fieder (M 5:1)
d Ausschnitt, einzelnes Fiederchen mit der typischen Aderung (M 10:1)

Bild 76. *Palaeopteridium sessilis* (Pot.) Legg. (al. *Imparipteris flabellinervis* Goth. 1953), Zeche Hibernia, Hgd. Flöz Zollverein 6, Westfal B (Sammlung Bergbau-Museum, Bochum); (Abbildungsbeleg zu Gothan 1953 und Leggewie 1966).

und die Aderung mehr odontopteridisch als fächerig. Es handelt sich um Vertreter der mesophilen Assoziationen. Typus-Species: *Saaropteris guthoerli* Hirm. 1940.

Saaropteris guthoerli Hirm. 1940 (Bild 77): Die Fiederchen der Spitzen- und der Basalregion der Wedel sind ungeteilt bis etwa 6 cm lang und etwa 2 cm breit; sie sitzen an der Basis mit schmalem Stiel an, werden dann sofort breit und zur Spitze hin wieder schmaler. Die Spitzen selbst sind rundlich zugespitzt. Die Fiederchen der mittleren Wedelregion sind bis etwa 10 cm lang und bis siebenmal auffallend grob lobiert. Die

Bild 77. *Saaropteris guthoerli* Hirm.; Grube Jägersfreude/Saar, Westfal C; Holotypus (M 1:1); (Sammlung Bergingenieurschule Saarbrücken); (Abbildungsbeleg zu Hirmer 1940).

Loben sind schmal bis breit eiförmig; der anadrome Abschnitt der Fiederchen ist deutlich größer. Die Mittelderregion ist eingesenkt. Die Loben weisen eine odontopteridisch fächerige Aderung auf.
Vorkommen: Westfal C.

Saaropteris dimorpha (LESQU.) WAGN. 1958: Die Fiederchen sind denen von *Saaropteris guthoerli* ähnlich, aber sie sind kleiner, nur bis 3,5 cm lang, und in 3 bis 6 nicht sehr tiefe Loben zerteilt. Auch bei dieser Species erscheint der anadrome Fiederchenabschnitt gefördert.
Vorkommen: Westfal C bis Stefan B.

Pseudadiantites GOTHAN 1929 (?Noeggerathiophyta, ?Pteridospermatae):
Die Wedel sind mindestens zweimal gefiedert, die Achsen sind gerade und glatt. Die Aderung ist typisch fächerig, es ist keine Mittelader ausgebildet. Die Mittelregion ist aber durch Aderscheitelung und, zumindest an der Blattbasis, durch vorhandene Einsenkungen deutlich markiert. Da die zweizeilig alternierenden Fiederchen etwa gleich groß sind, haben die Fiedern einen parallelrandigen Umriß, der von einem schiefrhombischen, großen Endfiederchen betont abgeschlossen wird. Die katadromen Basalfiederchen sind abweichend gestaltet; sie sind im apikalen Wedelbereich rundlich, im basalen mehr handförmig und basipetal an die nächsthöhere Achse verlagert. Nach LEGGEWIE 1966 ist *Pseudadiantites* GOTH. als Synonym zu *Palaeopteridium* aufzufassen (siehe S. 187). Typus-Species: *Pseudadiantites sessilis* (RÖHL) GOTH. 1929.

Sphenopteridium SCHIMPER 1874 (Pteridospermatae):
Die Wedel sind gegabelt und die Enden der Gabeläste parallel gestellt. Das Fußstück ist mit Fiederchen besetzt. Die Achsen sind unterbrochen quergerieft (Steinzellennester). Die Fiederchen sind umgekehrt keilförmig bzw. aus keilförmigen Abschnitten zusammengesetzt. Ihr Vorderrand ist gerade bis leicht unregelmäßig gerundet. Die Aderung ist eine typische Fächeraderung. Es handelt sich meist um Angehörige der mesophilen Assoziationen. Typus-Species: *Sphenopteridium dissectum* (GOEPP.) SCHIMP. 1874.

Sphenopteridium dissectum (GOEPP.) SCHIMP. 1874 (Bild 78): Die Fiederchen sind bis zu 5 cm lang und in mehrere umgekehrt keilförmige und unregelmäßig breite Lappen aufgespalten. Der Vorderrand der Lappen ist abgerundet. Die Aderung folgt der Symmetrie der Fiederchenlappen.
Vorkommen: Dinant (stratigraphische Charakterspecies).

11.3 Übersicht über die wichtigsten Formgenera und Formspecies der Pteridophylle

Bild 78. *Sphenopteridium dissectum* (GOEPP.) SCHIMP.; ?Niederschlesien, Dinant (M 1:1); (Abbildungsbeleg zu REMY et REMY 1959).

Adiantites GOEPPERT 1836 (Pteridospermatae):
Die Wedel dieses Genus sind drei- bis fünffach gefiedert. Die Fiederchen sind umgekehrt keilförmig bis rhombisch eiförmig, die Aderung ist fächerig. Es handelt sich zumeist um Species, die den mesophilen Assoziationen angehören. Typus-Species: *Adiantites oblongifolius* (BRGT.) GOEPP. 1836.

Adiantites antiquus (ETTINGSH.) STUR 1875 (Bild 79): Die Fiederchen sind umgekehrt keilförmig mit leicht abgerundetem Vorderrand und Fächeraderung. Die großen Wedel sind dreimal gefiedert. Die Achsen sind längsstreifig und im Verhältnis zum Gesamtwedel recht zart. Vorkommen: Dinant.

Triphyllopteris SCHIMPER 1869 (Pteridospermatae):
Die Wedel sind fiederig aufgebaut, die Achsen längsgestreift und ohne Querriefen. Die Fiederchen sind spitzwinkelig zur Achse gestellt, ihr Umriß ist rhombisch bis eiförmig. Sie spalten sich in Loben auf. Die Aderung ist fächerförmig. Typus-Species: *Triphyllopteris collombiana* SCHIMP. 1869.

Triphyllopteris collombiana SCHIMP. 1869 (Bild 80): Die Fiederchen stehen locker, sie sind rhombisch und weisen abgerundete Spitzen auf.

Bild 79. *Adiantites antiquus* (ETTINGSH.) STUR, Hüsten a. d. Ruhr, Dinant, (M 1:1); (Abbildungsbeleg zu GOTHAN et REMY 1957).

Die Fiederchen in der Spitzenregion sind schmal rhombisch, die der basalen Region breit und dreigelappt mit verlängertem Mittellappen. Die Aderung ist relativ dicht.
Vorkommen: Dinant.

Triphyllopteris rhomboidea (ETTINGSH.) SCHIMP. 1869 (Bild 81): Die Fiederchen sind kompakt, breit rhombisch. Die Fiederchen in den basalen Abschnitten der Fiedern letzter Ordnung sind dreilappig, wobei die äußeren Lappen umgekehrt eiförmig sein können und abgerundet enden, während der Mittellappen zugespitzt endet. Die Fiederchen sind in der Mitte eingesenkt und täuschen eine Mitteladerregion vor.
Vorkommen: Westfal B.

11.3 Übersicht über die wichtigsten Formgenera und Formspecies der Pteridophylle

Spathulopteris KIDSTON 1923 (?Pteridospermatae):
Die Wedel sind mehrfach, mindestens dreifach gefiedert, die Achsen wirken starr. Die Fiederchen sind spatelförmig und abgerundet. Die Aderung ist fächerförmig. Typus-Species: *Spathulopteris obovata* (L. et H.) KIDST. 1923.

Bild 80. *Triphyllopteris collombiana* SCHIMP., Burbach, Vogesen, Dinant, Holotypus (M 1:1); (aus SCHIMPER 1869).

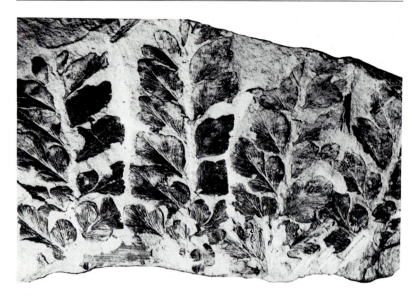

Bild 81. *Triphyllopteris rhomboidea* (ETTINGSH.) SCHIMP., Stradonitz, Böhmen, Westfal C/D (M 1:1); (Abbildungsbeleg zu GOTHAN et REMY 1957).

Spathulopteris haueri STUR f. *densa* GOTH. 1929 (Bild 82): Die Fiederchen dieser Species sind in schmal spatelförmige, tief eingeschnittene Loben, deren Vorderrand abgerundet ist, zerteilt. Sie sitzen an glatten, geraden Achsen, die mindestens dreifach fiederig aufgebaut sind. Die fächerförmige Aderung ist besonders in den breiteren Fiederchenabschnitten erkennbar.
Vorkommen: Dinant.

Sphenocyclopteridium STOCKMANS 1948 (?Pteridospermatae):
Die Wedel sind nicht gabelig, sondern rein fiederig und leicht flexuos gebaut. Die Fiedern letzter Ordnung sind parallelrandig und schmal. Die Fiederchen befinden sich sitzend an der Achse; sie sind rundlich palmat bis fast kreisförmig und zum Teil tief und ungleichmäßig lobiert. Die Aderung ist fächerförmig und mehrfach gabelt. Typus-Species: *Sphenocyclopteridium belgicum* STOCKM. 1948.

Bild 82. *Spathulopteris haueri* STUR forma *densa*, Neheim a. d. Ruhr, Dinant; (Abbildungsbeleg zu GOTHAN et REMY 1957).

11.3 Übersicht über die wichtigsten Formgenera und Formspecies der Pteridophylle

a (M 1:1)
b Ausschnitt (M 2:1)

Sphenocyclopteridium belgicum STOCKM. 1948: Die Fiederchen sind kreisförmig, etwa 5 mm groß, mit keilförmiger Basis, stehen eng und überdecken sich seitlich leicht. Die Fiederchenspreite ist in bis zu 10 mehr oder weniger verschieden tiefe Loben zerteilt. Die Adern sind leicht flexuos und zwei- bis dreimal gegabelt.
Vorkommen: Oberdevon.

Anisopteris (OBERSTE-BRINK 1914) HIRMER 1940 (?Filicatae):
Die Wedel sind nur einfach gefiedert. Die Fiederchen sind asymmetrisch und dreieckig bis halbkreisförmig. Von einer Ader am Unterrand des Fiederchens gehen einseitig gefächert die übrigen Adern ab. Es entsteht der Eindruck, als sei nur die eine Hälfte des Fiederchens entwickelt. Hier liegen Vertreter der mesophilen Assoziationen vor. Typus-Species: *Anisopteris inaequilatera* (GOEPP.) STUR 1875.

Anisopteris inaequilatera (GOEPP.) STUR 1875 (Bild 83): Die Fiederchen sind 1 bis 1,5 cm lang und dreieckig mit gerundetem Oberrand. Sie sitzen schräg an der Achse an. Pro Fiederchen findet sich ein tiefer Einschnitt, der von 1 bis 3 kleineren Loben begleitet sein kann. Die Aderung

Bild 83. *Anisopteris inaequilatera* (GOEPP.) STUR, Aprath b. Elberfeld, Dinant (M 1:1); (Abbildungsbeleg zu GOTHAN 1929; GOTHAN et REMY 1957).

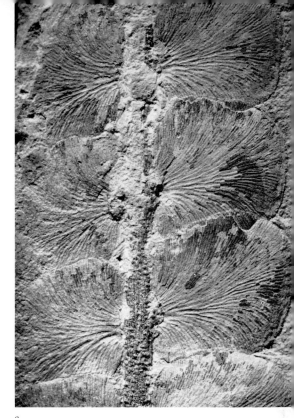

a Segen-Gottes-Grube b. Altwasser, Waldenburg, Dinant (M 1:1)
b Ausschnitt aus a (M 2:1)
c Rothwaltersdorf, Niederschlesien, Dinant (M 3:1)

Bild 84. *Fryopsis* (al. *Cardiopteris*) *polymorpha* (GOEPP.) WOLFE; (Abbildungsbelege: a, b zu GOTHAN et REMY 1957; c zu REMY et REMY 1959).

ist fächerig und schräg nach oben (vorn) gerichtet, das heißt, sie verläuft in spitzem Winkel zur tragenden Achse.

Vorkommen: Dinant.

Fryopsis (al. *Cardiopteris* SCHIMPER) WOLFE 1962 (Pteridospermatae):
Die Wedel sind einfach gefiedert, die Achsen sind polystel und weisen in der Rinde eng stehende Steinzellennester auf. Die Fiederchen sind zungen- bis kreisförmig mit typischer Fächeraderung, wobei an der Fiederchenbasis, die relativ breit ansitzt, etwa drei Adern aus der Achse in die Fiederchen eintreten. Hier liegen Vertreter der mesophilen Assoziationen des Dinant vor. Typus-Species: *Cardiopteris polymorpha* (GOEPP.) SCHIMP. 1869.

Fryopsis (al. *Cardiopteris*) *polymorpha* (GOEPP.) WOLFE 1962 (Bild 84):
Die Fiederchen sind rundlich bis zungenförmig und an der Basis herzförmig eingeschnürt. Sie sitzen eng an der Achse und können mehrere Zentimeter lang werden. Die Aderung ist ausgesprochen fächerig und am Grunde in wenige Adern gebündelt. Die Achsen sind durch Steinzellennester quergerieft.
Vorkommen: Dinant (stratigraphische Leitspecies).

Cardiopteridium NATHORST 1914 (Pteridospermatae):
Die Wedel dieses Genus sind mindestens zweimal gefiedert, die Achsen sind glatt bzw. längsgerieft und dünn. Die Fiederchen sitzen nur punktförmig an den Achsen an. Ihr Umriß ist nierenförmig bis zungenförmig oder fast eiförmig und oft auch asymmetrisch; die Aderung ist typisch fächerartig. Typus-Species: *Cardiopteridium spetsbergense* NATH. 1914.

a (M 1:1)
b (M 4:1)

Bild 85. *Cardiopteridium spetsbergense* NATH., Dobrilugk, Dinant; (Abbildungsbeleg zu GOTHAN et REMY 1957).

11.3 Übersicht über die wichtigsten Formgenera und Formspecies der Pteridophylle

Cardiopteridium spetsbergense NATH. 1914 (Bild 85): Die Fiederchen saßen an kurzen Stielchen und fielen sehr leicht ab. Ihr Umriß ist sehr variabel, meist rundlich nierenförmig, seltener mehr länglich. Diese Species ist ein Vertreter der mehr hygrophilen Assoziationen.
Vorkommen: Dinant (stratigraphische Charakterspecies).

11.3.2.2 Sphenopteridische Formen

Sphenopteris sensu stricto (BRONGNIART) STERNBERG 1825 (Pteridospermatae):
Die Wedel sind einmal in zwei fast parallele Gabeläste gegabelt, diese sind fiederig verzweigt. Die Wedelachsen sind durch horizontale, in der Rinde liegende Sklerenchymelemente quergestreift *(Heterangium-*Struktur). Die Fiederchen sind umgekehrt keilförmig bis verkehrt schmal eiförmig; sie sitzen der Achse mit schmaler Basis an. Die Aderung ist stets fiederig. *Lagenospermum-*Samen und *Calathiops-*artige männliche Organe gehören dazu. Der Anatomie der Wedel und der Sproßachsen nach ist das Genus als *Heterangium* CORDA (1845) bekannt. Es handelt sich um Klimmpflanzen. Typus-Species: *Sphenopteris elegans* (BRGT.) STERNBG. 1825.

Sphenopteris adiantoides (al. *Sph. elegans* [BRGT.] STERNBG. 1825) SCHLOTH. 1820 (Bild 86): Die Fiederchen sind streng umgekehrt keilförmig bis fast lineal. Die katadromen basalen Fiederchen sind schwach vergrößert. Die Gabeläste der Wedel sind dreifach gefiedert. Die Fußstücke sind nackt, die Wedelachsen angeschwollen.
Vorkommen: Namur A (stratigraphische Leitspecies).

Sphenopteris sensu lato BRONGNIART als Morpho- bzw. Sammelgenus (Pteridospermatae, Filicatae):
Die Fiederchen sind lineal, keilförmig bis rundlich und verkehrt eiförmig. Sie sitzen den Achsen mit schmaler Basis bzw. kurzem Stielchen an. Die systematische Stellung der einzelnen Species und der anatomische Bau der Achsen sind nicht sicher erfaßbar, solange nicht ihre fertilen Organe und Achsen anatomisch erhalten gefunden werden.

Die drei im folgenden genannten Species gehören zu den Pteridospermatae, sie bilden eine Sondergruppe mit körbchen- oder köpfchenartigen Mikrosporangienständen *(Schuetzia, Dictyothalamus)* und haben saccate Pollenkörner.

B Daten zur Taxonomie der terrestren Pflanzen des Erdaltertums

a Niederschlesien (M 1:1)
b Rudolfgrube, Volpersdorf bei Neurode, Niederschlesien, *Heterangium*-Achsenabdruck mit der typischen Querriefung (M 1:1)
c Schemazeichnung (M ∼ 2,5:1)

Bild 86. *Sphenopteris* (al. *Heterangium*) *adiantoides* SCHLOTH.; (Abbildungsbelege zu GOTHAN et REMY 1957).

Bild 87. *Sphenopteris* (al. *Schuetzia*) *germanica* WEISS, (Abbildungsbelege: d zu REMY et REMY 1959, e zu REMY et REMY [1966] 1968. (Legende siehe S. 202).

Sphenopteris germanica WEISS 1879 (Bild 87): Der Wedel ist im apikalen Abschnitt einmal dichotom gegabelt; die Gabeläste sind streng fiederig verzweigt, das Fußstück ist lang und mit Fiedern besetzt, die Wedelachsen sind quergerieft. Die Fiederchen sind groblappig und lassen sich annähernd in einen abgerundeten Rhombus einzeichnen. Die an der Fieder apikal stehenden Fiederchen sind leicht keulenförmig, die basal stehenden oft kräftig gelappt. Die Fiederchen sitzen schräg an den Achsen und laufen basal leicht an ihnen herab; eine Tendenz zur Basalverlagerung der untersten Fiederchen durch Konkauleszenz ist erkennbar. Der Aderungstyp ist der der Callipteriden bzw. Odontopteriden. Eine nahe verwandte Sippe wird als *Sphenopteris* (al. *Sphenopteridium* LEE et al.) *pseudogermanica* HALLE im Autun Chinas gefunden; bei dieser sind durch Konkauleszenz Zwischenfiedern ausgebildet.

Vorkommen: Autun.

Sphenopteris suessi GEINITZ 1869 (Bild 88): Die Fiederchen sind aus linealen, sehr starr wirkenden, bis oder fast bis zur Basis freien Loben zusammengesetzt. Diese sind deutlich katadrom betont, das heißt, ein Lobus bzw. ein Lobenaggregat ist ganz in den untersten Winkel der Fiederchen letzter Ordnung gerückt. Die Loben stehen zu zweit bis fünft oder auch sechst oft annähernd handförmig zusammen. Diese Species klingt sehr an die Callipteriden an; es fehlen aber die Zwischenfiedern.

Vorkommen: Saxon und Thuring.

Sphenopteris kukukiana GOTHAN et NAGALHARD 1921 (Bild 89): Der Wedel ist einmal dichotom gegabelt. Das Fußstück ist etwa 6,5 cm lang und meist unbeblättert. Die Gabeläste sind fast senkrecht mit wechselständigen Fiedern erster Ordnung besetzt. Die Fiederchen sind aus 1 bis 3 linealen bis schwach eiförmigen Loben zusammengesetzt. Diese Species klingt sehr an die Callipteriden an; es fehlen aber die Zwischenfiedern.

Vorkommen: Saxon und Thuring.

Legende zu Bild 87 (siehe S. 201):

a, b, d Schnepfenloch bei Zella-Mehlis i. Thür., Autun

a, b Stück aus der Spitze eines Wedels bzw. einer Fieder, man beachte die annähernd odontopteridische Aderung und das Herablaufen der Spreite an der Achse, a (M 1:1), b (M 5:1)

c Oberhof i. Thür., Autun, Achse gegabelt (Pfeil), unterbrochen quergerieft (M 1:1)

d Stück aus der basalen Wedelregion mit stärker gegliederten Fiederchen, Achse mit unterbrochener Querriefung (M 3:1)

e Lindenberg bei Ilmenau i. Thür. (M 1:1)

11.3 Übersicht über die wichtigsten Formgenera und Formspecies der Pteridophylle

Bild 88. *Sphenopteris suessi* GEIN., Val Trompia, Provinz Brescia, Saxon (M 1:1); (Gegendruck des Abbildungsbelegs zu SORDELLI 1896, Sammlung Museo di Storia Naturale, Brescia).

Rhodeopteridium (al. *Rhodea* PRESL 1838) ZIMMERMANN 1959 (Pteridospermatae):
Der Wedelaufbau ist streng fiederig. Die Fiederchen sind mehr oder weniger schmal, lineal bis fadenförmig und einaderig. Typus-Species: *Rhodeopteridium* (al. *Rhodea*) *trichomanoides* (BRGT.) ZIMMERM. 1959.

a   b

Bild 89. *Sphenopteris kukukiana* GOTH. et NAGALH.; a und b Val Trompia, Provinz Brescia, Saxon (M 1:1); (Sammlung Museo di Storia Naturale, Brescia).

Rhodeopteridium (al. *Rhodea*) *stachei* STUR 1877 (Bild 90): Die Fiederchen sind etwa 8 mm lang und nur 0,5 mm breit. Die Wedel sind sehr starr und streng fiederig aufgebaut; auffallend ist die Symmetrie der Fiederchen in einem Wedel. Die anadromen Segmente der nächstfolgen-

a Segen-Gottes-Grube bei Altwasser, Niederschlesien, Namur A (M 1:1)
b Weissig-Grube bei Altwasser, Niederschlesien, Namur A (M 1:1)
c *Paracalathiops stachei* REMY (Mikrosporangienstand von *Rhodeopteridium stachei*) (M 1:1)
d gleiches Stück wie c (M 3:1)

Bild 90. *Rhodeopteridium* (al. *Rhodea*) *stachei* STUR; (a Abbildungsbeleg zu REMY et REMY 1959; b, c, d Sammlung Geol. Pal. Inst. Göttingen).

11.3 Übersicht über die wichtigsten Formgenera und Formspecies der Pteridophylle

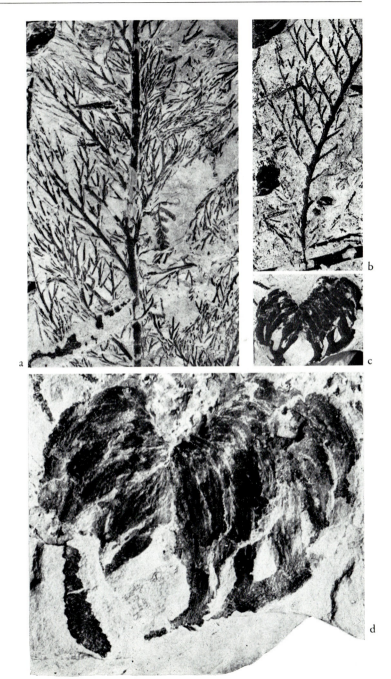

den Ordnung stehen parallel zur Achse der vorigen Ordnung, die katadromen dagegen senkrecht dazu, da alle Fiederchen und Fiedern in einem Winkel von etwa 45° stehen. Die fertilen Wedelteile mit Mikrosporangien sind als *Paracalathiops stachei* (STUR) REMY 1953 bekannt; sie enthalten monosaccate Mikrosporen, die sich als gute Leitformen für das Namur A erwiesen haben. *R. stachei* gehört zu den Pteridospermatae.

Vorkommen: Namur A (stratigraphische Charakterspecies).

Rhodeites NĚMEJC 1937 (?Filicatae):

Die Wedel treten paarweise aus dem Stamm aus. An der Wedelbasis finden sich keine Aphlebien. Die Fiederchen sind schmal und sphenopteridisch. Typus-Species: *Rhodeites gutbieri* (ETTINGSH.) NĚMEJC 1937.

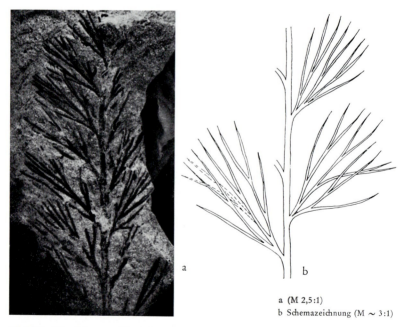

a (M 2,5:1)
b Schemazeichnung (M ~ 3:1)

Bild 91. *Rhodeites gutbieri* (ETTINGSH.) NĚM., Zeche Germania bei Dortmund, Westfal B/C; (Abbildungsbeleg zu *R. subpetiolata* in GOTHAN 1929; GOTHAN et REMY 1957).

11.3 Übersicht über die wichtigsten Formgenera und Formspecies der Pteridophylle

Rhodeites guthieri (ETTINGSH. 1852) NĚMEJC 1937 (al. *Rhodea subpetiolata* H. POT.) ZEILL. 1899) (Bild 91): Die einzelnen Fiederchen sind starr und sehr schmal, etwa 12 mm lang und durch spitze, dichotome Gabelungen in 5 bis 10 pfriemenförmige Segmente aufgeteilt (Reisigbesenhabitus). Die Fiedersegmente sind bis zu 5 mm lang und nur 0,2 mm breit; sie weisen jeweils nur eine Ader auf. Die Achse ist glatt. Vorkommen: Westfal B und C.

Diplopteridium WALTON 1931 (Pteridospermatae):
Die Wedel sind einmal pseudodichotom gegabelt. Das Fußstück des Wedels, der Wedelstiel, ist mit Fiederchen besetzt. Fertile Wedel tragen in der pseudodichotomen Gabelung einen um 90° versetzten kleinen Wedel, der sich fünf- bis siebenfach durch Dichotomien aufteilt und endständig Mikrosporangiengruppen trägt. Typus-Species: *Diplopteridium teilianum* (KIDST. 1889) WALT. 1931.

Diplotmema STUR 1877 (Pteridospermatae):
Die Wedel sind einmal dichotom in zwei Hauptäste geteilt, die nochmals in der gleichen Ebene gegabelt sind. Die Achsen sind glatt und neigen zu flexuosem Verlauf. Die Fiederchen stehen meist locker; sie sind mehr oder weniger lineal und können in Segmente (Loben) geteilt sein. Typus-Species: *Diplotmema patentissimum* (ETTINGSH.) STUR 1877.

Diplotmema cf. *moravica* (STUR non ETTINGSH.) GOTH. 1941 (Bild 92):
Die Fiedern sind je nach Stellung am Wedel aus drei bis sieben Fiederchen zusammengesetzt. Die Fiederchen werden von zwei bis sechs fast parallelrandigen Segmenten gebildet. Die Fiederachse ist glatt und schwach flexuos. Die beiden Basalfiedern des diplotmematischen Gabelwedels sind weniger durch die Größe als durch die fast parallele Stellung zum Fußstück des Wedels betont.
Vorkommen: Dinant von Hüsten a. d. Ruhr.

Palmatopteris H. POTONIÉ 1893 (Pteridospermatae):
Die Wedel sind zweimal gegabelt und reich gegliedert. Die Fiederchen sind umgekehrt keilförmig bis lineal. Durch Verwachsung der feinen Lappen kommen auch komplexere Fiederchen vor *(P. sarana)*. Die Achsen weisen meist eine breite Längsriefe auf und sind flexuos gebogen. Typus-Species: *Palmatopteris furcata* (BRGT.) H. POT. 1893.

Palmatopteris furcata (BRGT.) H. POT. 1893 (Bild 93): Die Fiederchen werden aus 3 bis 4 Segmenten aufgebaut; sie sind etwa 1 mm breit und bis 8 mm lang und enden zugespitzt bis rundlich. Sie weisen jeweils eine Ader auf. Die Fiederachsen sind deutlich flexuos und weisen im Abdruck

Bild 92. *Diplotmema* cf. *moravica* (STUR non ETTINGSH.) GOTH., Hüsten, Ruhr, Dinant (M 1:1); (Abbildungsbeleg zu GOTHAN 1941).

a (M 1:1)
b Schemazeichnung (M ~ 1,5:1)

Bild 93. *Palmatopteris furcata* (BRGT.) POT., Ruhrkarbon, Westfal; (Abbildungsbeleg zu GOTHAN et REMY 1957).

11.3 Übersicht über die wichtigsten Formgenera und Formspecies der Pteridophylle

eine charakteristische beidseitige Flügelung auf, die in die Fiederchen übergeht. Dies und der zarte spreitige Bau der Fiederchen sind gute Unterschiede zu *Rhodeopteridium*-Species.

Vorkommen: Westfal A bis C.

Palmatopteris sarana GUTH. 1952 (Bild 94): Die Fiederchen haben eine flächige Spreite, die je nach Stellung am Wedel in 2 bis 3 charakteristische Loben geteilt ist. Die Fiederchen sind bis etwa 15 mm lang und bis etwa 10 mm breit, erscheinen starr, kaum flexuos und laufen in Spitzen aus.

Vorkommen: Westfal C.

Eusphenopteris (WEISS 1869) SIMSON-SCHAROLD 1934 (non KIDSTON 1882); (Pteridospermatae):
Die Wedel sind einmal gegabelt und haben mehrfach fiederig verzweigte, divergierende Gabeläste. Die katadromen Fiederchen sind oft vergrößert aber nicht apheboïd verändert. Die Fiederchen sind rundlich bis verkehrt eiförmig, ganzrandig bis gekerbt (lobiert). Sie sitzen den Achsen mit schmaler Basis bzw. gestielt an. Die Aderung ist fiederig bis palmat und manchmal durch Baststreifung verdeckt. Die Pflanzen hatten anscheinend baumförmigen Wuchs. Typus-Species: *Eusphenopteris obtusiloba* (BRGT.) NOVIK 1947.

Bild 94. *Palmatopteris sarana* GOTH., Grube Jägersfreude, Saar, Westfal C, Holotypus (M 1:1); (Abbildungsbeleg zu GUTHÖRL 1959, Sammlung Bergingenieurschule Saarbrücken).

Eusphenopteris obtusiloba (BRGT. 1829) NOVIK 1947 (Bild 95): Die Fiederchen sind rundlich, 3 bis 4mal gekerbt, teilweise tief lobiert und schwach gestielt. Ihre Spreiten laufen leicht an der Achse herab. Die Fiederchen erreichen selten 1 cm Länge, sind locker gestellt, überdecken sich nicht und sind manchmal, eventuell immer, leicht gewölbt. Die Aderung ist sehr deutlich, nie durch Streifung verdeckt (siehe *Eusph. striata*), locker fiederig bis palmat in den Loben. Die Fiederachsen sind leicht flexuos. Die Wedel sind mehr als dreifach gefiedert.

Vorkommen: Westfal A und B.

Eusphenopteris neuropteroides (BOUL.) NOVIK 1947: Die Fiederchen sind rundlich, nur schwach eckig und 3 bis 7mal schwach gelappt. Sie sitzen relativ breit an, sind an der Achse angeschmiegt und laufen leicht an ihr herab. Die Spitzenfiederchen sind ganzrandig und mehr oder weniger stark verwachsen. Die basalen Fiederchen sind etwas länger als 1 cm und etwa ebenso breit. Die Fiederchen berühren einander fast, überdecken sich aber selten. Die Adern treten sehr spitzwinkelig aus der Achse in die Fiederchen ein, sind relativ grob und eher palmat als fiederig verzweigt. Die Wedel sind mehr als dreimal, eventuell viermal, gefiedert.

Vorkommen: Westfal A bis C.

Eusphenopteris striata (GOTH.) v. AMEROM 1975 (Bild 96): Die Fiederchen sind rundlich, nur wenig gelappt und etwa 5 mm lang. Wesentlichstes Merkmal ist die feine, sehr gleichmäßige, radial verlaufende Streifung der Fiederchen, die die Aderung verdeckt. Die Aderung ist nur an der Unterseite der gewölbten Fiederchen erkennbar. Die Achsen sind mehr oder weniger deutlich quergestreift. Die Wedel sind mindestens dreifach gefiedert.

Vorkommen: Westfal B und C.

Eusphenopteris hollandica (GOTH. et JONGM. 1928) NOVIK 1947 (Bild 97): Die Fiederchen sind kleiner als 6 mm, rundlich bis verkehrt eiförmig, auffallend gewölbt, haben eine sehr glatte Oberfläche und die Aderung ist kaum sichtbar. Die Wedel sind mindestens dreifach gefiedert.

Vorkommen: Namur B und C, bis Westfal B.

---

a (M 1:1)
b Ausschnitt (M 3:1)

Bild 95. *Eusphenopteris obtusiloba* (BRGT.) Nov., Zeche Hendrik, Westfal B; (Abbildungsbeleg zu VAN AMEROM 1975, Photo FUNCKEN, Sammlung Geologisches Bureau Heerlen).

a (M 1:1)
b Ausschnitt aus a (M 4:1)
c Schemazeichnung (M ~ 6:1)

Bild 96. *Eusphenopteris striata* (GOTH.) VAN AMEROM, Zeche Preußen II b. Kamen, mittleres Westfal; (Abbildungsbeleg zu GOTHAN et REMY 1957).

11.3 Übersicht über die wichtigsten Formgenera und Formspecies der Pteridophylle

Bild 97. *Eusphenopteris hollandica* (GOTH. et JONGM.) NOV., Vorhalle b. Hagen, Namur B (M 1:1); (Abbildungsbeleg zu GOTHAN et REMY 1957).

Eusphenopteris sauveuri (CRÉP.) SIMS.-SCHAR. 1934: Die Fiederchen sind schlank rhombisch gerundet bis verkehrt eiförmig. Größere Fiederchen sind ein- bis zweimal lobiert, knapp 5 mm lang, breit angeheftet und laufen an der Achse herab. Die basalen Fiederchen sind zwei- bis viermal tief lobiert und sitzen mehr gestielt an. Die Aderung ist kaum erkennbar. Alle Fiederchen sind flach und glatt. Die Wedel sind dreimal gefiedert.

Vorkommen: Westfal A bis C.

Lyginopteris H. POTONIÉ 1897 (Pteridospermatae):
Die Anatomie der *Lyginopteris*-Stämme *(Lyginopteris oldhamia,* al. *Dictyoxylon oldhamium* (BINNEY) WILLIAMSON 1869) (siehe S. 114) ist aus

den Torfdolomiten (Bild 32) bekannt, so im Ruhrrevier aus Torfdolomiten der Flöze Hauptflöz, Finefrau-Nebenbank und Katharina. Die Wedel sind einmal dichotom gabelt, das Fußstück ist beblättert. Typus-Species: *Lyginopteris oldhamia* (BINN.) H. POT. 1897.

Lyginopteris (al. *Sphenopteris* s. l.) *hoeninghausi* (BRGT. 1828) H. POT. 1897 (Bild 98): Die Fiederchen sind sehr klein, meist nur 2 mm lang. Sie sind meist in keilförmige, stumpfe bis rundliche Loben zerteilt, die oft aufgewölbt sind. Die Fiederchen stehen auffallend senkrecht zur Achse. Die Adern sind fiederig, in den Loben gabelig. Die Achsen aller Ordnungen sind fein punktiert bzw. mit oft noch im Gestein sichtbaren Trichomen besetzt. Die Abdrücke der Sproßachsen weisen eine auffallend längsmaschige Skulptur auf, die von in der Rinde verlaufenden Sklerenchymsystemen herrührt *(Dictyoxylon*-Struktur). Es werden mehrere Formen unterschieden.

Vorkommen: Westfal A (stratigraphische Leitspecies).

a (M 1:1)
b Schemazeichnung (M ~ 5:1)

Bild 98. *Lyginopteris* (al. *Sphenopteris* s. l. *hoeninghausi* (BRGT.) POT., Zeche Westfalia b. Dortmund, die Gabelung der Wedelachse oben im Bild und die Punktierung durch Trichome sind deutlich erkennbar (vgl. Bild 32); (Abbildungsbeleg zu GOTHAN et REMY 1957).

11.3 Übersicht über die wichtigsten Formgenera und Formspecies der Pteridophylle

Bild 99. *Lyginopteris* (al. *Sphenopteris* s. l.) *baeumleri* (ANDR.) POT., Ruhrkarbon, älteres Westfal (M 1:1); (Abbildungsbeleg zu GOTHAN et REMY 1957).

Lyginopteris (al. *Sphenopteris* s. l.) *baeumleri* (ANDR.) H. POT. 1897 (Bild 99): Die Fiederchen sind kompakter und nicht so stark in Loben aufgelöst wie bei *L. hoeninghausi*, sie erscheinen daher randlich eher gekerbt als lobiert; die 4 bis 7 Kerben schneiden bis zu einem Drittel in die Spreitenbreite der Fiederchen ein. Die Wedelachsen sind punktiert, die Sproßachsen wie bei *L. hoeninghausi* skulpturiert. Eine ähnliche Species ist *L. ghayei* STOCKM. et WILL. 1953.

Vorkommen: Namur C bis Westfal B.

Alloiopteris H. POTONIÉ 1897 (Filicatae):

Die Fiederchen sind klein, zart, sphenopteridisch, selten breiter und mehr pecopteridisch. Die Fiedern und die Fiederchen stehen mehr oder weniger senkrecht zu den Achsen, die Wedelteile sind parallelrandig. Am Grunde der Wedelseitenteile stehen kleine, feinlappige, nach oben gerichtete, apheboïde Fiederchen. Die Wedel gabeln sich beim Austritt aus der Hauptachse, so daß sie zu zweien nebeneinander stehen. Die Achsen sind gerade und meist fein punktiert. Sie sind anatomisch bekannt und haben im Leitbündel einen Xylemteil von mehr oder weniger

H-förmigem Querschnitt. Der Xylemteil drückt sich auf der Achse durch und bildet am Abdruck eine deutliche Mittelriefe. Die Alloiopteriden werden meist Spreizklimmer gewesen sein. Fertile, sporangientragende Stücke von *Alloiopteris* werden als *Corynepteris* bezeichnet (Bild 52). Typus-Species: *Alloiopteris quercifolia* (GOEPP.) H. POT. 1897.

Alloiopteris quercifolia (GOEPP.) H. POT. 1897 (Bild 100): Die Fiederchen sind klein, bis etwa 8 mm lang. Sie sind in 8 bis 9, nicht sehr tief eingeschnittene, zwei- bis viermal gezähnte Loben aufgegliedert und stehen senkrecht zur Achse. Die Aderung ist deutlich fiederig und in jeden Zahn der Loben tritt eine Ader ein. Die Fiederchen sitzen an der Basis relativ breit an.

Vorkommen: Namur.

Alloiopteris coralloides (GUTB.) H. POT. 1897 (Bild 101): Die Fiederchen sind auffallend parallelrandig und in 6 bis 10 tiefgekerbte Loben zerteilt; sie erinnern an *A. quercifolia,* sind aber lockerer gebaut. Formen mit fein gelappten, oft mehr eckigen Fiederchen werden als *Alloiopteris grypophylla* GOEPPERT sp. bezeichnet.

Vorkommen: Westfal A bis C.

Bild 100. *Alloiopteris quercifolia* (GOEPP.) POT., Segen-Gottes-Grube bei Altwasser, Niederschlesien, Namur A (M 1:1); (Abbildungsbeleg zu REMY et REMY 1959).

11.3 Übersicht über die wichtigsten Formgenera und Formspecies der Pteridophylle

a
b
a Frischauf-Grube bei Eckersdorf (M 1:1)
b Schacht Rheinelbe bei Gelsenkirchen (M 1:1)
c Schemazeichnung (M ~ 4:1)

Bild 101. *Alloiopteris coralloides* (GUTB.) POT.; (Abbildungsbelege zu GOTHAN et REMY 1957).

Alloiopteris sternbergi (ETTINGSH.) H. POT. 1897 (Bild 102): Die Fiederchen sitzen breit an und stehen gedrängt; es entstehen fast bandartige Fiedern letzter Ordnung. Am Oberrand der Fiederchen sind 2 bis 3 kleine Zähnchen zu beobachten. Im Namur kommen Formen mit auffallend kurzen Wedelseitenteilen vor, die vielleicht als Leitformen zu gebrauchen sind.
Vorkommen: Namur B bis Westfal C.

Alloiopteris essinghi (ANDR.) H. POT. 1897 (Bild 103): Die Fiederchen stehen deutlich einzeln; sie sind etwas größer als bei der vorigen Species. Die Mittelader liegt stark asymmetrisch am Rande der Fiederchen; diese erscheinen daher fächerförmig.
Vorkommen: oberes Westfal A bis Westfal D.

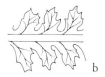

a (M 1:1)
b Schemazeichnung (M ~ 4:1)

Bild 102. *Alloiopteris sternbergi* (ETTINGSH.) POT., Vorhalle bei Hagen, Namur B; (Abbildungsbelege zu GOTHAN et REMY 1957).

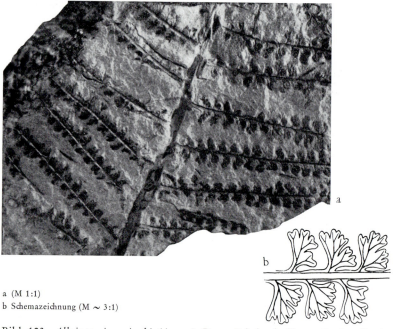

a (M 1:1)
b Schemazeichnung (M ~ 3:1)

Bild 103. *Alloiopteris essinghi* (ANDR.) POT., Friedenshoffnung-Grube, Petrischacht, Niederschlesien.

11.3 Übersicht über die wichtigsten Formgenera und Formspecies der Pteridophylle

Mariopteris ZEILLER 1879 (Pteridospermatae):
Der Wedelbau ist doppelt gabelteilig (vierteilig), die äußeren Gabelstücke sind kleiner als die inneren. Jeder der vier Gabelteile erscheint daher als eigener gefiederter Wedel mit annähernd rhombischem Umriß. Das Fußstück ist nackt. Die Achsen zeigen deutliche Quermale. Die Fiederchen können an der Basis eingeschnürt sein oder breit ansitzen, sie sind öfter am Grunde miteinander verbunden und vorwiegend von dreieckigem Umriß. Das basale Fiederchen ist asymmetrisch gegabelt, durch die Mittelader asymmetrisch geteilt und meist größer als die übrigen Fiederchen. Die Seitenadern verlaufen spitzwinklig in den Fiederchen, die Mittelader ist deutlich ausgeprägt. Die Mitteladern bzw. die Fiederachsen sind öfter zu schmalen Spitzen, sogenannten Träufel- oder Klimmspitzen, ausgezogen; die Mariopteriden werden im allgemeinen als Klimmpflanzen gedeutet. Nebenadern sind bei den breit ansitzenden Fiederchen deutlich vorhanden. Die Mariopteriden s. str. sind eine natürliche Gruppe der Pteridospermatae, deren Fruktifikationen aber nicht genau bekannt sind. Sie sind vom Namur B bis zum Westfal D sehr häufig. Typus-Species: *Mariopteris nervosa* (BRGT.) ZEILL. 1879.

Mariopteris nervosa (BRGT.) ZEILL. 1879 (Bild 104): Die Fiederchen sitzen breit an, sind gedrungen bis dreieckig und enden rundlich bis spitzbogenförmig; sie sind teils ganzrandig, teils schwach lobiert. Die Aderung ist kräftig, die Mittelader eingesenkt, die Seitenadern sind scharf markiert bis eingesenkt. Es sind deutliche Nebenadern vorhanden.
Vorkommen: Westfal B bis D.

Mariopteris muricata (SCHLOTH.) ZEILL. 1879 (Bild 105): Die Fiederchen sitzen breit an, sind schlank dreieckig und enden spitzbogenförmig aber nur selten spitz, bzw. sie sind in bis zu etwa 6 spitzbogenförmige Loben geteilt. Die Spitzenfiedern sind schmal und weisen noch nicht getrennte Loben auf. Die Spitzen der Fiederteile bzw. der Wedelteile laufen oft in Vorläuferspitzen bzw. Klimmhaken aus. Die Mittelader ist deutlich, meist eingesenkt. Die Seitenadern sind zart und verlaufen spitzwinkelig. Es sind deutliche Nebenadern vorhanden.
Vorkommen: Westfal A bis C.

Mariopteris sauveuri (BRGT.) FRECH 1899 (Bild 106): Die Fiederchen sind am Oberrand der Basis eingeschnitten und sitzen hauptsächlich mit der basalen Fiederchenpartie an; sie laufen nicht besonders auffallend an der Achse herab. Der Fiederchenumriß ist lang eiförmig, manchmal auffallend parallelrandig und ganzrandig bis schwach eingeschnitten; die resultierenden Segmente sind gedrungen rundlich und

B   *Daten zur Taxonomie der terrestren Pflanzen des Erdaltertums*

Bild 104. *Mariopteris nervosa* (BRGT.) ZEILL., Zeche Hibernia bei Gelsenkirchen, Flöz 4, Westfal B (M 1:1); (Abbildungsbeleg zu GOTHAN 1935 und GOTHAN et REMY 1957).

wirken verschmolzen. Die Fiederchenspitze ist deutlich gerundet. Die Mittelader ist deutlich, die Seitenadern sind derber als bei *M. muricata*. Vorkommen: Westfal B bis D.

Karinopteris BOERSMA 1972 (Pteridospermatae):
Die Wedel sind doppelt gegabelt, woraus zwei Hauptastpaare resultieren, die ihrerseits fiederig verzweigt sind. Jedes dieser beiden Astpaare bildet insgesamt gesehen eine morphologische Einheit, da die äußeren Seitenfiedern des inneren Astes jeweils stark verlängert sind

a (M 1:1)
b Schemazeichnung (M ~ 2:1)

Bild 105. *Mariopteris muricata* (SCHLOTH.) ZEILL., Zeche Friedrich der Große bei Herne, Westfal A; (Abbildungsbeleg zu GOTHAN 1935 und GOTHAN et REMY 1957).

Bild 106. *Mariopteris sauveuri* (BRGT.) FRECH, Ruhrkarbon, Westfal (M 1:1); (Abbildungsbeleg zu GOTHAN et REMY 1957).

und den Zwischenraum zwischen den beiden Ästen eines Astpaares relativ vollständig ausfüllen. Die Achsen weisen die gleichen Quermale auf, wie sie auch beim Genus *Mariopteris* vorkommen. Die Ausbildung der Fiederchen und die Aderung sind ähnlich wie bei *Mariopteris*. Typus-Species: *Karinopteris daviesii* (KIDST.) BOERSMA 1972.

Karinopteris (al. *Mariopteris*) *daviesii* (KIDST.) BOERSMA 1972 (Bild 107): Die Fiederchen sind in bis zu 8 dreieckige Loben und spitze Buchten aufgeteilt und enden zugespitzt. Die Mittelader ist mehr oder weniger flexuos.
Vorkommen: höheres Westfal A bis Westfal ?D.

Karinopteris (al. *Mariopteris*) *acuta* (BRGT.) BOERSMA 1972 (Bild 108): Die Fiederchen sind in 5 bis 8 tief eingeschnittene Loben aufgeteilt, die stumpf, gerundet oder zugespitzt sein können. Trotz der Lobierung haben die Fiederchen einen recht geschlossenen Umriß. Sie sitzen basal mit einem Flügelsaum den Achsen an. Die Mittelader ist gerade, die Seitenadern treten nicht besonders scharf hervor. Es werden z. Z. noch verschiedene Sippen in dieser Species zusammengefaßt.
Vorkommen: Namur bis Westfal A/B.

Karinopteris (al. *Mariopteris*) *souberani* (ZEILL.) BOERSMA 1972: Die Fiederchen sind in bis zu 8 deutlich gerundete bis runde Loben mit gerundeten Buchten aufgegliedert; sie enden deutlich gerundet. Die Mittelader ist zart und gerade.
Vorkommen: höheres Westfal B und Westfal C.

Pseudomariopteris P. DANZE-CORSIN 1953 (Pteridospermatae): Die Wedel dieses Genus sind zweimal gegabelt, so daß vier Wedelabschnitte entstehen. Die Wedelachsen sind nur längsgestreift ohne Querriefen. Die Fiederchen sind glattrandig bis lobiert; die Basalfiederchen sind wie bei dem Genus *Mariopteris* groß und zweilappig; es treten auch Vorläuferspitzen auf. Typus-Species: *Pseudomariopteris busqueti* (ZEILL. 1906) DANZ.-CORS. 1953.

Pseudomariopteris busqueti (ZEILL.) DANZ.-CORS. 1953 (Bild 109): Die Fiederchen sind dreieckig und mehr oder weniger unregelmäßig lobiert. In den Wedel- bzw. Fiederspitzen sitzen sie mit ganzer Basis der Achse an. In den basalen Abschnitten der Fiedern letzter Ordnung sind die Fiederchen sphenopteridisch eingezogen. Das Basalfiederchen ist vergrößert und mehr oder weniger deutlich doppellappig. Die Mittelader tritt nicht hervor, sie steigt schräg im Fiederchen auf. Die Seitenadern

Bild 108. *Karinopteris* (al. *Mariopteris*) ex Formenkreis *K. acuta* (BRGT.) BOERSM., Vorhalle bei Hagen, Namur B, Stück der älteren, stärker lazinierte Fiederchen bildenden Sippe (M 1:1); (Abbildungsbeleg zu GOTHAN 1935 und GOTHAN et REMY 1957).

a Zeche Waltrop bei Dortmund, Flöz A, Westfal A (M 1:1)
b ohne Fundortangabe (M 1:1)

Bild 107. *Karinopteris* (al. *Mariopteris*) ex Formenkreis *K. daviesii* (KIDST.) BOERS., Ruhrkarbon; (Abbildungsbelege: a zu GOTHAN 1935, b zu GOTHAN et REMY 1957).

a (M 1:1)
b Ausschnitt (M 2:1)

11.3 Übersicht über die wichtigsten Formgenera und Formspecies der Pteridophylle

setzen sehr tief an und gabeln sich mehrfach flexuos auf. Die Aderung ist besonders deutlich auf der Unterseite der Fiederchen ausgeprägt.
Vorkommen: Stefan (stratigraphische Charakterspecies).

Fortopteris BOERSMA 1969 (Filicatae):
Die Wedel sind in vier Gabeläste gegabelt, deren Seitenachsen zu flexuosem Bau neigen. Die Achsen sind glatt und nur längsgestreift, haben keine Querriefung wie die Mariopteriden. Die Fiederchen sind zartspreitig und haben zarte Adern. Die Mittelader tritt nicht besonders hervor. Die Fiederchen sind glattrandig bis fein gezähnt. Vorläuferspitzen bzw. Klimmhaken sind nicht ausgebildet. Der Bau der Synangien und die systematische Stellung dieser Gruppe ist noch nicht völlig geklärt. Typus-Species: *Fortopteris latifolia* (ZEILL.) BOERSMA 1969.

Fortopteris latifolia (ZEILL.) BOERSMA 1969 (Bild 110): Die Fiederchen sitzen den Achsen mit ganzer Basis an und laufen an ihnen herab, ihr Umriß ist rundlich bis breit rhombisch. Der Rand der Fiederchen ist schwach gezähnt, die Zähne sind abgerundet. Das basale Fiederchen ist jeweils schwach rechteckig mit betontem Basallobus. Die Mitteladern sind flexuos; in jedem Fiederchenzahn endet eine Seitenader. Die Fiederchen sind mit Drüsen besetzt.
Vorkommen: Westfal C.

Zeilleria KIDSTON 1884 (?Pteridospermatae, ?Filicatae):
Dieses Genus hat aus 4 bis 5 Sporangien ohne Anulus gebildete Synangien, die orthotrop an den Enden der Adern stehen. Sie sind etwa 1 mm lang und klaffen in reifem Zustand an der Spitze auf, während sie an der Basis verwachsen bleiben. Das Laub ist fiederig und vom sphenopteridischen Laubform-Typ. Die pecopteridischen Formen werden zu *Bertrandia* DALINVAL 1960 gestellt. Typus-Species: *Zeilleria delicatula* (STERNBG.) KIDSTON 1884.

Zeilleria (al. *Sphenopteris* s. l.) *delicatula* (STERNBG.) KIDST. 1884:
Die sterilen Fiederchen sind tief in etwa 6 zwei- bis dreizähnige Loben eingeschnitten. Die Loben verjüngen sich zur Mittelader hin, sind also nur annähernd parallelrandig. Die fertilen Fiederchen sind fast ohne Spreite; die Synangien scheinen endständig an einem Adergerüst zu sitzen.
Vorkommen: Westfal A bis C.

Bild 109. *Pseudomariopteris busqueti* DANZÉ-CORS., Plötz bei Halle, Stefan B/C; (Abbildungsbeleg zu REMY et REMY [1966] 1968).

a (M 1:1)
b Ausschnitt (M 2,5:1)

Bild 110. *Fortopteris* (al. *Mariopteris*) *latifolia* (ZEILL.) BOERS., Ibbenbüren, Flöz 2. Westfal C.

11.3 Übersicht über die wichtigsten Formgenera und Formspecies der Pteridophylle

Zeilleria (al. *Sphenopteris* s. l.) *damesi* (STUR) BERTR. 1928 (Bild 111): Die Fiederchen sind etwa parallelrandig, etwa 8 mm lang und pro Seite in 4 bis 5 zweizähnige Loben tief eingeschnitten. In jedem Zahn der Loben endet eine Ader. Die Adergabelungen sind dichotom. Die Fiederchen sind untereinander an der Achse durch einen Spreitensaum verbunden. Die Achsen sind schwach punktiert.

Vorkommen: unteres Westfal D.

a (M 1:1)
b Schemazeichnung (M ~ 5:1)

Bild 111. *Zeilleria* (al. *Sphenopteris* s. l.) *damesi* (STUR) BERTR., Saarkarbon, Geisheck-Schichten, Westfal D; (Abbildungsbeleg zu GOTHAN et REMY 1957, Sammlung Bergingenieurschule Saarbrücken, Photo GUTHÖRL).

Zeilleria (al. *Sphenopteris*) *frenzli* STUR 1883 (Bild 112): Die Fiederchen sind sehr zart; sie sind als Adergerüst mit schmalem Spreitensaum ausgebildet. Die Achsen sind leicht flexuos. Die fertilen Fiederchen sind den sterilen in der Form ähnlich.

Vorkommen: Westfal A bis C.

Bild 112. Zeilleria (al. *Sphenopteris* s. l.) *frenzli* STUR, Ziegelei Elversberg, Westfal C (M 1:1); (Sammlung Bergingenieurschule Saarbrücken, Photo GUTHÖRL).

Discopteris STUR 1883 (Filicatae):
Dieses Genus hat terminal oder zwischen Mittelader und Blattrand an den Adern stehende rundliche Sori aus vielen dicht beieinanderstehenden, sich teilweise bedeckenden, runden Sporangien. Die Sporangien haben keinen Anulus, aber eine partielle Verdickung, die eine Verwandtschaft mit den Osmundales anzeigen könnte. Es wird auch an eine Beziehung zu der Sammelgruppe der Coenopteridales gedacht (vergl. Kap. 10.0.1.1). Auffallend sind die aphleboïden Fiederchen an der Basis der Wedelseitenteile. Typus-Species: *Discopteris karwinensis* STUR 1883.

Discopteris karwinensis STUR 1883 (Bild 113): Die Fiederchen sitzen schräg an, sind durch basal herablaufende Spreitenteile verbunden und sind leicht asymmetrisch. Der Rand der Fiederchen ist grob und spitz gezähnt bzw. in gezähnte Segmente aufgelöst. Die an der Basis stehenden Fiedern werden von der Spitze zur Basis eines Wedels deutlich aphleboïd. Bei *D. karwinensis* stimmen sterile und fertile Fiederchen überein; die Sori stehen terminal.

Vorkommen: Namur bis Westfal B.

11.3 Übersicht über die wichtigsten Formgenera und Formspecies der Pteridophylle

a Agnes-Amanda-Grube bei Kattowitz, älteres Westfal (M 1:1)
b, c Grube Dechen, Saar, b (M 1:1), c Ausschnitt aus b (M 3:1)

Bild 113. a *Discopteris karwinensis* STUR und b, c *Discopteris* (al. *Sphenopteris* s. l.) *goldenbergi* (ANDR.) GOTH.

Discopteris (al. *Sphenopteris* s. l.) *goldenbergi* (ANDR.) GOTH. 1913 (Bild 113): Die Fiederchen sitzen schräg an und sind durch die Fiederchenspreite miteinander verbunden, sie sind etwa 0,5 cm lang, ihr Umriß ist eiförmig und ihr Rand grob gesägt bis schwach gelappt. Die Aderung ist locker fiederig; in jeden Fiederchenzahn läuft eine Ader. Die fertilen Fiederchen sind abweichend geformt.
Vorkommen: Westfal C.

Renaultia ZEILLER 1883: Beschreibung siehe S. 162 (Filicatae).

Renaultia (al. *Sphenopteris* s. l.) *laurenti* ANDR. 1869 (Filicatae, Bild 61 und 114): Die Fiederchen sind etwa dreieckig und weisen rundliche Loben auf. Diese Loben könnten fast als selbständige Fiederchen gelten, sie sitzen aber mit ihrer ganzen Basis an und sind durch ein breites Spreitenband miteinander verbunden. Die Aderung ist zart und fiederig, in den Loben fiederig bis dichotom. Die Achsen sind auffallend zart, flexuos und mit punktförmigen (Trichom-)Narben besetzt. Die Wedel sind locker gebaut.
Vorkommen: Westfal A bis C.

Bild 114. *Renaultia* (al. *Sphenopteris* s. l.) *laurenti* ANDR., Ruhrkarbon, Westfal (M 1:1); (Abbildungsbeleg zu GOTHAN et REMY 1957).

11.3 Übersicht über die wichtigsten Formgenera und Formspecies der Pteridophylle

11.3.2.3 Pecopteridische Formen

Pecopteris sensu strictu BRONGNIART 1882 (Filicatae):
Die Wedel sind groß und mehrfach fiederig verzweigt. Die Wedelachsen sind deutlich mit Trichomen bzw. Trichommalen besetzt. Die Fiederchen sind wie die Zinken eines Kammes gestellt und sitzen mit der ganzen Basisbreite an. Die Aderung ist stets fiederig. Die Sporangien stehen einzeln an den Adern und weisen einen kappenförmigen Anulus auf *(Senftenbergia*-Typ, siehe S. 159); die Sporen sind bekannt. Es handelt sich hier um Farne, die sich in vielen Merkmalen den Schizaeaceen nähern. Typus-Species: *Pecopteris pennaeformis* (BRGT.) STERNBG. 1825.

Pecopteris pennaeformis (BRGT.) STERNBG. 1825 (Bild 115): Die Fiederchen sind parallelrandig, stehen senkrecht zur Achse und sind so eng gestellt, daß sie einander fast berühren. Ihre Länge erreicht nicht ganz

a Grube Dechen, Saarkarbon, Westfal C (M 1:1)
b Schemazeichnung (M ~ 4:1)

Bild 115. *Pecopteris pennaeformis* (BRGT.) STBG.; (Abbildungsbeleg zu REMY et REMY 1959).

das Doppelte ihrer Breite. Die Spitzen der Fiederchen sind sehr gut gerundet. Die Fiedern letzter Ordnung sind zunächst parallelrandig, werden aber von der Mitte an schmaler. Die Mittelader sind eingesenkt, an der Basis derb. Die Seitenadern sind einmal und zweimal gegabelt. Die Achsen sind bis zur letzten Ordnung kräftig punktiert bzw. mit Trichomen besetzt.

Vorkommen: Westfal A bis D.

Pecopteris plumosa (ART.) BRGT. 1832 (Bild 116): Die Fiederchen sind dreieckig, schwach schräg gestellt, glattrandig oder gekerbt und an der Basis mit schmalem Spreitensaum verbunden. Die Mittelader sind zart bis kräftig, die Seitenadern ein- bis zweimal gegabelt. An der Basis der Fiedern vorletzter Ordnung stehen stark ausgefranste Aphlebien, die

a (M 1:1)
b Schemazeichnung (M ~ 5:1)

Bild 116.
Pecopteris plumosa (ART.) BRGT., Saarkarbon, höheres Westfal; (Abbildungsbeleg zu GOTHAN et REMY 1957), (vgl. Bild 57).

11.3 Übersicht über die wichtigsten Formgenera und Formspecies der Pteridophylle

aber oft abgefallen sind. Die Achsen sind deutlich punktiert, bzw. es sitzen noch sternförmige Trichome an. Das Laub ist bei den fertilen Wedelteilen reduziert.

Vorkommen: Namur B bis Westfal C (D).

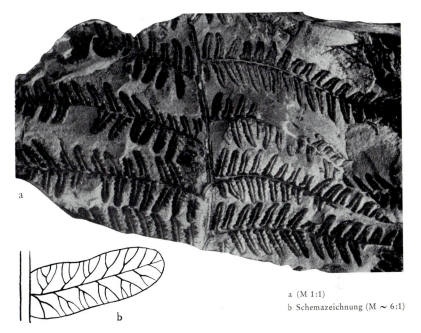

a (M 1:1)
b Schemazeichnung (M ~ 6:1)

Bild 117. *Pecopteris volkmanni* SAUV., Zeche Victoria bei Lünen, Westfal; (Abbildungsbeleg zu GOTHAN et REMY 1957).

Pecopteris volkmanni SAUV. 1848 (Bild 117): Die Fiederchen sind parallelrandig, etwas gewölbt, glattrandig oder gekerbt und an der Spitze gut gerundet. Sie sind nicht sehr eng gestellt und basal schwach verbreitert. Die Fiedern machen generell einen lockeren Eindruck. Die Mittelader der Fiederchen ist scharf markiert und geht bis fast zur Fiederchenspitze durch. Die Seitenadern sind zart und locker zweimal gegabelt. Die Achsen sind deutlich punktiert.

Vorkommen: Westfal A bis C.

Asterotheca PRESL 1845 (al. *Asterocarpus* GOEPPERT 1836): Beschreibung siehe S. 156 (Filicatae).

Asterotheca (al. *Pecopteris*) *miltoni* (ARTIS 1825) KIDST. 1924 (Bild 118): Die Fiederchen sind etwa 2 bis 8 mm lang, etwa 2 bis 4 mm breit und an den Spitzen gut gerundet. Sie sitzen fast senkrecht an den Achsen. Die Mittelader geht bis fast zur Fiederchenspitze durch und gabelt sich am Ende. Die Seitenadern stehen locker, sind einmal gegabelt und verlaufen leicht gebogen. Die Oberseite der Fiederchen ist dicht mit Trichomen besetzt, so daß die Aderung meist nicht erkennbar ist. Die Fiedern verschmälern sich zur Spitze hin; der Wedel ist vierfach gefiedert.

Vorkommen: gesamtes Westfal.

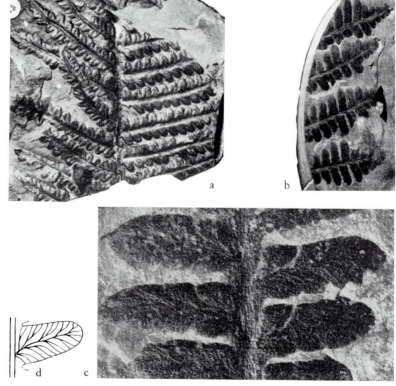

a Zeche Ewald-Fortsetzung bei Erkenschwick, Flöz 6 (M 1:1)
b Bohrung Knurow I, 360 m, Oberschlesien (M 1:1)
c Bohrung wie b (M 6:1)
d Schemazeichnung (M ~ 4:1)

Bild 118. *Asterotheca* (al. *Pecopteris*) *miltoni* (ART.) KIDST.; (Abbildungsbelege zu GOTHAN et REMY 1957).

11.3 Übersicht über die wichtigsten Formgenera und Formspecies der Pteridophylle

a

b

a Wettin an der Saale, Stefan (M 1:1)
b Manebach in Thüringen, Autun (M 1:1)

Bild 119. *Asterotheca* (al. *Pecopteris*) *arborescens* (SCHLOTH.) KIDST.; (Abbildungsbelege zu GOTHAN et REMY 1957).

Asterotheca (al. *Pecopteris*) *arborescens* (SCHLOTH.) KIDST. 1924 (Bild 119): Die Fiederchen sind klein und regelmäßig parallelrandig; sie stehen an der Basis dicht, sind etwa 4 bis 6 mm lang und etwa 1,5 mm breit. Sie sitzen senkrecht an den Achsen. Die Mittelader ist eingesenkt und deutlich markiert; die Seitenadern stehen locker, sind ungegabelt oder selten einmal gegabelt und stehen senkrecht zur Mittelader. Die Wedel sind mindestens dreifach gefiedert. Die Achsen sind mit Narben von Trichomen besetzt.
Vorkommen: Stefan und Autun (?Westfal D).

Asterotheca (al. *Pecopteris*) *cyathea* (SCHLOTH.) STUR 1877 (Bild 120): Die Fiederchen sind mittelgroß, regelmäßig parallelrandig und manchmal leicht eingekrümmt. Ausgewachsene Fiederchen sind etwa 5 bis 10 mm lang und etwa 1,5 bis 2 mm breit. Die Fiederchen stehen senkrecht zur Achse. Die Mittelader ist eingesenkt; die Seitenadern sind einmal gegabelt, stehen dicht aber nicht so senkrecht zur Mittelader wie bei *A. arborescens*.
Vorkommen: Stefan und Autun (stratigraphische Charakterspecies).

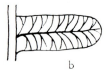

a (M 1:1)
b Schemazeichnung (M ~ 4:1)

Bild 120.
Asterotheca (al. *Pecopteris*) *cyathea* (SCHLOTH.) STUR, Manebach in Thüringen, Autun; (Abbildungsbeleg zu GOTHAN et REMY 1957).

Asterotheca (al. *Pecopteris*) *hemitelioides* (BRGT.) STUR 1877 (Bild 121):
Die Fiederchen sind etwas größer und breiter als bei den vorgenannten Species und durch eine sehr streng ungegabelte Fiederaderung ausgezeichnet. Die Fiederchen lassen oft randlich noch sogenannte Wassergruben erkennen, die teilweise mit kleinen Kalkschüppchen bedeckt sind.
Vorkommen: Stefan und Autun (stratigraphische Charakterspecies).

Asterotheca (al. *Pecopteris*) *candolleana* (BRGT.) KIDST. 1924 (Bild 122):
Die Fiederchen sind auffallend schmal und können über 10 mm lang werden. Sie sind locker gestellt und an der Basis etwas an der Achse herabgezogen. Die Seitenadern sind einfach gegabelt und stehen locker.
Vorkommen: Stefan und Autun (stratigraphische Charakterspecies).

11.3 Übersicht über die wichtigsten Formgenera und Formspecies der Pteridophylle

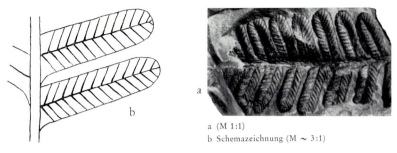

a (M 1:1)
b Schemazeichnung (M ~ 3:1)

Bild 121. *Asterotheca* (al. *Pecopteris*) *hemitelioides* (BRGT.) STUR, Manebach in Thüringen, Autun; (Abbildungsbeleg zu GOTHAN et REMY 1957).

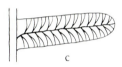

a Fischerschacht bei Wettin an der Saale, Stefan (M 1:1)
b Löbejün bei Halle, hohes Stefan (M 1:1)
c Schemazeichnung (M ~ 2,5:1)

Bild 122. *Asterotheca* (al. *Pecopteris*) *candolleana* (BRGT.) KIDST.; (Abbildungsbelege zu GOTHAN et REMY 1957).

Acitheca SCHIMPER 1879: Beschreibung siehe S. 156 (Filicatae).

Acitheca (al. *Pecopteris*) *polymorpha* (BRGT.) SCHIMP. 1879 (Bild 123): Die Fiederchen sind groß und parallelrandig; ihre Spitzen sind gerundet. An der Basis sind sie leicht eingezogen, seltener am Unterrand leicht an der Achse herabgezogen. Die Fiederchen sitzen schräg an den Achsen an, stehen dicht, sind oft etwas gewölbt und sind schwach behaart. Die Mitteladern sind sehr deutlich, derb und eingesenkt. Die Seitenadern sind ein- bis zweimal gegabelt, davon einmal dicht an der Mittelader; sie stehen relativ dicht. Die tragenden Achsen sind derb, die Wedel groß. Vorkommen: (?Westfal D), Stefan und Autun.

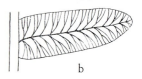

a Wettin an der Saale, Oberflöz, höchstes Stefan (M 1:1)
b Schemazeichnung (M ~ 3:1)

Bild 123. *Acitheca* ex Formenkreis *A. polymorpha* (BRGT.) SCHIMP.; (Abbildungsbeleg zu GOTHAN et REMY 1957).

Ptychocarpus WEISS 1869: Beschreibung siehe S. 157 (Filicatae).

Ptychocarpus (al. *Pecopteris*) *unitus* (BRGT.) WEISS (Bild 124): Die Fiederchen sind oft so weitgehend miteinander verwachsen, daß die Fiedern letzter Ordnung wie ein einziges Fiederchen erscheinen. Meist ist aber der Rand noch entsprechend der Anzahl der ehemaligen Einzelfiederchen gekerbt. Die Aderung ist sehr charakteristisch; von der Fiederachse gehen entsprechend der Zahl der verschmolzenen Einzelfiederchen Adern (Mitteladern) ab, die sich regelmäßig fiederig verzweigen. Die fiederartig abzweigenden Seitenadern sind meist noch gebogen, so daß ein unverkennbares Aderungsbild entsteht. Infolge dieser im ganzen

11.3 Übersicht über die wichtigsten Formgenera und Formspecies der Pteridophylle

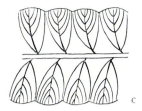

a (M 1:1)
b Ausschnitt (M 2:1)
c Schemazeichnung (M ~ 2,5:1)

Bild 124. *Ptychocarpus* (al. *Pecopteris*) *unitus* (BRGT.) WEISS, Wettin an der Saale, Stefan; (Abbildungsbeleg zu GOTHAN et REMY 1957).

etwas starren Aderung sind auch die wenig oder fast gar nicht verwachsenen Fiedern des *Ptychocarpus unitus*, der im übrigen eine Sammelspecies darstellen wird, gut zu erkennen.

Vorkommen: Stefan und Autun (stratigraphische Charakterspecies).

Bertrandia DALINVAL 1960 (?Pteridospermatae, ?Filicatae):
Dieses Genus hat Synangien, die aus 4 bis 5 Sporangien ohne Anulus gebildet werden. Sie stehen orthotrop an den Enden der Adern, sind etwa 1 mm lang und klaffen in reifem Zustand auf. Das Laub ist pecopteridisch, worin der Unterschied zu *Zeilleria* KIDSTON 1884 (siehe S. 225) besteht. Typus-Species: *Bertrandia* (al. *Zeilleria*, al. *Pecopteris*) *avoldensis* (STUR) DALINVAL 1960.

Bertrandia (al. *Pecopteris*) *avoldensis* (STUR) DALINVAL 1960: Die sterilen Fiederchen stehen schwach winkelig und sind typisch pecopteridisch. Die Fiederchen haben meist einen krenelierten Rand bzw. lösen sich zur Basis der Fiederchen hin in Loben auf. Die Aderung ist gebündelt, wodurch die Lobierung besonders unterstrichen wird. Die Fiederchen sind meist an der Basis frei. Fertile Fiederchen haben oft eine auffallend reduzierte Spreite, so daß die Synangien als dicke Knöpfe auf-

fallen, wodurch die Übereinstimmung mit *Zeilleria* KIDSTON betont wird.
Vorkommen: Westfal A bis C.

Nemejcopteris BARTHEL 1968 (Filicatae, Coenopteridales):
Die Wedel sind zweizeilig alternierend gestellt und treten mit basaler Gabelung aus dem Sproß aus. Die Gabeläste des Wedels sind zweifach gefiedert. Die Achsen weisen zwei Längsfurchen auf. Typus-Species: *Nemejcopteris* (al. *Pecopteris*) *feminaeformis* (SCHLOTH.) BARTH. 1968.

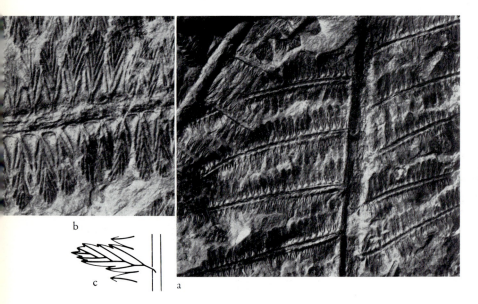

a (M 1:1)
b Ausschnitt (M 3:1)
c Schemazeichnung (M ~ 3:1)

Bild 125. *Nemejcopteris* (al. *Pecopteris*) *feminaeformis* (SCHLOTH.) BARTH., Wettin an der Saale, hohes Stefan; (a, b Abbildungsbeleg zu GOTHAN et REMY 1957).

Nemejcopteris (al. *Pecopteris*) *feminaeformis* (SCHLOTH.) BARTH. 1968 (Bild 125): Die Fiederchen sind starr und pecopteridisch, sie sitzen streng senkrecht den Achsen an, sind basal schwach miteinander verwachsen, gezähnt, und in jeden Zahn läuft eine Ader. Die Aderung der Fiederchen ist grob und starr fiederig. Die Hauptachse ist punktiert.
Vorkommen: Stefan und Autun (stratigraphische Charakterspecies).

11.3 Übersicht über die wichtigsten Formgenera und Formspecies der Pteridophylle

Callipteridium WEISS 1870 (Pteridospermatae):
Die Wedel sind fiederig gebaut und enden gegabelt. Die Fiederchen sitzen pecopteridisch mit ganzer Basis an, sind oft etwas sichelförmig gebogen und an der Basis schwach miteinander verbunden. Die Mittelader ist deutlich, die Seitenadern stehen fiederig. Aus der Achse treten Nebenadern sowohl oberhalb als auch unterhalb der Mittelader direkt in die Fiederchen. Die Wedelachsen der Fiedern der verschiedenen Ordnungen sind mit Zwischenfiederchen besetzt. Typus-Species: *Callipteridium sullivanti* (LESQU.) WEISS 1870.

Callipteridium pteridium (SCHLOTH.) ZEILL. 1888 (Bild 126): Die Fiederchen sind zur Spitze hin zungenförmig verschmälert bis leicht dreieckig, sie sind 7 bis 15 mm lang und 5 mm breit. An der Spitze sind sie abgerundet bis leicht aufgebogen. Die Spreitenteile sind leicht gewölbt und an der Basis schwach miteinander verbunden. Die Mittelader ist eingesenkt, die Seitenadern sind ein- bis zweimal gegabelt. Die Zwischenfiederchen sind je nach Stellung am Gesamtwedel als einfache Fiederchen

a Wettin an der Saale, hohes Stefan (M 1:1)
b Löbejun bei Halle, hohes Stefan (M 2:1)
c Schemazeichnung (M ~ 3:1)

Bild 126. *Callipteridium pteridium* (SCHLOTH.) ZEILL.; (Abbildungsbeleg zu GOTHAN et REMY 1957).

oder als Fiedern ausgebildet; außerdem saßen an den Wedeln etwa 5 cm große *Cyclopteris*-Fiederchen.

Vorkommen: Stefan (stratigraphische Leitspecies).

Callipteridium gigas (GUTB.) WEISS 1877: Die Fiederchen stehen eng und sind auffallend parallelrandig; sie sind im letzten Viertel abgerundet bis leicht dreieckig zugespitzt und leicht in Richtung Fiederspitze gebogen. Die Fiederchen sind bis etwa 2,5 cm lang. Die Mittelader ist deutlich als scharfe Furche erkennbar; die Seitenadern stehen sehr eng, sind bis dreimal gegabelt und verlaufen relativ gerade bis leicht S-förmig gebogen unter einem Winkel von etwa 45° zwischen Mittelader und Fiederchenrand.

Vorkommen: Stefan und Autun (stratigraphische Charakterspecies).

Palaeoweichselia POTONIÉ et GOTHAN 1909 (Pteridospermatae):
Die Wedel sind gefiedert, die Wedelspitzen gegabelt. Die Fiederchen sitzen pecopteridisch an. Sie haben Maschenaderung und Nebenadern. An den Wedelachsen sitzen teilweise aberrante Zwischenfiedern; dadurch ist das Genus *Palaeoweichselia* zusätzlich von den Genera *Lonchopteridium* und *Lonchopteris* zu unterscheiden. Typus-Species: *Palaeoweichselia defrancei* (BRGT.) POT. et GOTH. 1909.

Palaeoweichselia defrancei (BRGT.) POT. et GOTH. 1909 (Bild 127): Die Fiederchen sitzen pecopteridisch mit ganzer Basis an und sind ganzrandig. Die Mittelader ist nicht deutlich entwickelt, die zentrale Ader ist also nicht oder nur unwesentlich stärker entwickelt als die Seitenadern; sie verläuft außerdem flexuos. Sie gibt Seitenadern ab, die gebogen gegen den Fiederchenrand verlaufen und miteinander unregelmäßige und locker gestreckte Maschen bilden. In die Fiederchenbasis treten direkt aus der Achse Nebenadern ein.

Vorkommen: Westfal C.

Dicksonites STERZEL 1881 (Pteridospermatae):
Dieses Genus hat pseudodichotom zweifach gegabelte Wedel. Die kräftige Stele der Achsen erscheint im Abdruck als derb durchgedrückter Strang innerhalb einer weichen und kaum mit Sklerenchym durchsetzten Rinde (geflügelte Achse). Die Fiederchen sitzen mit der ganzen Basis pecopteridisch an; sie sind schwach dreieckig und oft leicht lobiert. Die Blattspreite ist zart, die Adern sind kräftig; sie stehen locker mit leicht flexuoser Mittelader und in Gruppen angeordneten, fiederig stehenden, mehr oder weniger flexuosen Seitenadern. An den Fiederchen sitzen geflügelte, mit Punkten gezeichnete Samen an. *Dicksonites* steht innerhalb der mesophilen Assoziationen. Typus-Species: *Dicksonites pluckeneti* (SCHLOTH.) STERZ. 1881.

11.3 Übersicht über die wichtigsten Formgenera und Formspecies der Pteridophylle

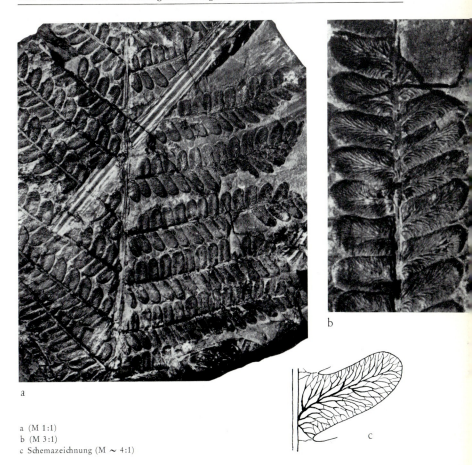

a

a (M 1:1)
b (M 3:1)
c Schemazeichnung (M ~ 4:1)

Bild 127. *Palaeoweichselia defrancei* (BRGT.) POT. et GOTH., Saarkarbon, Westfal D; (Abbildungsbeleg zu GOTHAN et REMY 1957).

Dicksonites (al. *Pecopteris*) *pluckeneti* (SCHLOTH.) STERZ. 1881 (Bild 128):
Die Fiederchen dieser Species sind länglich-dreieckig bis trapezförmig; die Spitzen sind gerundet. Die Fiederränder sind ganzrandig oder flach gewellt bis lobiert; sie sind an der Basis durch einen Spreitensaum verbunden. Die Mittelader ist leicht flexuos und tritt spitzwinkelig aus der Achse; sie biegt dann rasch um. Die undeutlich fiederig gestellten Seitenadern sind ein- bis dreimal flexuos dichotom gegabelt. Die Achsen sind

11.3 Übersicht über die wichtigsten Formgenera und Formspecies der Pteridophylle

mit Trichomen besetzt. Die Samen sind geflügelt und mit Drüsen oder Trichomnestern besetzt. Sie sitzen am Unterrand der Fiederchen an.
Vorkommen: (?Westfal D), Stefan und Autun.

Lescuropteris SCHIMPER 1869 (Pteridospermatae):
Die Wedel sind fiederig gebaut, die Fiederchen sitzen pecopteridisch an und sind basal verbunden. Die Spreite der Fiederchen erscheint sehr zart. Die Aderung ist vom odontopteridischen Typ, das heißt, es wird keine ausgesprochene Mittelader entwickelt. Die Aderung ist im ganzen gesehen locker. Die Seitenadern können partiell sehr eng, mit der Tendenz zur Maschenaderung, nebeneinander liegen. An den Wedelachsen stehen Zwischenfiederchen. Typus-Species: *Lescuropteris moorii* (LESQU.) SCHIMP. 1869.

Lescuropteris moorii (LESQU.) SCHIMP. 1869 (Bild 129): Die Fiederchen sind dreieckig mit teilweise schwach konkavem Oberrand; sie neigen daher zu sichelartigem Umriß. An der Basis sind die Fiederchen schwach miteinander verwachsen. Die Aderung ist auffallend locker; die Tendenz zur Betonung einer mittleren Ader ist bei den schlankeren Fiederchen deutlich. Die Fiederachsen wirken starr und dick, sie werden von kräftigen Leitsträngen durchzogen. Die Wedelachsen letzter Ordnung sind mit Zwischenfiederchen besetzt.
Vorkommen: tieferes Autun (stratigraphische Charakterspecies, Nordamerika).

Lescuropteris (al. *Odontopteris*) *genuina* (GRAND 'EURY) R. et R. 1975 (Bild 130): Die Fiederchen sind dreieckig bis trapezförmig und glattrandig. Lediglich die Fiederchen der Wedelspitzen weisen pro Ader einen Zahn auf. Die Aderung der Fiederchen ist locker. Die Adern sind zart, aber von einer im Abdruck sichtbaren Hülle aus Bastfasern umgeben. Schmale Fiederchen neigen zur Mitteladerbildung. Die Wedelachsen letzter Ordnung sind mit Zwischenfiederchen besetzt.

---

a Wettin an der Saale, höheres Stefan (M 1:1)
b Hohndorf b. Zwickau, Sachsen, Ida und Helene Schacht, höchstes Westfal bzw. Stefan; Wedelfragment mit ansitzenden Samen (M 1:1)
c Fundort wie b; steriles Wedelfragment (M 1:1)
d Ausschnitt aus c (M 3:1)
e Ausschnitt aus b, Fieder mit Samen (M 5:1)
f Schemazeichnung aus d (M ~ 3:1)

Bild 128: *Dicksonites* (al. *Pecopteris*) *pluckeneti* (SCHLOTH.) STERZ.; (Abbildungsbelege, a zu GOTHAN et REMY 1957, b und e zu REMY et REMY 1959).

Die Aderungsdichte ist bei den als *L. genuina* bezeichneten Stücken (Bild 130 c) anscheinend lockerer als bei der Mehrzahl der bisher als *O. genuina* Gr.'Eury geführten Stücke (Bild 130 d). Es bleibt offen, ob hier Unterschiede in der Stellung am Wedel bzw. an der Gesamtpflanze oder bereits divergente Sippen vorliegen.

Vorkommen: höheres Stefan (stratigraphische Charakterspecies).

a Ausschnitt aus dem Holotypus (M 1:1)
b Schemazeichnung (M ~ 3:1)

Bild 129. *Lescuropteris moorii* (Lesqu.) Schimp., Greensburgh, Pennsylvania, USA, tieferes Autun; (Abbildungsbeleg zu Lesquereux 1858 a, Gillespie et al. 1966; Sammlung Harvard Museum, Photo Dr. W. H. Gillespie).

a Montceau les Mines, höheres Stefan (M 1:1)
b Ausschnitt aus a mit Aderungsdetail (M 2:1)
c Schemazeichnung (M ~ 3:1)
d Schemazeichnung (M ~ 3:1)

Bild 130. *Lescuropteris* (al. *Odontopteris) genuina* (Gr. 'Eury) R. et R.; (Abbildungsbeleg zu Remy et Remy 1975, Sammlung Société d'Histoire Naturelle d'Autun).

Emplectopteris HALLE 1927 (Pteridospermatae):
Die Wedel dieses Genus sind bis dreimal gefiedert; der Gesamtwedelbau ist nicht bekannt. Die Fiederchen sitzen mit ihrer ganzen Breite pecopteridisch an; sie sind leicht dreieckig, meist ganzrandig und an ihren Basen miteinander verbunden. Die Mittelader ist flexuos und tritt oft nicht besonders hervor. Die fiederig abgegebenen Seitenadern anastomosieren unregelmäßig miteinander und bilden längliche Maschen. An den Wedelachsen sitzen zwischen den Fiedern letzter Ordnung Zwischenfiederchen an; diese sind dreieckig. Sofern Samen ausgebildet sind, sitzen diese an den Fiederchen. Die Samen sind platysperm und geflügelt. Typus-Species: *Emplectopteris triangularis* HALLE 1927 (aus dem Unterperm Chinas, Bild 35 i).

Emplectopteris ruthenensis DOUB. 1951 (Bild 131): Die Fiederchen sind dreieckig abgerundet, nach vorn gebogen und basal breit mit den Nachbarfiederchen verschmolzen, so daß der Eindruck einer lobierten Fieder letzter Ordnung entsteht. Die Aderung weist keine Mittelader auf, ist vom odontopteridischen Typus aber unregelmäßig gemascht. Zwischen den Fiedern letzter Ordnung befinden sich dreieckige, mit breiter Basis ansitzende Zwischenfiederchen.
Vorkommen: höheres Stefan.

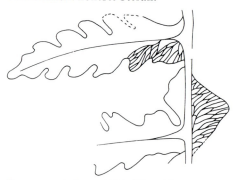

Bild 131. *Emplectopteris ruthenensis* DOUB., Près de Sauguières, Decazeville, höheres Stefan, Schemazeichnung nach DOUBINGER 1951 (M 1:1).

Desmopteris STUR 1883 (?Pteridospermatae, ?Filicatae):
Die Wedel sind wenigstens zweifach fiederig aufgebaut; die Wedelachsen sind dünn, etwas flexuos, punktiert und schwach längsgestreift. Die Fiederchen sind bis zur Basis frei, sitzen mit ganzer Basis an und stehen locker bis dicht, meist senkrecht zu den Achsen, überdecken sich aber nicht. Die Mittelader ist deutlich und durchzieht meist das ganze Fiederchen. Die Seitenadern laufen schräg gegen den Fiederchenrand und sind gegabelt. Für eine Verwandtschaft mit den Alloiopteriden (Corynepteriden) sind bis heute keine stichhaltigen Gründe anzuführen. Typus-Species: *Desmopteris longifolia* (PRESL) STUR 1883.

11.3 Übersicht über die wichtigsten Formgenera und Formspecies der Pteridophylle

a Zdiarek, Niederschlesien (M 1:1)
b Ausschnitt aus a, unter Immersion (M 1:1)

Bild 132. *Desmopteris longifolia* (PRESL) STUR (al. *D. belgica* STUR) Westfal C (Abbildungsbeleg zu STUR 1885).

Desmopteris longifolia (PRESL) STUR 1883 (Bild 132): Die Fiederchen sind bis etwa 6 mm breit und bis etwa 10 cm lang, parallelrandig und stehen senkrecht an den Achsen. Der Rand, sofern er gut erhalten ist, weist pro Ader einen Zahn auf. Die Mittelader läuft bis zur Fiederchenspitze durch. Die Seitenadern sind einmal gegabelt; etwa 9 bis 10 Adern treffen auf 1 cm Randlänge.
Vorkommen: Westfal B bis D.

Validopteris BERTRAND 1932 (Pteridospermatae):
Die Wedel sind nur unvollständig bekannt. Die Fiedern bestehen aus mehr oder weniger bandartig verschmolzenen Einzelfiederchen. Diese bandartigen Fiedern werden hier als Fiederchen bezeichnet, da ihre Entstehungsweise an Einzelstücken nicht immer erkennbar ist. Die Fiederchen haben einen flach gewellten bis regelmäßig eingeschnittenen bzw. lobierten Rand. Die Mittelader, das heißt die ursprüngliche Achse der verwachsenen Elemente, ist deutlich und läuft bis fast zur Fiederchenspitze durch. Die als Segmente verbliebenen ehemaligen Fiederchen weisen keine echte Mittelader auf, haben aber deutliche Nebenadern.
Typus-Species: *Validopteris integra* (GOTH.) BERTR. 1932.

a Grube Itzenplitz bei Saarbrücken, Westfal C (M 1:1)   b Ausschnitt aus a (M 2:1)

Bild 133. *Validopteris integra* (GOTH.) BERTR.; (Abbildungsbeleg zu GOTHAN 1906, BERTRAND 1932 und REMY et REMY 1959).

11.3 Übersicht über die wichtigsten Formgenera und Formspecies der Pteridophylle

Validopteris integra (GOTH.) BERTR. 1932 (Bild 133): Die Fiederchen sind bis 6 cm lang und etwa 1,5 cm breit; sie sind zur Spitze hin leicht verschmälert, die Spitze ist abgerundet. Die ursprünglichen Fiederchen sitzen mit der ganzen Basis der Achse an, können leicht an ihr herablaufen und stehen recht senkrecht ab. Die Kerbung bzw. Lobierung der Fiederchen nimmt von der Spitze zur Basis hin zu. Die Mittelader ist sehr kräftig und erreicht fast die Spitze der Fiederchen. Pro Lobus geht von der Mittelader ein Aderbündel bzw. eine mehr oder weniger flexuose zentrale Ader mit gleichstarken begleitenden Nebenadern ab. Besonders die Fiederchen der Wedelspitzen zeigen eine deutlich an der Achse herablaufende Spreite; diese Spreite ist mit Nebenadern versehen.

Vorkommen: Westfal C und D.

11.3.2.4 Neuropteridische Formen

Neuropteris (BRONGNIART 1822) STERNBERG 1825 (al. *Imparipteris* GOTHAN 1941) (Pteridospermatae):

Die Wedel sind drei- bis vierfach gefiedert. Die Wedelachsen sind deutlich längsgestreift. Die Wedelbasis ist mit *Cyclopteris*-Fiederchen besetzt. Alle Achsen außer denen der vorletzten und letzten Ordnung sind mit Zwischenfiederchen besetzt; diese sind beispielsweise bei *Neuropteris schlehani* noch nicht durch Konkauleszenz an die Austrittsstelle der Fiedern letzter Ordnung verlagert. Die Fiedern der Wedelspitze und der Wedelseitenteile enden jeweils mit einem Fiederchen. Die Fiederchen sind gedrungen bis länglich zungenförmig, kaum parallelrandig, die Basis ist typisch herzförmig ausgebildet. Die Fiederchen sind fast sitzend an den Achsen angeheftet. Die Fiederchenspitzen sind gerundet bis zugespitzt abgerundet. Die Mittelader ist in verschiedener Relation zur Fiederchenlänge deutlich ausgebildet. Die Seitenadern sitzen fiederig an und sind gegabelt. Typus-Species: *Neuropteris heterophylla* (BRGT.) STERNBG. 1825.

Neuropteris heterophylla (BRGT.) STERNBG. 1825 (al. *N. loshi* BRGT. pars) (Bild 134): Die Fiederchen stehen dicht, berühren einander, aber überdecken sich nicht. Sie sind länglich und unregelmäßig abgerundet bis kurz zungenförmig. Die Basis ist deutlich herzförmig, leicht eingezogen aber niemals ausgebuchtet bzw. geöhrt. Die Fiederchenspitzen sind gerundet. Da die Fiederchen sitzend angeheftet sind, deckt die herzförmige Basis die tragende Achse bzw. — von der Unterseite her gesehen — deckt die Achse die Blattbasis. Die Mittelader ist auf zwei Dritteln der Fiederchenlänge gut zu verfolgen, sie ist aber nicht besonders markiert.

Die Seitenadern verlaufen spitzwinkelig gegen den Fiederchenrand und sind zwei- bis dreimal gegabelt.

Vorkommen: Westfal A, B und tieferes Westfal C.

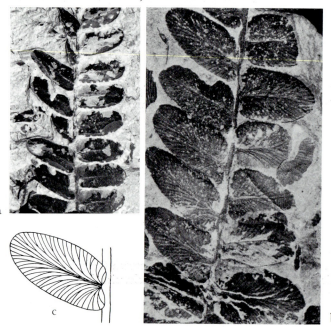

a Zeche Hibernia bei Gelsenkirchen (M 1:1)
b Zeche Ewald-Fortsetzung bei Erkenschwick, Aderungsbild (M 3:1)
c Schemazeichnung (M ~ 3:1)

Bild 134. *Neuropteris heterophylla* (BRGT.) STERNBG.; (Abbildungsbelege zu GOTHAN et REMY 1957).

Neuropteris tenuifolia (SCHLOTH.) STERNBG. 1825 (Bild 135): Die Fiederchen stehen sehr dicht und überdecken sich meist etwas. Der Fiederchenumriß ist länglich zungenförmig bis sichelförmig gebogen. Die Basis ist herzförmig ausgebildet und verdeckt die Achse völlig. Die Spitzen sind verschmälert und abgerundet. Die Fiederchen sind in der Mitteladerregion deutlich eingesenkt, so daß sie an den Rändern etwas aufgebogen sind (V-förmiger Querschnitt). Die Seitenadern sind scharf gezeichnet, verlaufen schräg, sind bis dreimal gegabelt und treffen schräg auf den Rand. Zwischen den Seitenadern ist oft eine Fältelung der Epidermis erkennbar.

Vorkommen: Westfal B bis D.

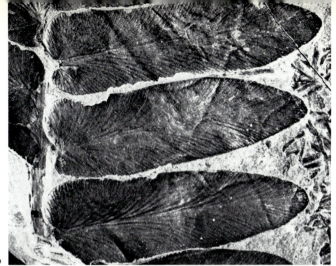

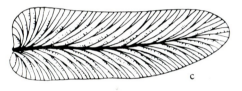

a Grube König, Saarkarbon, Westfal C (M 1:1)
b Grube Dechen, Saarkarbon, Westfal C (M 3:1)
c Schemazeichnung nach a (M ∼ 4:1)

Bild 135. *Neuropteris tenuifolia* (SCHLOTH.) STERNBG.; (a Abbildungsbeleg zu GOTHAN et REMY 1957).

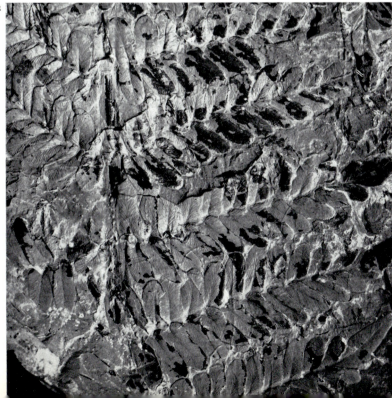

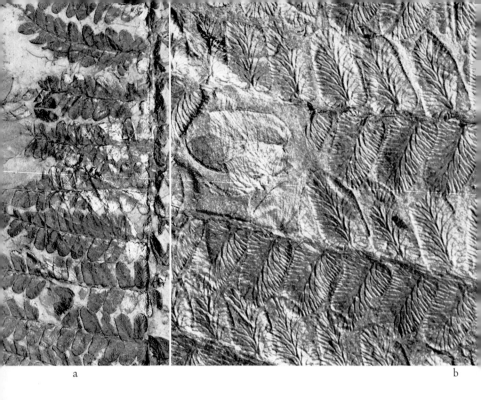

a Ibbenbüren, Flöz 2, Westfal C (M 1:1)
b Ausschnitt aus a (M 3:1)
c Zeche Lohberg bei Dinslaken, Flöz M, Westfal B (M 3:1)
d Schemazeichnung (M ~ 4:1)

Bild 136. *Neuropteris attenuata* L. et H. (al. *N. rarinervis* BUNB.); (c, d Abbildungsbelege zu GOTHAN 1953 und GOTHAN et REMY 1957).

11.3 Übersicht über die wichtigsten Formgenera und Formspecies der Pteridophylle

Neuropteris attenuata L. et H. 1837 (al. *N. rarinervis* BUNB. 1847) (Bild 136): Die Fiederchen sehen, wenn die Wedel mit der Unterseite nach oben zeigen, durch die aufgepreßten Achsen pecopteridisch aus; sie sind klein und gedrungen eiförmig bis partiell parallelrandig. Der Fiederchenrand erscheint oft etwas unregelmäßig. Die Fiederchenspitze ist gerundet bis schwach konisch zugespitzt. Die Mitteladerregion ist eingesenkt; anstelle einer Mittelader ist ein flexuoser Strang zu sehen, der in lockerer Folge Seitenadern abgibt. Die Seitenadern sind gut markiert, stehen auffallend locker und erscheinen etwas flexuos. Je nach Größe der Fiederchen treffen sie schräg oder mehr senkrecht auf den Rand.
Vorkommen: höheres Westfal B, Westfal C und D.

Neuropteris obliqua (BRGT.) ZEILL. 1886 (Bild 137): Die Fiederchen sind rundlich bis länglich dreieckig mit gerundeter bis manchmal auch zugeschärfter Spitze. Die Fiederchenbasen bedecken nie die Achsen, da die Fiederchen mehr odontopteridisch und nicht punktförmig oder gestielt ansitzen wie bei den meisten *Neuropteris*-Species. Eine Mitteladerregion ist nur an der Fiederchenbasis schwach angedeutet. Bei den apikalen Fiederchen treten bereits getrennte Adergruppen schräg in die Fiederchenbasis ein und bilden unter mehrfacher Gabelung ein leicht flexuoses Adermuster, das an die Aderung der Odontopteriden erinnert.
Vorkommen: höheres Namur bis Westfal B (C).

Neuropteris semireticulata JOST. 1962 (Bild 138): Die Fiederchen sind oval bis länglich, ihre Spitzen gerundet. Die Fiederchen sitzen in den oberen Wedelabschnitten mit ganzer Basis alethopteridisch bis odontopteridisch an. In den tieferen Wedelabschnitten sind sie mehr oder weniger herzförmig eingezogen. Die Aderung ist kräftig. Anstelle einer Mittelader markieren flexuose Aderstränge die Mitteladerregion. Die Seitenadern verlaufen auffallend flexuos, bilden aber nur gelegentlich einige deutliche Maschen. Diese Species geht aus *N. obliqua* hervor und leitet zu *Reticulopteris münsteri* über.
Vorkommen: höheres Westfal B bis tieferes Westfal D (stratigraphische Charakterspecies).

Neuropteris ovata HOFFM. 1826 (Bild 139 a, b): Die Fiederchen stehen dicht, überdecken sich aber nicht. Sie sind gedrungen und fast parallelrandig. Die Fiederchenbasen sitzen, besonders in der apikalen Region, mehr oder weniger breit odontopteridisch an. Der Basisoberrand ist eingeschnitten, der Basisunterrand zieht an der Achse herab bzw. ist geöhrt. Die Fiederchenspitzen sind gut gerundet. Die Aderung ist zart, die Mitteladerregion durch eine schwache Einsenkung markiert; es ist keine ausgesprochene Mittelader entwickelt, vielmehr bilden mehrere

a Zeche Friedrich der Große bei Herne, unteres Westfal (M 1:1)
b Zeche Prinz-Regent bei Bochum, unteres Westfal, Basalblättchen eines Wedels (M 1:1)
c Vorhalle bei Hagen, Namur B (M 3:1)

Bild 137. *Neuropteris obliqua* (BRGT.) ZEILL.; (Abbildungsbelege a, b zu GOTHAN 1953, a, b, c zu GOTHAN et REMY 1957).

11.3 Übersicht über die wichtigsten Formgenera und Formspecies der Pteridophylle

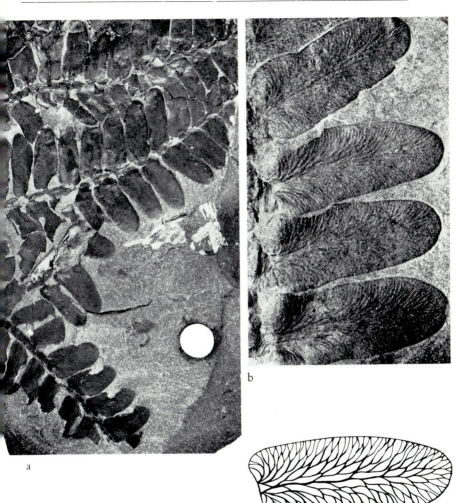

a (M 1:1)
b Ausschnitt (M 3:1)
c Schemazeichnung nach JOSTEN 1962 (M ~ 3:1)

Bild 138. *Neuropteris semireticulata* JOST., Ibbenbüren, Flöz 2, Westfal C.

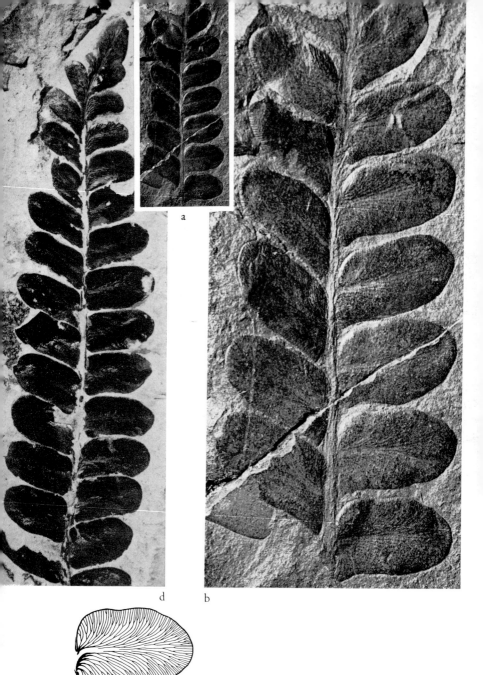

258

11.3 Übersicht über die wichtigsten Formgenera und Formspecies der Pteridophylle

e, f

a *Neuropteris ovata* HOFFM. var. *ovata*, Ibbenbüren, über Flöz Dickenberg, Basis des Westfal D, Holotypus (M 1:1)
b wie a (M 3:1)
c Schemazeichnung nach SALTZWEDEL 1969 (M ~ 3:1)
d *Neuropteris ovata* HOFFM. var. *sarana* BERTR., Grube Reden, Saarkarbon, Westfal D (M 2:1)
e wie d (M 2:1)
f Schemazeichnung links oben in e (M ~ 4:1)

Bild 139. *Neuropteris ovata* HOFFM.; (Abbildungsbelege: a, b zu HOFFMANN 1827, SALTZWEDEL 1969; d, e zu GOTHAN et REMY 1957).

a Grube Dechen, Saarkarbon, Westfal C, Wedel- bzw. Fiederspitze (M 1:1)
b Lebach, Saarkarbon, höheres Westfal (M 1:1)
c Piesberg bei Osnabrück, Westfal D, Blattausschnitt mit deutlich sichtbaren Trichomen (M 2:1)
d Schemazeichnung (M ~ 1,5:1)

Bild 140. *Neuropteris scheuchzeri* HOFFM.; (Abbildungsbelege: c zu GOTHAN 1953; b, c zu GOTHAN et REMY 1957; b Sammlung Naturkundemuseum, Berlin).

11.3 Übersicht über die wichtigsten Formgenera und Formspecies der Pteridophylle

parallele Adern einen dicken Strang, der sich in zunächst recht flach verlaufende Seitenadern auflöst. Die Seitenadern biegen dann ab und treffen im basalen Fiederchenabschnitt senkrecht oder fast senkrecht auf den Rand. Sie sind ein- bis dreimal gegabelt.

Vorkommen: Westfal D (stratigraphische Leitspecies).

Neuropteris scheuchzeri HOFFM. 1826 (Bild 140): Die Fiederchen sind groß und lang, schlank dreieckig und oft sichelförmig gebogen. Die Basis ist eingezogen und teilweise herzförmig. Die Spitzen laufen meist spitz aus, seltener sind sie schwach abgerundet. Die Mittelader ist bis in die Spitze deutlich ausgeprägt. Die Seitenadern sind sehr zart, leicht gebogen und verlaufen schräg; sie stehen sehr eng und treffen schräg auf den Rand. Sie sind drei- bis viermal gegabelt. Die Fiederchen sind mehr oder weniger dicht mit starren, etwa 3 mm langen Trichomen bedeckt. Die Trichome können zusammen mit den zarten Seitenadern Maschen vortäuschen.

Vorkommen: höheres Westfal B bis D.

Neuropteris schlehani STUR 1877 (Bild 141): Die Fiederchen sind ausgesprochen länglich, parallelrandig und zungenförmig. Ihre Spitzen sind gerundet oder laufen manchmal spitz aus. Die Basis ist vornehmlich schief herzförmig und oft gestielt. Die Mittelader ist deutlich und läuft durch mindestens drei Viertel der Fiederchenlänge. Die Seitenadern stehen dicht und sind leicht nach vorn gerichtet. Sie sind meist zweimal gegabelt und treffen den Fiederchenrand nicht ganz senkrecht. Die Fiederchen werden oft isoliert gefunden.

Vorkommen: Namur (B) C und Westfal A (stratigraphische Charakterspecies).

Neuropteris rectinervis KIDST. 1888 (Bild 142): Die Fiederchen sind breit lanzettförmig, die Spitzen sind zugespitzt. Ihre Basen sind herzförmig eingezogen. Die Mittelader ist über die ganze Fiederchenlänge deutlich eingesenkt; die Seitenadern stehen sehr dicht, sie sind ein- bis zweimal gegabelt und verlaufen insgesamt senkrecht zur Mittelader.

Vorkommen: Westfal A (stratigraphische Charakterspecies).

Reticulopteris GOTHAN 1941 (Pteridospermatae):
Die Wedel sind wie bei *Neuropteris* (al. *Imparipteris*) groß, drei- bis vierfach sympodial fiederig aufgebaut und enden mit einem Fiederchen. Die Wedelbasen sind mit *Cyclopteris*-Fiederchen besetzt. Alle Wedelachsen, außer denen der vorletzten und letzten Ordnung, sind mit Zwischenfiederchen besetzt. Die Fiederchen sind typisch neuropteridisch.

Bild 141. *Neuropteris schlehani* STUR, Zeche Rheinpreußen bei Homberg, Niederrhein, Westfal A; a, b (M 1:1); (Abbildungsbelege zu GOTHAN et REMY 1957).

11.3 Übersicht über die wichtigsten Formgenera und Formspecies der Pteridophylle

a

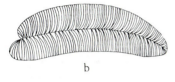
b

a Zeche Werne, Werne an der Lippe, Westfal A (M 1:1)
b Schemazeichnung (M ~ 2,5:1)

Bild 142. *Neuropteris rectinervis* KIDST.; (a Abbildungsbeleg zu GOTHAN 1906, 1953, GOTHAN et REMY 1957).

Alle Fiederchen, einschließlich der cyclopteridischen, weisen Maschenaderung auf. Typus-Species: *Reticulopteris münsteri* (EICHW.) GOTHAN 1941.

Reticulopteris münsteri (EICHW.) GOTH. 1941 (Bild 143): Die Fiederchen sind entweder teilweise parallelrandig und im vorderen Drittel verschmälert oder leicht oval oder seltener mehr dreieckig. Die Basen sind asymmetrisch herzförmig, die Spitzen gut gerundet. Die Mittelader ist bis auf die Hälfte oder bis auf zwei Drittel der Fiederchenlänge deutlich ausgeprägt. Die Seitenadern bilden zunächst große und zur Mittelader fast parallele Maschen. Sie biegen dann um und bilden schräg bis senkrecht gegen den Fiederchenrand verlaufende Maschen. Alle Maschen sind von länglicher Form; sie werden zum Fiederchenrand hin kleiner. Zwischen Mittelader und Fiederchenrand sind etwa drei Maschen ausgebildet.

Vorkommen: höheres Westfal C und Westfal D (stratigraphische Charakterspecies).

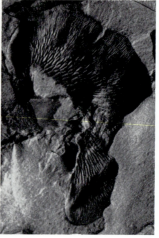

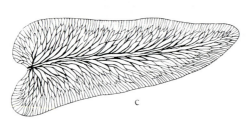

a Piesberg bei Osnabrück, Westfal D (M 1:1)
b Ibbenbüren, Westfal C, *Cyclopteris*-Fiederchen von der Basis des Wedels (M 1:1)
c Schemazeichnung eines größeren Fiederchens aus der Basisregion eines Wedels (M ~ 2:1)

Bild 143. *Reticulopteris muensteri* (EICHW.) GOTH.; (Abbildungsbelege: b zu GOTHAN 1953; a, b zu GOTHAN et REMY 1957).

Reticulopteris germari (GIEB.) GOTH. 1941: Die Fiederchen sind parallelrandig und verschmälern sich erst in ihrem letzten Viertel. Die Basen sind herzförmig bis schief herzförmig, die Spitzen gerundet. Die Mitteladerregion ist auf gut drei Viertel der Fiederchenlänge deutlich eingesenkt. Die Seitenadern bilden ein Netz von kleinen, länglich polygonalen Maschen, die zum Fiederchenrand hin kleiner werden und schräg bis senkrecht gegen den Rand gerichtet sind. Zwischen Mittelader und Fiederchenrand sind etwa 6 bis 8 Maschen ausgebildet.

Vorkommen: Stefan und Autun (stratigraphische Charakterspecies).

11.3 Übersicht über die wichtigsten Formgenera und Formspecies der Pteridophylle

Paripteris GOTHAN 1941 (Pteridospermatae):
Die Wedel dieses Genus sind drei- bis vierfach fiederig gebaut. Die Wedelachsen sind längsgestreift, punktiert und mit teilweise rundlichen Zwischenfiederchen besetzt; es sind Fiederchen, die durch Konkauleszenz an die Achse verlagert sind. Die normalen Fiederchen sind sichelförmig, länglich parallelrandig oder sich verschmälernd zungenförmig. Die Basen sind herzförmig. Die Fiederchen sitzen stets punktförmig an den Achsen an und fallen leicht ab. Die Wedelspitze und die Fiedern enden stets mit zwei Fiederchen. Typus-Species: *Paripteris gigantea* (STERNB. 1825) GOTH. 1941.

Paripteris gigantea (STERNB.) GOTH. 1941 (Bild 144): Die Fiederchen sind relativ lang und sichelförmig. Sie nehmen zur Spitze hin an Breite ab und enden gerundet. Ihre Basen sind deutlich herzförmig. Die

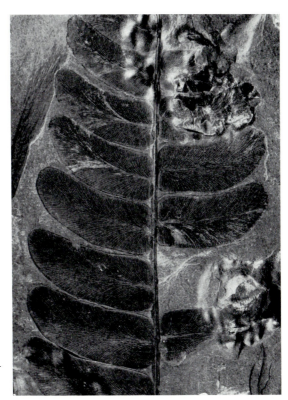

Bild 144. *Paripteris* (al. *Neuropteris*) *gigantea* (STERNBG.) GOTH., Vorhalle bei Hagen, Namur B (M 1:1); (Abbildungsbeleg zu GOTHAN et REMY 1957).

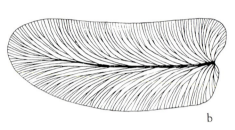

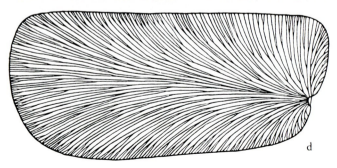

11.3 Übersicht über die wichtigsten Formgenera und Formspecies der Pteridophylle

Mittelader ist zart und nur im basalen Drittel der Fiederchen deutlich. Als Furche ist sie aber auf drei Vierteln der Fiederchenlänge markiert. Die Seitenadern sind drei- bis viermal gegabelt und treffen den Fiederchenrand schräg. An den punktierten Achsen stehen rundliche bis zungenförmige Zwischenfiederchen.

Vorkommen: höheres Namur bis Westfal B (C).

Paripteris pseudogigantea (Pot.) Goth. 1941 (Bild 145 a, b): Die Fiederchen sind nicht so sichelförmig, nicht so auffallend gegen die Spitze hin verjüngt wie die von *P. gigantea* und insgesamt etwas kürzer; außerdem stehen sie vielleicht etwas enger an den Achsen. Die Mittelader erscheint etwas kräftiger und die Seitenadern sind drei- bis fünfmal gegabelt. Die Achsen sind punktiert.

Vorkommen: Westfal B bis D.

Paripteris linguaefolia Bertrand 1930 (Bild 145 c): Die Fiederchen sind je nach Stellung im Wedel teils parallelrandig, teils leicht asymmetrisch mit breitester Stelle im vorderen Drittel oder leicht dreieckig. Ihre Basen sind nicht besonders deutlich herzförmig, ihre Spitzen sind gerundet. Die Seitenadern stehen sehr dicht und treffen spitzwinkelig auf den Fiederchenrand.

Vorkommen: Westfal C und D.

Linopteris Presl 1838 (al. *Dictyopteris* Gutb. 1835) (Pteridospermatae): Die Fiedern der Wedel enden bei diesem Genus wie bei *Paripteris* mit zwei gleichartigen Fiederchen. Die Wedel sind drei- bis vierfach gefiedert und mit rundlichen Zwischenfiederchen besetzt. Die Wedelachsen sind gestreift und punktiert. Die Fiederchen sind oft etwas sichelförmig und sitzen nur zart an den Achsen an. Die Aderung ist als deutliche Maschenaderung entwickelt. Typus-Species: *Linopteris gutbieriana* Presl. 1838 al. *L.* (al. *Dictyopteris) brongniarti* (Gutb. 1835) Pot. 1904.

---

a Zeche Lohberg bei Dinslaken (Niederrhein), Flöz 3 (M 1:1)
b Schemazeichnung (M ~ 2,5:1)
c Grube Dechen, Saarkarbon, Westfal C (M 1:1)
d Schemazeichnung nach LAVEINE 1967 (M ~ 3:1)

Bild 145. a, b *Paripteris* (al. *Neuropteris) pseudogigantea* (Pot.) Goth. c, d *Paripteris* (al. *Neuropteris) linguaefolia* Bertr.; (a Abbildungsbeleg zu Gothan 1953, Gothan et Remy 1957).

Linopteris brongniarti (GUTB.) H. POT. 1904 (Bild 146): Die Fiederchen sind schwach sichelförmig und neigen zur Parallelrandigkeit. Ihre Basen sind herzförmig, ihre Spitzen abgerundet bis leicht zugespitzt. Die Mitteladerregion ist nur im basalen Drittel der Fiederchen durch eine Einsenkung markiert. Die Seitenadermaschen laufen in gleichmäßigen Bogenreihen gegen den Fiederchenrand. Die Maschen sind länglich polygonal, das Verhältnis Länge zu Breite beträgt etwa 2 zu 1; es sind etwa 6 bis 7 Maschen zwischen Mittelader und Fiederchenrand ausgebildet.
Vorkommen: Westfal C bis Stefan.

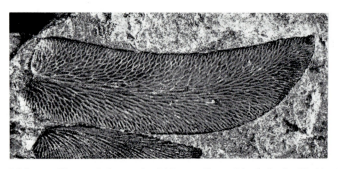

Bild 146. *Linopteris brongniarti* (GUTB.) POT., Oberhohndorf bei Zwickau, Westfal D (M 2:1); (Abbildungsbeleg zu GEINITZ 1855, REMY et REMY 1959; Sammlung Museum für Mineralogie und Geologie, Dresden).

Linopteris neuropteroides (GUTB.) ZEILL. 1899 var. *major* (Bild 147): Die Fiederchen sind deutlich sichelförmig und in der Spitzenregion verschmälert. Die Mittelader ist auf etwa drei Viertel der Fiederchenlänge ausgeprägt. Die Seitenadermaschung besteht aus zarten, zunächst großen und sehr langgestreckten Maschen, die zum Fiederchenrand hin deutlich an Länge abnehmen. Ihr Verhältnis Länge zu Breite beträgt stets mehr als 2 zu 1 und nimmt von 5 zu 1 auf 2,5 zu 1 ab. Zwischen Mittelader und Fiederchenrand sind etwa 4 bis 5 Maschen ausgebildet.
Vorkommen: Westfal A bis C.

Linopteris neuropteroides (GUTB.) ZEILL. 1899 var. *neuropteroides* (Bild 148): Die Fiederchen dieser Varietät neigen gegenüber denen von *L. neuropteroides* var. *major* mehr zur Parallelrandigkeit, sie sind generell kleiner und die Mitteladerregion ist nicht so deutlich ausgeprägt. Es scheinen nur 3 bis 4 Seitenadermaschen zwischen Mittelader und Fiederchenrand ausgebildet zu sein.
Vorkommen: Westfal C und D.

11.3 Übersicht über die wichtigsten Formgenera und Formspecies der Pteridophylle

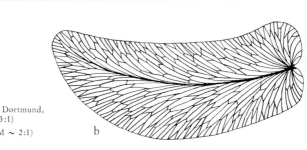

a Zeche Westfalia bei Dortmund,
älteres Westfal (M 3:1)
b Schemazeichnung (M ~ 2:1)

Bild 147. *Linopteris neuropteroides* (GUTB.) ZEILL. var *major*; (Abbildungsbeleg zu GOTHAN et REMY 1957).

Linopteris subbrongniarti (GR.'EURY 1877) FRITEL 1903: Die Fiederchen dieser Species stehen sehr eng und sind schwach sichelförmig gebogen bis gerade. Die Basen sind kaum herzförmig eingezogen, die Spitzen gerundet und oft asymmetrisch. Die Mitteladerregion ist nicht bzw. nur im basalen Fiederchenviertel betont. Die Seitenadermaschen sind länglicher als bei *L. brongniarti* und breiter als bei *L. neuropteroides*, von der diese Species aber auch im Fiederchenumriß abweicht.

Vorkommen: hohes Westfal C und Westfal D.

Linopteris obliqua BUNB. 1847: Die Fiederchen sind gedrungen und kaum sichelförmig gebogen; sie sind parallelrandig. Ihre Spitzen sind gerundet. Die Mitteladerregion ist als Einsenkung markiert. Die Seitenadermaschen sind nicht so lang, aber etwa so breit wie bei *L. neuropteroides*. Die Adern erscheinen kräftiger. Diese Species ist in Europa etwas umstritten.

Vorkommen: Westfal C und älteres Westfal D.

a

11.3 Übersicht über die wichtigsten Formgenera und Formspecies der Pteridophylle

b

a Saarkarbon, höheres Westfal, Wedelausschnitt mit Zwischenfiederchen (M 1:1)
b wie a (M 3:1)

Bild 148. *Linopteris neuropteroides* (GUTB.) ZEILL. var. *neuropteroides;* (Abbildungsbeleg zu H. POTONIÉ 1904 und GOTHAN et REMY 1957).

11.3.2.5 Alethopteridische Formen

Alethopteris STERNBERG 1826 (Pteridospermatae):
Die Wedel dieses Genus sind mehrfach fiederig aufgebaut; sie tragen keine Zwischenfiederchen. Die Achsen sind von durchgedrückten Bast- oder Sklerenchymsträngen längsgestreift. Die Spreite der Fiederchen läuft basal an der Achse herab. Die Mittelader ist mehr oder weniger deutlich ausgeprägt; die Seitenadern verlaufen meist gerade, seltener flexuos. Direkt aus der Achse treten Nebenadern in die basalen Partien der Fiederchen ein. Typus-Species: *Alethopteris lonchitica* (SCHLOTH.) STERNBG. 1825.

Alethopteris lonchitica (SCHLOTH.) STERNBG. 1825 (Bild 149): Die Fiederchen sind lanzettlich bis schlank dreieckig und neigen kaum zur Parallelrandigkeit. Je nach der Stellung am Wedel läuft der basale Fiederchenrand breit an der Achse herab und verschmälert sich dabei keilförmig zum nächsten, darunterliegenden Fiederchen oder er läuft nicht an der Achse herab und ist sogar schwach eingezogen, so bei den mehr an der Basis der Fiedern stehenden Fiederchen. Die Fiederchen wirken im ganzen fast starr und sitzen schräg an den Achsen an. Die Mittelader läuft deutlich bis zur Fiederchenspitze durch und ist etwas eingesenkt. Die Seitenadern sind ein- bis zweimal gegabelt, sie verlaufen leicht gebogen und treffen den Fiederchenrand fast senkrecht mit etwa 50 Adern pro 1 cm Randlänge. Stets sind Nebenadern entwickelt, auch wenn der basale Fiederchenrand nicht an der Achse herabläuft.
Vorkommen: höheres Namur bis Westfal C.

Alethopteris serlii (BRGT.) GOEPP. 1836: Die Fiederchen sind breit, und zwar auf der halben Fiederchenlänge am breitesten; die Seitenränder sind konvex, die Spitze ist breit rundlich zugespitzt. Die Fiederchen neigen manchmal dazu, sich zurückzukrümmen, sie machen keinen starren Eindruck. Die basal herablaufende Fiederchenspreite verschmälert sich in der Regel nicht, sondern verbindet sich als achsenparalleler Saum mit dem basal folgenden Fiederchen. Die Mittelader ist bis zur Fiederchenspitze deutlich ausgeprägt, aber nicht kräftig und nicht eingesenkt.

---

a Ruhrkarbon M (1:1)
b Zeche Pluto, Schacht Thies, Bochumer- oder Essener-Schichten, höheres Westfal A oder tieferes Westfal B, Wedelachse mit ansitzenden Seitenfiedern (M 1:1)
c Schemazeichnung (M ~ 3:1)

Bild 149. *Alethopteris lonchitica* (SCHLOTH.) STERNBG.; (b Abbildungsbeleg zu FRANKE 1913, GOTHAN 1953, GOTHAN et REMY 1957).

11.3 Übersicht über die wichtigsten Formgenera und Formspecies der Pteridophylle

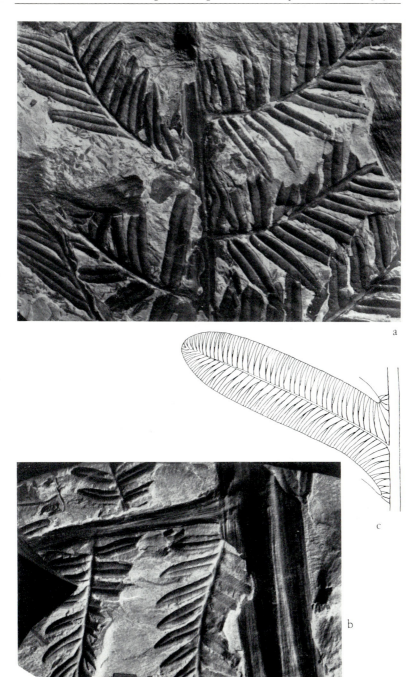

Das Fiederchen erscheint flach. Die Seitenadern verlaufen recht starr gegen den Rand, mit etwa 35 Adern pro 1 cm Randlänge; sie sind meist ein- bis zweimal spitzwinkelig gegabelt.
Vorkommen: Westfal (C) D.

Alethopteris decurrens (ART.) ZEILL. 1886 (Bild 150): Die Fiederchen sind lineal bis schmal dreieckig, bis etwa 3 cm lang und nur 3 mm breit. Sie sind auffallend locker gestellt und enden teilweise recht spitz; sie laufen basal an der Achse herab. Die Mittelader ist sehr deutlich ausgeprägt und eingesenkt. Die Seitenadern sind in der Regel einmal gegabelt und erscheinen unregelmäßig bis flexuos, sie treffen etwa senkrecht auf den Rand, mit etwa 30 bis 40 Adern pro 1 cm Randlänge.
Vorkommen: Westfal A bis C.

a Zeche Königsgrube bei Wanne-Eickel, Hangendes Flöz 10, älteres Westfal (M 1:1)
b Schemazeichnung (M ~ 2,5:1)

Bild 150. *Alethopteris decurrens* (ART.) ZEILL.; (Abbildungsbeleg zu GOTHAN et REMY 1957).

Alethopteris davreuxi (BRGT.) GOEPP. 1836 (?ZEILL. 1886) (Bild 151): Die Fiederchen sind schwach konisch verjüngt. Ihre Spitzen sind gut gerundet oder seltener zugespitzt. Die Spreite der Fiederchen läuft breit und fast parallel zur Achse an ihr herab. Die Fiederchen sind stark ge-

---

Bild 151. *Alethopteris davreuxi* (BRGT.) GOEPP.; (Abbildungsbelege: a, b zu H. POTONIÉ 1903; c zu GOTHAN 1953; a, b, c zu GOTHAN et REMY 1957; a, b zu REMY et REMY 1959).

11.3 Übersicht über die wichtigsten Formgenera und Formspecies der Pteridophylle

a Bohrung Geislautern 5, Saarkarbon, höheres Westfal (M 1:1)
b wie a (M 4:1)
c Zeche Bismarck bei Gelsenkirchen, Flöz Bismarck (M 1:1)

wölbt, die Mittelader erscheint daher breit eingesenkt. Die Seitenadern stehen locker, sind ein- bis zweimal unregelmäßig gegabelt und treffen senkrecht auf den Fiederchenrand.

Vorkommen: Westfal B bis D.

Alethopteris grandini (BRGT.) GOEPP. 1886 pars (Bild 152): Die Fiederchen sind meist kürzer als 1,5 cm und schmaler als 5 mm. Sie sind fast parallelrandig und an der Spitze gut gerundet. Sie stehen dicht und recht senkrecht zur Achse. Sie sind basal deutlich durch die Fiederchenspreiten verbunden. Die Mittelader tritt nicht besonders hervor, ist aber stärker als die Seitenadern. Die Seitenadern sind meist ein- bis zweimal gegabelt und treffen in der Regel nicht senkrecht, sondern leicht schräg auf den Rand.

Vorkommen: Westfal C bis Stefan A.

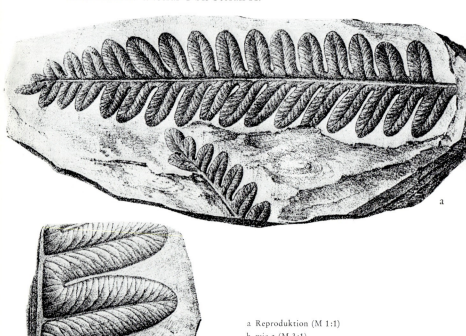

a Reproduktion (M 1:1)
b wie a (M 3:1)

Bild 152. *Alethopteris grandini* (BRGT.) GOEPP., Westfal C bis Stefan, Holotypus; (Reproduktion nach BRONGNIART 1832, Taf. 91, Fig. 1 und 1 a).

11.3 Übersicht über die wichtigsten Formgenera und Formspecies der Pteridophylle

Alethopteris distantinervosa WAGNER 1968 (Bild 153): Die Fiederchen sind klein, etwa 12 mm lang und 5 mm breit, stehen locker und etwas schräg, sind annähernd parallelrandig und zur Spitze hin leicht verschmälert. Die Spitzen sind gut abgerundet. Die Fiederchenbasis läuft breit an der Achse herab, bildet aber zur Achse keinen Parallelsaum. Die Mittelader ist zart und läuft deutlich mit dem Fiederchen an der Achse herab. Die Seitenadern sind ein- bis zweimal gegabelt, stehen locker und treffen schwach gewinkelt gegen den Rand, mit etwa 20 bis 25 Adern pro 1 cm Randlänge.
Vorkommen: Westfal C.

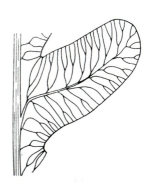

Bild 153. *Alethopteris distantinervosa* WAGN., Schemazeichnung nach WAGNER 1968 (M ~ 3:1).

Alethopteris zeilleri (RAGOT) WAGNER 1968 (Bild 154): Die Fiederchen sind etwa 7 mm breit und etwa 15 bis 25 mm lang, starr, dicht gestellt, haben fast gerade Seiten und gerundete bis leicht zugeschärfte Spitzen. Die Spreite läuft basal herab und trägt deutlich Nebenadern, was aber bei den in tieferen Abschnitten des Wedels bzw. der Fiedern mehr pecopteridisch ansitzenden Fiederchen nicht auffallend ist. Die Mittelader ist kräftig, leicht eingesenkt und erreicht fast die Spitze. Die Seitenadern sind recht gerade und treten stark hervor. Sie treffen fast senkrecht auf den Rand, mit etwa 30 bis 40 Adern pro 1 cm Randlänge.
Vorkommen: Stefan (stratigraphische Charakterspecies).

Alethopteris valida BOUL. 1876 (Bild 155): Die Fiederchen sind rundlich dreieckig bis lanzettlich dreieckig mit fast geradem Oberrand und schwach geschwungenem Unterrand. Die Spreite ist basal breit und läuft etwa parallel zur Achse bis zum nächsten Fiederchen herab. Die Mittelader ist nicht sehr derb und oft eingesenkt. Die Seitenadern sind ein- bis zweimal gegabelt und wirken fast grob.
Vorkommen: (?Namur), Westfal A und B.

a Bohrung bei St. Etienne, Zentralmassiv, Frankreich, Stefan (M 1:1)
b Ausschnitt aus a (M 4:1)

Bild 154. *Alethopteris zeilleri* (RAG.) WAGN.; (Abbildungsbeleg zu REMY et REMY 1959, [1966] 1968).

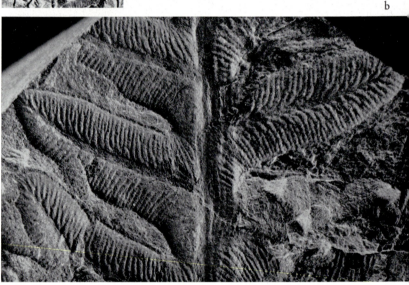

Lonchopteridium GOTHAN 1909 (Pteridospermatae):

Die Wedel dieses Genus sind mehrfach fiederig aufgebaut. Die Fiederchen haben eine deutliche Mittelader und unterscheiden sich von *Lonchopteris* dadurch, daß neben unregelmäßigen, langen Maschen auch ungemaschte, einfache oder gegabelte, flexuose Seitenadern vorhanden sein können. Die Spreite läuft an der Achse herab und wird von Nebenadern durchzogen. Die Vertreter des Genus *Lonchopteridium* gehören den mesophilen Assoziationen an. Typus-Species: *Lonchopteridium eschweileriana* (ANDR.) GOTH. 1909.

11.3 Übersicht über die wichtigsten Formgenera und Formspecies der Pteridophylle

a Zeche Glückauf, Tiefbau bei Dortmund, älteres Westfal (M 1:1)

b Ausschnitt aus a (M ~ 2:1)

Bild 155. *Alethopteris valida* BOUL.; (Abbildungsbeleg zu GOTHAN et REMY 1957).

Lonchopteridium eschweileriana (ANDR. 1865) GOTH. 1909 (Bild 156): Die Fiederchen sind in der proximalen Hälfte parallelrandig, in der distalen Hälfte verschmälert und enden rundlich. Die Mittelader ist deutlich und reicht bis fast zur Fiederchenspitze. Die Seitenadern bilden sehr unregelmäßige längliche Maschen und manchmal laufen einzelne, nicht verbundene, flexuose Adern zum Fiederchenrand durch. Zwischen Mittelader und Fiederchenrand liegen nur eine bis drei Maschen.
Vorkommen: Westfal A und tieferes Westfal B.

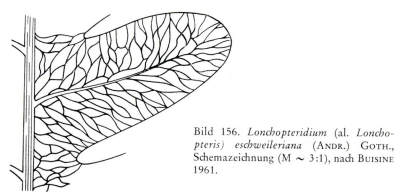

Bild 156. *Lonchopteridium* (al. *Lonchopteris*) *eschweileriana* (ANDR.) GOTH., Schemazeichnung (M ~ 3:1), nach BUISINE 1961.

Lonchopteridium chandesrisi (BERTR. 1932) BODE 1941 (Bild 157): Die Fiederchen sitzen etwas schräg an der Achse an und sind öfter leicht zur Fiederspitze gebogen; sie neigen kaum zur Aufwölbung. Die Fiederchen sind etwa parallelrandig und an der Spitze gut gerundet. Die Mittelader ist nicht besonders betont. Neben der Mittelader und zu dieser parallel sind Basalmaschen zwischen den Seitenadern ausgebildet. Die Seitenadern treffen schräg auf den Fiederchenrand und bilden untereinander schlanke, langgezogene Maschen. Zwischen Mittelader und Fiederchenrand sind nur zwei bis drei Maschen ausgebildet. Die Seitenadern verlaufen am Fiederchenrand parallel und sind dort relativ eng gestellt; etwa 20 bis 30 Adern kommen auf 1 cm Fiederchenrand.
Vorkommen: Westfal B und C.

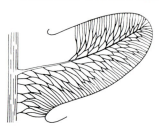

Bild 157. *Lonchopteridium chandesrisi* (BERTR.) BODE, Schemazeichnung (M ~ 3:1), nach BERTRAND 1932.

11.3 Übersicht über die wichtigsten Formgenera und Formspecies der Pteridophylle

Lonchopteridium alethopteroides (GOTH.) WAGNER 1961 (Bild 158): Die Fiederchen sind auffallend parallelrandig; sie sitzen senkrecht bis leicht schräg an der Achse und erinnern auf den ersten Blick an eine große *Pecopteris*. Die Fiederchenspreite verbindet die Fiederchen deutlich. Die Mittelader tritt gegenüber den Seitenadern nicht hervor und durchzieht fast das ganze Fiederchen. Die Seitenadern stehen sehr locker, sind einbis zweimal gegabelt und verlaufen auffallend flexuos. Nur am Fiederchenrand, den die Adern fast senkrecht treffen, sind seltene Maschenbildungen zu erkennen. Zwischen Mittelader und Fiederchenrand ist nie mehr als eine Masche ausgebildet. Die Nebenadern entsprechen in ihrer Ausbildung den Seitenadern.

Vorkommen: Westfal B und C.

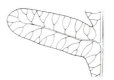

Bild 158. *Lonchopteridium alethopteroides* (GOTH.) WAGN., Schemazeichnung (M ~ 3:1), nach WAGNER 1961.

Lonchopteris BRONGNIART (1828) 1835 (Peridospermatae): Die Wedel dieses Genus sind mehrfach fiederig aufgebaut; es treten keine Zwischenfiedern auf. Die Achsen sind längsgestreift. Die Fiederchen haben einfache Maschenaderung. Die Mittelader ist mehr oder weniger deutlich ausgeprägt, die Seitenadern sind deutlich zu Maschen verbunden. Direkt aus der Achse treten Nebenadern in die basalen Abschnitte der Fiederchen ein. Die Fiederchen sitzen mit ganzer Basis an und die Spreite läuft basal mehr oder weniger deutlich an der Achse herab, bzw. die Fiederchen sind miteinander spreitig verbunden. Die Vertreter des Genus *Lonchopteris* gehören zu den mesophilen Assoziationen. Typus-Species: *Lonchopteris rugosa* (al. *L. bricei*) BRGT. (1828) 1835.

Lonchopteris rugosa BRGT. 1835 (Bild 159): Die Fiederchen stehen oft fast senkrecht an der Achse. Sie sind parallelrandig, im vorderen Drittel eingezogen und enden rund bis leicht zugespitzt. Die Fiederchen der Wedelspitzenregion sind etwas dreieckig. Die Fiederchen sind untereinander an der Basis durch einen breiten Spreitenlappen verbunden. Die Mittelader ist deutlich und oft eingesenkt. Die Seitenadern treffen nicht ganz rechtwinkelig auf den Fiederchenrand. Sie bilden zwischen Mittelader und Blattrand etwa 5 kleine polygonale Maschen.

Vorkommen: mittleres Westfal A und Westfal B (stratigraphische Charakterspecies).

 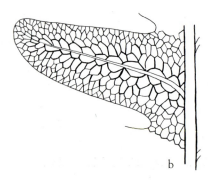

a Zeche Rheinelbe bei Gelsenkirchen, Westfal B (M 1:1)
b Schemazeichnung (M ~ 4:1)

Bild 159. *Lonchopteris rugosa* BRGT.; (Abbildungsbeleg zu GOTHAN et REMY 1957).

Callipteris BRONGNIART 1849 (Pteridospermatae):
Dieses Genus ist durch große, gefiederte Wedel ausgezeichnet, die eine manchmal asymmetrische Gabelung haben, wie sie ähnlich bei den ebenfalls auf die Nordhemisphäre beschränkten Genera *Supaia* und *Gigantopteridium* auftritt. Die Wedelachsen tragen eng stehende, in der Form mit den übrigen Fiederchen übereinstimmende Zwischenfiederchen. Der harmonische Übergang erinnert sehr an die Verhältnisse bei *Gigantopteridium americanum*. Die Fiederchen sind sehr vielgestaltig, sie können rhodeopteridisch-sphenopteridischen bis pecopteridisch-alethopteridischen Formen entsprechen. Der Rand der Fiederchen kann glatt, lobiert oder stark eingeschnitten sein. Dementsprechend verschieden ist die Aderung; es kann eine markante Mittelader vorhanden sein, die deutlich fiederig Seitenadern abgibt, es kann aber auch ein mehr paralleladeriger Typ auftreten. Typus-Species: *Callipteris conferta* (STERNBG.) BRGT. 1849.

Callipteris conferta (STERNBG.) BRGT. 1849 (Bild 160): Die Fiederchen sind leicht schräg zur Achse gestellt, stehen eng und laufen basal deutlich an der Achse herab. Ihr Umriß ist schwach eiförmig bis parallelrandig oder schwach dreieckig mit gerundeter bis schwach an einen gotischen Bogen erinnernder Spitze. Die Fiederchen sind etwa 1 cm lang und 5 mm breit. Die Mittelladerregion ist manchmal etwas eingesenkt. Die Seitenadern verlaufen unter einem Winkel von etwa 45° zum Fiederchenrand. Vorkommen: Autun (stratigraphische Leitspecies).

11.3 Übersicht über die wichtigsten Formgenera und Formspecies der Pteridophylle

a Lebach, Saarland, Autun (M 1:1)
b Ottendorf in Böhmen (M 3:1), Bild s. Rückseite

Bild 160. *Callipteris conferta* (STERNBG.) BRGT.; (Abbildungsbelege zu GOTHAN et REMY 1957).

b

a Plötz bei Halle (Bohrung), Autun; gestrichelt die ungefähre Lage der Fiederachse vorletzter Ordnung, die Zwischenfiederchen sind direkt neben der Achse sichtbar (M 3:1)

b Schemazeichnung (M ~ 1:1)

Bild 161. *Callipteris naumanni* (Gutb.) Sterz.

Callipteris naumanni (Gutbier) Sterzel 1881 (Bild 161). Die Fiederchen stehen eng, einander berührend bis auffallend locker, deutlich schräg zur Achse und laufen basal an ihr herab. Die schräge Stellung wird noch durch die in spitzem Winkel verlaufende Aderung betont.

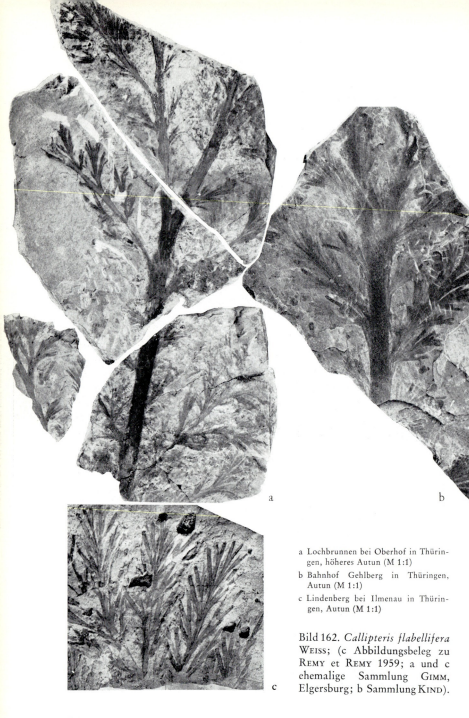

a Lochbrunnen bei Oberhof in Thüringen, höheres Autun (M 1:1)

b Bahnhof Gehlberg in Thüringen, Autun (M 1:1)

c Lindenberg bei Ilmenau in Thüringen, Autun (M 1:1)

Bild 162. *Callipteris flabellifera* WEISS; (c Abbildungsbeleg zu REMY et REMY 1959; a und c ehemalige Sammlung GIMM, Elgersburg; b Sammlung KIND).

11.3 Übersicht über die wichtigsten Formgenera und Formspecies der Pteridophylle

Die Ränder sind kreneliert, wobei runde Loben und eckige Buchten entstehen. Die locker stehenden Fiederchen haben infolge der Krenelierung ein sphenopteridisches Aussehen.

Vorkommen: Autun (stratigraphische Charakterspecies).

Callipteris flabellifera WEISS 1879 (Bild 162): Die Fiederchen stehen auffallend spitzwinkelig zur tragenden Achse, an der sie lang herablaufen und eine Art Flügelung bilden. Die Fiederchen sind in lange, parallelrandige, vorn abgerundete Loben aufgeteilt, die mehr oder weniger fächerförmig zueinander stehen; dennoch ist die fiederige Grundstruktur noch erkennbar. Die Loben sind 1 bis 2 mm breit und etwa 1 bis 2 cm lang. Isolierte Fiederchen können leicht mit Bruchstücken von Ginkgoatae verwechselt werden. Die Endgabelung des Wedels und der Fiedern ist typisch. Die Loben der Fiederchen sind längsgestreift, die Aderung ist kaum erkennbar. Die Zwischenfiederchen gleichen den normalen Fiederchen. Die Wedel sind dreifach gefiedert.

Vorkommen: Autun (stratigraphische Charakterspecies).

Callipteris (al. *Dichophyllum* nom. nud.) *moorei* ELIAS spec. 1936 (Bild 163): Die Fiederchen stehen wie bei *C. flabellifera* auffallend spitzwinkelig zur tragenden Achse, an der sie extrem lang herablaufen (Konkauleszenz!). Da die Internodien sehr gestaucht sind, entstehen fächerartige Fiedern bzw. Fiederchen, die die Internodien apikal keilförmig verbreitert erscheinen lassen. Die freien, nicht verschmolzenen Loben der Fiederchen sind etwa 2 mm breit und mehr als 2 cm lang. Die Loben sind apikal gut gerundet und längsgestreift. Die Endgabelung des Wedels, der Fiedern und der Fiederchen ist typisch. Die längeren Loben, die dichtere Stellung und die stärkere Konkauleszenz unterscheiden *C. moorei* von *C. flabellifera*. Die Zwischenfiederchen gleichen den übrigen Fiederchen.

Vorkommen: Autun (stratigraphische Charakterspecies).

Callipteris scheibei GOTHAN 1907 (Bild 164): Die Fiederchen sind 5 bis 10 mm lang und leicht schräg zur Achse gestellt. Sie sind in drei bis

---

a sechs Meilen NW Garnett, Kansas, USA, Victory Junction member, Stanton limestone Formation, Autun (M 1:1)

b Garnett, Kansas, USA, South Bend shale, Stanton limestone Formation, Autun (M 1:1)

Bild 163. *Callipteris* (al. *Dichophyllum* nom. nud.) *moorei* ELIAS spec.; (a Abbildungsbeleg zu ANDREWS 1941, nach einem von Prof. H. N. ANDREWS zur Verfügung gestellten Negativ).

sieben locker stehende, etwa 2,5 mm breite und 3,5 mm lange, zum Teil zurückgekrümmte, keulenförmige Loben geteilt.
Vorkommen: höheres Autun und ?Saxon (Stratigraphische Leitspecies).

Supaia WHITE 1929 (Pteridospermatae):
Dieses Genus ist durch große, symmetrische Gabelwedel mit zu Fiedern verwachsenen Fiederchen gekennzeichnet. *Supaia* geht sicherlich aus dem Genus *Callipteris* hervor. Die Verwachsung umfaßt auch die von *Callipteris* bekannten Zwischenfiederchen zu einer geaderten Achsenflügelung; es entstehen dadurch sekundär, formelle Übereinstimmungen mit dem Genus *Alethopteris*. Typus-Species: *Supaia thinnfeldioides* D. WHITE 1929.
Vorkommen: ? höheres Autun, Saxon (USA, UdSSR und Europa).

11.3.2.6 Odontopteridische Formen

Odontopteris BRONGNIART 1825 (Pteridospermatae):
Die hierher gerechneten Species bilden große, mehrfach gefiederte, gabelteilige Wedel aus. Die Aderung der Fiederchen ist das charakteristische Merkmal des Genus. Die Fiederchen weisen keine Mittelader auf, haben aber dennoch keine Fächeraderung. Vielmehr treten zwei bis drei getrennte Adern in das Fiederchen ein, wobei sich jede Ader fächerig aufgabelt und einen bestimmten Spreitenbezirk versorgt. Die obere (akropetale) Ader versorgt unter mehrfacher Gabelung das obere Fiederchenviertel, die mittlere Ader versorgt unter vielfacher Gabelung die vorderen zwei Blattviertel und die untere (basipetale) Ader versorgt unter mehrfacher Gabelung das untere Viertel der Blattfläche (siehe Bild 166 und 167). Der Eintritt der Adern in das Fiederchen ist aber nur dann deutlich sichtbar, wenn die Achse des Fiederchens nicht auf die basale Partie der Spreite aufgepreßt worden ist. Die Basalfiederchen sind abweichend geformt. Typus-Species: *Odontopteris brardii* (BRGT.) STERNBG. 1825.

Odontopteris brardii (BRGT.) STERNBG. 1825 (Bild 165): Die Fiederchen stehen dicht und sitzen breit an. Sie sind trapezförmig, schwach S-förmig

---

a Otterbach bei Winterstein in Thüringen, höheres Autun (M 1:1)
b und c wie a (M 2:1)
d Gottlob-Steinbruch bei Friedrichroda in Thüringen, höheres Autun, Wedelendgabel (M 1:1)

Bild 164: *Callipteris scheibei* GOTH. var *scheibei;* (Abbildungsbelege zu REMY et REMY 1960).

11.3 Übersicht über die wichtigsten Formgenera und Formspecies der Pteridophylle

a El Bierzo, Nordspanien, höheres Stefan (M 1:1)
b wie a (M 3:1)

Bild 165. *Odontopteris brardii* (BRGT.) STERNB.; (Abbildungsbeleg zu REMY et REMY [1966] 1968.

gebogen und enden rundlich bis spitz. Die bis 1,5 cm langen Fiederchen laufen mit der Basis an der Achse etwas herab. Die zentrale Ader ist bei den größeren Fiederchen schwach betont (mitteladerartig). Die Adern stehen recht dicht und sind spitzwinkelig gegabelt. Es entsteht der Eindruck einer fächerigen bis parallelen Aderung.

Vorkommen: höheres Stefan (stratigraphische Charakterspecies).

a Lardin, Dordogne, Frankreich, Stefan C, Ausschnitt aus dem Holotypus (M 1:1)
b Ausschnitt aus a (M 5:1)
c Schemazeichnung (M ~ 3:1)

Bild 166. *Odontopteris minor* BRGT.; (Abbildungsbeleg zu BRONGNIART 1828 und REMY et REMY [1966] 1968).

a Grube Hostenbach, Saarland, Westfal D (M 1:1)
b Ausschnitt aus a (M 4:1)

Bild 167. *Odontopteris alpina* (STERNBG.) GEIN. (al. *O. jeanpauli* BERTR.; (Abbildungsbeleg zu H. POTONIÉ 1904, REMY et REMY 1959).

Odontopteris minor BRGT. 1828 (Bild 166): Die Fiederchen sind klein, etwa 1 cm lang und etwa 2,5 bis 3 mm breit; sie sind dreieckig und zugespitzt. Die Adern stehen locker und sind sehr schräg nach vorn gerichtet.

Vorkommen: Stefan (stratigraphische Charakterspecies).

Odontopteris alpina (STERNBG.) GEIN. 1855 (al. *O. jeanpauli* BERTR. 1930) (Bild 167): Die Fiederchen sitzen den Achsen breit an, sind trapezförmig, gerade und an den Spitzen abgerundet. Die Spreite läuft basal an der Achse herab. Die Achsen sind starr und geflügelt. Die zentrale Ader der drei Adergruppen wirkt wie eine Mittelader, ist aber nicht verstärkt. Die Adern laufen schräg gegen den Fiederchenrand und stehen auffallend locker.

Vorkommen: Westfal D und Stefan.

Odontopteris subcrenulata (ROST) ZEILL. 1888 (Bild 168): Die Fiederchen sind rundlich, etwa so lang wie breit; sie sitzen mit ganzer Basis den Achsen an, stehen eng und können sich seitlich leicht überlappen. Die Fiedern selbst sind parallelrandig. An den Fiedern der mittleren und basalen Wedelregion sitzen 8 bis 16 Fiederchen. Die Endlappen der Fiedern sind kurz. Bei Fiedern der apikalen Wedelregion sind die Fiederchen zu großen, zungenförmigen Fiedern vereint oder sind in nur wenige Fiederchen gegliedert. Die Seitenränder der Fiederchen verlaufen etwa parallel zu den Achsen nächst höherer Ordnung.

Vorkommen: Stefan (stratigraphische Charakterspecies).

Odontopteris lingulata (GOEPP.) SCHIMP. 1869 (Bild 169): Die Fiederchen sind trapezförmig abgerundet und breiter als lang; sie stehen locker. An den Fiedern sitzen in der Regel 4 bis 8 Fiederchen und ein stets langer zungenförmiger Endlappen. Die Fiederchen sind deutlich schräg orientiert. Ihre Seitenränder verlaufen nie parallel zu den Achsen der nächst höheren Ordnung.

Vorkommen: Autun (stratigraphische Charakterspecies).

---

a Martinschacht, Löbejun bei Halle, Stefan (M 1:1)
b Ausschnitt aus a (M 2,5:1)
c Schemazeichnung (M ~ 1:1)
d Schemazeichnung (M ~ 3:1)

Bild 168. *Odontopteris subcrenulata* (ROST) ZEILL.; (Abbildungsbeleg zu DOUBINGER et REMY 1958, REMY et REMY 1959).

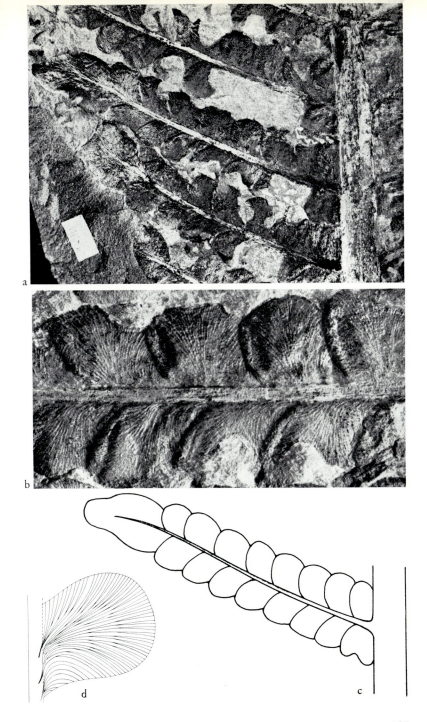

B Daten zur Taxonomie der terrestren Pflanzen des Erdaltertums

11.3 Übersicht über die wichtigsten Formgenera und Formspecies der Pteridophylle

a Spitze einer Fieder vorletzter Ordnung (M 1:1)
b Fieder letzter Ordnung (M 1:1)

Bild 170. *Odontopteris osmundaeformis* (SCHLOTH.) ZEILL., Manebach in Thüringen; (Abbildungsbeleg zu GOTHAN et REMY 1957).

Odontopteris osmundaeformis (SCHLOTH.) ZEILL. 1879/80 (Bild 170): Die Fiederchen ähneln denen von *Odontopteris subcrenulata*, sind aber kleiner. Die Fiedern selbst nehmen zur Spitze hin an Breite ab und bilden keine ausgesprochenen Endlappen aus, sie enden etwas zugespitzt. Die Aderung ist lockerer als bei *O. subcrenulata*.
Vorkommen: Autun.

---

a Berschweiler bei Birkenfeld (Saar-Nahe), Autun (M 1:1)
b Schemazeichnung einer Fieder letzter Ordnung (M ~ 1:1)
c Schemazeichnung eines Fiederchens (M ~ 3:1)

Bild 169. *Odontopteris lingulata* (GOEPP.) SCHIMP.; (Abbildungsbeleg zu GOTHAN et REMY 1957).

12. Lycophyta

Es handelt sich um Sporen- und Samenpflanzen mit mikrophyller Belaubung. Die noch lebenden Vertreter sind die Lycopodiales (Bärlappe, isospor), die Selaginellales (Moosfarne, heterospor) und die Isoetales (Brachsenkräuter, heterospor). Es sind krautige Bodenpflanzen, die zum Teil *(Isoetes)* im Wasser untergetaucht leben. In den Tropen kommen größere Bodenpflanzen und auf Bäumen siedelnde epiphytische Species vor. Die Sproß- und Wurzelorgane der Lycophyta sind in der Regel dichotom bis übergipfelt gegabelt; die Blätter stehen spiralig an den Ästen. Zwar sind alle lebenden Vertreter krautig, doch weisen die Isoetales einige wenige Sekundärxylemtracheïden auf.

Die Lycophyta weisen manche Eigenheiten auf: Die zusätzliche Wasseraufnahme über das Ligularsystem, den Sonderbau der Wurzel, den Rindenbaumtyp und die Bildung von Samenanlagen, die anders ausgebildet sind als die der anderen Samenpflanzen. Die Ligula ist ein zartes, häutiges Organ, das in einer Oberflächengrube des Stammes bzw. der Äste liegt und Wasser (Regen, Tau) aufnehmen kann, das es über einen Tracheïdenanschluß an das Xylem abgibt. Das Ligularsystem ist seit dem ältesten Karbon bekannt. Ebenso einmalig ist das eigentliche Wurzelorgan zur Wasser- und Nährstoffaufnahme, es ist in der heutigen Form ebenfalls schon im ältesten Karbon nachgewiesen, aber sicher bereits im Devon entwickelt gewesen. Das extreme sekundäre Dickenwachstum der Rinde anstelle des Holzkörpers ist ebenfalls seit dem ältesten Karbon bekannt.

Die devonischen Lycophyta haben einfach bis mehrfach gegabelte Blätter *(Protolepidodendron, Sugambrophyton, Colpodexylon).* Die Stele ist bei ausgewachsenen Pflanzen stets eine Aktinostele. Am häufigsten kommt ein extrem kurzarmiger und daher zahnradförmiger Stelenquerschnitt vor (Bild 2 d) mit peripher liegenden Protoxylem-Gruppen und zentripetalem Metaxylem mit oder ohne Markparenchym. Dieser Typ wird bereits von *Drepanophycus* im Unterdevon, besonders aber im Karbon von den baumförmigen Lycopsiden voll zur Entfaltung gebracht. Die von *Colpodexylon* bekannte langarmige Aktinostele (Bild 2 e) ist ein zweiter wichtiger, aber seltenerer Stelentyp im Devon. Als dritter Typ könnte eine langarmige Aktinostele mit Mark unterschieden werden; dieser Typ wird von *Thursophyton* angegeben. Auch die krautigen Bärlappgewächse gibt es bereits seit dem Unterdevon. Die isosporen Bärlappe, also heutige Lycopodiaceae, sind fossil kaum gefunden worden. Aus dem Karbon sind von den krautigen Lycophyta die Selaginellaceen bekannt. Sie zeichnen sich durch Heterophyllie und Heterosporie aus.

12.0.0.1 Asteroxylales (?Lycophyta)

12.0.0.1.1 Asteroxylaceae

Asteroxylon KIDSTON et LANG 1920:
Dieses Genus umfaßt Gewächse mit langarmiger Aktinostele ohne zentrales Mark und mit Blattspuren, die in der Rinde vor den „Blättern" enden. Die Sprosse tragen unregelmäßig spiralig Blattrudimente, die in der Literatur meist als Emergenzen bezeichnet werden. Zwischen den leitbündellosen Blattrudimenten sind die Sporangien eingestreut. Sie sitzen an einem als Sporangiophor bezeichneten Organ, das die Sporangien über ein Leitbündel versorgt *(Nothia aphylla* LYON). Dieser Sporangiophor könnte als fertile Blattanlage mit noch sehr ursprünglich endständig stehendem Sporangium gedeutet werden. Es könnte aber auch, infolge der Reduktion der „Blätter" bzw. des Ausfalls der Blattleitbündel, nur der das Sporangium versorgende Leitbündelast mit der Blattbasis erhalten geblieben sein. Wenn der letztgenannte Fall zuträfe, wäre eine Verwandtschaft mit den Drepanophycales möglich. Typus-Species: *Asteroxylon mackiei* KIDST. et LANG 1920.

Asteroxylon mackiei KIDST. et LANG 1920 (Bild 171): Die Sprosse sind dicht spiralig mit etwa 5 mm langen „Blättchen" besetzt, diese weisen jedoch kein Leitbündel auf. Die Sprosse sind etwa 1 cm dick; im Querschnitt fällt die sternförmige Stele aus paarig miteinander verbundenen Xylemarmen auf, bei der die Protoxyleme an den Außenenden der Strahlen liegen. Die Stele gibt Blattspuren ab, die aber in der Außenrinde blind enden. In der Rinde liegt eine Zone mit radial gestellten Sklerenchymelementen. Die Stomata sind etwas eingesenkt und weisen bereits Vorhofbildungen auf. Wenn die Interpretation von *Nothia aphylla* LYON zutrifft, sitzen die Sporangien am Sproß anstelle von Blättchen zwischen diesen eingestreut. Aus dem Leitbündelverlauf im

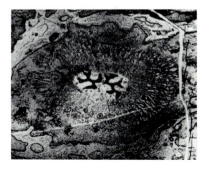

Bild 171. *Asteroxylon mackiei* KIDST. et LANG, Rhynie in Schottland, höheres Unterdevon, Querschnitt durch den Sproß (M ~ 4,5:1); (Abbildungsbeleg zu KIDSTON et LANG 1920).

Sproß und aus der Stellung der Sporangien könnte sich ergeben, daß die „Blättchen" im Laufe der Evolution das Leitbündel verloren haben. Vorkommen: Unterdevon.

Thursophyton NATHORST 1915:
Dieses Genus umfaßt krautige Gewächse mit dichotomen bis deutlich übergipfelten Sproßsystemen. An den Achsen stehen spiralig Emergenzen (?Blättchen), die beim Abfallen deutliche, runde Male hinterlassen. Typus-Species: *Thursophyton milleri* NATH. 1915 (nur als Abdruck bekannt).

Thursophyton (al. *Asteroxylon*) *elberfeldense* (KR. et WEYL. 1926) HØEG 1967 (Bild 172): Diese Species ist durch teilweise strukturzeigende Abdrücke bekannt. Die Sprosse sind in den basalen Abschnitten dicht und in den mittleren Sproßabschnitten lockerer mit unregelmäßig bis locker spiralig gestellten Emergenzen (?„Blättchen" analog denen von *Asteroxylon mackiei*) besetzt. Die Emergenzen sind an ihren Basen etwa 0,5 mm breit und werden länger als 3 mm. Sie hinterlassen deutliche,

Bild 172. *Thursophyton* (al. *Asteroxylon) elberfeldense* (KR. et WEYL.) HØEG, Kirberg bei Elberfeld, Mitteldevon (M 1:1); (Abbildungsbeleg zu GOTHAN et REMY 1957; Sammlung Naturkundemuseum Berlin).

runde Male. Die Sporangien sind nicht bekannt (vergl. *Stolbergia* FAIR.-
DEM. 1967). Die Rhizome und die Luftsprosse weisen eine Aktinostele
mit zentralem Mark auf. Die Tracheïden sind Treppentracheïden, teilweise mit auffallend runden Tüpfeln. Die Epidermis soll nach der Diagnose von KRÄUSEL et WEYLAND (1926) keine Stomata aufweisen, was für eine Landpflanze sehr unwahrscheinlich erscheint.

Vorkommen: Mitteldevon (stratigraphische Charakterspecies).

12.0.0.2 Drepanophycales

12.0.0.2.1 Drepanophycaceae

Drepanophycus GOEPPERT 1852:
Dieses Genus umfaßt krautige Gewächse mit dichotomen Sproßsystemen.
Die Blätter sind dornförmig und stehen unregelmäßig bis regelmäßig
spiralig an den Achsen. Die Stele der Achsen besteht aus vielen, kreisförmig angeordneten Protoxylemgruppen, die durch zentrales Metaxylem zu einer kompakten zahnradförmigen Primärstele verbunden
werden. Typus-Species: *Drepanophycus spinaeformis* GOEPP. 1852.

Drepanophycus spinaeformis GOEPPERT 1852 (Bild 173): Die Sprosse
entspringen einem kriechenden Rhizom und sind im Abdruck bis maximal 4 cm breit. Die pfriemenartigen Blättchen sind etwa 1 bis 2 cm
lang und haben eine stark an der Achse herabgezogene Basis. Sie stehen
locker und unregelmäßig spiralig, sind in der Regel ungegabelt und
haben eine Aktinostele. Die Epidermis der Sprosse und die der Blättchen
weist Stomata auf. Die Sporangien stehen einzeln auf den Blättchen; die
Stele gabelt sich am Blattrand in einen das Blättchen und einen das
Sporangium versorgenden Ast. Die Stele der Achsen ist im Querschnitt
zahnradartig, wobei die Protoxylemgruppen an den Enden der aus
Metaxylem bestehenden Zähne liegen, also exarch sind. Die Tracheïden
des Metaxylems sind treppenförmig getüpfelt und weisen zwischen den
einzelnen Wandverdickungen ein Netzwerk von Verbindungen auf,
das dem der karbonischen Lycopsiden entspricht, obwohl es noch nicht
so deutlich wie bei diesen ausgeprägt ist.

Vorkommen: Unterdevon (stratigraphische Charakterspecies).

Drepanophycus gaspianus (DAWS.) KR. et WEYL. 1948: Die Sproßreste
werden im Abdruck bis etwa 3,5 cm breit und sind sehr regelmäßig in
Schrägzeilen mit Blättchen besetzt. Die Stele der Achsen ist ebenfalls
zahnradartig, die Zähne sind etwa halb so lang wie der Stelenradius.
Die Protoxylemgruppen stehen nicht wie die bei *D. spinaeformis* an
den äußersten Enden der Zähne, sondern sind mehr oder weniger all-

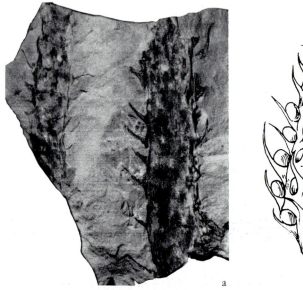

a b

a Wahnbachtal bei Siegburg, Unterdevon (M 1:1)
b Schemazeichnung eines Sproßabschnittes mit Sporangien auf den Blättern (nach KRÄUSEL et WEYLAND 1930), (M 1:1)

Bild 173. *Drepanophycus spinaeformis* GOEPP.; (a Abbildungsbeleg zu GOTHAN et REMY 1957).

seitig vom Metaxylem umgeben. Die Tracheïden des Metaxylems sind treppenförmig getüpfelt und weisen wie bei *D. spinaeformis* ein Netzwerk von Verbindungen zwischen den einzelnen Wandverstärkungen auf.

Vorkommen: Unterdevon bis Mitteldevon.

12.0.0.3 Protolepidodendrales

12.0.0.3.1 Protolepidodendraceae

Sugambrophyton Wo. SCHMIDT 1954:
Dieses Genus umfaßt krautige Gewächse mit dichotomen Sproßsystemen. Die Blätter sitzen den Achsen spiralig an und sind heteromorph, ungegabelt bis mehrfach dichotom gegabelt. Typus-Species: *Sugambrophyton pilgeri* Wo. SCHMIDT 1954.

12. Lycophyta

Sugambrophyton pilgeri Wo. SCHMIDT 1954 (Bild 174): Diese Species ist bisher nur im Abdruck nachgewiesen. Die Luftsprosse entspringen einem Rhizom. Die älteren, bis fast 3 cm breiten Sproßteile tragen ungegabelte, dornenförmige Blättchen in lockerer Stellung, die möglicherweise nur Blattbasen darstellen. Zur Spitzenregion der Sprosse hin sind die Blättchen deutlich in Schrägzeilen angeordnet. Die Blättchen sind hier ein- bis zweimal und in den jüngsten Abschnitten der Sprosse dreimal dichotom gegabelt. Die Blättchen sind an der Blattbasis etwa 1 bis 3 mm breit und bis etwa 10 mm lang. Während die basalen Abschnitte von *S. pilgeri* wie *Drepanophycus*-Sproßstücke aussehen, weisen die mittleren Abschnitte Blattpolster vom *Protolepidodendron*-Habitus auf. Die Sporangien sitzen, soweit bisher bekannt, auf der Oberseite der Basis der gegabelten Blättchen.

Vorkommen: Unterdevon.

a Halde am Westufer der Sieg bei Kirchen, Siegerland, Unteres Siegen, Holotypus (M 1:1)
b wie a (M 2:1)

Bild 174. *Sugambrophyton pilgeri* Wo. SCHMIDT; (Abbildungsbelege zu Wo. SCHMIDT 1954, GOTHAN et REMY 1957).

Protolepidodendron (KREJČÍ) POTONIÉ et BERNARD 1904:
Auch dieses Genus umfaßt krautige Gewächse mit dichotomen Sproßsystemen. Die Blätter sitzen den Achsen auf blattpolsterartigen Erhebungen spiralig an. Es wird kein spezielles Trenngewebe ausgebildet, daher bleiben nach dem Abfallen der Blätter keine deutlichen Blattnarben zurück. Die Blätter sind dichotom gegabelt. Die Stele besteht aus zahlreichen, kreisförmig angeordneten Protoxylemgruppen, die durch zentripetales Metaxylem zu einer zahnradförmigen Primärstele verbunden werden. Typus-Species: *Protolepidodendron scharianum* (KREJČÍ) POT. et BD. 1904.

Protolepidodendron scharianum (KREJČÍ) POT. et BD. 1904 (al. *Protolepidodendron gilboense* GRIERS. et BANKS 1963) (Bild 175): Die Sprosse sind im Abdruck bis zu 15 mm breit und dicht mit spiralig stehenden Blattpolstern besetzt. Die Blattpolster sind spindelförmig, etwa 1 bis 1,5 mm breit und 3 bis 5 mm lang. Die Blättchen sind deutlich geadert und einmal dichotom gegabelt, wobei die freien Gabelenden etwa ¹/₃ bis ¹/₂ so lang sind wie die Basalstücke. Die Blattlänge beträgt 5 bis 7 mm. Die bisherigen Beschreibungen der Blätter sind keineswegs befriedigend; die Autoren gehen zu wenig auf den Erhaltungszustand bzw. den Einbettungszustand ein. Soweit bekannt, ist das Blatt von *P. scharianum* insgesamt aber wesentlich breiter als das von *P. wahnbachense*. Die Sporophylle stehen verstreut zwischen normalen Blättchen; ihre Form entspricht der der Laubblätter, sie tragen auf der Oberseite jeweils ein Sporangium. Der ursprünglich für *P. scharianum* angegebene Stelenbau gehört zu *Protopteridium* (vergl. MUSTAFA 1975).

Vorkommen: ?Unterdevon (China) und Mitteldevon (Europa, Nordamerika, Australien) (stratigraphische Charakterspecies).

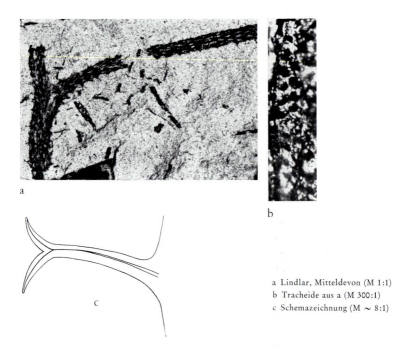

a Lindlar, Mitteldevon (M 1:1)
b Tracheide aus a (M 300:1)
c Schemazeichnung (M ~ 8:1)

Bild 175. *Protolepidodendron scharianum* (KREJ.) POT. et BD.

12. Lycophyta

a Münchshecke im Wahnbachtal bei
  Siegburg, Unterdevon (M 3:1)
b Schemazeichnung (M ~ 1,5:1)

Bild 176. *Protolepidodendron wahnbachense* KR. et WEYL.; (Abbildungsbeleg zu KRÄUSEL et WEYLAND 1932, Sammlung Geol.-Pal. Inst. Universität Göttingen).

Protolepidodendron wahnbachense KR. et WEYL. 1932 (Bild 176): Die Blattpolster werden bei dieser Species nur gering angedeutet, die Blattbasen laufen stark an der Achse herab. Das auffälligste Merkmal sind die sehr schmalen, etwa in der Mitte einmal dichotom gegabelten Blättchen.
Vorkommen: Unterdevon.

12.0.0.3.2 Sublepidodendraceae

Protolepidodendropsis GOTHAN et ZIMMERMANN 1937:
Dieses Genus umfaßt busch- bis baumförmige Gewächse, die sich durch das Fehlen von Ligulargruben und Aerenchymmalen von den karbo-

nischen Lepidodendrales unterscheiden. Die Sprosse tragen echte Blattpolster, die in ihrem Bau an die von *Sublepidodendron* erinnern. Die Polster stehen in Schrägzeilen und in deutlichen Längszeilen. Die Blättchen sind anscheinend nadelförmig und klein. Typus-Species: *Protolepidodendropsis frickei* GOTH. et ZIMMERM. 1937.

Protolepidodendropsis frickei GOTH. et ZIMMERM. 1937: Diese Species ist auffallend kleinpolsterig und bisher nur in bis 11 mm breiten Abdrücken gefunden worden. Die Polster sind deutlich rhombisch, klar abgegrenzt, stehen in regelmäßigen Schrägzeilen und lassen außerdem Orthostichen erkennen. Sie sind etwa 2,4 mm lang und etwa 0,8 mm breit. Am oberen Ende des Polsters ist eine senkrechte, leicht keilförmige Furche bis zur Polstermitte ausgebildet. Wie die Blättchen auf den Polstern ansaßen, ist nicht bekannt. Die Blättchen selbst werden kurz und nadelförmig gewesen sein. Nach dem starren Habitus des Typusstückes zu urteilen, wird *P. frickei* ein baumförmiges Gewächs gewesen sein.

Vorkommen: Oberdevon, ?Unterkarbon.

12.0.0.3.3 Archaeosigillariaceae

Archaeosigillaria KIDSTON 1901:

Es handelt sich um baumförmige Gewächse mit aufrechtem, monopodialem Sproß. Die Blätter hinterlassen nach dem Abfallen bzw. Abriß deutliche, annähernd sechseckige Blattnarben. Aerenchymmale und eine Ligula sind nicht vorhanden. Die Blätter sind einaderig und schuppen- bis nadelförmig. Die Stele ist eine zahnradförmige Aktinostele; die kreisförmig angeordneten Protoxyleme werden zentral durch Metaxylem zu einer kompakten Primärstele verbunden. Typus-Species: *Archaeosigillaria vanuxemi* (GOEPP.) KIDST. 1901.

Archaeosigillaria (al. *Archaeosigillariopsis*) *serotina* (GOTH.) KR. et WEYL. 1949: Diese Species hat *Sigillaria*-artige, sechseckige und dicht stehende Blattnarben bzw. Blattpolster. Bisher ist nur eine zentrale Leitbündelnarbe innerhalb der Blattnarbe nachgewiesen. Es werden zwei verschiedene Blattformen angegeben. Die eine steht senkrecht vom Sproß ab, die andere schräg. Der Umriß der senkrecht abstehenden Blätter wird als sanduhrförmig und der der schräg abstehenden als mehr lineal angegeben. Es könnten demzufolge vielleicht Tropophylle und sanduhrförmige Sporophylle gemischt stehen.

Vorkommen: Unterkarbon.

Anhang

Brandenbergia MUSTAFA 1975 (?Prospermatophyta, ?Lycophyta):
Dieses Genus umfaßt Gewächse mit monopodialem Sproßsystem und spiraliger Aststellung. Die langen Blätter sitzen den Achsen spiralig an, sind dichotom gabelt und an den Rändern mit borstenförmigen Emergenzen besetzt. Typus-Species: *Brandenbergia meinertii* MUST. 1975.

Brandenbergia meinertii MUST. 1975 (Bild 177): Die Sprosse sind im Abdruck schwach längsgerippt, mit Steinzellennestern bedeckt, bis 9,5 mm breit und dicht beblättert. Die Blättchen sitzen spitzwinkelig, spiralig und in etwa 8 Orthostichen an; sie sind bis 4,5 cm lang, 1,2 mm breit, haben eine relativ kräftige Mittelader und sind in einer Ebene zweimal dichotom gegabelt. Die Blättchen sind durch Bast- bzw. Sklerenchymstränge längsgestreift und am Rande mit weichen, etwa 0,1 mm breiten und 0,8 mm langen Emergenzen dicht besetzt (bis 50 Emergenzen pro 1 cm Blattlänge). Die Steinzellennester in der Rinde der Äste, die sich auch auf die Blätter erstrecken können, und die Ausbildung der Baststränge lassen eher an einen Vertreter der Prospermatophyta aus der Verwandtschaft von *Actinoxylon* oder *Eddya* denken als an einen Vertreter der Lycophyta.

Vorkommen: Mitteldevon (Sauerland).

12.0.0.4 Lepidodendrales

Die baumförmigen Lepidodendrales sind etwa vom Namur B an zahlreich, im Westfal A bis C sehr häufig und im Perm nur noch durch wenige Vertreter nachweisbar. Es waren größere Bäume, die in waldartigen Beständen als Sumpf-, Aue- und Galeriewälder wuchsen und oft speciesarme, mehr oder weniger lichte Waldungen bildeten. Sie waren wesentliche Lieferanten der Torfsubstanz, aus der die Steinkohlenflöze entstanden sind, obgleich die Stämme dieser Rindenbäume nur wenig verholztes Gewebe besaßen.

Da es sich um größere, etwa 10 bis 20 m hohe Bäume handelt, finden sich die einzelnen Organe fast niemals im Zusammenhang erhalten; Stämme, Blätter, Fruktifikationsorgane und auch Wurzeln kommen meist getrennt vor. Selbst wenn sie noch im Zusammenhang eingebettet wurden, werden sie nicht als Ganzes geborgen. Einzelne günstige Funde und gezielte Untersuchungen bewirkten, daß man dennoch die ganzen Gewächse rekonstruieren konnte. Die Stämme hatten ein sekundäres Dickenwachstum, das aber nur untergeordnet zur Bildung eines sekun-

dären Xylems im Stammzentrum führte. Das eigentliche Dickenwachstum und die Bildung eines festen, massigen Gewebes vollzogen sich in der Rinde, die auch im wesentlichen die Festigung des Stammes bewirkte. Bei den heutigen Bäumen gehen die ursprünglich vorhandenen Rindenskulpturen durch Abstoßung der äußeren Gewebe, die Borkenbildung, verloren. Bei den Lepidodendrales erhielten sich aber die Außenskulpturen sehr lange und wuchsen mit dem Stamm in die Breite. Das Rindengewebe war also lange Zeit ein lebendes Gewebe mit gleichmäßigem, sekundärem Wachstum, eine Borkenbildung trat erst spät ein und erfaßte vor allem die tieferen Stammpartien. Die Lepidodendrales haben im Zentrum eine zahnradförmige Primärstele mit vielen Protoxylemgruppen anstelle der Zähne und zentripetalem, das heißt nach innen angelagertem Metaxylem. Ganz im Zentrum tritt häufig ein Markgewebe auf. Die zahnradförmige Primärstele wird bei einigen Species von einem schmalen Ring aus Sekundärxylem umgeben; insgesamt bleibt aber der Xylemanteil, am Durchmesser des Sprosses gemessen, gering; der Mangel an Xylem wird durch das Ligularsystem kompensiert.

Auf das Kambium und das Phloem folgen eine lakunöse innere und eine von Sklerenchymsträngen durchsetzte mittlere Rinde. Außen folgt eine sekundäre Rinde, das Periderm, das von einem Phellogen gebildet wird. Die Blattpolster bleiben trotz des sekundären Dickenwachstums der Rinde erhalten; sie werden in der Breite gleichmäßig gedehnt. Bei fortschreitendem Dickenwachstum verlöschen die Polster und schließlich erfolgt eine Borkenbildung. Einige Lepidodendrales tragen zweizeilig große schüsselförmige Narben (so zum Beispiel *Lepidodendron veltheimi*, *Bothrodendron minutifolium* und *Lepidophloios laricinus*). Die Wurzelorgane (*Stigmaria*) sind flach ausstreichende, dichotom gegabelte Äste, die spiralig die eigentlichen Wurzeln, die Appendices, tragen. Die Appendices sind, wie noch heute bei *Stylites*, schlauchartig gebaut, haben ein zentrales Leitbündel, einen Hohlraum und eine Außenrinde. Die Blätter dieser Bäume sind dick, im Prinzip vom Nadelblattbau, und sind in kohliger Erhaltung bzw. als Abdruck schmale, bandförmige Organe mit einer Mittelader, die von zwei parallelen Längsriefen begleitet wird. Diese beiden Längsriefen markieren die in Rinnen auf der Blattunterseite eingesenkt liegenden Stomata-Streifen. Die Kutini-

---

a Hagen-Ambrock, Mitteldevon (M 1:1)
b Blattausschnitt mit Emergenzen (M 20:1)
c Schemazeichnung (M ~ 1:1)

Bild 177. *Brandenbergia meinertii* MUST.; (Abbildungsbelege zu MUSTAFA 1975).

sierung der Epidermis ist sehr kräftig. Die Sporen wurden entweder in Zapfen erzeugt, die große und kleine Sporen (Mega- und Mikrosporen) gemeinsam enthielten, oder in Zapfen, die jeweils Mega- und Mikrosporen getrennt ausbildeten. Die Lepidodendrales, die im Paläophytikum auch Samenbildung aufweisen, sind mit den heutigen heterosporen Genera *Isoetes* und *Stylites* verwandt.

12.0.0.4.1 Lepidodendraceae

In der Familie der Lepidodendraceae gehören die meisten Species dem Genus *Lepidodendron* an, nur wenige den Genera *Sublepidophloios* und *Lepidophloios*. Bei dem letzten Genus ist der untere Teil des Blattpolsters zurückgeschlagen und durch das nächsttiefere Polster verdeckt, die Polster erscheinen daher mehr oder weniger querverzerrt.

Die Blätter der Lepidodendraceae sind lineal lanzettlich und haben nur eine Mittelader. Sie können von wenigen Zentimetern bis zu fast einem Meter lang werden. Bei körperlicher Erhaltung, also bei echter Versteinerung, erscheinen sie wie dicke, schwammige Nadeln (Bild 178 d). Bei kohliger Erhaltung sind es mehr oder weniger dünne, bandförmige Abdrücke mit einer deutlichen Mittelader und zwei dazu parallelen Riefen.

Die Blätter, soweit sie als Sporophylle zu Zapfen gehören, und die Zapfen der Lepidodendraceae werden als eigene Genera geführt, so als *Lepidostrobus, Lepidostrobophyllum* und *Lepidostrobopsis* (siehe S. 317, 320). Neben der normalen Außenrindenerhaltung werden auch entrindete Stücke überliefert. Von diesen nennen wir die sogenannte *Bergeria*-Erhaltung, bei der das äußere Rindengewebe fehlt, aber die Verteilung und die Umrißformen der Blattpolster einigermaßen erhalten sind. Bei der *Knorria*-Erhaltung stehen mehr oder weniger dicht gestellte, aufrecht verlaufende Wülste in spiraliger Verteilung. Diese Wülste sind nichts weiter als die im Gestein abgedrückten Stelen, die zu den Blättern führen. Knorrien finden sich mit Regelmäßigkeit in Ablagerungen mit zusammengeschwemmtem (allochthonem) Material (Bild 178 b).

Lepidodendron STERNBERG 1820:
Die jüngeren Stammteile und die Äste dieser Bäume weisen länglichspindelförmige Blattpolster auf (Bild 178 a). Diese Blattpolster stehen in Schrägzeilen, sind also spiralig angeordnet und tragen die Blattnarben. Diese markieren die Ansatzstellen der Blätter bzw. die Austrittsstellen der Stelen, die im Stamme dicht gedrängt aufwärts verlaufen. Der untere

12. Lycophyta

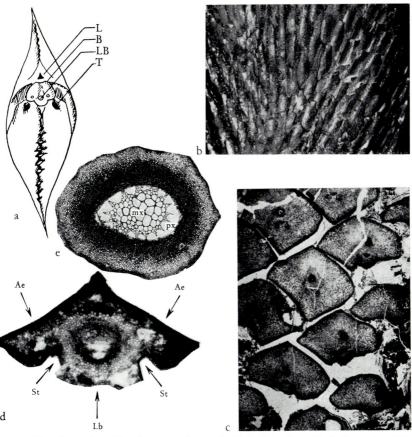

a Blattpolster mit aufsitzender Blattnarbe von *Lepidodendron:* L = Ligula B = eigentliche Blattnarbe LB = Leitbündelspur, daneben kleine Kreise = Aerenchym (Durchlüftungsgewebe, es steht mit den Stomata der Blätter in Verbindung) T = unterhalb des Blattes nach außen mündendes Aerenchym, sogenannte Parichnosmale (sie können fehlen); (M ~ 2:1)

b *Knorria*-Erhaltungszustand eines *Lepidodendron;* es liegen die von der Außenrinde entblößten Blatt-Leitbündelstutzen vor. Dieser Erhaltungszustand tritt auf, wenn an einem Stammstück im nassen Medium durch Bakterien die weichen Gewebeteile zerstört werden (M 0,5:1)

c Blattpolster eines *Lepidodendron* oder *Lepidophloios,* Ligulargrube, Leitbündel und die beiden Aerenchymstränge sind sichtbar; (M ~ 3:1)

d Querschnitt durch ein Lepidophytenblatt; man beachte das derb sklerenchymatisierte Abschlußgewebe und die Vertiefungen, in denen die Stomata eingesenkt liegen; das zentrale Leitbündel (Lb) wird auf beiden Seiten von Aerenchymsträngen (Ae) begleitet; der untere Rand des Blattes ist aufgeweicht und zerstört; (M ~ 10:1)

e *Paurodendron fraiponti* (LECL.) FRY, Illinois, USA, Stefan; Querschnitt durch eine Achse mit der typischen Aktinostele der Lycophyta; Protoxylem (px) zahnförmig um das Metaxylem (mx) stehend (M 10:1)

Bild 178. Lepidodendrales (b, c, d Abbildungsbelege zu Gothan et Remy 1957).

Teil eines Blattpolsters ist manchmal durch eine Mittellinie in zwei Hälften geteilt und weist oft Querlinien auf, die Zerreißungszonen im äußersten Rindengewebe markieren. Auf dem oberen Teil des Blattpolsters sitzt die eigentliche Blattnarbe von querrhombischer bis dreieckiger Gestalt, auf der normalerweise drei Närbchen sichtbar sind. Das mittlere Närbchen entspricht dem Leitbündel des ehemals ansitzenden Blattes; die beiden seitlichen Närbchen entsprechen den das Blatt durchziehenden Strängen eines Aerenchyms (Durchlüftungsgewebes) im Blatt. Sie standen, soweit ausgebildet, im Inneren der Rinde mit zwei weiteren Aerenchymsträngen in Verbindung, die als Male auf dem Blattpolster unterhalb der Blattnarbe zu beobachten sind, als äußere Aerenchym- bzw. Transpirationsgewebe-Austritte. Über der Blattnarbe sitzt die Ligulargrube (L in Bild 178 a). Typus-Species: *Lepidodendron dichotomum* STERNBG. 1820.

Lepidodendron dichotomum STERNBG. 1820: Die Blattpolster sind mehr oder weniger quadratisch. Die Blattnarbe und die direkt darüber liegende Ligulargrube bilden etwa ein geschlossenes Dreieck im oberen Teil des auf der Spitze stehenden Quadrates. Auffallend sind die dicken, meist in recht kurzen Abständen verzweigten Äste mit den ansitzenden Blättern. Die Blätter sind lang und etwa 2 mm breit.

Vorkommen: höheres Westfal.

Bild 179. *Lepidodendron veltheimi* STERNBG., Kombach bei Biedenkopf, Hessen, hohes Dinant, ?tiefstes Namur (M 1:1); (Abbildungsbeleg zu POTONIÉ 1899, GOTHAN et REMY 1957).

Lepidodendron veltheimi STERNBG. 1825 (Bild 179): Die Blattpolster sind sehr schmal, langgestreckt und oft locker gestellt, so daß zwischen den einzelnen Polstern eine Bänderung auftritt. Die eigentliche Blattnarbe liegt etwa in der Mitte des Polsters. Die Blätter sind kurz und oft hakenförmig gekrümmt.
Vorkommen: Dinant und Namur A.

Lepidodendron volkmannianum STERNBG. 1825 (Bild 180): Die Blattpolster sind umgekehrt birnenförmig und sitzen mit dem unteren, etwas abgestumpften Ende dem darunterliegenden Blattpolster auf. Die Polster stehen bei dieser Species in Gerad- und Schrägzeilen. Die eigentliche Blattnarbe sitzt im oberen Teil des Blattpolsters.
Vorkommen: Dinant und Namur A (stratigraphische Charakterspecies).

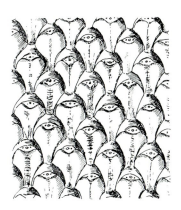

Bild 180. *Lepidodendron volkmannianum* STERNBG., Schemazeichnung (M ~ 1:1).

Lepidodendron rhodeanum STERNBG. 1825: Diese Species hat an den größeren Sproß- und Aststücken bis etwa 2 cm lange und 1,5 cm breite Blattpolster, die seitlich, zumindest im Alter, anscheinend durch sekundäres Dickenwachstum gerundet erscheinen. Die Blattnarbe sitzt im oberen Winkel.
Vorkommen: Namur.

Lepidodendron peachii KIDST. 1885: Diese Species hat fast quadratische Blattpolster, deren obere Ecke etwas gerundet erscheint. Die Blattnarbe sitzt im oberen Winkel. Zwischen dieser Species und *L. rhodeanum* vermittelnde Lepidodendren sind aus dem deutschen Namur bekannt (Bild 181).
Vorkommen: Westfal A und B.

Bild 181. *Lepidodendron* spec. indet., Vorhalle bei Hagen, Namur B (M 1:1).

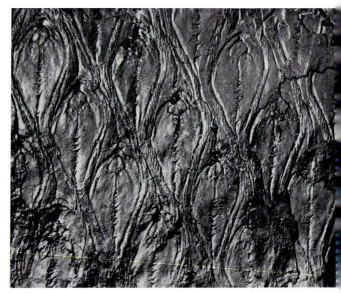

Bild 182. *Lepidodendron aculeatum* STERNBG., Schacht Hugo bei Gelsenkirchen, älteres Westfal (M 1:1); (Abbildungsbeleg zu GOTHAN et REMY 1957).

Lepidodendron aculeatum STERNBG. 1820 (Bild 182): Diese Species ist in der derzeitigen Fassung noch eine Sammelspecies. Die Polster sind wesentlich länger als breit und unten und oben geschwänzt. Die geschwänzten Enden der längsrhombischen Polster verzahnen sich mit den darüber und darunter liegenden Polsterreihen. Die Blattnarbe ist klar ausgeprägt und läßt die Leitbündel- und die beiden Aerenchymnarben gut erkennen. Die äußeren Aerenchym-(Transpirations-)male sind ebenfalls ausgeprägt.

Vorkommen: Westfal A und B, unklare Formen, teilweise ohne äußere Aerenchymmale, bis tieferes Westfal D.

Lepidodendron obovatum STERNBG. 1820 (Bild 183): Diese Species ähnelt *L. aculeatum*. Die Polster sind jedoch nie geschwänzt, sondern

gedrungen, aber stets etwas länger als breit und auffallend asymmetrisch. Das Letztere ist auch einer der Unterschiede zu *L. dichotomum*. Die Aerenchymmale sind deutlich und von länglich-ovalem Umriß. Die Blattnarbe ist durch einen glatten Längskiel geteilt.
Vorkommen: Westfal A und B.

Lepidodendron simile KIDST. 1909 (Bild 184): Die Polster sind klein, schlank, am oberen Ende etwas herausgehoben, und es ist keine eigentliche Blattnarbe sichtbar. Von dieser Species findet man in der Regel beblätterte Zweige. Die Blätter sind S-förmig, schmal, spitz und etwa 2 cm lang.
Vorkommen: Westfal A bis tieferes Westfal C.

Bild 183. *Lepidodendron obovatum* STERNBG., Grube König, Saarkarbon, Westfal C (M 1:1); (Abbildungsbeleg zu GOTHAN et REMY 1957).

Bild 184. *Lepidodendron simile* Kidst., Vorhalle bei Hagen, Namur B (M 0,5:1); (Abbildungsbeleg zu Gothan et Remy 1957).

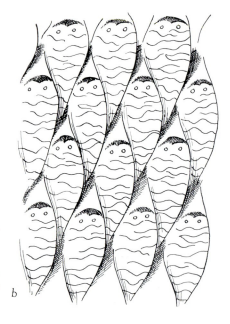

a Zeche Kaiser Friedrich bei Dortmund, älteres Westfal (M 1:1)
b Schemazeichnung (M ~ 4:1)

Bild 185. *Lepidodendron wortheni* Lesquereux; (Abbildungsbeleg zu Gothan et Remy 1957).

Lepidodendron wortheni LESQU. 1866 (Bild 185): Die Polster sind langgestreckt, ohne Mittellinie und mit Querriefung versehen. Die eigentliche Blattnarbe ist klein und tritt wenig hervor; sie verläuft fast ohne schärfere Umgrenzung gegen das Blattpolster nach unten.
Vorkommen: höheres Westfal.

Lepidophloios STERNBERG 1825:
In der Gestalt und der Anatomie stimmen die Genera *Lepidophloios* und *Lepidodendron* überein. Von den Blattpolstern ist aber bei dem Genus *Lepidophloios* nur der obere Abschnitt (Blattnarbe einschließlich Ligularfeld mit Ligulargrube) sichtbar, der untere Abschnitt ist zurückgebogen und im Abdruck auf das nächstfolgende Polster aufgedrückt. Die Blattpolster erscheinen daher breit querrhombisch; sie lassen die Leitbündelnarbe und die Aerenchymmale erkennen. Typus-Species: *Lepidophloyos laricinum* STERNBG. 1825.

Lepidophloios laricinus STERNBG. 1825 (Bild 186): Es handelt sich wohl um eine Sammelspecies, wie die Vielzahl der strukturerhaltenen Stücke belegt. Die Ecken der Blattpolster sind sehr spitz, die Blattnarbe ist nach oben gewölbt. Die Orientierung derartiger Stücke ergibt sich aus der Lage des Ligularnärbchens über den quergestreckten Blattnarben und der Größe und der Umrißform der Blattnarbe zum sichtbaren Blattpolsteranteil.
Vorkommen: (?Namur), Westfal A bis höheres Stefan.

Lepidophloios scoticus KIDST. 1885: Bei dieser Species neigt die Blattnarbe zur Abflachung der Oberseite und die Polster erscheinen stärker vorgezogen, so daß sich oft abgerundete bis abgeflachte Ecken ergeben.
Vorkommen: jüngstes Dinant und Namur.

Lepidostrobus BRONGNIART 1828:
Die sporangientragenden Organe der Lepidodendraceae sind zapfenförmig (Bild 187 a) und werden *Lepidostrobus* genannt. An einer Achse sitzen in spiraliger Verteilung die Sporophylle, die auf der adaxialen Seite (Oberseite) eines horizontalen Abschnittes ein großes Sporangium tragen, ähnlich wie die heutigen Bärlappe. Die zum Teil sehr langen Enden der Sporophylle waren aufgerichtet und überdeckten sich dachziegelartig. Daher ist an den geschlossenen, meist noch unreifen Zapfen von den Sporangien nichts zu sehen. Unter der Vielzahl der Lepidostroben gibt es Species, die bei der Reife der Sporen als Zapfen erhalten blieben und nur die Sporen ausstreuten. Es gibt aber auch Species, von denen nur die isolierten Sporophylle bekannt sind; hier zerfielen die Zapfen bei der Reife. Die Sporophylle sind einfach abgewinkelt, ohne

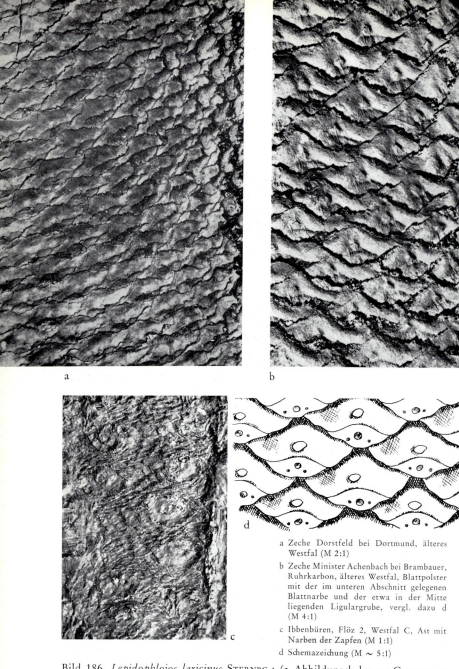

Bild 186. *Lepidophloios laricinus* STERNBG.; (a Abbildungsbeleg zu GOTHAN et REMY 1957).

a Zeche Dorstfeld bei Dortmund, älteres Westfal (M 2:1)

b Zeche Minister Achenbach bei Brambauer, Ruhrkarbon, älteres Westfal, Blattpolster mit der im unteren Abschnitt gelegenen Blattnarbe und der etwa in der Mitte liegenden Ligulargrube, vergl. dazu d (M 4:1)

c Ibbenbüren, Flöz 2, Westfal C, Ast mit Narben der Zapfen (M 1:1)

d Schemazeichnung (M ~ 5:1)

a Grube Dechen, Saarkarbon, Westfal C (M ~ 0,5:1)

b Grube von der Heydt, Saarkarbon, Westfal C (M 1:1)

c Zeche Werne bei Werne an der Lippe, Flöz O, Westfal C (M 3:1)

Bild 187. a *Lepidostrobus* spec. indet., b *Lepidostrobophyllum* spec. indet., c Megasporen von Lepidophyten, (a bis c Abbildungsbelege zu GOTHAN et REMY 1957).

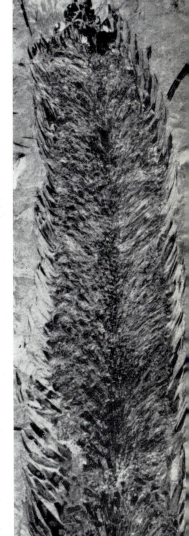
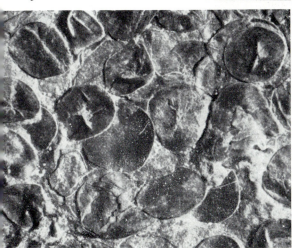

Basallappen und ohne seitliche Flügelung. Generell gibt es bisexuelle Zapfen, die Mega- und Mikrosporangien in einem Zapfen aufweisen, und monosexuelle Zapfen, die entweder nur Mega- oder nur Mikrosporangien ausbilden, wobei beide Zapfentypen auf einer Pflanze (monözisch) oder anscheinend auch auf getrennten Pflanzen (diözisch) vorkommen konnten. Insgesamt wird die Zahl der Megasporen pro Sporangium reduziert, bis schließlich nur noch eine Megaspore reif wird (Samenspore). Die Sporen finden sich auch verstreut auf den Schichtflächen der Schiefer und ebenso in den Kohlen, aus denen sie mit Hilfe der Mazerationsmethode gewonnen werden können (Bild 187 c), wenn die Kohlen nicht zu hoch inkohlt sind.

Dem Genus *Lepidostrobus* sehr ähnlich sind die manchmal kaum zu unterscheidenden Genera *Lepidostrobophyllum* und *Lepidostrobopsis*. Typus-Species: *Lepidostrobus ornatus* BRGT. 1828.

Lepidostrobophyllum HIRMER 1927 (Bild 187 b): Bezeichnet in der Regel Abdrücke isolierter Sporophylle mit oder auch ohne Sporangium. Es sollten hier aber nur Species einbegriffen werden, die pro Megasporangium wenigstens eine vollentwickelte Tetrade enthalten (siehe Lepidocarpaceae). Typus-Species: *Lepidostrobophyllum maius* (BRGT.) HIRMER 1927.

Lepidostrobopsis ABBOTT 1963: Beinhaltet Zapfen oder isolierte Sporophylle, deren fertiler Abschnitt einen flügelartigen seitlichen Auswuchs aufweist, ohne jedoch das Sporangium wie bei den Lepidocarpaceae einzuschließen. Typus-Species: *Lepidostrobopsis missouriensis* (D. WHITE) ABBOTT 1963.

Weitere Genera der heterosporen Lepidodendrales sind von strukturzeigendem Material aufgestellt worden (siehe Kap. 12.0.0.4.3).

12.0.0.4.2 Bothrodendraceae

Die Bothrodendraceae sind Bäume von ähnlichem Habitus wie *Lepidodendron* und auch anatomisch ähnlich beschaffen. Merkwürdigerweise erhalten sich bei dieser Familie mit Vorliebe die feinen Hautgewebe der Rinde, die feine Längs- und Querrunzeln sowie die oft nur 1 mm großen Blattnarben aufweisen. Wie bei *Lepidodendron* finden sich drei Närbchen auf jeder Narbe und darüber meist deutlich eine Ligulargrube (Bild 188 b). Die Blattnarben sind meist erst mit der Lupe wahrnehmbar und stehen in Schrägzeilen; gelegentlich ist ihre Lage durch von den Narben nach unten verlaufende schwache Wülste markiert, die wohl von dem Abdruck des Leitbündels herrühren. Die Unterteilung nach

12. Lycophyta

a

b

c

a Zeche Christiane und Hülfe Gottes, Ruhrkarbon, Westfal, beblätterte Zweige (M 1:1)
b Schemazeichnung einer Blattnarbe (M ~ 8:1)
c Zeche Neumühl bei Hamborn, Sproßstück in *Knorria*-Erhaltung (M 1:1)

Bild 188. *Bothrodendraceae;* (a und c Abbildungsbelege zu GOTHAN et REMY 1957).

dem Vorhandensein bzw. Nichtvorhandensein äußerer Aerenchymmale (neben den inneren Aerenchymmalen) in die Genera *Bothrodendron* und *Lepidobothrodendron* erscheint nicht zwingend, da das Genus *Lepidodendron* auch beide Ausbildungsweisen zeigt. Das ebenfalls hierher zu rechnende Genus *Porodendron* ist bisher nur aus dem Unterkarbon des Moskauer Beckens (Papierkohle) bekannt.

Bothrodendron LINDLEY et HUTTON 1833: Die vom Aussehen her charakteristisch beblätterten Zweige treten in manchen Schichten so gehäuft auf, daß zumindest einige Vertreter dieses Genus in geschlossenen Beständen gelebt haben müssen (Bild 188 a). Die dickeren Stämme zeigen große grubenähnliche Narben, von denen der Name Grubenbäume stammt. Von diesen Narben gingen Äste aus, die sich meist am Grunde sofort gabeln, aber nur selten in Zusammenhang mit den Stämmen gefunden werden. Die Gruben zeigen unterhalb des Zentrums eine Art von vertieftem Nabel und auf der Oberfläche der Grube öfter gedrängte Male, die von den Leitbündeln herrühren, die in die Zweige hinausgingen. Die Sporangien-bildenden Organe der Pflanzen sind lange, schmale Zapfen, an denen man nur selten Einzelheiten erkennt. Typus-Species: *Bothrodendron punctatum* L. et H. 1833.

Bothrodendron minutifolium (BOUL.) ZEILL. 1880 (? al. *B. punctatum* L. et H. 1833) (Bild 188): Diese Species ist nicht selten, wird aber sehr häufig übersehen. Die Sproßstücke weisen locker stehende Blattnarben auf; diese sind querelliptisch, an der Seite spitz zulaufend. Die Blattnarben sind etwa 1 mm hoch und lassen die Leitbündelnarbe und die beiden inneren Aerenchymmale erkennen. Etwa 0,5 mm über der Narbe ist die Ligulargrube erkennbar. Äußere Aerenchymmale sind nicht ausgebildet. *Knorria*-artige Zustände mit durchgedrückten Leitbündelstutzen sind nicht selten (Bild 188 c).

Vorkommen: Westfal A bis Stefan.

12.0.0.4.3 Lepidocarpaceae

Diese Familie bezieht sich, obwohl Belege sehr selten sind, ohne Zweifel auf Lepidodendrales, die der Wuchsform und der Sproßstruktur nach als *Lepidodendron* und *Lepidophloios* bezeichnet werden müssen. Es gibt bei den Lepidodendrales eine fließende Entwicklungsreihe der Megasporen durch Reduzierung der Tetradenanzahl auf zuletzt eine einzige Tetrade. Fertile Organe, die pro Megasporangium weniger als eine volle Tetrade entwickeln, das heißt nur eine Samenspore ausreifen lassen und der Definition der Lepidodendrales entsprechen, werden in der Familie der Lepidocarpaceae zusammengefaßt. Wird nur eine Samenspore reif

(Cystosporites-Typ) und wird diese von einem flügelartigen Auswuchs des Sporophylls eingehüllt, spricht man von dem Genus *Lepidocarpopsis* ABBOTT 1963. Wenn die Megaspore aber in ihrem Sporangium von einer integumentartigen Umhüllung eingeschlossen wird, spricht man von dem Genus *Lepidocarpon*.

Lepidocarpon SCOTT 1901 (Bild 189): Die Zapfen entsprechen äußerlich und in der Anatomie der Zapfenachse denen des Genus *Lepidostrobus*. Wie bei *Lepidostrobus* liegen auf dem basalen Teil der Sporophylle die länglichen Megasporangien, der distale Teil der Sporophylle ist aufwärts gebogen. Der basale Teil der Sporophylle wächst aber an beiden Rändern zu zwei mehrzellschichtigen Integumentlappen aus, die das Megasporangium einhüllen. Über dem Megasporangium treffen beide Integumentlappen zusammen und lassen in der Mitte oberhalb des Megasporangiums eine längliche, spaltförmige Mikropyläröffnung frei. Im Querschnitt erscheint diese Öffnung nach oben spitz ausgezogen. Das Megasporangium dringt in den basalen Teil dieser Öffnung vor. Es hat eine mehrzellschichtige Wand; die äußerste Zellage besteht aus palisadenförmigen Zellen. Das Innere des Megasporangiums wird von einer Megaspore, mit der noch drei abortive Sporen zusammenliegen, völlig ausgefüllt. Typus-Species: *Lepidocarpon lomaxi* SCOTT 1901.

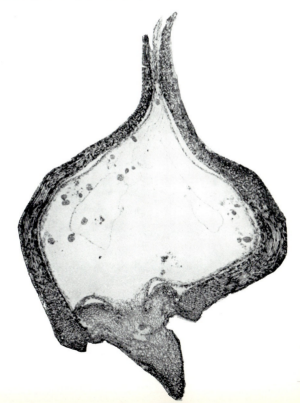

Bild 189. *Lepidocarpon* spec. indet., Zeche Carl Funke, Essen-Werden, Namur C, Querschnitt durch das Megasporophyll mit dem vielzellschichtigen, sklerenchymatischen Integument, das apikal eine als Mikropyle funktionierende Öffnung läßt. Im Inneren, eng dem Integument anliegend und basal damit verwachsen, der Nucellus (Megasporangiumwand); dieser apikal in die bzw. durch die Mikropyle ragend. Ganz innen Reste der Megasporenmembran (M 20:1).

12.0.0.4.4 Sigillariaceae

Diese Familie der Lepidophyten ist im Karbon lokal vielleicht noch häufiger als die der Lepidodendren. Die Stämme tragen keine Blattpolster, bzw. die Blattnarben verdecken die Blattpolster fast völlig. Die sechseckigen bis länglichen oder gedrungen birnenförmigen Blattnarben stehen in Längs- und Schrägzeilen. Die Blattnarben haben wie bei *Lepidodendron* drei Närbchen auf ihrer Oberfläche und darüber die mehr oder weniger deutlich sichtbare Ligulargrube. Der Habitus der Sigillarien war von dem der Lepidodendren verschieden; es gab einfache Stämme, die lediglich am Gipfel einen Blattschopf trugen *(Yukka-*Habitus), und Species, die eine oder zwei Gabelungen des Stammes aufwiesen. Die Sigillarien spendeten kaum nennenswerten Schatten, was für Klimadeutungen von Wichtigkeit ist. Sie bildeten Massenvorkommen in Form von Wäldern oder Beständen.

Die Blätter, bis zu einem Meter lange Nadelblätter, sind höchst selten noch ansitzend beobachtet worden. Der Anatomie nach ähneln sie den Blättern von *Lepidodendron*, haben aber zwei Xylemstränge; sie zeigen auf der Unterseite häufig zwei Längsrinnen, in denen die Spaltöffnungen liegen, haben also einen xeromorphen Bau wie die Blätter von Pflanzen trockener Standorte.

Die fertilen Organe der Sigillarien sind Zapfen; sie werden als *Sigillariostrobus* bzw. *Mazocarpon* bezeichnet und sind stets eingeschlechtlich. Man glaubte früher, daß die Sporangien-Zapfen unterhalb des Blattschopfes angesessen hätten. Es hat sich aber gezeigt, daß sie im beblätterten Abschnitt getragen wurden. Daß sich die Abfallnarben der Zapfen am Stamm unterhalb des Blattschopfes noch lange erhalten, ist nicht zu verwundern, da sich die Narben der abgefallenen Blätter ebenfalls erhalten. Die Anatomie der Sigillarienstämme ist aus strukturzeigenden Stücken bekannt. Der in Bild 190 gezeigte Sigillarienstamm ist ein in Tonschlamm überliefertes Exemplar, von dem nur die Außenrinde erhalten ist. Infolge der sekundären Rindenbildung sind die Blattpolster nicht mehr erhalten; man erkennt in der Aufsicht von außen nur die Skulpturen der Aerenchymstränge als längliche Male. Diese Erhaltungsform wird als *Syringodendron* bezeichnet (Bild 191). Wie bei *Lepidodendron* lag die Hauptfestigungs- und Zuwachszone des Stammes außen in einem festen Rindengewebe, das den Stamm nach dem Prinzip der hohlen Säule aufrechterhielt. Die Außenrinde wächst längere Zeit mit in die Dicke, die Form der Blattnarben bleibt somit lange erhalten. An den tieferen Abschnitten der Stammbasis tritt Borkenbildung ein.

Sigillaria BRONGNIART 1822:

Man unterteilt die Sigillarien in mehrere Subgenera, die Eusigillarien und die erst vom Stefan an auftretenden Subsigillarien. Die Eusigillarien

12. Lycophyta

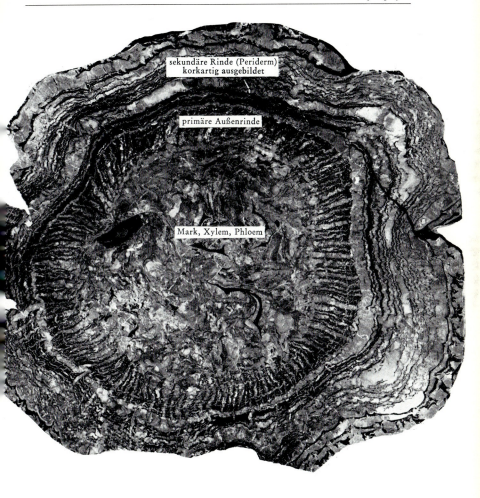

Bild 190. Querschnitt durch einen in Tonschlamm körperlich erhaltenen *Sigillaria*-Stamm, Karbon der ČSSR; es ist nur die stabile, den Stamm festigende Außenrinde erhalten (Rindenbaum-Bauplan); das Periderm umfaßt den ganzen Stammumfang und bildet über das Korkkambium nach außen Kork; die vom Kork abgeschnürten äußersten Rindenpartien blättern dann als Borke ab. Primäre Innen- und primäre Mittelrinde sind nicht erhalten; (M 0,75:1).

Bild 191. *Syringodendron*-Form einer rhytidolepen *Sigillaria*. An den basalen Stammpartien wird die Rinde mit den Blattpolstern und Blattnarben infolge der Borkenbildung abgeworfen. Die nach innen ziehenden Aerenchyme sind als langovale Male deutlich zu erkennen. Die Längsstreifung rührt von Baststrängen her. Erbstollenschacht der Glückhilfgrube in Waldenburg, Niederschlesien (M 1:1); (Abbildungsbeleg zu GOTHAN et REMY 1957).

werden noch in die Untergruppen *Favularia* und *Rhytidolepis* eingeteilt. Typus-Species: *Sigillaria (Eusigillaria) scutellata* BRGT. 1822.

Subgenus *Eusigillaria:* Die Blattpolster bzw. die Blattnarben sind entweder sehr symmetrisch sechseckig und stehen mit deutlicher Betonung von Längsreihen eng beieinander (Gruppe *Favularia*) oder sie können abgerundet sechseckig bis tropfenförmig sein und stehen dann in deutlichen Längsreihen auf ausgeprägten Längsrippen, die auch im Querschnitt in der sklerenchymatisierten Außenrinde erkennbar sind (Gruppe *Rhytidolepis*). Sie stehen auf den Längsrippen gedrängt bis locker, oft mit Riefen oder Runzeln zwischen den Blattnarben. Im Laufe der Ontogenie treten deutliche Verschiebungen im seitlichen Abstand und in der

Breite der Längsrippen infolge des sekundären Dickenwachstums auf. Außerdem können sich aber auch die Abstände der Blattnarben auf den Längsrippen untereinander und zur Breite der sich verbreiternden Längsrippen etwas verändern. Die Wurzelorgane des Subgenus *Eusigillaria* entsprechen dem Organgenus *Stigmaria*. Das Subgenus tritt vom Namur bis zum Ende des Westfals, mit einigen Nachläufern im Stefan, auf, z. B. *S. tesselata*.

Gruppe *Favularia*: Namensgebung wegen der meist dicht stehenden, mehr oder weniger bienenwabenförmigen, sechsseitigen, sich eng berührenden Blattnarben. Die Längszeilen sind gemäß der Form der Narben durch Furchen, die im Zickzack verlaufen, getrennt. Die *Favularia* treten gleichzeitig mit den *Rhytidolepis* auf, scheinen aber das Westfal A nicht zu überschreiten. Die *Favularia* sind besonders häufig im Namur C und im Westfal A.

Gruppe *Rhytidolepis*, längsrippige Sigillarien: Bei diesen stehen die Narben auf Längsrippen dicht übereinander oder auch weiter voneinander getrennt. Über den einzelnen Narben befindet sich oft ein kleiner Bogen und in den Räumen zwischen den Narben sind oft runzelige Skulpturen. Manchmal sieht man auch oberhalb der Narben eine Art Runzelbüschel. Bei manchen Species sind die Längsrippen vollständig glatt. Die Form der Narben ist verschieden, länglich eiförmig bis fast rund oder quergestreckt und nach der Seite spitz ausgezogen. Bei längsrippigen Sigillarien, die dicht übereinanderstehende, breite Blattnarben haben *(Subrhytidolepis)*, tritt eine Knickung (Wellung) der Längsfurchen ein, wodurch eine Annäherung an die favularische Gruppe zustande kommen kann; andererseits rücken bei älteren Stücken der *Favularia* die sechsseitigen Blattnarben senkrecht etwas auseinander, wodurch wieder eine Art Übergang zu den oben genannten Formen der längsrippigen Sigillarien zustande kommen kann. Im allgemeinen sind aber die beiden Gruppen recht gut zu unterscheiden. Die meisten Species sind rhytidolep. Die Gruppe enthält zahlreiche, zum Teil nicht leicht zu unterscheidende Species und kommt vom Namur B bis zum höheren Stefan vor.

Subgenus *Subsigillaria*: Die Blattpolster bzw. die Blattnarben stehen nie auf Längsrippen sondern liegen flach auf der Rinde; die Längsreihen sind nicht betont. Die Blattnarben können in der Form waagerecht gestreckt und seitlich sehr spitz ausgezogen sein *(Clathraria*-Form) oder sie können polygonal rundlich sein, wobei besonders die Oberkante gerundet erscheint *(Leiodermaria*-Form); sie sind aber nie tropfenförmig und weisen keine Zwischenrunzeln auf. Im Laufe der Ontogenie rücken die einzelnen, zunächst sehr eng stehenden Blattnarben annähernd all-

B Daten zur Taxonomie der terrestren Pflanzen des Erdaltertums

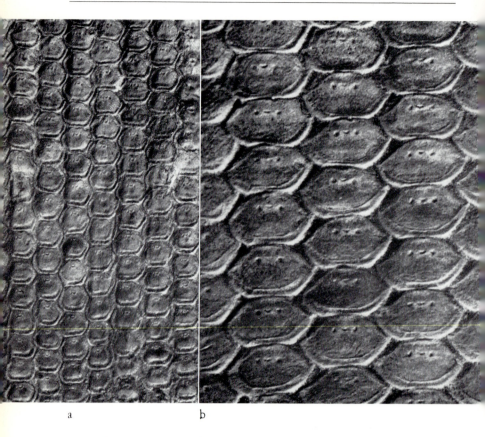

a b

a Zeche Dannenbaum bei Bochum, Westfal A (M 2:1)
b Fundort unbekannt (M 5:1)

Bild 192. *Sigillaria elegans* BRGT.; (b Abbildungsbeleg zu WEISS 1887, a und b zu GOTHAN et REMY 1957).

seitig gleichmäßig auseinander, wobei sich in Längsrichtung des Stammes verschiedene Blattnarben-Formen mit allen Übergängen ergeben können (ontogenetische Altersstadien). Die *Clathraria*-Form wäre in den ontogenetisch jungen, die *Leiodermaria*-Form in den ontogenetisch älteren Regionen bzw. mehr an der Stammbasis zu finden. Die ganz alten Stadien an der Stammbasis sind durch die *Syringodendron*-Form charakterisiert. Die *Syringodendron*-Form ist die Folge der Borkenbildung; hier ist die äußere Rinde mit den Blattnarben abgeworfen worden. Die Wurzelorgane des Subgenus *Subsigillaria* entsprechen dem Organgenus *Stigmariopsis*. Hier und im Bauplan der Sproßstele in der Art einer Eustele lägen Begründungen für eine Abtrennung der Subsigillarien als eigenes Genus. Das Subgenus tritt im Stefan und im ganzen Autun auf.

Subgenus *Eusigillaria*
Gruppe *Favularia:*
Sigillaria elegans BRGT. 1836 (Bild 192): Dies ist eine der wenigen Species dieser Gruppe. Sie hat bald kleinere, bald größere Narben, die bei den kleinnarbigen Formen sehr dicht stehen, mit stark geknickten Längsrippenräumen. Bei den großnarbigen Formen sind die Ecken des Narbensechsecks abgerundeter und die Narben treten auch vertikal etwas auseinander.
Vorkommen: Namur C und Westfal A (stratigraphische Charakterspecies).

Gruppe *Rhytidolepis:*
Sigillaria schlotheimiana BRGT. 1836 (Bild 193): Die Narben sind mehr oder weniger sechsseitig, mit spitzen Seitenecken, und stehen vertikal voneinander entfernt. Oberhalb der Narben ist jeweils ein deutliches Runzelbüschel zu sehen.
Vorkommen: Namur B und unteres Westfal A (stratigraphische Charakterspecies).

Sigillaria cristata SAUV. 1848 (Bild 194): Die Narben sind länglich, ziemlich klein, eiförmig, höchstens halb so breit wie die Rippen. Zwischen den Narben ist eine Runzelskulptur zu beobachten, meist in Gestalt von dicht übereinanderstehenden, V- bis federförmigen Runzeln.
Vorkommen: Westfal A und tieferes Westfal B (stratigraphische Charakterspecies).

Sigillaria rugosa BRGT. 1836 (Bild 195): Die Narben dieser Species sind länglich birnenförmig und nehmen nur die Mitte der Rippen ein. Die runzelige Skulptur ist, verglichen mit der von *S. cristata*, unregelmäßig lamelliert und verbindet, leicht ausbauchend, zwei übereinanderfolgende Narben. *S. cristata* wird manchmal als Subspecies von *S. rugosa* betrachtet.
Vorkommen: Westfal A und B.

B Daten zur Taxonomie der terrestren Pflanzen des Erdaltertums

a Ruhrkarbon (M 1:1)
b Ausschnitt aus a (M 4:1)

Bild 193. *Sigillaria schlotheimiana* BRGT.; (Abbildungsbeleg zu GOTHAN et REMY 1957).

12. Lycophyta

a

b

a Zeche Vollmond bei Bochum-Langendreer, älteres Westfal (M 1:1)

b Zeche Westfalia bei Dortmund, älteres Westfal (M 2:1)

Bild 194. *Sigillaria cristata* SAUV.; (Abbildungsbelege zu GOTHAN et REMY 1957).

Bild 195. *Sigillaria rugosa* BRGT., Zeche Zollverein bei Essen, älteres Westfal (M 1:1); (Abbildungsbeleg zu GOTHAN et REMY 1957).

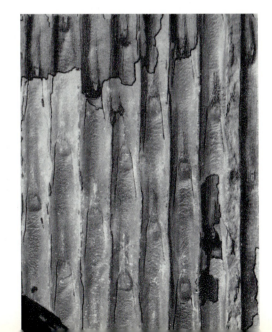

Sigillaria elongata BRGT. 1824 (Bild 196): Die Narben sind länglich, die Seiten sind leicht rhombisch gebaucht bis gewinkelt; der Oberrand ist glatt bis schwach eingeschnitten. Über jeder Narbe sind bogenförmige Skulpturen vorhanden. Die Narben stehen in engerer Folge als bei *S. cristata* und *S. rugosa;* zwischen zwei Narben hat gerade eine weitere Platz.

Vorkommen: höchstes Namur bis Westfal C.

Bild 196. *Sigillaria elongata* BRGT., Grube von der Heydt, Saarkarbon, tieferes Westfal C (M 1:1); (Abbildungsbeleg zu GOTHAN et REMY 1957).

Sigillaria scutellata BRGT. 1822 (Bild 197): Die Narben sind meist ziemlich groß, rundlich, mit spitzen, etwas herabgezogenen Seitenecken. Von den Seitenecken laufen meist zwei kleine Linien schräg herab. Zwischen den etwas entfernt stehenden Narben sind unregelmäßige Runzelskulpturen vorhanden.

Vorkommen: Westfal A und B.

Sigillaria mammillaris BRGT. 1824 (Bild 198): Die Narben sind glockenförmig, mehr oder weniger sechsseitig, mit abgerundeten unteren und oberen Ecken und fast so breit wie die Rippen. Die Narben stehen ziemlich dicht und treten, besonders in ihren unteren Partien, stark reliefartig hervor. Ober- und unterhalb der Narben befinden sich

12. *Lycophyta*

Bild 197. *Sigillaria scutellata* Brgt., Zeche Westfalia bei Dortmund, älteres Westfal (M 1:1); (Abbildungsbeleg zu Gothan et Remy 1957).

Querrunzeln. Wegen der Größe der Narben ist der Rippenrand öfter etwas geknickt. Diese Species ist im Ruhrrevier nicht häufig, kommt dagegen massenhaft im Saarrevier vor.

Vorkommen: Westfal A bis C.

Sigillaria davreuxi Brgt. 1836 (Bild 199): Die Narben sind sehr langgezogen, im Umriß schwach birnenförmig und seitlich leicht gerundet bis schwach eckig. Die Narben können auf einem polsterartigen Grund etwas herausgehoben sein. Sie folgen sehr dicht aufeinander und sind fast so breit wie die auffallend geraden Längsrippen, auf denen sie stehen. Die Längsrippen sind durch tiefe und scharf gezeichnete Furchen voneinander getrennt.

Vorkommen: Westfal A bis tieferes Westfal C.

B Daten zur Taxonomie der terrestren Pflanzen des Erdaltertums

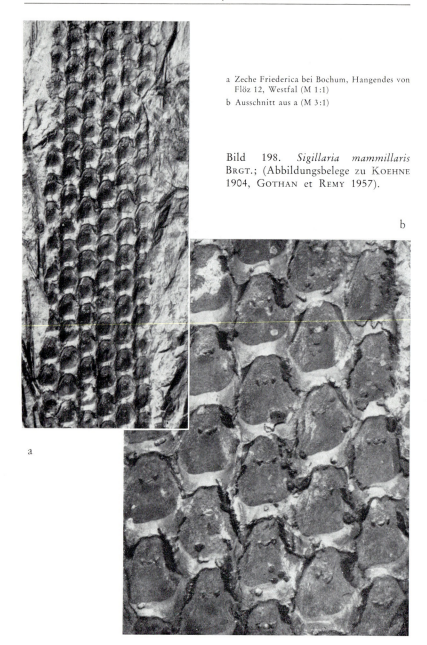

a Zeche Friederica bei Bochum, Hangendes von Flöz 12, Westfal (M 1:1)
b Ausschnitt aus a (M 3:1)

Bild 198. *Sigillaria mammillaris* BRGT.; (Abbildungsbelege zu KOEHNE 1904, GOTHAN et REMY 1957).

12. Lycophyta

Bild 199. *Sigillaria davreuxi* BRGT., Grube Heinitz, Saarkarbon, Westfal B/C (M 1:1); (Abbildungsbeleg zu GOTHAN et REMY 1957).

Sigillaria boblayi BRGT. 1828 (Bild 200): Die Narben sind sehr groß und fast isodiametrisch. Die Närbchen befinden sich im oberen Teil der Blattnarben. Die Narben stehen ziemlich dicht übereinander und über jeder Narbe befindet sich eine recht starke Horizontallinie. Von den beiden unteren Ecken der Narbe gehen Schräglinien aus. Die Narben sind fast so breit wie die Rippen.
Vorkommen: oberstes Westfal A bis C.

Sigillaria tesselata BRGT. 1836 (Bild 201): Die Narben sind etwa so breit wie hoch, gut gerundet und weisen nie Seitenecken auf. Sie stehen auf geraden Rippen, die von deutlichen und geraden Seitenfurchen begrenzt werden. Zwischen den recht eng stehenden Narben sind Querfurchen vorhanden, die bei den stratigraphisch älteren Stücken gerade, bei den stratigraphisch jüngeren leicht gebogen verlaufen.
Vorkommen: Westfal B bis höheres Stefan.

a Zeche Bruchstraße bei Bochum-Langendreer, älteres Westfal (M ~ 1:1)

b Schacht Rheinelbe bei Gelsenkirchen, älteres Westfal (M ~ 1:1)

Bild 200. *Sigillaria boblayi* Brgt.; (Abbildungsbelege: a zu Potonié 1894, Koehne 1905, Gothan et Remy 1957; b zu Koehne 1905, Gothan 1923, Gothan et Remy 1957).

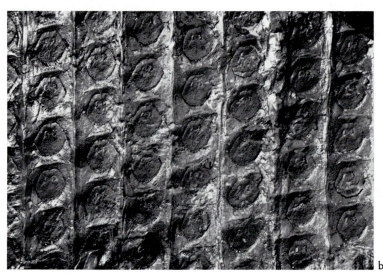

Bild 201. *Sigillaria tesselata* BRGT., Zeche Westfalia bei Bochum, mittleres Westfal (M 1:1); (Abbildungsbeleg zu GOTHAN et REMY 1957).

Sigillaria principis WEISS 1881 (Bild 202): Die Narben weisen einen verkürzten unteren Teil auf; daher sind sie flach hexagonal mit gerundeter Oberkante. Diese läuft über die Seiten nach unten in zwei Bartfäden aus. Die Narben stehen sehr locker, der Zwischenraum ist zwei- bis dreimal so lang wie die Narben selbst. Über den Narben befindet sich je ein Quermal, ansonsten ist die Rinde glatt.

Vorkommen: höheres Westfal.

Bild 202. *Sigillaria principis* WEISS, Piesberg bei Osnabrück, Westfal D (M 1:1); (Abbildungsbeleg zu KOEHNE 1905, GOTHAN et REMY 1957).

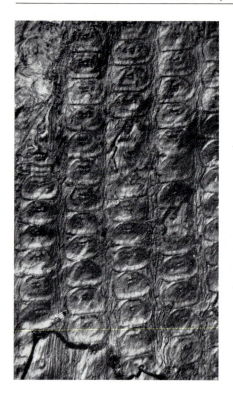

Bild 203. *Sigillaria cumulata* Weiss, Oeynhausenschacht bei Ibbenbüren, Westfal C (M 2:1); (Abbildungsbeleg zu Weiss 1887, Koehne 1905, Gothan et Remy 1957).

Sigillaria cumulata Weiss 1887 (Bild 203): Die Narben sind flach, abgerundet sechsseitig und stehen dicht übereinander. Die Längsriefen zwischen den Narbenzeilen sind mit vertikal verlaufenden Runzeln besetzt, die auch in die Ecken zwischen den aufeinanderfolgenden Narben reichen.

Vorkommen: höheres Westfal.

Subgenus *Subsigillaria*

Sigillaria brardii Brgt. 1828 (Bild 204): Die Narben sind sechseckig, etwa so hoch wie breit und im *Clathraria*-Zustand eng gestellt. Im *Leiodermaria*-Zustand sind sie auseinandergerückt und oft etwas vorgewölbt, so daß die Oberkante heraussteht. Im *Leiodermaria*-Zustand besteht eine Neigung zur Abrundung der Ober- und Unterseite der Narben.

Vorkommen: Stefan bis Saxon (stratigraphische Charakterspecies).

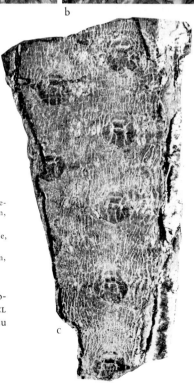

a Wettin an der Saale, höheres Stefan, man beachte die variable Stellung der Blattnarben, *Clathraria*-Zustand (M 1:1)

b Katharinenschacht bei Wettin an der Saale, höheres Stefan (M 1:1)

c Grube Schäfer, Reisbach, Saarkarbon, Stefan, *Leiodermaria*-Zustand (M 1:1)

Bild 204. *Sigillaria brardii* BRGT.; (Abbildungsbelege: a zu WEISS et STERZEL 1893; b zu POTONIÉ 1899; a und b zu GOTHAN et REMY 1957).

B Daten zur Taxonomie der terrestren Pflanzen des Erdaltertums

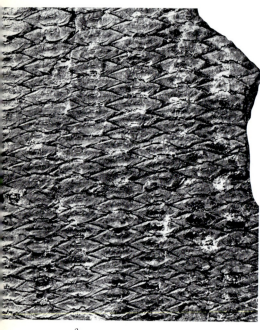

a

a, b Grube Schäfer, Reisbach, Saarkarbon, Stefan (M 1:1)

Bild 205. *Sigillaria ichthyolepis* PRESL.

b

Sigillaria ichthyolepis PRESL 1838 (Bild 205): Die Narben sind streng sechseckig und breiter als hoch. Der Winkel der Seitenbegrenzung beträgt etwa 60° und liegt auf der Höhe der Leitbündelnarbe.
Vorkommen: Stefan (Stratigraphische Charakterspecies).

Sigillaria defrancei BRGT. 1836: Die Narben ähneln denen von *S. ichthyolepis,* sind jedoch an der Ober- und Unterseite gerundet. Der Seitenwinkel ist spitzer. Es ist möglich, daß *S. defrancei* eine Wuchsform bzw. ein Altersstadium von *S. ichthyolepis* darstellt.
Vorkommen: Stefan.

12. Lycophyta

Sigillariostrobus (SCHIMPER) FEISTMANTEL 1876:

Dieses Genus bezeichnet lang gestielte Zapfen mit deutlich in Längszeilen stehenden Sporophyllen. Die Sporophylle bestehen aus einem basalen, etwa horizontal stehenden fertilen Teil, der adaxial das Sporangium trägt, und einem aufgerichteten, sterilen Abschnitt. Sie sind meist kurz und scharf zugespitzt (Dreieck- bis Rhombenform). Die Zapfen enthalten nur eine Art von Sporen, hier sind also die Mikro- und Megasporen in verschiedenen Zapfen erzeugt worden. Die Sigillarienzapfen saßen in dem Blattschopf am Gipfel des Stammes. Früher wurden die Sigillarien als kauliflor angesprochen, das heißt, die Blüten sollten unmittelbar aus dem Stamm herausgekommen sein. Dies ist bei vielen höheren Pflanzen der Tropen der Fall, wie beim Kakaobaum, bei *Ficus*-Species und vielen anderen. Diese angebliche Kauliflorie der Sigillarien war einer der Gründe, ein tropisches Klima für die Steinkohlenvegetation anzunehmen. Das kann in dieser Form jedoch nicht behauptet werden; denn da die Sigillarien nicht verzweigt waren, konnten sie die Zapfen nur am Stamm tragen. Von zerfallenen Zapfen findet man häufig allein die Achsen, da die Sigillariostroben viel leichter zerfielen als die Lepidostroben. Diese Achsen bieten mit ihren in sehr flachen Spiralen stehenden Närbchen, den Abfallstellen der Sporophylle, ein sehr charakteristisches Aussehen (Bild 206). Typus-Species: *Sigillariostrobus goldenbergi* (FEISTM.) ZEILL. 1884.

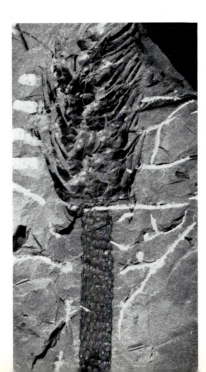

Bild 206. *Sigillariostrobus* spec. indet., Zeche Westfalia bei Dortmund, älteres Westfal (M 1:1); (Abbildungsbeleg zu GOTHAN et REMY 1957).

Anhang

Cyclostigma HAUGHTON 1859:

Dieses Genus umfaßt devonische Lycophytenbäume, die denen des Karbon nahe verwandt sind. Die Blattnarben haben wie bei *Lepidodendron* und *Sigillaria* drei Närbchen (Leitbündel und zwei Aerenchymstränge). Die für *Lepidodendron* und *Sigillaria* typische Ligula bzw. Ligulargrube ist noch nicht entwickelt oder liegt auf dem Blatt. Typisch für teilweise entrindete Stämme sind die *Knorria*-Erhaltungszustände mit den fingerförmigen, festen, spiralig stehenden Leitbündelstutzen. Die Sporangienstände (Zapfen) sind heterospor und völlig wie die karbonischen Lepidostroben organisiert. Typus-Species: *Cyclostigma kiltorkense* HAUGHT. 1859.

Cyclostigma kiltorkense HAUGHT. 1859: Diese Species mit relativ großen Blattnarben (größer als die von *C. hercynium*) ist bisher in Deutschland nicht mit Sicherheit nachgewiesen worden.

Vorkommen: Oberdevon (stratigraphische Charakterspecies).

Cyclostigma hercynium WEISS 1885 (Bild 207): Diese Species wird meist in entrindetem, als *Knorria* bezeichnetem Zustand gefunden. Bei der *Knorria* stehen die Leitbündelstutzen in spiraliger Stellung parallel zum Sproß. Die Abdrücke der Leitbündelstutzen sind, je nach speziellem Erhaltungszustand oder Stellung des Fossils am ehemaligen Gesamtsproß, breit und relativ kurz oder sehr schmal und lang. Eine spezifische Aussage lassen nur die Sproßstücke und Äste mit den nur etwa 0,5 mm großen Blattnarben zu.

Vorkommen: Oberdevon (stratigraphische Charakterspecies).

Asolanus WOOD 1860:

Dieses Genus ist im jüngeren Siles häufig. Die Form der Blattnarben und ihre auffallend lockere Stellung auf der derben Außenhaut erinnern an das Genus *Sigillaria*. Der wenig verzweigte oder unverzweigte Stamm — bisher sind jedenfalls keine verzweigten Stammstücke oder eindeutige Äste gefunden worden — deutet im Zusammenhang mit drüsigen Hautstrukturen auf eine etwas isolierte Stellung hin. Typus-Species: *Asolanus camptotaenia* WOOD 1860.

Stigmaria BRONGNIART 1822:

Die Stigmarien sind die unterirdischen Organe vieler Lepidophyten; ihre Äste gabeln sich mehrmals kurz hintereinander. Die aus diesen Gabelungen resultierenden Gabeläste sind horizontal ausgebreitet und tragen auf ihrer Oberfläche rundliche Narben in spiraliger Verteilung;

12. *Lycophyta*

a, b, c Schaufenhauer Tal, Harz, Oberdevon, Syntypen zum Basionym, aus WEISS 1885 (M 1:1)
c Vergrößerung aus b
d Harz, genauer Fundort unbekannt, *Knorria*-Erhaltungszustand (M 1:1)

Bild 207. *Cyclostigma hercynium* WEISS; (Abbildungsbelege: a, b und c zu WEISS 1885; d zu GOTHAN et REMY 1957).

diese Narben zeigen im Zentrum ein punktförmiges Mal. Die Narben sind die Abfallmale langer, schlauchartiger Wurzelorgane, der Appendices, die in den Schiefern als kohlige Bänder erscheinen. Die Stigmarien mit ihren Appendices waren im Liegenden der meisten Steinkohlenflöze sehr häufig und bildeten autochthone Wurzelböden. Die fossilen Wurzelböden spalten wegen der das Gestein kreuz und quer durchziehenden Appendices unregelmäßig. Die Stigmarien müssen auf nassen, sumpfigen oder anmoorigen Böden gewachsen sein, da sie, wie heutige Sumpfpflanzen, Durchlüftungssysteme (Aerenchyme) in allen Sproßteilen und in den Appendices aufweisen. Mit dieser Annahme in Einklang steht auch die stets horizontale Ausbreitung der Stigmarien. Die Anatomie der Stigmarien ist uns aus den Torfdolomiten gut bekannt; sie ähnelt der der Lepidophyten-Stämme. Um ein zentrales aber fast nie erhaltenes

Mark steht als mehr oder weniger geschlossener Ring die Primärstele. Auf das Primärxylem folgt nach außen ein Sekundärxylem mit breiten Markstrahlen. Kambium, Phloem und die schwammige Innenrinde sind fast nie erhalten. Nach außen schließt die peridermartig ausgebildete Außenrinde an, auf der die runden Närbchen der Appendices sitzen. Die adulten Appendices (Bild 208 c) weisen zwischen Innen- und Außenrinde als auffälligstes Merkmal einen großen Hohlraum auf. Sie besitzen im Zentrum ein endarches, rundes bis dreieckiges Leitbündel. Die Dreiecksspitze markiert die Lage der einzigen Protoxylemgruppe. Um das Leitbündel ist eine geringmächtige Innenrinde ausgebildet. Dieser ganze Komplex hängt im Zentrum eines Hohlraumes, nur mit einem Gewebeband mit der Außenrinde verbunden. In dem Gewebeband, das die Innen- und die Außenrinde verbindet, sind ebenso wie in der ansonsten parenchymatischen Außenrinde vereinzelt stehende Tracheïden zu beobachten. Die Zellen der äußersten Zellschicht der Außenrinde können papillenartig vorgewölbt sein. Der Bau der Appendices im Paläophytikum stimmt mit dem der Wurzeln des heute lebenden Genus *Stylites* überein. Stigmarien gehören als Wurzelorgane zu den Sigillariaceen, den Lepidodendraceen und sehr wahrscheinlich auch zu den Bothrodendraceen. Die am häufigsten vorkommende Stigmarie ist *Stigmaria ficoides* BRONGNIART. Neben dieser Species gibt es noch mehrere seltenere Species, und zwar besonders in den tieferen Karbonschichten. Typus-Species: *Stigmaria ficoides* (STERNBG.) BRGT. 1822.

Stigmaria ficoides (STERNBG.) BRGT. 1822 (Bild 208): Es handelt sich hier um eine Sammelspecies, deren einzelne Species in der Abdruckerhaltung nicht gut getrennt werden können. Der eigentliche Stigmarienkörper kann verschieden breit sein, meistens findet man jedoch Stücke von 4 bis 8 cm Breite. Bei günstiger Erhaltung ist im Innern noch der Holzkörper erkennbar (Bild 208 b unten). Die Appendices sind also 0,3 bis 1,0 cm breite Bänder erhalten und sitzen oft noch der Stigmarie an. Die kreisrunden, bei der Fossilisation oft oval gedrückten Narben sind etwa 0,2 bis 0,7 cm groß und zeigen ein zentrales Leitbündelmal. Vorkommen: gesamtes Karbon.

---

a *Stigmaria* BRGT., Piesberg bei Osnabrück, Basis des Stammes einer *Sigillaria* mit ansitzenden Wurzelorganen, den flach ausstreichenden und dichotom gegabelten Stigmarien

b *Stigmaria ficoides* (STERNBG.) BRGT., Bohrung Loslau III, Teufe 453 m; unten ist im Zentrum der Sekundärholzkörper als dunkles Band erkennbar; außen (links) sitzen die Appendices noch in Lebensstellung an (M 1:1)

c *Stigmaria*-Appendices im Querschnitt, Zeche Carl Funke, Essen-Werden, Namur C, Flöz Hauptflöz (M 15:1)

Bild 208. *Stigmaria* BRGT.; (Abbildungsbelege: a zu POTONIÉ 1899; b zu GOTHAN 1923; a und b zu GOTHAN et REMY 1957).

Stigmaria stellata GOEPP. 1848 (Bild 209): Diese Species ist sehr charakteristisch und als Leitfossil anzusprechen. Die Narben der Appendices sind von deutlich sternförmig angeordneten Rippen umgeben, die nicht mit denen der Nachbarnarbe verschmelzen. Die Größenverhältnisse sind annähernd die gleichen wie bei der gewöhnlichen *Stigmaria ficoides* BRONGNIART, jedoch stehen die Narben dichter zusammen.

Vorkommen: Namur A (stratigraphische Charakterspecies).

Bild 209. *Stigmaria stellata* GOEPP., Bohrung Königin Luise V bei Seibersdorf in Oberschlesien, Namur A; die sternförmigen Runzeln um die Narben der Appendices sind charakteristisch (M 1:1); (Abbildungsbeleg zu GOTHAN et WEYLAND 1954, GOTHAN et REMY 1957).

Stigmariopsis GRAND'EURY 1877:
Hierbei handelt es sich um ein Wurzelträgersystem, das besonders zu den Subsigillarien gehört haben wird. Die Wurzelträger sind nicht horizontal, sondern schräg abwärts gerichtet und nicht dichotom, sondern mehr oder weniger alternierend verzweigt. Die *Stigmariopsis* konnte tiefere Bodenschichten erschließen, die Mutterpflanzen werden — wie die Subsigillarienfunde teilweise anzeigen — den mehr mesophilen Bereich besiedelt haben. Typus-Species: *Stigmariopsis inaequalis* GR.'EURY 1877.

Vorkommen: Stefan und Autun.

12.0.0.5 Lycopodiales

Lycopodites LINDLEY et HUTTON 1833:
Dieses Genus basiert nicht auf dem Basionym *Lycopodites taxiformis* BRONGNIART 1822, da dieses zu den Coniferophytina gehört. Als Ersatz wird *Lycopodites falcatus* LINDLEY et HUTTON 1833 angenommen. Das Sproßsystem ist krautig und unregelmäßig dichotom gebaut. Die Blättchen sind einadrig und stehen zweizeilig; es lassen sich Dorsal- und Ventralblättchen unterscheiden. Der Blattrand kann gezähnt sein. Typus-Species: *Lycopodites falcatus* L. et H. 1833.

Lycopodites oosensis KR. et WEYL. 1937: Die im Abdruck 2 bis 4 mm breiten Sprosse sind dicht mit spiralig angeordneten Blättchen besetzt. Die Blättchen haben etwa spatelförmigen Umriß und sind scharf zugespitzt. Sie sind bis zu 2 mm lang und etwas hakig gebogen. Die verdickte Blattbasis sitzt auf kleinen Blattpolstern. Die Sporangien sitzen auf Sporophyllen, die verstreut zwischen normalen Blättchen stehen. Die Sporen sind 90 bis 120 μ groß. Die Stellung bei *Lycopodites* ist provisorisch.

Vorkommen: Oberdevon.

13. Equisetophyta (Articulatae, Sphenopsida)

13.1 Equisetophytina

13.1.0.1 Equisetales

Es handelt sich um Sporenpflanzen mit gegliederten Achsen und in Wirteln stehenden Blättchen. Die lebenden Equisetatae, die Schachtelhalme, sind im Gegensatz zu vielen der fossilen nur krautige, bis 2 m hohe Pflanzen. Die Equisetatae des Paläophytikums gehören zur Ordnung der Equisetales; diese tritt spätestens im Mitteldevon auf. Bereits das

Genus *Honseleria* MUSTAFA 1977 aus dem Mitteldevon weist die typischen Equisetales-Merkmale auf. Im Paläophytikum gibt es krautige und, dominierend, baumförmige Wuchsformen mit Sekundärxylem.

13.1.0.1.1 Calamitaceae

Von den Sprossen sind besonders häufig die Sedimentausfüllungen des ehemaligen Markhohlraumes erhalten. Diese sind äußerst charakteristisch, da sie in engen Abständen längsgerieft und in mehr oder weniger regelmäßigen Abständen, die den Nodien entsprechen, quergerieft sind. Die Längsriefen sind die Markierungen bzw. Abdrücke der in einem Kreis um das Mark stehenden Einzelstelen, die sich im Nodium zu einer Siphonostele zusammenschließen. Die Stelen springen im Internodium in das Mark vor und werden daher als Längsriefen abgedrückt. Die mit den Riefen abwechselnden Rippen entsprechen der Lage und der Breite der vom Mark ausgehenden primären Markstrahlen; sie sind bei einigen Species des Namur und Westfal mit einer Zentralriefe versehen, deren Ursprung noch nicht geklärt ist. Das in der Literatur angegebene strenge Alternieren der Stelen am Nodium ist meist nicht so ausgeprägt zu finden. Man sollte besser von einem sehr unregelmäßigen Alternieren im Namur und älteren Westfal und einem regelmäßigeren Alternieren vom mittleren Westfal an sprechen. Die oft dicken Sedimentkerne der Markhöhlen sind an der Sproßbasis verjüngt, da der Markraum beim Austritt eines Astes aus einem Sproß bzw. eines Stammes aus einem Rhizom stark eingeschnürt ist (Bild 214). Bei der Erhaltung in einem feinkörnigen Sediment sind oft auch im Abdruck die Zellstrukturen des Markgewebes und der Leitbündelscheide sowie, über den Nodiallinien, die Supranodalmale und, unterhalb der Nodiallinien, die Infranodalmale zu erkennen. Sie können je nach Species fehlen oder verschiedenen Umriß, verschiedene Größe und Länge aufweisen. Hier liegen taxonomisch bisher noch nicht genügend ausgewertete Merkmale vor. Die Stelen bzw. die diese markierenden Längsriefen am Sedimentkern laufen bei dem aus dem Dinant und Namur bekannten Genus *Calamites* (al. *Archaeocalamites*) BRONGNIART 1828 gerade über die Nodien der einzelnen Glieder hinweg (siehe S. 353). Bei den vom Namur bis Perm bekannten Genera *Mesocalamites* HIRMER (1927) und *Calamitina* (WEISS) R. et R. und dem aus dem Perm bekannten Genus *Paracalamites* ZALESSKY (1927) laufen die Längsriefen teils gerade und teils unter nachfolgender Verbindung von zwei benachbarten Stelenabschnitten alternierend über die Nodien hinweg. Bei dem Genus *Calamitopsis* R. et R. (1977) sind an den Nodien durch Verschmelzung zwei bis drei Stelen gebündelt. Die Anatomie der Hauptachsen und Äste sowie der Rhizome und Wurzeln ist aus Dolomitknollen und Kieselbänken bekannt (Bild 210). Das Sproßzentrum wird bei jungen Sprossen von einem parenchymatischen Mark

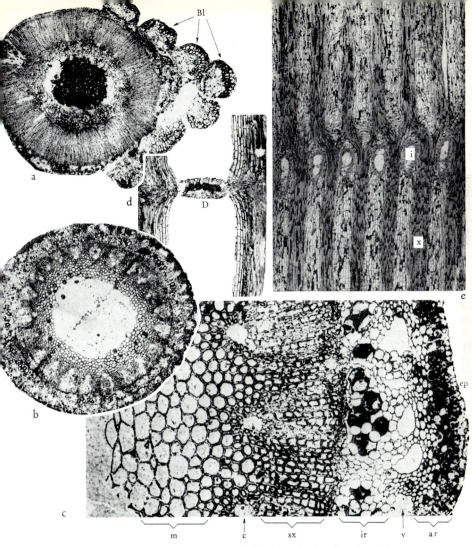

a nodialer Querschnitt; rechts mit Teilen der Blattscheide (Bl,); Sekundärxylem als geschlossener Ring vorliegend; im Zentrum das Diaphragma (D); (M 10:1)
b internodialer Querschnitt durch eine Achse mit Rindengewebe; (M 15:1)
c Ausschnitt aus einem internodialen Querschnitt; die Gewebe sind vom Mark bis zur Epidermis vollständig erhalten; m = Mark, c = Carinalhöhle (zerrissenes px), sx = Sekundärxylem, ir = Innenrinde, v = Vallekularhöhle, ar = Außenrinde, ep = Epidermis; (M 75:1)
d radialer Längsschnitt mit Diaphragma (D); im Diaphragma durch Inhaltstoffe dunkel gefärbte Speicherzellen (vgl. a); (M 10:1)
e tangentialer Längsschnitt; man sieht die längsverlaufenden Stelen, die sich unregelmäßig am Nodium aufgabeln; x = Xylemstrang der Stele, i = Infranodalkanäle; (M 5:1)

Bild 210. Anatomie und Histologie eines Calamiten. a bis d *Arthroxylon werdensis* Hass, Essen-Werden, Namur C; e *Arthropitys communis* (Bin.) Goepp., Essen-Werden, Namur C. (Photos Hass).

eingenommen, das bei älteren Sprossen schizogen auseinanderweicht und so einen mehr oder weniger weiten Markhohlraum entstehen läßt. Kreisförmig um das Markgewebe stehen mehrere bis viele Xylemgruppen, die vom Mark durch ein ein- bis mehrzellschichtiges, derbwandiges Gewebe, die Xylemscheide, getrennt werden. Das Protoxylem und Teile des Metaxylems zerreißen bei der Längsstreckung der jungen Sprosse, an ihrer Stelle entstehen die sogenannten Carinalkanäle. Auf das Metaxylem folgt nach außen bei den meisten Species ein mehr oder weniger mächtiges Sekundärxylem aus Tracheïden und sekundären Markstrahlen. Die sich nach außen verbreiternden Sekundärxylemkeile werden entweder durch ausgeprägte Primärmarkstrahlen getrennt oder können zu einem einheitlichen Xylemzylinder verschmelzen. Die Tracheïden des Sekundärxylems sind treppen- bis netzförmig behöft getüpfelt. Auf das Sekundärxylem folgt ein wohl meist einschichtiges Kambium. Das Phloem scheint aus großen, röhrenartigen Siebzellen, die von parenchymatischen Zellen begleitet werden, zu bestehen. Ein typisch sekundäres Phloem, wie z. B. bei den Gymnospermen wird nicht ausgebildet. Eine Endodermis, die den Stelenkörper zur Rinde hin abschließt, konnte bisher nur in den Rhizomen nachgewiesen werden. Auf das Phloem folgt nach außen eine Innenrinde aus parenchymatischen Zellen, die wellenförmig in die Außenrinde vorspringt. Dort kann es zur Ausbildung von Gewebelücken kommen, die den Vallekularhöhlen der rezenten Equiseten entsprechen. Die Außenrinde dient der mechanischen Festigung und besteht daher aus derbwandigen, sklerenchymatischen Zellen. Eine sekundäre Rinde, ein Periderm, wird angegeben, ist bisher aber auch bei Stämmen mit sehr mächtigem Sekundärxylem noch nicht mit Sicherheit nachgewiesen worden.

Die Blüten der Equisetatae können isospor oder heterospor sein; sie können fast nur aus Sporophyllen bestehen, z. B. bei *Calamites* (al. *Archaeocalamites*) und *Autophyllites,* oder jeder Sporophyllwirtel bzw. -kreis wechselt mit einem Blattwirtel ab, z. B. bei *Schimperia* (siehe S. 383).

13.1.0.1.1.1 Auf Sprosse gegründete Genera

Nach xylotomischen Merkmalen wie der Ausbildung der primären Markstrahlen und — mit Einschränkungen — der sekundären Markstrahlen unterscheidet man die drei Genera *Calamodendron* BRONGNIART 1849, *Arthropitys* GOEPPERT 1864 und *Arthroxylon* REED 1952. Bei Vorhandensein von zentripetal vor dem Protoxylem liegendem Metaxylem oder mit Tracheïden gemischten Bast- bzw. Sklerenchymscheiden wird das Genus *Protocalamites* LOTSY 1909 unterschieden. Ob die Laubtypen oder die fertilen Organe den xylotomischen Genera zugeordnet werden können, ist noch ungewiß.

Calamodendron BRONGNIART 1849 (al. *Calamitea* COTTA 1832):
Die primären Markstrahlen bestehen aus Wechsellagen sehr langgestreckter, dickwandiger, prosenchymatischer Zellen und kurzer, etwa polygonaler, dünnwandiger, parenchymatischer Zellen. Die primären Markstrahlen verlaufen, ihre ursprüngliche Breite beibehaltend, bis zum Kambium. Die sekundären Markstrahlen sind ein- bis zweireihig (siehe S. 363, Genus *Calamitopsis* R. et R.). Typus-Species: *Calamodendron striatum* BRGT. 1849.

Arthropitys GOEPPERT 1864:
Die primären Markstrahlen bestehen ausschließlich aus relativ kurzen, dünnwandigen, parenchymatischen Zellen und können, je nach Species, ihre ursprüngliche Breite bis zum Kambium beibehalten oder mehr oder weniger schnell durch Xylem ersetzt werden. Die sekundären Markstrahlen sind bei den meisten Species ein- bis mehrzellreihig. Typus-Species: *Arthropitys bistriata* (COTTA) GOEPP. 1864.

Arthroxylon REED 1952 (al. *Arthrodendron* SCOTT 1898):
Die primären Markstrahlen bestehen ausschließlich aus vertikal sehr gestreckten, meist prosenchymatisch zugespitzten, parenchymatischen Zellen und behalten ihre ursprüngliche Breite bis zum Kambium bei. Die sekundären Markstrahlen sind, soweit bisher bekannt, stets einzellreihig. Typus-Species: *Arthroxylon williamsonii* REED 1952.

Erdsprosse (Rhizome) sind ebenfalls xylotomisch bekannt. Sie sind im Prinzip wie die Luftsprosse gebaut, es fehlen aber die Carinalkanäle. An den Rhizomen befinden sich oft noch die Wurzelnarben und man kennt auch die von den Rhizomen ausgehenden Wurzeln, die sich in Abdrücken als dünne, gefiederte und verzweigte Organe zeigen. Wurzeln mit erhaltener Struktur sind als *Astromyelon* WILLIAMSON 1878, *Myriophylloides* HICK et CASH 1881, *Asthenomyelon* LEISTIKOW 1962 und *Zimmermannioxylon* LEISTIKOW 1962, Wurzeln im Abdruck als *Myriophyllites* ARTIS 1825 und *Pinnularia* LINDLEY et HUTTON 1832 beschrieben worden.

▷ Nach Abdrücken und nach Sedimentkernen der Markhöhlenausfüllung unterscheidet man folgende Genera:

Equisetophyton SCHWEITZER 1972 (?*Calamitaceae*):
Bisher monotypisches Genus. Typus-Species: *Equisetophyton praecox* SCHWEITZ. 1972.

Equisetophyton praecox SCHWEITZ. 1972: Diese eigenartige Species, bisher nur in einem Exemplar bekannt, weist einen etwa 10 mm breiten Sproß mit etwa 6 mm langen Internodien und Nodien mit etwa 4 mm hohen Blattscheiden auf, deren Blätter bis zur Spitze scheidig verwachsen sind. Der innere Bau und die fertilen Organe sind unbekannt.
Vorkommen: Unterdevon.

Honseleria MUSTAFA 1977:
Bisher monotypisches Genus. Typus-Species: *Honseleria verticillata* MUST. 1977.

Honseleria verticillata MUST. 1977 (Bild 211): Diese Species ist wirtelig mit Blättern besetzt. Bisher sind nur die nodialen Strukturen bekannt, während die Länge der Internodien, die fertilen Organe und die Wuchsform unbekannt sind. Das einzige bisher bekannte Nodium weist einen Durchmesser von 8 mm auf und hat ein zentrales Mark von etwa 4 mm Durchmesser. Das Nodium ist mit etwa 21 Blättchen besetzt, denen etwa 21 Vorsprünge am Mark entsprechen. Analog der Anatomie der

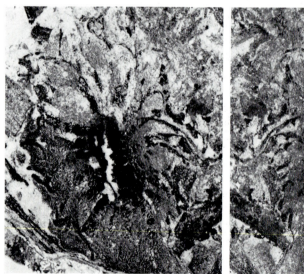

Bild 211. *Honseleria verticillata* MUST., unt. Honseler-Schichten, Mitteldevon, Querbruch etwa im Nodium; weiß der Markraum, daran anschließend die als Stelen gedeuteten zahnförmigen Vorsprünge des relativ kräftigen Kohlenbelages; außen folgen die gegabelten Blätter, sie sind bis zur Basis frei; Druck und Gegendruck (M 2:1); (Abbildungsbeleg zu MUSTAFA 1977).

karbonischen Calamiten werden diese Vorsprünge am Mark als Xyleme gedeutet, die, nach der Dicke des Kohlenbelages zu urteilen, Sekundärxylem aufweisen könnten. Die Blättchen sind bis zu dreimal dichotom gegabelt und an der Basis anscheinend nicht verwachsen; sie sind an der Basis etwa 1,4 mm breit, verbreitern sich bis zur ersten Gabelung auf etwa 1,8 mm und werden insgesamt ungefähr 14 mm lang.

Vorkommen: Mitteldevon.

Calamites BRONGNIART 1828 nom. cons. (siehe Anmerkung S. 415), (al. *Archaeocalamites* STUR 1875, al. *Asterocalamites* SCHIMPER 1862):

Der Genus-Name *Calamites* BRONGNIART 1828 ist unter die Nomina generica conservanda aufgenommen worden. Als Typus-Species ist *Calamites radiatus* BRONGNIART 1828 bestätigt worden. Das Genus *Calamites* in dieser Typifizierung ist durch superponierte, gerade über die Nodien hinweglaufende, nicht durch Tracheïdenzüge verbundene Stelen, gabelig gebaute Blätter (s. S. 366) und — soweit allgemein angenommen — als *Pothocites* PATERSON 1841 bezeichnete Blütenstände gekennzeichnet. Viele Vertreter des Genus *Calamites* waren baumförmig und verzweigt. Das Genus tritt im ganzen Dinant und im Namur A auf.

Calamites (al. *Archaeocalamites,* al. *Asterocalamites) radiatus* BRONGNIART 1828 (Bild 212): Diese Species wird auf recht unterschiedlich große Markraum-Ausgüsse bezogen. Am häufigsten findet man etwa 2 bis 3 cm im Durchmesser erreichende Sedimentkerne mit etwa 2 bis 5 cm langen Internodien, die an den Nodien keine Astmale tragen. Große Stücke mit Durchmessern bis zu etwa 11 cm und mit Astmalen sind selten. Die Internodienlänge kann von 2 bis 10, auch bis zu 15 cm schwanken. Die Anzahl der Astmale pro Nodium kann ebenfalls sehr schwanken.

Vorkommen: Dinant und Namur A (stratigraphische Charakterspecies).

Mesocalamites HIRMER 1927 emend.

Genusdiagnose: Die kaulinaren Primärstelen der Sprosse spalten sich in der Regel unterhalb des Nodiums in zwei Tracheïdenzüge auf, die oberhalb des Nodiums entweder wieder verschmelzen oder sich mit jeweils einem Tracheïdenzug der Nachbarstele zu einer neuen kaulinaren Primärstele verbinden. Aus dem ersten Fall resultiert ein gerades Durchlaufen der kaulinaren Stelen über das Nodium und aus dem zweiten Fall ein mehr oder weniger regelmäßiges Alternieren der kaulinaren Stelen am Nodium. Beide Formen des Verlaufs der Stelen kommen an einer Species nebeneinander vor, wobei jedoch einige Species zu einem

Bild 212. *Calamites* (al. *Archaeocalamites* STUR) *radiatus* BRGT., Breitenau bei Landeshut, Niederschlesien, Dinant, Sedimentkern des Markraumes (M 1:1); (Abbildungsbeleg zu GOTHAN et REMY 1957).

sehr regelmäßigen Alternieren der kaulinaren Stelen am Nodium tendieren. Die Zahl der foliaren Stelen und damit die Anzahl der Blätter an einem Nodium entspricht in der Regel offensichtlich der Anzahl der kaulinaren Stelen im Internodium. Die Verzweigungsform der Sprosse ist sehr unterschiedlich. Je nach Species können gänzlich unverzweigte, vereinzelt verzweigte bis regelmäßig an jedem Nodium verzweigte Sprosse vorliegen, wobei jedoch die Anzahl der Seitenäste an einem Nodium gering bis groß sein kann *(Stylo-, Diplo-* und *Crucicalamites* [pars]-Subgenera). Basionym: *Mesocalamites roemeri* (GOEPPERT 1852) HIRMER 1927.

Die Xylotomie von *Mesocalamites* HIRMER 1927 entspricht den Genera *Arthropitys* und *Arthroxylon,* die Beblätterung den Genera *Annularia* und *Asterophyllites.*

Mesocalamites roemeri (GOEPP.) HIRMER 1927: Diese Species fällt durch die sehr scharf zugespitzten Rippenenden und den dicken, am Rand des Abdruckes gut sichtbaren, etwa 1 cm breiten Kohlenmantel auf. Die Infranodalmale sind länglich.
Vorkommen: ?Dinant, Namur bis tieferes Westfal A.

Mesocalamites cistiformis STUR 1877: Diese Species ist hauptsächlich durch die häufiger gerade über das Nodium hinweglaufenden Rippen von *Mesocalamites cisti* BRONGNIART verschieden. Die übrigen Rippen enden am Nodium deutlich spitzbogig. Die Infranodalmale sind klein.
Vorkommen: Namur.

Mesocalamites cisti BRGT. 1828 (Bild 213): Die Glieder sind meist breiter als lang. Die Rippung ist fein. Die Rippenenden am Nodium sind zugespitzt und spitzbogenförmig bis rund. In einigen Fällen treten ganz ähnliche Formen als Rhizome des breitrippigen *Mesocalamites suckowi* auf (Bild 214). Es handelt sich hier wohl auch um eine Sammelspecies.
Vorkommen: Westfal A bis Perm.

Mesocalamites haueri STUR 1877: Diese Species zeigt bis auf die häufig gerade durchlaufenden Rippen alle Merkmale des in höheren Schichten gut bekannten *Mesocalamites suckowi* BRONGNIART. Die Rippen sind breit und enden stumpf, wenn sie nicht über das Nodium hinweglaufen. Die Infranodalmale sind rund. Astmale sind selten und unregelmäßig.
Vorkommen: Namur.

Mesocalamites suckowi BRGT. 1828 (Bild 214): Die einzelnen Glieder (Internodien) sind breiter als lang. Astnarben sind sehr selten. Abge-

B Daten zur Taxonomie der terrestren Pflanzen des Erdaltertums

Bild 213. *Mesocalamites cisti* BRGT., Schacht Zweckel, Flöz 26, Ruhrkarbon, älteres Westfal (M 1:1); (Abbildungsbeleg zu GOTHAN et REMY 1957).

hende Äste oder an den Rhizomen sitzende Stammbasen sind basal stark verjüngt. Die Enden der Rippen am Nodium sind stumpf abgerundet. Auf den Rippen sind unterhalb der Nodien deutliche, größere Narben (Infranodal-Narben) ausgebildet. Die Rippung ist recht breit und flach;

13.1 Equisetophytina

die Kohlenschicht auf dem Sedimentkern ist dünn. In der derzeitigen Fassung liegt wohl eine Sammelspecies vor.

Vorkommen: Westfal A bis Perm.

a Zeche Carolus Magnus bei Essen, älteres Westfal (M 0,5:1)
b wie a (M 1:1)

Bild 214. *Mesocalamites suckowi* BRGT.; (Abbildungsbeleg zu GOTHAN et REMY 1957 und GOTHAN et al. 1959).

Mesocalamites gigas BRGT. 1828 (Bild 215): Diese Species wird sehr groß; Sedimentsteinkerne der Markhöhlen von bis zu 30 cm Durchmesser sind bekannt. Die Internodien werden von etwa 5 bis 15 cm lang. Die Leitbündel alternieren am Nodium in sehr spitzem Winkel. Die Rippen auf den Sedimentkernen laufen demzufolge sehr spitz zu. Ein großer Anteil von Leitbündeln und demzufolge Rippen läuft aber gerade über die Nodien hinweg. Da die Leitbündelgabelung außerdem nicht streng in einer Höhe erfolgt, ist das Bild der Nodiallinie sehr unruhig. Kräftiges Sekundärxylem ist bekannt.

Vorkommen: Autun (stratigraphische Charakterspecies).

Bild 215. *Mesocalamites gigas* BRGT., Meisenheim, Saar, Autun (M 0,5:1); (Abbildungsbeleg zu WEISS 1869—1872, REMY et REMY 1959).

Mesocalamites undulatus STERNBG. 1820 (Bild 216): Hier werden Species zusammengefaßt, die kräftig in den Markraum vorspringende Stelen aufweisen. Diese werden bei der Diagenese des Sedimentkernes regelmäßig oder unregelmäßig bis zur Überschneidung unduliert, wobei, wie die Querfältelung auf den zwischen zwei Stelen stehenden Rippen zeigt, auch postmortale Turgorentlastung eine Rolle spielen könnte. Die Rippenenden sind rechtwinkelig zugespitzt. Es handelt sich um eine Sammelspecies, die größtenteils auf Erhaltungszuständen basiert. Die Wuchsform der hier zusammengefaßten Species war offenbar krautig, worauf die sehr dünnen Kohlenbeläge des Sedimentkernes hinweisen.

13.1 Equisetophytina

Echte Species können nur durch Funde von Stämmen, die mit Laubresten oder Fruktifikationen zusammenhängen, richtig ausgegliedert werden. Bisher werden sehr kleinblättrige Asterophylliten zu *Mesocalamites undulatus* gerechnet.
Vorkommen: Westfal bis Stefan.

Bild 216. *Mesocalamites undulatus* STERNBG., Zeche Schlägel und Eisen bei Recklinghausen, Westfal (M 1:1); (Abbildungsbeleg zu GOTHAN et REMY 1957 und GOTHAN et al. 1959).

359

Mesocalamites ramifer STUR 1877: Diese Species unterscheidet sich, soweit bekannt, wohl nur durch die häufig gerade über die Nodien durchlaufenden Rippen von *Mesocalamites carinatus* STERNBERG.
Vorkommen: Namur.

Mesocalamites carinatus STERNBERG 1824 (Bild 217): Unter diesem Speciesnamen scheint sich eher eine Sammelspecies als eine echte Species zu verbergen. Das häufige und weitverbreitete Material ist leicht zu erkennen. Die Rippenenden des Sedimentkernes sind abgeflacht oder keulig abgerundet bis zugespitzt. Die Seitenzweige stehen zu dreien oder zu zweien gegenständig und sind gegen die des nächstfolgenden Wirtels um 60 bzw. 90° versetzt. Blattscheiden am Sproß sind bekannt. Das Laub ist vom Typ der *Annularia radiata* BRGT.
Vorkommen: Westfal A bis tieferes Westfal C.

Mesocalamites rugosus GOTH. 1959: Diese Species ist durch epidermale (?Kieselsäure-)Einlagerungen gekennzeichnet, die zu Querkämmen verbunden sind. Die Internodien sind länger als breit. Pro Nodium stehen 2 oder auch 3 Äste bzw. Astnarben. Die Astnarben lassen einen Markraum offen; etwa 10 Stelen laufen an einem Astmal zusammen. Die Belaubung ist vom *Annularia*-Typ.
Vorkommen: Westfal C und D (stratigraphische Charakterspecies).

Mesocalamites paleaceus STUR 1887 (Bild 218): Diese Species ist durch die rauhe, mit Trichomen versehene Oberfläche gut zu erkennen. Die Internodien sind länger als breit. Die Rippen auf dem Sedimentkern laufen zu mehreren (10 bis 15) in das Zentrum der Astnarben und sind etwas breiter als bei dem sonst sehr ähnlichen aber glatten *Mesocalamites carinatus*. Jedes Glied zeigt zwei Astnarben. Als Beblätterung wird *Asterophyllites paleaceus* STUR zu *M. paleaceus* gerechnet; *Asterophyllites paleaceus* trägt an seinen Achsen bis 1 mm lange, sternförmige Trichome.
Vorkommen: Westfal A bis C.

Calamitina (WEISS 1876) REMY et REMY 1977:
Genusdiagnose: Der Verlauf der kaulinaren Primärstelen am Nodium entspricht dem bei *Mesocalamites*. Die Anzahl der foliaren Stelen und damit die Anzahl der Blätter an einem Nodium ist jedoch deutlich geringer als die Anzahl der kaulinaren Stelen im Internodium. Bei diesem Genus wechseln unverzweigte und verzweigte Nodien in mehr oder weniger regelmäßigen Perioden; die Sprosse sind also mehr oder weniger rhythmisch in verzweigte und nicht verzweigte Nodien gegliedert. Die Zahl der an einem Nodium abgegebenen Seitenäste ist stets so

13.1 Equisetophytina

Bild 217. *Mesocalamites carinatus* STERNBG., Zeche Minister Stein bei Dortmund, Flöz Ida, Westfal A (M 0,5:1); (Abbildungsbeleg zu GOTHAN et REMY 1957, GOTHAN et al. 1959).

Bild 218. *Mesocalamites paleaceus* STUR, Zeche Hugo bei Gelsenkirchen, 615-m-Sohle, Westfal (M 1:1); (Abbildungsbeleg zu GOTHAN et REMY 1957, GOTHAN et al. 1959).

groß, daß sich die Äste bzw. deren Narben auf der Außenhaut berühren bis sogar abplatten. Die Sprosse liegen in fast allen Fällen in einer für dieses Genus charakteristischen Außenhauterhaltung vor; die außerxylematischen Gewebe scheinen von denen des Genus *Mesocalamites* abweichend gebaut zu sein. Basionym: *Calamitina goepperti* (ETTHS.) WEISS 1876.

Es fällt auf, daß die Seitenäste bei *Calamitina* an den Nodien nicht eingezogen, sondern eher stärker sind als an den Internodien und morphographisch denen des Genus *Sphenophyllum* ähneln. Bei Sedimentkernerhaltung ist eine eindeutige Erkennung des Genus eventuell schwierig aber nicht unmöglich. Als fertiles Organ gehört *Macrostachya* hierher (siehe S. 383).

Calamitina goepperti (ETTHS.) WEISS 1876 (Bild 219): Diese Species hat die Stämme in der Regel mit der Außenhaut erhalten. Die Rippen des Steinkernes bzw. die Stelen scheinen nur selten und dann schwach durch. Die Nodien tragen quergestreckte, niedrige Blattmale, die aber nur bei guter Erhaltung zu erkennen sind. Die Astmale, die querelliptisch bis quadratisch sind, fallen sehr auf und liegen dicht nebeneinander. Sie tragen in ihrer Mitte oder etwas nach unten verschoben eine rundliche Narbe. Diese Astmale liegen über dem obersten und längsten Internodium einer Periode, die aus etwa 5 bis 10 Internodien besteht. Die Internodien, die bis zu 7 cm breit werden können, sind im allgemeinen breiter als lang. Die Species ist nicht sehr häufig.

Vorkommen: Westfal und Stefan.

Calamitina schuetzei STUR 1881: Der Stamm ist in Perioden von 4 bis zu vielleicht 12 stark eingeschnürten Gliedern geteilt. Die Internodien sind mit 1 bis 25 cm Länge oft um vieles länger als breit. Die jeweils 6 bis 12 Astmale sitzen als Kette unmittelbar auf dem Nodium eines kurzen Gliedes. In einem Astmal laufen bis zu 5 Rippen zusammen. Die Kohlenschicht ist sehr dick (wichtiges Kennzeichen).

Vorkommen: Westfal A und B.

Bild 219. *Calamitina goepperti* (ETTHS.) WEISS, Radnitz, Böhmen, Westfal C/D (M 1:1); (Abbildungsbeleg zu WEISS 1876, REMY et REMY 1959).

Calamitina discifera WEISS 1884: Bei dieser Species gehen einzelne Glieder einer Periode oft nicht regelmäßig von kurzen zu langen über. Die Außenhaut ist bis auf die auffälligen Astnarben skulpturlos. Die pro Wirtel einzeln oder zu mehreren vorhandenen Astmale sind auffallend groß, im Umriß kreis- oder eiförmig und berühren sich gegenseitig nicht. Der Astnarben-Durchmesser kann bis zu 1,5 cm betragen. Bei günstiger Erhaltung können die 1 mm breiten und bis 5 cm langen, spitzen und schmalen Scheidenblättchen noch ansitzen. Steinkerne sind nicht bekannt. Die Species ist im Ruhrgebiet sehr selten und bisher anscheinend nur aus Schichten unter Flöz Finefrau bekannt.

Vorkommen: Westfal A.

Paracalamites ZALESSKY 1927:

Dieses Genus nähert sich dem Genus *Neocalamites* (SCHIMP.) HALLE 1908 und bezeichnet in Abdruckerhaltung, in der Regel als Sedimentkerne, vorliegende Stücke von Equisetatae des Paläophytikums, deren Stelen wie bei dem Genus *Mesocalamites* HIRMER 1927 am Nodium nicht regelmäßig alternieren, sondern auch gerade über das Nodium verlaufen können, aber am Nodium stets durch Tracheïdenzüge mit den Nachbarstelen kommunizieren. Es gibt Hinweise, daß als *Paracalamites* bezeichnete Sprosse bei einigen Species mehrfach dichotom gegabelte und bei anderen Species ungegabelte Blätter tragen. Stücke, die zu diesem Genus gestellt werden könnten, treten im deutschen Saxon auf. Typus-Species: *Paracalamites striatus* (SCHMALH. 1879) ZAL. 1927.

Calamitopsis REMY et REMY 1977:

Genusdiagnose: Die kaulinaren Primärstelen spalten sich unterhalb des Nodiums, soweit am Sedimentkern des Markraumes erkennbar, nicht auf, sie verschmelzen vielmehr im Nodium zu Bündeln aus mehreren benachbarten Stelen, indem meist 2 bis 4 Stelen zueinander konvergieren. Sie weichen oberhalb des Nodiums etwa spiegelbildlich wieder auseinander. In mehr oder weniger deutlichem Rhythmus laufen neben der Bündelbildung auch einzelne Stelen gerade über das Nodium hinweg. Die Anzahl der foliaren Stelen und damit die Anzahl der Blätter an einem Nodium ist wesentlich geringer als die Zahl der kaulinaren Stelen im Internodium; sie beträgt etwa ein Drittel. Seitenäste werden offenbar an jedem Nodium in reicher Zahl abgegeben. Basionym: *Calamitopsis* (al. *Calamites*) *multiramis* WEISS 1884.

Das xylotomisch definierte Genus *Calamodendron* BRGT. scheint nach Funden in Frankreich und Deutschland dem auf Abdruckmaterial basierenden Genus *Calamitopsis* R. et R. zu entsprechen. Die Rinde und das Sekundärxylem waren bei diesem Genus offenbar recht kräftig ent-

Bild 220. *Calamitopsis* (al. *Calamites*) *multiramis* WEISS, Manebach in Thüringen, Autun (M 0,5:1); (Abbildungsbeleg zu WEISS 1884, REMY et REMY 1959).

wickelt. Die Rippen im Internodium, das heißt, die Abdrücke der primären Markstrahlen, zeichnen sich nur undeutlich auf dem Sedimentkern ab; die primären Markstrahlen müssen daher abweichend von denen der übrigen Genera gebaut sein. Die Belaubung ist vom *Annulariastellata*-Typ. Die Species von *Calamitopsis* R. et R. werden nur eine kleine Astkrone getragen und die älteren Äste abgeworfen haben (Bild 225).

Calamitopsis multiramis WEISS 1884 sp. (Bild 220): Diese Species fällt durch die wulstigen Aufwölbungen auf, die die Sedimentsteinkerne parallel zu den stark eingezogenen Nodiallinien aufweisen. Die Sedimentsteinkerne können Durchmesser bis etwa 15 cm aufweisen. Die Internodien sind mit 13 bis 20 mm kurz. Pro Nodium sind etwa acht deutlich punktförmig eingesenkte Astmale vorhanden, an denen jeweils etwa

sechs kaulinare Stelen zusammentreten. Die Beblätterung gehört zur *Annularia-stellata*-Gruppe, die Fruktifikation zur *Calamostachys-tuberculata*-Gruppe. Als Holzkörper werden zu dieser Species zwei *Calamodendron*-Species gerechnet, was für eine Sammelspecies spricht.
Vorkommen: Autun (stratigraphische Charakterspecies).

13.1.0.1.1.2. Auf Blätter gegründete Genera

Wenn die Außenhautflächen der Sprosse der Equisetatae des Paläophytikums erhalten sind, können an den Nodien vorhandene Blätter bzw. Blattnarben und Astnarben deutlich hervortreten. Dieser Erhaltungszustand ist beispielsweise bei dem Genus *Calamitina* (WEISS 1876) R. et R. 1977 die Regel.

Die Blätter sind meist nicht zu einer kragenartigen Scheide verwachsen. Diejenigen Equisetatae des Paläophytikums, die verwachsene Blattscheiden aufweisen, werden von einigen Autoren in das Genus *Equisetites* STERNBERG 1833 gestellt (wie *E. hemingwayi* KIDST. 1901 aus dem Westfal von Yorkshire). Isoliert gefundene Blattscheiden können in das Genus *Calamariophyllum* HIRMER 1927 gestellt werden, z. B. *C. lingulatum* (GERM.) HIRMER 1927 aus dem Stefan oder *C. zeaeformis* (SCHLOTH.) HIRMER 1927 aus dem Stefan und Perm. Es hat den Anschein, als ob zum Beispiel das Genus *Calamitina* an den Stämmen und an den dickeren Ästen zunächst echte Blattscheiden anlegt, die erst im Laufe des sekundären Dickenwachstums auseinanderreißen und dann wie Einzelblätter aussehen; teilweise verwachsene Blattscheiden sind aber auch bei *Mesocalamites* HIRMER bekannt. Die Laubblätter, die stets in Wirteln stehen, können nach folgendem Schlüssel in Genera unterteilt werden:

▷ Blätter bis zur Basis frei:
Blätter einmal dichotom gegabelt: *Sphenasterophyllites*.
Blätter mehrfach dichotom gegabelt: *Calamites* (al. *Archaeocalamites*).

▷ Blätter an der Basis ringförmig verwachsen:
a) Blätter nur schwach bis schmal verwachsen und radiärsymmetrisch ausgerichtet:
Blätter ungegabelt: *Annularia, Asterophyllites*.
Blätter einmal dichotom gegabelt: *Dichophyllites*.
b) Blätter nur schwach bis schmal ringförmig verwachsen, aber durch Anisophyllie apikal ausgerichtet bzw. in zwei Gruppen oder Loben geteilt:
Blätter ungegabelt: *Lobatannularia, Annularia-stellata*-Sippen.
c) Blätter breit ringförmig verwachsen:
Blätter einmal dichotom gegabelt: *Autophyllites*.

a Mohradorf, Schlesien, Dinant, einzelnes Blatt (M 1:1)
b Schemazeichnung (M ~ 1,5:1) Blattwirteln (M 1:1)
c Nitschenau, Schlesien, Dinant, Ast mit

Bild 221. *Calamites* (al. *Archaeocalamites* STUR) *radiatus* BRGT., (Abbildungsbelege: a zu GOTHAN et REMY 1957; c zu REMY et REMY 1959).

Sphenasterophyllites STERZEL 1907:
Dieses Genus hat bis zur Basis freie, einmal dichotom gegabelte Blätter von etwa 5 cm Länge. Typus-Species: *Sphenasterophyllites diersburgensis* STERZ. 1907.

Calamites (al. *Archaeocalamites*, al. *Asterocalamites*) BRGT. 1828:
Dieses Genus hat bis zur Basis freie, mehrfach dichotom in schmale, einaderige Loben gegabelte Blätter. Die aus der ersten Dichotomie resultierenden Gabelteile sind einseitig übergipfelt, so daß sie einseitig nach innen lobiert erscheinen (Bild 221). Die Blätter sind bis etwa 8 cm lang. Typus-Species: *Calamites radiatus* BRGT. 1828 (siehe auch S. 353 und Bild 212).

Annularia STERNBERG 1822:
Wirtel in einer Ebene ausgebreitet, Blättchen einaderig, stets einfach, ungegabelt. Typus-Species: *Annularia spinulosa* STERNBG. 1822.

a   b   d   c

a Zeche Prinz Regent bei Bochum, älteres Westfal (M 1:1)
b Schemazeichnung (M ~ 2:1)
c Piesberg bei Osnabrück, Westfal D (M 1:1)
d Schemazeichnung (M ~ 2:1)

Bild 222. *Annularia radiata* (BRGT.) STERNBG.; (Abbildungsbelege: a zu GOTHAN et REMY 1957, GOTHAN et al. 1959; c zu JONGMANS et KUKUK 1913, GOTHAN et REMY 1957).

Annularia radiata (BRGT.) STERNBG. 1825 (Bild 222): Diese Species ist in der derzeitigen Fassung noch eine Sammelspecies. Die Blätter sind typisch lineal-lanzettlich, das heißt in der Mitte am breitesten und mehr oder weniger scharf zugespitzt. Sie sind in der Regel bis etwa 1,5 cm lang und 1,5 mm breit, im allgemeinen gleich groß, am Grund mehr oder weniger zu einer Scheide verwachsen. Je Wirtel sind bis 16 oder auch 20 Blättchen ausgebildet. Der Formenkreis ist sehr häufig im Westfal A und Westfal B, kommt aber vereinzelt auch noch im Westfal D vor. Als Stämme rechnet man *Mesocalamites carinatus* STERNBG. (al. *M. ramosus* ARTIS) hierher.
Vorkommen: Westfal A bis D.

Annularia fertilis STUR 1886: Diese Species hat Wirtel aus 9 bis 12 etwa 1 cm langen und längeren Blättern, die lineal-lanzettlich und zugespitzt sind. Die Ader ist nicht erkennbar, das Blatt leicht gekielt und mit lockerem Haarfilz besetzt. Einige Autoren rechnen *Mesocalamites jongmansi* GOTH. als Stamm dazu.
Vorkommen: Westfal A.

Annularia jongmansi WALTON 1936 (Bild 223): Diese Species hat Wirtel aus 9 bis 13 Blättern, die 0,7 bis 1 cm lang, schwach spatelförmig und zugespitzt sind. Diese Blätter, mit der größten Breite im vordersten Drittel, sind, ebenso wie die Achsen, auffallend behaart. Nach GOTHAN gehört *Mesocalamites jongmansi* als Stamm dazu.
Vorkommen: Westfal A und B.

Bild 223. *Annularia jongmansi* WALT., Schemazeichnung (M ~ 2:1).

Annularia asteropilosa R. et R. 1975 (Bild 224): Diese Species hat Wirtel mit bis zu 14 Blättchen, die etwa 12 mm lang, 1,5 mm breit und von linealem bis ovalem Umriß sind. Sie haben eine leichte Verbreiterung im basalen Blattdrittel. Die Blattspitze ist scharf zugespitzt, die Ader zart aber deutlich. Die Blätter sind locker mit haarförmigen Trichomen, die tragenden Achsen mit sternförmigen Trichomen besetzt. Die Stämme, *Mesocalamites asteropilosus* R. et R., tragen deutliche, bis fast 1,5 mm lange Trichome.
Vorkommen: Westfal A.

13.1 Equisetophytina

a Holotypus, Sproßachse, Blattwirtel mit Achsen letzter Ordnung (M 1:1)
b Trichome des Sprosses (M 10:1)
c Schemazeichnung (M ~ 2:1)

Bild 224. *Annularia asteropilosa* R. et R., Schacht Gustav bei Dortmund-Mengede, Hangendes Flöz Matthias, unteres Westfal A; (Abbildungsbeleg zu REMY et REMY 1975).

Annularia stellata SCHLOTH. 1804 (Bild 225): Diese Species ist in der derzeitigen Fassung keine reine Species, sondern eine Sammelspecies aus zwei oder sogar mehreren Sippenkreisen. Da die Typus-Lokalität für diese Species Manebach in Thüringen ist, umfaßt der dort vorkommende Sippenkreis die Species. Diese zeichnet sich in der Regel durch Blätter mit mehr spatelförmigem, aber zugespitztem Umriß aus. Im Gegensatz zu *A. radiata* BRGT., bei der alle Blättchen mehr oder weniger gleich lang sind, erscheinen die seitlich stehenden Blättchen länger, so daß nicht eine kreisförmige, sondern eine mehr elliptische bis schmetterlingsartige Wirtelform *(Lobatannularia-*Typ) entsteht (Bild 225 a). Die Mittelader ist sehr deutlich ausgebildet und wird von zwei Riefen begleitet. Eine schwache bis stärkere Behaarung ist sichtbar. Ähnliche Formen,

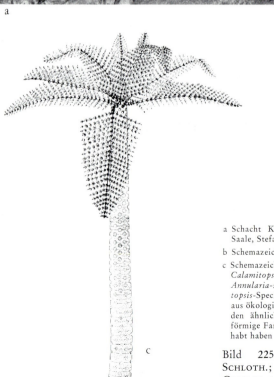

a Schacht König Georg, Wettin an der Saale, Stefan (M 1:1)

b Schemazeichnung (M ~ 2:1)

c Schemazeichnung des Habitus eines *Calamitopsis*-Baumes mit Belaubung vom *Annularia-stellata*-Typ. Die *Calamitopsis*-Species werden, wie dargestellt, aus ökologischen und anatomischen Gründen ähnliche Wuchsformen wie baumförmige Farne, Cycaden oder Palmen gehabt haben (M ~ 1:40).

Bild 225. *Annularia stellata* SCHLOTH.; (Abbildungsbeleg zu GOTHAN et REMY 1957).

jedoch mit sehr starker Behaarung, sind aus dem Zwickauer Revier bekannt und stellen einen eigenen Sippenkreis oder eine andere Species dar. Zur Zeit werden zu *A. stellata* generell lineale bis schwach spatelförmige Blättchen von 1,5 bis gut 5 Zentimetern Länge und 1 bis 3 mm Breite gerechnet, die zu 15 bis 30 pro Wirtel stehen. Die älteren, vom Westfal (C) D an vorkommenden Stücke, sehen von der Form her wie eine sehr große *A. radiata* aus. Sie weisen auch die radiärsymmetrische Stellung der Blättchen im Wirtel auf.

Vorkommen: höheres Stefan und Autun (typisches Material, stratigraphische Charakterspecies), Westfal (C) D und tieferes Stefan (weniger typisches Material).

Annularia pseudo-stellata POT. 1899 (Bild 226): Diese Species hat Wirtel aus etwa 15 Blättchen, die bis zu 2 cm lang, nur 1 mm breit und fast über die ganze Länge parallelrandig sind.

Vorkommen: Westfal C und tieferes Westfal D.

a
b

a Grube Itzenplitz bei Saarbrücken, Westfal D (M 1:1)
b Schemazeichnung (M ~ 2:1)

Bild 226. *Annularia pseudo-stellata* POT.; (Abbildungsbeleg zu REMY et REMY 1959).

Annularia sphenophylloides (ZENK.) GUTB. 1837 (Bild 227): Das Material im Sinne der Typensuite beinhaltet streng umgekehrt keilförmige Blättchen, die zu 10 bis 16 pro Wirtel stehen. Die streng radial ausgebreiteten Blättchen stehen so gedrängt, daß der Eindruck einer runden Scheibe entsteht, die durch Schnitte wie eine Torte in Stücke zerlegt erscheint. Die Einzelblättchen können 5 bis 10 mm lang sein und zeigen bei guter Erhaltung in der Fortsetzung der deutlichen Mittelader eine Anschwellung (Hydathode) und eine kleine aufgesetzte Spitze. Die Seitenränder sind sehr gerade, die Spitze ist mehr oder weniger plötzlich eingezogen. Die Blätter der aus dem Westfal A bis D angegebenen Stücke sind mehr spatelförmig, das heißt, sie weisen eine stärker abgerundete Spitzenregion auf. Die Stellung der Einzelblättchen im Wirtel ist auch etwas lockerer.

Vorkommen: oberes Westfal A bis Autun.

Annularia mucronata SCHENK 1883 (Bild 228 a): Diese Species hat Wirtel aus 15 bis 20 über 1 cm langen, anisophyllen, gedrängt stehenden Blättern. Die Blätter können an der Basis so eng stehen, daß sie teilweise verwachsen erscheinen. Sie laufen apikal in eine aufgesetzte Spitze aus. Der Blattumriß ist deutlich spatelförmig. Die Blätter sind mit Trichomen besetzt. Die Blattwirtel sind — ähnlich wie die der *A. stellata* der Typus-Region — asymmetrisch, das heißt, die seitlich stehenden Blätter sind länger als die in Verlängerung der Achse stehenden Blätter. Diese Species ist besonders gut im Cathaysia-Raum vertreten; sie hat eine Tendenz zu dem Genus *Lobatannularia* KAWAS.

Vorkommen: Stefan und Autun (stratigraphische Charakterspecies).

Annularia microphylla SAUV. 1848 (Bild 228 b): Diese Species ist wie *A. sphenophylloides* kleinblätterig, unterscheidet sich aber durch die breit lanzettlichen Blätter deutlich von ihr. Die Blättchen, die nicht so dicht stehen wie bei *A. sphenophylloides*, sitzen zu 6 bis 12 im Wirtel und sind verhältnismäßig schlaff. Die Species ist an und für sich sehr selten. Dadurch, daß die Blätter oft etwas nach oben gerichtet sind, ist eine Verwechselung mit dem Genus *Asterophyllites* möglich.

Vorkommen: Westfal A und B.

Asterophyllites BRONGNIART 1828 (Nom. cons.):
Die Blätter sind mehr oder weniger stark aufwärts gerichtet und einadrig. Sie sind an der Basis nur schwach zu einer ringförmigen Scheide verwachsen. Die Blättchen sind stets ungegabelt. Typus-Species: *Asterophyllites equisetiformis* (STERNBERG) BRGT. 1828 var. *equisetiformis*.

a Grube Itzenplitz bei Saarbrücken, Westfal D (M 1:1)
b wie a (M 3:1)
c Löbejün bei Halle an der Saale, hohes Stefan (M 3:1)
d Schemazeichnung (M ~ 3:1)

Bild 227. *Annularia sphenophylloides* (ZENK.) GUTB.; (a und b Abbildungsbelege zu GOTHAN et REMY 1957).

a *Annularia mucronata* SCHENK, Löbejün bei Halle an der Saale, hohes Stefan (M 1:1)
b *Annularia microphylla* SAUV., Bohrung Vingerhoels 95 bei Seppenrade, Teufe 1598 m, Westfal (M 2:1)

Bild 228. a *Annularia mucronata* SCHENK, b *Annularia microphylla* SAUV.; (b Abbildungsbeleg zu GOTHAN et REMY 1957).

Die Genera *Annularia* STERNBERG 1822 und *Asterophyllites* BRONGNIART 1828 lassen sich besonders bei kleinblättrigen Species nur schwer oder gar nicht trennen. Der Unterschied im Grade der basalen Verwachsung der Blättchen ist kaum zu erfassen, und beide Laubtypen kommen bei verschiedenen Species eines auf Sprosse gegründeten Genus vor.

Asterophyllites equisetiformis (STERNBG.) BRGT. var. *equisetiformis* 1828 (Bild 229 a, b): Diese Form hat pro Wirtel 12 bis 14 schmal lineale, zugespitzte Blättchen, die asymmetrisch mehr oder weniger stark aufwärts gebogen sind. Die etwa 1 mm breiten Blättchen zeigen eine meist recht deutliche, auffallend dünne Mittelader; sie sind bis etwa 15 mm lang oder — an der Länge der Internodien gemessen — länger als diese. Von dieser Form sind größere Wedelbruchstücke bekannt.

Vorkommen: (höheres) Westfal D bis Autun.

13.1 *Equisetophytina*

a *Asterophyllites equisetiformis* (STBG.) BRGT. var. *equisetiformis*, Manebach i. Thür., Autun (M 1:1)
b *Asterophyllites equisetiformis* (STBG.) BRGT. var. *equisetiformis*, Plötz bei Halle, Hauptschacht, höchstes Stefan (M 1:1) (siehe Einbandtitel)
c *Asterophyllites equisetiformis* BRGT. var. *jongmansi* VOGELL. Zeche Baldur, Flöz 16c, höheres Westfal B (M 1:1)

Bild 229. *Asterophyllites equisetiformis* (STBG.) BRGT.; (c Abbildungsbeleg zu GOTHAN et REMY 1957, GOTHAN et al. 1959).

Asterophyllites equisetiformis var. *jongmansi* VOGELL. 1967 (Bild 229 c): Diese Form hat pro Wirtel 16 bis 20 sehr schmal lineale, in eine scharfe Spitze auslaufende Blättchen, die sehr starr, fast gerade, seitlich abstehen. Die Ader kann so breit wie jede der beiden seitlichen Blatthälften sein.
Vorkommen: Westfal B bis D.

Asterophyllites hagenensis FIEB. et LEGG. 1974 (Bild 230): Diese Species ist eine der stratigraphisch ältesten des Genus *Asterophyllites*. Pro Wirtel stehen etwa 17 bis 20 Blättchen; die Blättchen sind bis über 4 cm lang und damit länger als die Internodien. Die Blattbreite beträgt nicht ganz 1 mm. Die Ader ist sehr zart und kaum sichtbar. Das Bild 230 gibt den Holotypus wieder, es handelt sich um eine Sproßspitze. Die Nodien sind durch die Blattbasen schwach betont. An dem wohl nur primäres Dickenwachstum aufweisenden Holotypus sind die Leitbündel als zarte Längsriefen durchgedrückt. Sie sind anscheinend noch nicht durch Sekundärxylem verbunden. Die Stellung der Äste ist bisher nicht eindeutig erkennbar.
Vorkommen: Namur.

Asterophyllites longifolius (STERNBG.) BRGT. 1828: Es handelt sich hier um die größte Species des Genus *Asterophyllites*, die als Sammelspecies anzusprechen ist. Die Blätter sind lang, schmal und aufrecht stehend. Sie sind mit 4 bis 7 cm viel länger als die Internodien und oft etwas schlaff. Die nur 0,5 bis 1 mm breiten Blättchen sind zugespitzt.
Vorkommen: tiefes Westfal A bis Autun.

Asterophyllites grandis STERNBG. sp. 1825: Diese zarte Species ist kleinblättrig; etwa 8 mm lange, lineale, zugespitzte und schwach aufgebogene Blättchen stehen zu 8 bis 10 pro Wirtel. Die Blättchen sind fast so lang wie das Internodium.
Vorkommen: mittleres Westfal.

Asterophyllites charaeformis (STERNBG.) GOEPP. 1844 (Bild 231): Es handelt sich hierbei um eine sehr kleinblättrige, reich verzweigte, zierliche Species. Die Wirtel bestehen nur aus 4 vielleicht auch 5 Blättchen; die Einzelblättchen sind pfriemförmig und haardünn. Die Länge der hakenförmig gekrümmten Blättchen beträgt 1 bis 5 mm; sie erreichen mit den Spitzen nicht die Basis des nächsthöheren Wirtels.
Vorkommen: Westfal B.

Bild 230. *Asterophyllites hagenensis* FIEB. et LEGG., Vorhalle bei Hagen, Namur B, Holotypus (M 1:1); (Abbildungsbeleg zu GOTHAN et REMY 1957, GOTHAN et al. 1959, FIEBIG et LEGGEWIE 1974).

Bild 231. *Asterophyllites charaeformis* (STERNBG.) GOEPP., Bohrung Velsen I bei 529 m, Saarkarbon (M 1:1); Abbildungsbeleg zu GOTHAN et REMY 1957).

Asterophyllites paleaceus STUR 1887 (Bild 232): Diese Species unterscheidet sich der Form nach nur wenig von *Asterophyllites roehli* oder *A. charaeformis*. Die Achsen aller Ordnungen sind mit feinen Trichomen besetzt. Die Trichome werden bis 1000 µ lang und enden in einem sternförmigen Köpfchen. Pro Wirtel stehen anscheinend 6 bis 8 Blättchen. Diese sind etwa 2,5 bis 3 mm lang, nur 0,2 mm breit, sehr gleichmäßig aufgekrümmt, an der Basis schwach verdickt und enden zugespitzt. Die Äste sind wedelartig zweizeilig verzweigt. An den Nodien der Äste zweiter und dritter Ordnung sitzen längere, leicht aufwärts gerichtete Scheidenblätter. Die Auszweigungen letzter Ordnung sind bis etwa 2 cm lang. Als Blütenähre wird eine *Metacalamostachys* HIRMER dazugerechnet.

Vorkommen: Westfal B und C.

Lobatannularia KAWASAKI 1927:

Wirtel anisophyll in einer Ebene ausgebreitet, nicht senkrecht sondern parallel oder annähernd parallel zur Achse stehend. Blätter einaderig.
Typus-Species: *Lobatannularia inaequifolia* KAW., Autun.

Annäherungen an dieses im Perm Ostasiens verbreitete Genus finden sich in Europa im hohen Stefan und im Autun, z. B. bei *Annularia stellata* SCHLOTH. aus dem Stefan von Wettin-Löbejün (Bild 225 a) und auch in der Fassung des SCHLOTHEIM'schen Typus-Materials aus dem Autun von Manebach.

13.1 Equisetophytina

Autophyllites GRAND'EURY 1890 (Bild 233):
Dieses Genus ist selten, fällt aber durch die großen, im letzten Drittel der Länge einmal dichotom gegabelten Blätter auf. Die Blätter eines Wirtels sind basal deutlich zu einem breiten Ring verwachsen. Sie sind einaderig und sehr lang (bis zu 15 cm). Die Anatomie der Sprosse scheint der der Calamitaceen s. l. ähnlich gewesen zu sein. Typus-Species: *Autophyllites furcatus* GR.'EURY 1890.

a   b

a Ruhrkarbon, ohne Fundortangabe, Westfal (M 5:1)
b wie a, mit deutlichen Trichomen (M 15:1)

Bild 232. *Asterophyllites paleaceus* STUR; (Abbildungsbeleg zu GOTHAN et al. 1959).

Bild 233. *Autophyllites furcatus* GR.'EURY, Schemazeichnung (M ~ 1:1).

13.1.0.1.1.3 Auf Blüten gegründete Genera

Die Blüten der Equisetatae des Paläophytikums sind zu zapfenartigen Ständen vereint, in der Regel sehr leicht zu erkennen und kaum mit anderen Fruktifikationen zu verwechseln. Sie sind ebenso wie die vegetativen Organe gegliedert und bestehen bei den meisten Genera abwechselnd aus sterilen Wirteln und fertilen Kreisen. Dies ist die Folge von interkalaren Verschiebungen mit gleichzeitiger Konkauleszenz (Bild 234 a, b). Die Sporangiophore sitzen zunächst in gemischten Wirteln zusammen mit den Brakteen als Wirtel direkt am Nodium. Sie können sich sowohl im Laufe der Ontogenie als auch im Laufe der Evolution vom Nodium in das Internodium verschieben und dann oft etwa in der Mitte des Internodiums als Sporangiophor-Kreis stehen; sie können auch bis dicht unter das nächsthöhere Nodium verschoben werden. Es treten daneben auch in echte sterile und echte fertile Wirtel gegliederte Zapfen auf; hier alternieren Sporangiophorwirtel mit Brakteenwirteln (Bild 234 c). Im Abdruck ist oft die Stellung der Sporangiophore nicht deutlich erkennbar, da die Brakteen, die sterilen Blättchen, die Blütenzapfen abdecken. Genau wie wir nur in seltenen Fällen den Zusammenhang zwischen Sprossen und Blättern kennen, kennen wir in vielen Fällen noch nicht die Zusammenhänge zwischen Blüten und den übrigen

a *Palaeostachya*, Brakteen und Sporangiophore stehen in einem Wirtel
b *Calamostachys*, die Sporangiophore sind durch interkalare Verschiebung und Konkauleszenz in das Internodium als separater Sporangiophor-Kreis gerückt
c *Schimperia*, Brakteen und Sporangiophore bilden jeweils echte Wirtel
d *Calamostachys tuberculata* STERNBG., Manebach in Thüringen, Autun (M 2:1)
e *Cingularia typica* WEISS, Grube Dechen, Saarkarbon, Westfal C, Blütenstand in Seitenansicht (M 1:1)
f wie e, Brakteenwirtel (M 1:1)
g wie e, Sporangiophorkreis (M 1:1)

Bild 234. Sporangiophorstellung bei Calamitaceae: a *Palaeostachya*, b und d *Calamostachys*, c *Schimperia*, e bis g *Cingularia* (d bis g Abbildungsbelege zu GOTHAN et REMY 1957; e bis g Abbildungsbelege zu WEISS 1876).

13.1 Equisetophytina

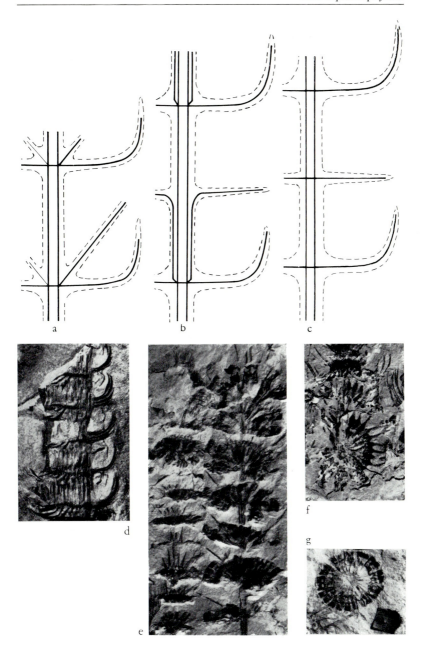

Organen. Aus diesem Grunde ist es notwendig, für die Blüten besondere Genus- und Species-Namen einzuführen. Die Unterteilung in Gruppen wird nach dem Ansitzen der Sporangiophore vorgenommen (Bild 234).

Palaeostachya WEISS 1876:
Die Sporangiophore stehen in den Achseln der Wirtel aus sterilen Blättchen (Brakteen), sie sind in einem Winkel von etwa 45° nach oben gerichtet (Bild 234 a). Typus-Species: *Palaeostachya elongata* (PRESL) WEISS 1876.

Calamostachys SCHIMPER 1869 (Bild 234 b, d):
Die Sporangiophore stehen infolge interkalarer Verschiebung und Konkauleszenz als separate Kreise im Internodium zwischen den Brakteenwirteln, also nicht an Nodien. Die Sporangiophore stehen fast rechtwinklig von der Achse ab (Bild 234 b). Die Abgangsstelle der Sporangiophore oder, bei deren Nichterhaltung, ihre Narben liegen etwa in der unteren Hälfte des Internodiums. Typus-Species: *Calamostachys typica* SCHIMP. 1869.

Metacalamostachys (al. *Volkmannia* pars) HIRMER 1927:
Bei diesem, nur in wenigen Species bekannten Genus entspringen die Sporangiophor-Kreise direkt unterhalb der sterilen Blattwirtel. Dadurch erinnert dieses Genus im Aufbau prinzipiell an *Cingularia* WEISS. Typus-Species: *Metacalamostachys palaeacea* (STUR) HIRMER 1927.

Mazostachys KOSANKE 1955:
Dieses Genus ist ähnlich gebaut wie *Metacalamostachys* HIRMER 1927. Die Sporangiophore sitzen in Kreisen unterhalb der Brakteenwirtel. *Mazostachys* wird auf strukturzeigendes Material bezogen. Typus-Species: *Mazostachys pendulata* KOSANKE 1955.

Cingularia WEISS 1870 (Bild 234 e—g):
Dieses Genus hat scheibenförmig verwachsene Brakteenwirtel und direkt darunter einen scheibenförmig verwachsenen Sporangiophor-Kreis, der in gleichmäßige, stumpf endende Segmente aufgespalten ist und auf der Unterseite die Sporangien trägt. Die Brakteen enden spitz und sind waagerecht ausgebreitet. Typus-Species: *Cingularia typica* WEISS 1870.

Huttonia STERNBERG 1837:
Es handelt sich um große, deutlich gestielte, walzenförmige Blütenstände. Die Internodien sind im Verhältnis zur Länge der Brakteen sehr kurz.

Die in abgesetzte Spitzen auslaufenden Brakteen überdecken 2 bis 3 Internodien. Direkt unterhalb jedes Brakteenwirtels steht jeweils ein Kreis zu einer Scheibe verwachsener Sporangiophore. Typus-Species: *Huttonia spicata* STERNBG. 1837.

Macrostachya SCHIMPER 1869:
Dieses Genus kennzeichnet große, basal oft hornförmig gebogene Blütenstände. Die Brakteen eines Wirtels sind basal verwachsen, die Sporangiophore stehen als Kreis im Internodium ähnlich wie bei *Calamostachys*. Typus-Species: *Macrostachya infundibuliformis* SCHIMP. 1869.

Paracalamostachys WEISS 1884:
Hierbei handelt es sich um ein Sammelgenus für alle Species, bei denen nicht bekannt ist, wo die Sporangiophore ansitzen. Die Species sind aber an Hand anderer Kriterien jeweils klar definiert. Typus-Species: *Paracalamostachys polystachya* (STERNBERG) WEISS 1884.

Schimperia REMY et REMY 1975:
Dieses Genus enthält Species, bei denen die Sporangiophore an eigenen Nodien entspringen. Demzufolge wechseln Nodien mit Brakteen-Wirteln und Nodien mit Sporangiophor-Wirteln (Bild 234 c). Typus-Species: *Schimperia binneyana* (CARR. sensu TAYL. 1967) R. et R. 1975.

13.1.0.2 Pseudoborniales

Diese Ordnung ist durch das monotypische Genus *Pseudobornia* NATHORST 1894 gekennzeichnet. Typus-Species: *Pseudobornia ursina* NATH. 1894.

Pseudobornia ursina NATH. 1894 (Bild 235): Diese Species bildet etwa 15 bis 20 m hohe, baumförmige Gewächse mit Stammbasen, die bis zu 60 cm Durchmesser aufweisen. Das Sproßsystem hatte anscheinend wie bei *Calamites* oder *Mesocalamites* ein zentrales Mark und im adulten Stadium eine Markhöhle. Die Äste saßen in drei Ordnungen an den Stämmen, wobei die Äste letzter Ordnung etwa rechtwinklig und zweizeilig an den tragenden Ästen vorletzter Ordnung standen (planierte Wedel). Blattscheiden bzw. Blätter sind an den Nodien der Stämme bzw. der Hauptäste nicht bekannt. Die Blätter sitzen nur an den jüngeren, bis 1 cm starken Ästen und werden, soweit ersichtlich, nach weiterem Erstarken der Äste abgeworfen. Die Blätter stehen zu vieren in einem Wirtel; sie sind dreimal, partiell auch viermal, dichotom gegabelt. Dadurch entstehen mindestens sechs fächer- bis fiederförmig geaderte Spreitenteile.

Vorkommen: Oberdevon.

B *Daten zur Taxonomie der terrestren Pflanzen des Erdaltertums*

a Bäreninsel, Oberdevon, einzelnes Blatt (M 1:1)
b Schemazeichnung (M 2:1)

Bild 235. *Pseudobornia ursina* NATH.; (Abbildungsbeleg zu REMY et REMY 1959); Sammlung Geologisch-Paläontologisches Institut, Humboldt-Universität Berlin).

13.2 Sphenophyllophytina

Die Sphenophyllophytina sind ausgestorbene, nur vom Oberdevon bis Ende Perm bekannte Articulaten. Der Bau ihrer vegetativen Organe ist gleichförmig; ihre Fruktifikationen sind jedoch im Gegensatz dazu von überraschender Vielfalt. Wir kennen Sphenophyllophytina sowohl in Form von Abdrücken als auch in echt versteinertem Zustand und sind somit auch über die anatomischen Einzelheiten weitgehend unterrichtet; man kann jedoch echt versteinertes und im Abdruck erhaltenes Material nicht ohne weiteres einander zuordnen. Dasselbe gilt auch für die Fruktifikationen und ihre Zugehörigkeit zu sterilen Resten.

Das Sproßsystem der Sphenophyllaceae ist gegliedert, die Nodien sind meist verdickt, die Internodien im allgemeinen etwas eingezogen. Äußerlich sind die Hauptachsen und Äste durch Längsrippen und -furchen gekennzeichnet, die in aufeinanderfolgenden Internodien nicht wie bei den Calamitaceae alternieren, sondern korrespondieren. Die Längsrippen sind in der Dreizahl ausgebildet. In der Nähe der Nodiallinie werden die Längsrippen undeutlich. Bei Verzweigungen ist an jedem Wirtel

13.2 Sphenophyllophytina

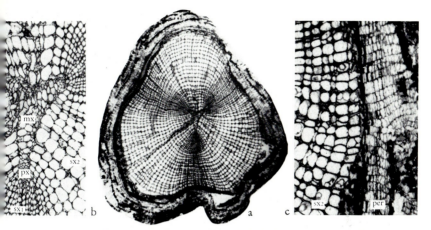

a Querschnitt durch eine Sproßachse; (M 5:1); (siehe Bild 5, a: Querschnitt durch einen jungen Sproß)
b Ausschnitt aus a, Zentrum einer Sproßachse; px = Protoxylem, mx = Metaxylem, sx₁ = radiales Sekundärxylem, sx₂ = interradiales Sekundärxylem; (M 20:1)
c Ausschnitt aus a, interradiales Sekundärxylem (sx₂) und Periderm (per); die zwischen Sekundärxylem und Periderm liegenden Gewebe sind nicht erhalten; (M 20:1)

Bild 236. *Sphenophyllum* spec. indet., Illinois, USA, Stefan.

nur ein Astabgang vorhanden. Der Durchmesser der Sprosse ist nur gering und beträgt 1 bis 1,5 cm.

Die Sprosse weisen kein Mark auf, sondern zentral liegt ein kompaktes, triarches Primärxylem. Die drei Protoxylemgruppen aus englumigen Schrauben- bis Netz-Tracheïden liegen an den Ecken der triarchen Stele und geben zentripetal das Metaxylem aus weitlumigen Treppen- und Netz-Tracheïden ab. Das Primärxylem wird von einem Sekundärxylem umgeben, das die ursprünglich dreieckige Stele abrundet. Dabei sind die Tracheïden des Sekundärxylems im Bereich der Interradien weitlumiger als die im Bereich der Radien. Die Tracheïden des Sekundärxylems sind, fast ausschließlich an ihren Radialwänden, mehrreihig getüpfelt. Zwischen den Tracheïden des Sekundärxylems stehen zarte parenchymatische Zellen, die sich zu markstrahlartigen Parenchymstreifen vereinigen können. Auf das Sekundärxylem folgen das Kambium, das Phloem und eine primäre Rinde, die aber sehr bald durch ein Periderm bzw. mehrere Peridermgürtel ersetzt wird (Bild 236).

Infolge der dreizähligen Anordnung der Protoxylem-Gruppen sitzen auch die Blätter an jedem Nodium in einem dreizähligen Blattwirtel (3, 6, 9 usw.). Die sich entsprechenden Blätter stehen in allen aufeinanderfolgenden Blattwirteln direkt übereinander, alternieren also nicht.

Sie haben einen umgekehrt keilförmigen Umriß und können vollspreitig oder in viele feine, oft lineale Lappen aufgeteilt sein. Der Blattvorderrand ist oft gezähnt, wobei in jeden Zahn eine Ader läuft. Die fein aufgeteilten Blätter sind mindestens einmal gegabelt. An einer Pflanze kann sowohl vollspreitiges als auch fein aufgeteiltes Laub vorkommen. An den Hauptachsen kommen sogar einfache, ungegabelte, lineale Blätter vor, während die gabelig aufgeteilten Blätter besonders häufig an den Blütenzweigen unterhalb der Zapfen als Übergangsformen zu den Brakteen auftreten. Die Blüten sind zapfenförmig; es können aber auch Sporangien zwischen die normalen Blätter eingestreut sein, so daß es morphologisch nicht zu einer Zapfenbildung kommt. Jede Sporophylleinheit ist in der Regel aus einem Tragblatt und dem daraus entspringenden Sporangiophor mit daran befestigten Sporangien aufgebaut. Je Tragblatt können ein oder mehrere Sporangiophore ausgebildet sein. Nach dem Bau der Sporangiophore und dem Ansitzen der Sporangien unterscheidet man mehrere Fruktifikationsgenera. Das Fruktifikationsgenus *Sphenophyllostachys* ist ein Sammelgenus mit sehr unterschiedlichen Positionen und Merkmalen bei Tragblättern und Sporangiophoren; es wird durch die anatomisch bekannten Genera *Sphenostrobus, Peltastrobus, Litostrobus* und *Lilpopia* (al. *Tristachya*) ergänzt.

Die Sproß-(Stamm-)Reste von Sphenophyllaceae werden nicht als eigene Species geführt; sie lassen äußerlich nicht genügend Unterschiede erkennen. Die Blätter sind dagegen, gute Erhaltung vorausgesetzt, gut bestimmbar und auch brauchbare stratigraphische Leitfossilien. Ganz allgemein kann man sagen, daß die älteren Formen feiner zerteilte Spreiten als die jüngeren besitzen und daß vom Stefan an eine deutliche Großwüchsigkeit festzustellen ist. Als Beispiele dafür seien *Sphenophyllum tenerrimum* aus dem Dinant und Namur A, *Sphenophyllum longifolium* aus dem Stefan und *Sphenophyllum thoni* aus dem Autun angeführt (Bilder 238, 242 und 247).

13.2.0.0.1 Sphenophyllaceae
13.2.0.0.1.1 Auf Blätter gegründete Genera

Sphenophyllum BRONGNIART 1828:
Die Blätter stehen in der Dreizahl an den Nodien; diese sind oft etwas verdickt. Die Blättchen sind stets mehraderig und keilförmig oder lassen sich zumindest in eine Keilform einzeichnen, wobei die Keilspitze zum Blattstiel weist. Typus-Species: *Sphenophyllum emarginatum* BRGT. 1828.

Sphenophyllum emarginatum (BRGT.) BRGT. 1828 (Bild 237): In einem Blattwirtel stehen 6 Blättchen. Die Blättchen sind etwa 8 mm lang und am Vorderrand etwa 5 mm breit. Der Vorderrand ist gezähnt, die etwa 12 Zähne sind gerundet und ungefähr 0,3 mm lang, die Buchten sind

13.2 *Sphenophyllophytina*

a Saarkarbon, genauer Fundort unbekannt, Westfal C (?D), (M 1:1)
b Ausschnitt aus a (M 3:1)
c Piesberg bei Osnabrück, Westfal D (M 1:1)
d Schemazeichnung nach dem Holotypus (M ~ 2:1)

Bild 237. *Sphenophyllum emarginatum* (BRGT.) BRGT., a, b, d Holotypus, BRONGNIART 1822, Taf. 13 (II), Fig. 8 (erstmals fotografisch abgebildet); (Abbildungsbelege: a und b zu BRONGNIART 1822; c zu GOTHAN et REMY 1957).

spitz. In jeden Zahn läuft eine Ader. In der derzeitigen Fassung dieser Species in der Literatur, liegt eine Sammelspecies vor. Die vorliegende Beschreibung basiert auf dem Holotypus.

Vorkommen: Westfal (B) C bis unterstes Stefan.

B Daten zur Taxonomie der terrestren Pflanzen des Erdaltertums

Sphenophyllum subtenerrimum NATH. 1902: Diese Species ist der bisher älteste Vertreter des Genus. Die Blattwirtel bestehen aus 12 Blättchen. Sie sind nur etwa 5 mm lang, zweimal gegabelt, sehr zart. Da die Gabelteile nur etwa 0,25 mm breit sind, sind die Blättchen leicht zu übersehen.
Vorkommen: Oberdevon.

Sphenophyllum tenerrimum ETTINGSH. 1854 (Bild 238): Diese Species hat etwa 5 bis 6 mm lange, ein- oder zweimal gegabelte Blättchen, die mit etwa 0,3 mm so schmal sind, daß sie einzeln liegend leicht übersehen werden. Die Blattwirtel aus 9 Blättchen haben Durchmesser von etwa 12 mm.
Vorkommen: hohes Dinant und Namur A.

a Gräfin-Laura-Grube bei Königshütte, Namur A (M 2:1)
b Schemazeichnung (M ~ 2:1)

Bild 238. *Sphenophyllum tenerrimum* ETTINGSH.; (Abbildungsbeleg zu GOTHAN et REMY 1957).

a   b

Sphenophyllum cuneifolium (STERNBG. 1823) ZEILL. 1880 (Bild 239): Diese Species hat etwa 10 mm lange, vollspreitige, keilförmige und außerdem grob gezähnte bis stark aufgeschlitzte *Saxifragaefolium*-Blättchen. Der Blattvorderrand ist gerade und scharf gezähnt; die Blattseitenränder sind fast gerade. In der derzeitigen Fassung liegt eine Sammelspecies vor.
Vorkommen: Namur (B) C bis Westfal C (D).

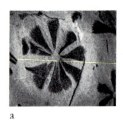
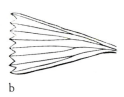

a Kleinzeche Kurzes Ende, Ruhrkarbon (M 1:1)
b Schemazeichnung (M ~2,5:1)

a   b

Bild 239. *Sphenophyllum cuneifolium* (STERNBG.) ZEILL.; (a Abbildungsbeleg zu GOTHAN et REMY 1957).

13.2 Sphenophyllophytina

Sphenophyllum orbicularis REMY 1962 (Bild 240): Diese Species hat pro Wirtel 6 einander fast berührende Blättchen von etwa 18 mm Länge. Die Blättchen sind knapp so breit wie lang und in der Mitte tief gespalten, jede Blatthälfte kann nochmals einmal bis zweimal, aber weniger tief, gespalten sein. Der Blattvorderrand ist leicht gerundet und mit 25 sehr spitzen, etwa 1 mm langen Zähnen besetzt, die zwischen sich deutlich runde Buchten freilassen. Die Adern sind zart und direkt unterhalb der Zähne leicht knotig angeschwollen (?Hydathoden).
Vorkommen: Westfal D.

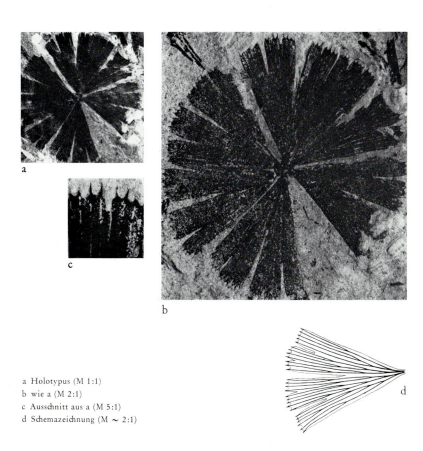

a Holotypus (M 1:1)
b wie a (M 2:1)
c Ausschnitt aus a (M 5:1)
d Schemazeichnung (M ~ 2:1)

Bild 240: *Sphenophyllum orbicularis* REMY, Grube Itzenplitz bei Saarbrücken, Flöz Jacob, Westfal D; (Abbildungsbeleg zu REMY 1962).

B Daten zur Taxonomie der terrestren Pflanzen des Erdaltertums

Sphenophyllum majus (BRONN 1828) BRONN 1835 (Bild 241): Diese Species hat pro Blattwirtel 6 Blättchen, die etwas zu asymmetrischer Stellung neigen. Die breit keilförmigen Blättchen sind mit 15 mm Länge recht großblätterig. Der Blattvorderrand ist leicht gerundet und bis zur halben Blattlänge tief geschlitzt. Die beiden auf diese Weise entstandenen Loben sind ihrerseits bis auf etwa ein Drittel der Blattlänge geschlitzt. Die Seitenränder der Blättchen sind gerade. Der Blattvorderrand trägt 14 bis 16 spitzbogenförmige, 0,5 mm lange oder auch wesentlich längere Zähne. Die Adern sind dünn und erscheinen niemals starr.

Vorkommen: Westfal C und D.

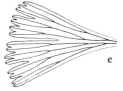

a Grube Dechen, Saarkarbon, Flöz Grolmann, Westfal C (M 1:1)
b Grube Maybach, Westfal C (M 1:1)
c wie b (M 2:1)
d Grube Friedrichsthal, Westfal C (M 2:1)
e Schemazeichnung nach BRONN (M 2:1)

Bild 241. *Sphenophyllum majus* (BRONN) BRONN; (Abbildungsbeleg zu REMY 1962).

13.2 Sphenophyllophytina

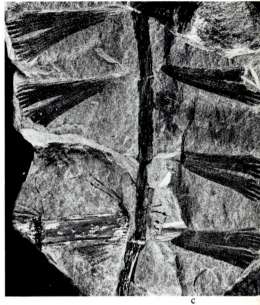

a, b, c Wettiner Karbongebiet, hohes Stefan (M 1:1)

d Schemazeichnung (M ~ 1,5:1)

Bild 242. *Sphenophyllum longifolium* (GERM.) GUTB.; (Abbildungsbeleg zu REMY et REMY 1959, REMY et REMY 1968).

391

Sphenophyllum longifolium (Germar) Gutbier 1843 (Bild 242): Diese Species hat pro Blattwirtel 6 schlank keilförmige, etwas starr wirkende Blättchen von etwa 2 bis 4 cm Länge. Die Zähne sind spitzbogenförmig, 1 bis 5 mm lang und durch spitze Buchten getrennt. In der Mitte des Blattvorderrandes sind die Blättchen bis auf ein Drittel der Länge gespalten.

Vorkommen: Stefan (A) B und C (stratigraphische Charakterspecies).

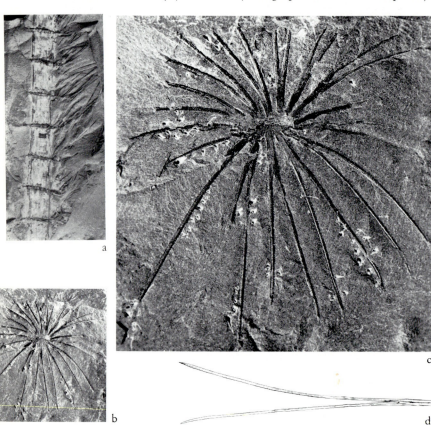

a Zeche Baldur, Flöz 18, Westfal, 1:1
b Grube St. Ingbert (Haldenfund), Westfal C (M 1:1)
c wie b (M 3:1)
d Schemazeichnung (M ~ 2:1)

Bild 243: *Sphenophyllum myriophyllum* Crép.; (a Abbildungsbeleg zu Gothan et Remy 1957; b, c Photo Guthörl).

13.2 Sphenophyllophytina

Sphenophyllum myriophyllum CRÉPIN 1880 (Bild 243): Diese Species hat 2 bis 3 cm lange, fast nadelförmige Blätter, die etwa 0,3 bis 0,5 mm breit und sehr starr sind. Die Blättchen sind fast an der Basis einmal gegabelt — nicht zweimal wie oft angegeben wird. Die einzelnen Achsenglieder sind recht kurz, manchmal fast quadratisch.
Vorkommen: Westfal A bis unteres Westfal C.

b

a Manebach in Thüringen, Autun (M 1:1)
b Schemazeichnung (M 2:1)

Bild 244. *Sphenophyllum angustifolium* (GERM.) GOEPP.; (Abbildungsbeleg zu GOTHAN et REMY 1957).

a

Sphenophyllum angustifolium (GERM.) GOEPP. 1848 (Bild 244): Diese Species hat kleine, schmale, keilförmige, nur 2 mm breite Blättchen, die tiefgeteilt zweizipfelig oder drei- bis vierzipfelig und deren Zipfel bzw. Zähne scharf zugespitzt sind.

Vorkommen: höheres Stefan und Autun (stratigraphische Charakterspecies).

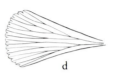

Sphenophyllum verticillatum (SCHLOTH.) ZEILL. 1885 (Bild 245): Diese Species hat Blättchen mit abgerundeten Vorderrändern und gerundeten Blattecken. Der Blattvorderrand ist gekerbt, das heißt es sind runde Zähne und spitze Buchten vorhanden. Die manchmal leicht konkav erscheinenden Seitenränder lassen den Blattumriß etwas spatelförmig aussehen.
Vorkommen: Stefan (stratigraphische Charakterspecies).

a, b Manebach in Thüringen, Autun (M 1:1)
c Schemazeichnung (M ~ 2:1)

Bild 246. *Sphenophyllum oblongifolium* (GERM. et KAULF.) UNG.; (a Abbildungsbeleg zu GOTHAN et REMY 1957).

Sphenophyllum oblongifolium (GERM. et KAULF. 1831) UNG. 1850 (Bild 246): Diese Species zeigt deutlich die *Trizygia*-Blattstellung, das heißt, die Blätter eines Wirtels sind bilateral symmetrisch angeordnet. Sie hat pro Wirtel ein kurzes, ein längeres und ein langes Blattpaar. Die

---

a Frischglück-Schacht, Litiz bei Pilsen, ČSSR, Stefan (M 1:1)
b Wettin bei Halle an der Saale (M 1:1)
c Plötz-Löbejün bei Halle an der Saale (M 4:1)
d Schemazeichnung (M ~ 2,5:1)

Bild 245. *Sphenophyllum verticillatum* (SCHLOTH.) ZEILL.; (Abbildungsbelege: a, b zu GOTHAN et REMY 1957; c zu REMY et REMY [1966] 1968).

Einzelblätter haben einen schmalen, verkehrt-eiförmigen Umriß und haben ihre größte Breite im zweiten Blattdrittel. Der Blattvorderrand ist in zwei Loben gespalten, die gezähnt bis zahnartig ausgefranst sind.
Vorkommen: Stefan und älteres Autun (stratigraphische Charakterspecies).

Sphenophyllum grandeoblongifolium STOCKM. et MATH. 1957: Diese Species hat in *Trizygia*-Stellung 6 Blättchen pro Blattwirtel. Die Blätter sind bis 22 mm lang und bis 3,5 mm breit mit fast parallelen Rändern. Der Vorderrand ist in Loben, die schmale Zähne aufweisen, eingeschnitten. 6 bis 8 Adern erreichen den Blattvorderrand.
Vorkommen: Autun.

Sphenophyllum thoni MAHR 1868 (Bild 247): Die Blattwirtel bestehen aus 6 Blättchen. Die Blättchen sind groß, breit keilförmig mit gerundetem Vorderrand, der in Zähne oder Lazinen ausläuft. Im Gegensatz zu den übrigen Species, bei denen die Adern stets parallel zu den Blattseitenrändern verlaufen, trifft hier ein Teil der Adern schräg auf den Blattseitenrand.
Vorkommen: höchstes Stefan und Autun (stratigraphische Charakterspecies).

13.2.0.0.1.2 Auf Blüten gegründete Genera

Sphenophyllostachys SEWARD 1898:
Dieses Sammelgenus umfaßt fast alle als Abdruck vorliegenden Zapfen. Die Zapfen können zwischen nur wenigen Zentimetern Länge und mehr als 20 cm Länge variieren und mehr als 2 cm Breite erreichen. Die Zapfenachse ist wie die Sproßachsen gegliedert und trägt pro Wirtel dreizählig Sporophylle (Tragblätter). Die Sporophylle sind von den sterilen, meist keilförmigen Blättchen sehr verschieden; sie sind im Umriß meist lineal bis eiförmig und einfach oder einmal gegabelt bzw. laufen manchmal in zwei lange Zipfel aus. Die Sporophylle tragen in der Regel die Sporangien einzeln oder zu mehreren an Sporangiophoren. Typus-Species: *Sphenophyllostachys dawsoni* (WILL. 1876) SEWARD 1898.

Peltastrobus BAXTER 1950:
Dieses Genus umfaßt Blütenzapfen, die nur aus fertilen Wirteln bestehen. Die Sporangiophore sind zu Scheiben mit 30 bis 40 randständigen Sporangien verwachsen. Typus-Species: *Peltastrobus reedae* BAXTER 1950.

13.2 Sphenophyllophytina

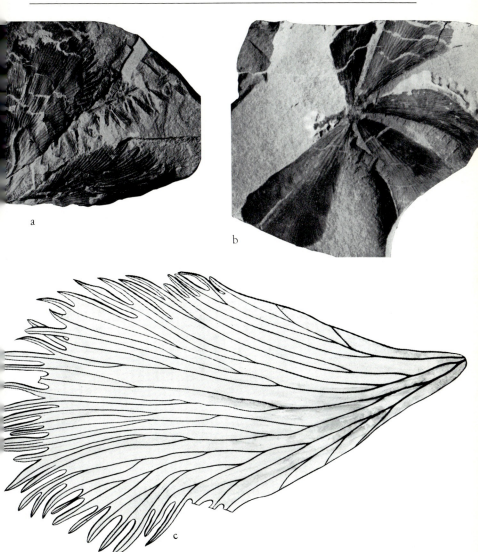

a, b Manebach in Thüringen, Autun (M 1:1)
c Schemazeichnung (M ~ 2,5:1)

Bild 247. *Sphenophyllum thoni* MAHR.; (a und b Abbildungsbelege zu GOTHAN et REMY 1957).

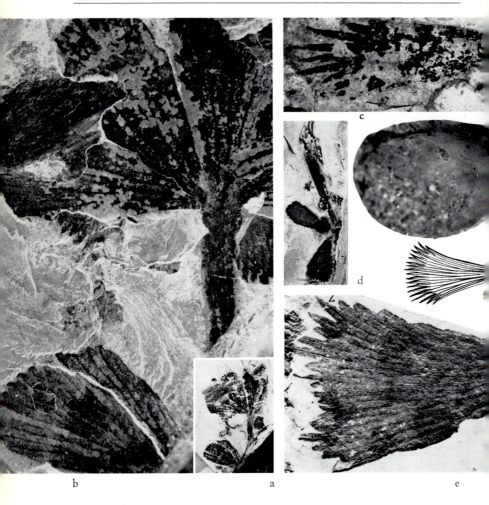

a Paratypus (M 1:1)
b wie a (M 5:1)
c stark laziniertes Blatt (M 3:1)
d Holotypus mit Sporangienaggregat (M 1:1)
e Blatt mit laziniertem Rand (M 5:1)
f Schemazeichnung (M ~ 2:1)
g Spore vom Holotypus (M 500:1)

Bild 248. *Lilpopia* (al. *Tristachya) crockensis* (R. et R.) Con. et Schaar., Crock in Thüringen, Autun; (Abbildungsbelege zu Remy et Remy 1961).

Litostrobus MAMAY 1954:
Dieses Genus ist auf strukturerhaltenem Material begründet und, wenn als Abdruck vorliegend, in *Sphenopyllostachys* enthalten. Pro Wirtel stehen abwechselnd Brakteen und Sporophylle. Ein fertiles und ein steriles Organ sind jeweils basal verwachsen. Die Sporophylle tragen auf kurzen Sporangiophoren orthotrop jeweils ein Sporangium. Typus-Species: *Litostrobus iowensis* MAMAY 1954.

Lilpopia (al. *Tristachya* LILPOP 1937) CONERT et SCHAARSCHMIDT 1970: Bei diesem Genus stimmen die vegetativen Teile im Abdruck mit *Sphenophyllum* überein, die Anatomie ist bisher noch nicht bekannt. In den Achseln der als Sporophylle fungierenden Blättchen sitzen zapfenartige Sporangienaggregate. Typus-Species: *Lilpopia raciborskii* (LILPOP) CONERT et SCHAAR. 1970.

Lilpopia (al. *Tristachya*) *crockensis* (REMY 1961) CONERT et SCHAAR. 1970 (Bild 248): Diese Species hat pro Wirtel etwa 0,5 bis 2 cm lange und 0,3 bis 1 cm breite Blättchen mit dreimal gegabelten Adern. Der Blattvorderrand läuft in 15 bis 22 Zähne bzw. lange Lazinen aus. Die äußeren Zähne bzw. Lazinen können tiefer stehen als die übrigen, was Anklänge an *Sphenophyllum thoni* ergibt. Die fertilen Wirtel bestehen aus 3 Blättchen, die jeweils ein 4 bis 5 mm großes, gestieltes Sporangienaggregat tragen.

Vorkommen: Perm.

Anhang zu Teil B

Hinweise auf Fehlerquellen bei der taxonomischen Bestimmung und auf Merkmale, die bei der Aufsammlung durch den Anfänger zu beachten sind (siehe hierzu auch Kap. 11.1 und 11.2):

Die Angaben über den Wedelbau sind bei fossilem Material nur an wenigen großen, gut erhaltenen Stücken erkennbar. Diese Angaben in der Literatur dienen der taxonomischen Gesamtanalyse, sind aber für die Bestimmung von Fiedern nicht unbedingt notwendig. Wichtig sind in vielen Fällen die Merkmale der Achsenskulptur. Diese können zum Beispiel durch Sklerenchymelemente bedingte Längsskulpturen, durch Steinzellennester hervorgerufene Quersklupturen oder durch Abriß-spuren von Trichomen entstehende Punktierungen sein. Außerdem kann eine Strichelung, die oft auch in das Gestein übergreift, durch ansitzende Emergenzen oder Trichome hervorgerufen sein. Diese Merkmale sind in der Regel nur bei sehr frisch eingebetteten und gut erhaltenen Stücken unter streifender Beleuchtung oder Immersion sichtbar. Nichterkennen am Stück ist also nicht gleichbedeutend mit Nichtvorhandensein. Bestimmte Erhaltungszustände können Merkmale stärker hervortreten lassen oder aber verdecken.

Die Fiederchen und Fiedern oder Blättchen können je nach Stellung an der Pflanze in der Größe variieren. Alle Maßangaben in diesem Buch betreffen Mittelwerte eines ausgewachsenen (adulten) Organes. Es können also alle Maße vom geringsten bis zum Nennmaß, aber auch dieses überschreitende Maximalmaße vorkommen. Bei Beschreibungen ohne Maßangaben sind diese den Bildern zu entnehmen. Es ist beim Sammeln auf die Variationsbreite eines Taxons zu achten. So kann es wichtig sein, daß an einem Fundort in verschiedenen Horizonten oder an mehreren verschiedenen Fundorten entweder nur große oder nur kleine Fiederchen vorkommen. Dieser Befund könnte darauf hinweisen, daß in Wirklichkeit zwei Sippen vorliegen, die verschiedene Biotope besiedelten. Der Hinweis auf Licht- und Schattenblätter scheint bei den meisten Filicatae und Pteridospermatae des Paläophytikums recht vage, da eine so dichte Belaubung und so dichter Bewuchs, daß typische Schattenblätter ausgebildet werden, nur in wenigen Fällen angenommen werden kann. Die apikalen Fiederchen bzw. Blätter eines Wedels bzw. Astes sind meist nicht typisch entwickelt; sie zeigen oft Merkmale ontogenetisch jüngerer Stadien, während das ganz basal ansitzende Fiederchen bzw. Blättchen manchmal etwas aberrant ausgebildet sein kann. Bei den Filicatae kommen häufig aphleboid ausgebildete Basalfiederchen vor; ihr Nachweis kann taxonomisch sehr wichtig sein. Ein sehr wesentliches Merkmal ist die basipetale oder akropetale Stellung der ersten Fieder eines Wedels. Trichome an Blättern mit Fiederaderung können Maschenaderung vortäuschen, wenn sie mehr oder weniger quer zu den Seitenadern liegen.

Die Filicatae tragen die fertilen Organe (Sporangien) auf der Unterseite entweder normal ausgebildeter oder in der Spreite reduzierter Laubteile. Im Extremfall sind fast nur noch die Mitteladern ausgebildet. Bei den Pteridospermatae findet man die fertilen Organe (Mikrosporangien, Samen) meist isoliert. Die Zuordnung von Stücken, die als Abdruck erhalten sind, zu Stücken mit Strukturerhaltung ist nicht immer möglich; nur in seltenen, günstigen Fällen findet man Abdrücke mit durch Intuskrustation erhaltener Struktur.

Wenn auch Intuskrustate vom Anfänger nur selten beachtet werden, so ist doch darauf hinzuweisen, daß zum Beispiel das für die taxonomische Beurteilung wichtige Sekundärxylem in fast allen Achsen-Organen auftreten kann; es kann aber auch nur auf die Hauptachse beschränkt sein. Das Sekundärxylem kann allerdings in ontogenetisch jungen Achsen fehlen oder noch nicht vollständig entwickelt sein.

C Daten zur Phylogenie von Organen der Pflanzen des Erdaltertums

Die im Teil A und B dargestellte Floristik und Taxonomie erfaßt die Geschichte der Entwicklung der Landpflanzen während eines Zeitraumes von etwa 165 Millionen Jahren. An Hand von Beispielen wird dargestellt, daß vor etwa 400 Millionen Jahren die ersten sicheren Landpflanzen auftraten. Im Kapitel A 3.1 wird in großen Zügen erläutert, welche Vorbedingungen erfüllt sein mußten, um aus Algen im weitesten Sinne Landpflanzen entstehen zu lassen, in den Kapiteln B 6 und 7, wie sie sich differenzieren und im Kapitel B 9, wie aus ihnen Samenpflanzen werden.

1. Taxonomie und Evolution

Die aus der heutigen Flora bekannte, klare taxonomische Abgrenzung ist bei den fossilen Pflanzen nicht immer gegeben. Das liegt nur zu einem Teil an der bruchstückhaften Überlieferung der Fossilien, die nicht immer alle zur taxonomischen Abgrenzung wichtigen Merkmale erkennen lassen. Zum wesentlichen Teil liegt es an der ständigen Wandlung der Sippen im Laufe der Erdgeschichte durch ungerichtete Mutationen. Dieser als Evolution bezeichnete Prozeß, dem die einzelnen Taxa in verschiedenem Maße unterworfen sind, verläuft nicht streng gerichtet, sondern mehr mosaikartig. Neben heute noch bekannten treten daher auch heute nicht mehr bekannte Merkmalskombinationen auf. Aus diesen Gründen wird die Bewertung von Merkmalen oder Merkmalskomplexen fossiler Pflanzen zur taxonomischen Abgrenzung einzelner Taxa erschwert.

Und doch liegt gerade darin die Möglichkeit für den Paläobotaniker, die Pflanzen (einschließlich der heute lebenden) nach echten verwandtschaftlichen Beziehungen oder zumindest nach evolutionären Merkmalskombinationen im Laufe der Phylogenie zu ordnen. Durch den mosaikartigen Verlauf der Evolution stehen ihm auch Pflanzen aus Evolutionsbündeln zur Verfügung, die alle Übergänge von ursprünglichen zu fortgeschrittenen bzw. abgeleiteten Merkmalen aufweisen. Verwandtschaftliche Beziehungen der Pflanzen untereinander können dann so deutlich hervortreten, daß sich diese Pflanzen taxonomisch kaum voneinander abgrenzen lassen.

Dem Neobotaniker steht dagegen lediglich die heutige Flora zur Verfügung, die nur ein zweidimensionaler Ausschnitt des sich ständig verändernden Evolutionsbildes ist, mit Pflanzen, die zum Teil sehr ursprüngliche und zum Teil sehr fortgeschrittene Merkmale aufweisen. Ein System, welches auch die Phylogenie widerspiegelt, allein an Hand der jetzt lebenden Flora aufzustellen, ist unmöglich; denn oft sind gerade die Merkmale, die Aussagen über Verwandtschaftsbeziehungen zu anderen Taxa zulassen, unscheinbar oder nur noch rudimentär vorhanden und werden daher nicht einmal zur taxonomischen Abgrenzung dieser Pflanzen herangezogen. Darüber hinaus täuschen zum Beispiel homologe (parallele) und analoge (konvergente) Entwicklungen von Merkmalen direkte Verwandtschaftsbeziehungen nur vor, was nicht immer erkannt werden kann. Dem Paläobotaniker bietet sich also bei der Darstellung der Phylogenie der Pflanzen, deren derzeitiges Entwicklungsstadium die heutige Flora ist, ein reiches Arbeitsfeld. Die Befunde der Paläobotaniker ergänzen oder korrigieren zum Teil Gedanken und Ergebnisse der Neobotaniker, die an den rezenten Pflanzen gewonnen wurden. Das drückt sich auch in der in der Paläobotanik verwendeten Terminologie und den aufgrund bekannter Evolutionsvorgänge etwas weiter gefaßten Definitionen aus.

Die für die Phylogenie wichtigsten Merkmale und ihre anatomischen und histologischen Grundlagen sollen hier im Folgenden im Zusammenhang kurz dargestellt werden, denn ohne Kenntnis der Anatomie und Histologie ist keine moderne Paläobotanik und schon gar nicht die Darstellung der Phylogenie denkbar.

Alle wichtigen Daten der Anatomie, der Histologie, einschließlich der Auswertung der Kutikularstrukturen, der Kenntnis der fertilen Organe, einschließlich des Organisationsplanes der Sporen, sind bis zurück in die Zeit des Auftretens der ältesten Landpflanzen vor etwa 400 Millionen Jahren bekannt und können in ihrer Entwicklung bis heute verfolgt werden. Soweit es in diesem, nur Ergebnisse zusammenfassenden Buch möglich ist, wurden bereits im Teil B Abbildungen zur Histologie und Xylotomie sowie Hinweise zur Ontogenie und zur Phylogenie gerade der Pflanzen gebracht, die vor etwa 385 bis 365 Millionen Jahren existierten. Schon dieser Teil läßt erkennen, daß seit der Karbonzeit außer speziellen Differenzierungen im Prinzip nichts wesentlich Neues mehr entstanden ist. Man darf davon ausgehen, daß der Urtelomstand am Anfang der Entwicklung der Landpflanzen steht und daß zusätzliche Organe nicht etwa neu erworben, sondern nur durch Umfunktionierung und allmähliche Umgestaltung aus dem Urtelomstand abgewandelt wurden.

2. Der Sproß

Mit der Pendelübergipfelung durch abwechselnde Wuchsstoffverlagerung (Bild 4) setzt bereits im Unterdevon, hervorgehend aus dem rein dichotom verzweigten Urtelomstand, die Bildung des Monopodiums, des säulenförmigen Sprosses, ein, wobei die frühen Monopodien stark flexuos aufgebaut sein können. Die Entstehung des Stammes durch Übergipfelung erklärt auch, warum die Stelen der Äste phylogenetisch alter Pflanzen wie die der Stämme aussehen.

Das gesamte Leitbündelsystem einer Achse aus Xylem und Phloem wird als Stele zusammengefaßt. Nach dem Bild des Querschnittes der meist aus Einzelstelen zusammengesetzten Stelen werden verschiedene Stelentypen unterschieden (Bild 2). Die Protostele und die Stylostele stehen am Anfang der Phylogenie der Stelen. Am Rand sei erwähnt, daß hier auch die Einhaltung der Terminologie wichtig ist — so ist eine Protostele ein eng definiertes xylotomisches Element; das wird aber oft nicht beachtet und führt daher zu Unklarheiten.

Ein wichtiger Teil der Differenzierung der Stelen im Rahmen der Evolution ist auf Vorgänge der Übergipfelung, der interkalaren Verschiebungen sowie der Konkauleszens zurückzuführen (Bild 13); dadurch werden Stelenteile vervielfacht und verlagert. Weitere Differenzierungen erfolgen zum Beispiel bei Stelen, deren Protoxylemgruppen durch zentrales Metaxylem zu einer kompakten Primärstele verschmolzen sind (Aktinostelen im weitesten Sinne), dadurch, daß im zentralen Abschnitt die Metaxyleminitialen am Vegetationspunkt nicht mehr zu Tracheïden ausdifferenziert werden, sondern parenchymatisch bleiben und so durch Umdeterminierung das zentrale Mark ergeben (intrasteläre Medullation). Das so entstandene Mark ist ein abgeleitetes, nicht primäres Mark. Es dürfte dem gemischten Mark einiger heute lebenden Pflanzen (Cycadeen, Angiospermen) entsprechen. Im Karbon sind durch diese Vorgänge Stelen wie die von *Heterangium* einerseits und die einiger Lycopsiden andererseits entstanden. Anders liegen die Verhältnisse bei der Polystele; hier bleiben zentrale Teile des Grundgewebes als „primäres" Mark im Achsenzentrum — einem von den Einzelstelen umgebenen Gewebekomplex — von vornherein stehen. So hat *Medullosa* das primäre Mark in dem von der Polystele umschlossenen zentralen Raum; daneben kann aber jede der Einzelstelen der Polystele von *Medullosa* in ihrem Zentrum durch intrasteläre Medullation ein abgeleitetes Mark entwickeln, das sich hier auch histologisch vom primären Mark unterscheidet. Die zwischen den Einzelstelen der Polystele stehenbleibenden parenchymatischen Gewebebrücken ergeben als Verbindung von Mark und Rinde sogenannte primäre Markstrahlen.

Das Xylem ist das widerstandsfähigste Gewebe der Pflanzen und daher in fast allen strukturbietenden fossilen Pflanzenresten gut erhalten. Da das Xylem verschiedener Taxa spezifische histologische Merkmale aufweist und seine Verteilung und Differenzierung auch in den Sproßachsen sehr charakteristisch ist, ist das Xylem das Gewebe, welches die wichtigsten Aussagen zur Phylogenie der Pflanzen erlaubt.

C Daten zur Phylogenie von Organen der Pflanzen des Erdaltertums

Die Analyse des Xylems sollte stets in ontogenetischer Folge beim Primärxylem beginnen, wobei der Anzahl und der Lage der Protoxylemgruppen sowie der Ausdifferenzierungsrichtung der Tracheïden des Metaxylems besondere Beachtung zu schenken ist (Bild 2).

Ein entscheidender Schritt in der Phylogenie des Xylems ist das Auftreten eines Sekundärxylems, das stets von einem Kambium gebildet wird. Ansätze eines Kambiums sind erstmalig im Unterdevon bei dem Genus *Psilophyton* zu bemerken. Hier liegt das Kambium aber noch nicht als geschlossener Ring vor. Die von uns als Kambialzellen gefolgerten Zellen stehen bei *Psilophyton dawsonii* unregelmäßig halbinselförmig am Außenrand des Metaxylems und geben radiale, tangential nicht miteinander verbundene Einzelreihen von Sekundärxylemtracheïden ab. Von der mehr oder weniger deutlich sichtbaren Reihung der Zellen her sollte man ein Kambium als Initiator annehmen, da keine vergleichbare Reihung bei eindeutigem Metaxylem bekannt ist. Die erste Kambialzelle in der Evolution kann eigentlich nur aus einer meristematisch gebliebenen Metaxyleminitiale hervorgegangen sein.

Eindeutiges Sekundärxylem und somit Kambialtätigkeit ist seit dem älteren Mitteldevon bei *Protopteridium, Calamophyton, Duisbergia, Cladoxylon, Actinoxylon* und anderen Genera belegt. Man könnte das Auftreten des Merkmals Sekundärxylem näherungsweise als taxonomische Grenzmarke der Prospermatophyta gegen die „Sporophyta" vom Bauplan der Filicatae benutzen. Man sollte sich dann aber vergegenwärtigen, daß die Filicatae, als sie sich als Taxa herausbildeten, bereits die Fähigkeit zur Bildung eines Sekundärxylems besaßen; darauf könnte das Sekundärxylem z. B. bei *Zygopteris illinoiensis* (ANDR.) BAXT. hinweisen. Die Filicatae müßten sich also — wenn sie auch im Mitteldevon vom heutigen Bauplan her gesehen noch nicht erkennbar sind — etwa auf der histologischen Entwicklungshöhe des sekundären Meristems (Kambiums) von dem zu den Spermatophyta durchlaufenden Evolutionsbündel als eigener Bauplan abgetrennt haben. Wir sehen die Filicatae somit als abgeleitete Taxa, als „Sparformen" der Evolution mit hohem ökologischen Stellenwert, an. Das muß aber nicht ausschließen, daß der Bauplan der Filicatae sogar mehrfach durch Reduktion der Sekundärxylembildung erworben wurde.

Das Sekundärxylem vom Typ der Gymnospermen ist sehr einfach und gleichförmig aus gleichartigen Tracheïden mit großen Hoftüpfeln und Markstrahlparenchym bzw. Markstrahltracheïden zusammengesetzt. Die Kenntnis und Bewertung der Struktur der Tracheïden des Sekundärxylems und der Bau der Markstrahlen sind weitere wesentliche Merkmalskomplexe bei der Analyse zur Xylotomie.

Die Untersuchungen zur Ontogenie und Phylogenie der Markstrahlen bestätigen, daß die Markstrahlen der Prospermatophyta aus den gleichen kambialen Zellinitialen hervorgehen wie die Tracheïden des Sekundärxylems. Wie beispielsweise das Xylem von *Protopteridium thomsoni* aus dem Mitteldevon zeigt, sind die ontogenetisch frühesten Zellen eines Markstrahls in Länge und Durchmesser den benachbarten Tracheïden sehr ähnlich und biegen zunächst nur partiell in radialer Richtung um. Die in weiterer ontogenetischer Folge entstehenden Markstrahlzellen werden durch Einschaltung von Querwänden deutlich kürzer, bis fast quadratisch, und sind dann in radialer Richtung rechteckig gestreckt. Die Phylogenie der Markstrahlen, hier wurde ein Beispiel aus dem älteren Mitteldevon aufgezeigt, beginnt etwa an der Wende Unterdevon/Mitteldevon zusammen mit der Bildung des Sekundärxylems.

3. Die Wurzel

Die Wurzel ist ein Organ, das nur die Sporophyten der höheren Landpflanzen aufweisen. Sie übernimmt die notwendige Wasser- und Nährsalzaufnahme, verankert aber auch den Sporophyten im Boden und ermöglicht so erst das ausgeprägte Höhenwachstum der Landpflanzen.

Wenn man sich der Auffassung anschließt, daß bei den Rhyniaceen der Sporophyt noch dem Gametophyten aufsitzt (wie *Rhynia major* auf *Rhynia gwynne-vaughani*) und vom Gametophyten ernährt wurde, was als Frühstadium der Evolution der Landpflanzen zu betrachten ist, so sollte bei den Deszendenten bereits in ontogenetisch frühen Stadien von der ersten Dichotomie des Sporophyten der eine Gabelast positiv geotrop und der andere Gabelast negativ geotrop reagieren. Einer der Gabeläste wird so zur Wurzel. Hierzu wären nur Wuchsstoffverlagerungen, wie sie prinzipiell auch beim Vorgang der Übergipfelung eine Rolle spielen, notwendig. Es müßte sich dazu auf der dem Boden zugewandten Seite des sich herabbiegenden Telomes mehr Wuchsstoff ansammeln als auf der Gegenseite. Für die Evolution der Wurzel ist also anzunehmen, daß in phylogenetisch frühen Stadien der Sproß und die Wurzel gleichartig gebaut waren und aus dem gleichen Urtelom hervorgingen.

Bei den heutigen Spermatophyta und Filicatae hat die Wurzel generell radiären Bau mit einer Aktinostele; sie weicht also scheinbar vom Stelenbau der Luftsprosse ab und spricht damit gegen die ursprüngliche Sproßnatur der Wurzel. Aber gerade unter den gemeinsamen Ahnen dieser Taxa im älteren Devon sind Sprosse mit Aktinostele und damit verwandten Stelenformen häufig, was dieses scheinbare Gegenargument widerlegt. Im übrigen sind auch die Wurzeln der Equisetophyta und Lycophyta prinzipiell vom gleichen Bau wie die Sprosse. Zellausstülpungen der Epidermis, die als Wurzelhaare fungieren, sind in Form von Rhizoïden bereits bei den Gametophyten oder einfachen Sporophyten des ältesten Devons nachgewiesen.

4. Der Wedel bzw. das Blatt

Der Wedel bzw. das Blatt entsteht wie der Sproß durch Übergipfelung aus dem Urtelomstand (Bild 4). Die vom Stamm übergipfelten und zur Seite gerückten Elemente können Äste bzw. sofort Wedel oder Blätter ergeben. Die letzten Auszweigungen rücken hierzu in eine Ebene und bilden durch parenchymatische Verwachsung flächige Elemente. Hat sich die Übergipfelung nicht bis in die letzten Elemente ausgewirkt, so entsteht das fächeraderige Blatt, hat die Übergipfelung auch die letzten Auszweigungen erfaßt, so entsteht, wenn alle Telome weitgehend bis vollständig miteinander zu einem einheitlichen Syntelom verwachsen sind, das fiederaderige Blatt. Der letztgenannte Fall liegt bei den spiralig den tragenden Achsen ansitzenden echten, einfachen, nicht zusammengesetzten Blättern der Genera *Taeniopteris*, *Lesleya* oder *Glossopteris* vor. Wenn aber zwischen den planierten und flächig verwachsenen Syntelomabschnitten (Fiedern, Fiederchen) bis zur Achse reichende Aussparungen verbleiben, so sprechen wir vom gefiederten Blatt oder vom Wedel; dabei stehen Fiederchen und Wedelachse in einer Ebene, wie zum Beispiel bei den Wedeln von *Pecopteris* und *Mariopteris*. Auch an diesem Wedeltyp werden Vorgänge wie interkalare Wachstumsverschiebungen und Konkauleszenz wirksam. Daraus resultieren die Zwischenfiedern. Außerdem kann dabei aus dem lockeren Wedel ein dichter, flächiger Wedel entstehen, der das Großblatt kopiert (wie bei *Neuropteris* und *Alethopteris*). Durch parenchymatische Verwachsung aller Elemente untereinander entsteht dann auch ein echtes Großblatt (wie bei *Gigantopteris*). Auf dem Wege der vollständigen Übergipfelung, einschließlich der Elemente letzter Ordnung (Telome), und der Planation der Fiedern und Fiederchen in der Ebene der Wedelachse, sind die Wedel bzw. die Blätter der Cycadophytina und die der Magnoliophytina entstanden.

Es ist aber nachweisbar, daß die Großblätter nicht nur über einen voll ausdifferenzierten Wedel entstanden sind. Die Palaeophyllales der älteren Devonzeit lassen erkennen, daß nach der stammbildenden Übergipfelung die Seitensprosse mehrerer Ordnungen dichotom bleiben, sich in ihrer Gesamtheit in einer Ebene einordnen und flächig zu Blättern verwachsen. Diese Blätter sind daher fächeraderig, sie sitzen den tragenden Achsen spiralig und meist mit schwach stengelumfassender Basis an, wie bei *Platyphyllum, Brandenbergia, Actinoxylon, Enigmophyton, Eddya* oder *Sphenobaiera*. Es ist derselbe Entwicklungsweg, der das ebenfalls spiralig ansitzende, lange, annähernd parallelrandige Blatt der Cordaitidae und, durch Reduktion der Anzahl der Telome, das nadelförmige Blatt der Pinidae (Coniferae) entstehen läßt. Ob als weitere Möglichkeit für die Entstehung eines Blattes die Differenzierung aus Emergenzen in Betracht zu ziehen ist, bleibt zu prüfen.

Wenn durch Übergipfelung Äste („Wedelachsen") herausgebildet werden und erst die letzten Auszweigungen zu Fiederchen verwachsen, die aber nicht in die Ebene der Wedelachse einrücken, sondern, ebenso wie die Großblätter am Stamm, eine mehr oder weniger spiralige Stellung an der Wedelachse beibehalten und mit ihren Basen etwas stengelumfassend ansitzen, entstehen, wie bei *Archaeopteris* und *Noeggerathia* (siehe Bilder 71 bis 75), beblätterte Astsysteme anstelle von echten Wedeln.

Bereits im Westfal B entsteht aus der Fiederaderung durch partielle seitliche Verbindung nebeneinanderliegender Leitbündel das maschenaderige Blatt.

Auf der Entwicklungsstufe des Urtelomstandes und der daraus hervorgegangenen dreidimensionalen Wedelsysteme, die nur aus kompakten Achsen bestehen, entspricht die Ausbildung der Gewebe der Wedelorgane noch der der Achsen; auch der Stelentyp ist der gleiche. Bei der dann folgenden parenchymatischen Verwachsung zu flächigen Elementen in einer Ebene bilden sich die typischen Blattgewebe, das Schwammparenchym und das Palisadenparenchym, heraus. Außerdem wird der Xylemanteil der Blattstelen reduziert; die Leitbündel werden zu „Adern". Daneben kann sich nun auch der Stelentyp der Hauptachse des Wedels von der des Stammes unterscheiden. Alle diese Vorgänge sind in ihren wesentlichen Merkmalen bereits im Oberdevon abgeschlossen.

Da als Abdrücke erhaltene Blätter und Wedel, im Gegensatz zu den Achsen, eine Vielzahl von speciesgebundenen Merkmalen zeigen (vergl. Kap. B 11) sind sie in ihrer evolutionären Abwandlung eine wichtige Grundlage für die Biostratigraphie terrestrer Sedimente.

5. Die fertilen Organe

Die wichtigsten Organe zur taxonomischen Bestimmung und systematischen Einordnung der Landpflanzen sind bei rezenten und fossilen Pflanzen die Fruktifikationsorgane.

Die ältesten Landpflanzen weisen, wie auch heute noch die meisten Sporenpflanzen, einen Lebenszyklus auf, der aus zwei Pflanzengenerationen besteht, der geschlechtlichen Generation, dem Gametophyten, und der ungeschlechtlichen Generation, dem Sporophyten. Der Sporophyt trägt Sporangien, die zunächst terminal stehen, wobei der Vegetationspunkt aufgebraucht wird. Dies ist bei den protostelen Entwicklungsreihen der Fall. Die polystelen Entwicklungsreihen als Deszendenten der protostelen Pflanzen neigen ebenfalls zur endständigen Stellung der Sporangien an den Ästen. Bei den stylostelären Entwicklungsreihen wird die Seitenständigkeit der Sporangien sehr früh erworben. Entwicklungsreihen, bei denen mehrere Protoxyleme durch Metaxylem zu einem kompakten Stelärkörper verbunden sind, neigen zur komplexen Sporangienstellung (Protopteridiales). Im Laufe der Phylogenie tendieren allerdings die Pflanzen nahezu aller Taxa dazu, die Sporangien in Aggregaten zusammenzufassen. Diese Aggregate können entweder rein fertil sein, eine Entwicklungsrichtung, die zu den Samenpflanzen führt, oder sie können an das Blatt gekoppelt werden, eine Entwicklungsrichtung, die im wesentlichen zu den Filicatae führen dürfte.

Die Sporangienwände unterschieden sich zunächst kaum von dem mehrschichtigen Aufbau der Rinde der Achsen (eusporangiate Sporangien). Sie paßten sich im Laufe der Phylogenie jedoch immer besser der Aufgabe an, die Verbreitung der Sporen zu fördern.

Die Sporen der Landpflanzen sind zu Beginn der Devonzeit Isosporen (gleichgroß). Sie sind, wie in der Mehrzahl auch heute, rundliche bis dreieckige oder ovale Organe von etwa 50 μ Durchmesser (1 μ = 1 tausendstel Millimeter). Sie haben auf der proximalen Seite die sogenannte Tetradenmarke; diese kann ypsilon- oder strichförmig sein (Bild 11). Die reifen Sporen keimen nach dem Aufreißen der Exine an der Tetradenmarke aus und bilden den freien Gametophyten (Prothallium) außerhalb der Spore. Jede Isospore kann einen Gametophyten mit männlichen und weiblichen Organen oder, trotz äußerlicher Übereinstimmung, entweder einen Gametophyten mit männlichen oder einen Gametophyten mit weiblichen Organen (Antheridien bzw. Archegonien) entwickeln. In den phylogenetischen Frühstadien wird zunächst die Isosporie mit gleichartigen, bisexuellen Gametophyten und erst später, abgeleitet, die Isosporie mit heterosexuellen Gametophyten aufgetreten sein. Keimende, also in Ausbildung des Gametophyten begriffene Sporen sind bereits aus dem Unterdevon von Rhynie in Schottland, also aus etwa 385 Millionen Jahre alten Schichten bekannt.

Bei der Betrachtung der weiteren Entwicklung der fertilen Organe lassen sich nun zwei Entwicklungslinien aufzeigen, nämlich die Entwicklung der Sporen, die weibliche Gametophyten ausbilden, zu Samenanlagen bzw. Samen und die Entwicklung der Sporen, die männliche Gametophyten ausbilden, zu Pollenkörnern.

5. Die fertilen Organe

Schon im ausgehenden Unterdevon sind so große Differenzen in der Größe der Sporen erkennbar, daß man den Wandel von der Isosporie zur Heterosporie im Unterdevon annehmen muß. Bei der Heterosporie werden die Sporen, die die weiblichen Gametophyten bilden, größer und mit mehr Reservestoffen beladen; ihre Anzahl in einem Sporangium wird gleichzeitig reduziert. Wir sprechen jetzt von Mikro- und Megasporen. Die Heterosporie tendiert bei einigen Taxa dahin, daß pro Megasporangium nur noch eine Tetrade und schließlich nur noch eine Spore ausreift *(Cystosporites devonicus* im älteren Oberdevon, Lycophyta). Auf dieser Organisationsstufe setzt eine Vielfalt von Organisationslinien an, unter anderem die der Bildung von samenartigen Organen oder Samen. Während bei der Heterosporie in der Regel die Megaspore aus dem aufgerissenen Sporangium herausfällt, oder sich in einzelnen Fällen im Sporangium nur lose verankert, bleibt sie bei der Umwandlung in eine Samenanlage stets völlig im Sporangium eingeschlossen; dieses wird zum Nucellus.

Bereits im Oberdevon sind als Samenanlagen (fertile Telome) zu bezeichnende Organe bekannt, die von einem noch aus vielen Einzelorganen (vegetativen Telomen) bestehenden Integument umgeben sind. Im Laufe der Phylogenie verwachsen die einzeln stehenden sterilen Telome zu einem festen, den Nucellus ganz umhüllenden Integument; außerdem können mehrere Integumentkreise entstehen.

Der Nucellus verwächst bei den Pflanzen des Paläophytikums nur basal mit dem Integument. Das Integument läßt an dem apikalen Pol einen Zugang für die Mikrosporen bzw. Pollenkörner, die Mikropyle. Diese ist bei den ältesten Samenanlagen gleichzeitig der Raum, in dem die Mikrosporen keimen und an ihrer Tetradenmarke das Exospor (Exine) aufreißen lassen. Die Innenhaut der Mikrosporen bzw. Pollenkörner, das Endospor (Intine), wächst zu einem Schlauch aus, mit dem sich die Mikrospore in der Mikropyle verankert oder mit dem in phylogenetisch jüngeren Stadien, die Zellschichten des Nucellus durchbrochen werden. Aus dem später aufreißenden Pollenschlauch werden in phylogenetisch frühen Stadien noch begeißelte Spermien entlassen.

Dieses Stadium ist nach etwa 30 Millionen Jahren Entwicklungsgeschichte der höheren Landpflanzen bei *Archaeosperma arnoldii* im Oberdevon erreicht. *Archaeosperma arnoldii* hat ein Integument, welches, soweit ersichtlich, aus vier, am Apex noch deutlich freien, also nicht verwachsenen Telomen besteht. Als zusätzlicher äußerer Kreis treten teilweise noch bis zur Basis freie, in Zipfel auslaufende Telome hinzu; es ist das frühe Stadium einer Cupula. Man darf sich den phylogenetischen Werdegang von Integument und Cupula nicht als Neuerwerbung bisher nicht vorhandener Organe, sondern muß ihn sich vielmehr als Umfunktionierung und

Umgestaltung von vegetativen bzw. nicht fertil gewordenen Telomen vorstellen. Als Ausgangsstadium könnte man sich einen Sporangienstand vom *Pseudosporochnus*-Typ aus dem Mitteldevon, wie er im übrigen auch noch im Namur A als *Simplotheca*-Typ zu finden ist, vorstellen. Während eine oder mehrere der zentralen (Mega-)Sporangienanlagen fertil bleiben und zu Samenanlagen werden, bleiben die außen stehenden steril. Außerdem werden durch interkalare Verschiebungen und Verwachsungen (Konkauleszenz) die Stiele der Sporangien in die Hauptachse verlagert.

Spätestens vom Unterkarbon an wird als spezieller Ort für die Mikrosporenkeimung die Pollenkammer herausgebildet. Der Befruchtungsvorgang durch begeißelte Spermien in einer Pollenkammer ist in der heutigen Flora noch bei den Cycadeen (Sagopalmen) die Regel.

Parallel zur Entwicklung der Samenanlage, aber zeitlich nicht unbedingt konform, verläuft die Herausbildung des Pollenkorns aus der Mikrospore. Die Samenanlage ist das stationäre, reservestoffreiche Element, das Pollenkorn das bewegliche, welches die Samenanlage erreichen muß. Die ältesten Sporangien der Landpflanzen sind eusporangiat; sie haben eine mehrzellschichtige Wand und sind, sofern sie Mikrosporen oder Pollenkörner ausbilden, in Aufbau und Gestalt sehr ursprünglich und stets ohne Anulus. Die Mikrosporen unterscheiden sich äußerlich zum Teil nicht von den Isosporen, bei denen die Exine (Exospor) sehr differenziert sein kann. Sie behalten zunächst die Tetradenmarke bei und keimen noch proximal durch die aufreißende Tetradenmarke, gleichen also morphographisch den heutigen Pollenkörnern noch nicht. Selbst im Karbon gibt es noch derartig ursprüngliche Mikrosporen bei sonst hochentwickelten Samenanlagen. Wir dürfen annehmen, daß ein Teil dieser Mikrosporen noch einen deutlichen Gametophyten bildete, welcher erst in den phylogenetischen Stadien, in denen bei den Samen die Pollenkammer entwickelt wurde, auf wenige Zellen zurückgebildet wurde. Die Reduktion des männlichen Gametophyten ist also eine Entwicklung zum Pollenkorn mit mehr- bis wenigzelligem, vom Endospor (Intine) eingeschlossenem Gametophyten. Eine andere wichtige Entwicklung ist die Verlagerung der Keimarea von der proximalen auf die distale Seite, dabei muß aber die Keimarea nicht besonders betont sein.

Daneben finden Abwandlungen statt, die den Transport des Pollenkorns zur Samenanlage sichern sollen, so bei einigen Gruppen die Bildung von Sacci (Luftsäcken), die einen Transport durch Luftströmungen erleichtern. Schon im Mitteldevon setzt eine derartige Bildung bei den Protopteridiales ein (Bild 27 n). Die Exine, oder auch nur eine Teilschicht der Exine, kann sich von der an der Außenseite pektinreichen Intine lösen und bläht sich zunächst als einteiliger Luftsack, Monosaccus, auf der distalen Seite von der Intine ab. Diese auch bei verschiedenen Pteridospermatae des Karbons und Perms nachgewiesene Bildung an den Mikrosporen bzw. Pollenkörnern kann auch bei den Protopteridiales des Mitteldevons als erster morphologischer Hinweis auf die Tendenz zur Wandlung von der Mikrospore zum Pollenkorn gewertet werden. Da dieses Merkmal mit der kräftigen Sekundärxylembildung und der *Dictyoxylon*-Struktur der Rinde bei *Protopteridium* parallel herausgebildet wird, ist an der Tendenz zur Herausbildung des Pollenkorns nicht zu zweifeln.

Erst mit der Herausbildung von Samen und Pollenkörnern haben die Landpflanzen den letzten und wichtigen Schritt vom Wasser auf das Land vollzogen. Denn in den phylogenetisch frühen Stadien wurden die Eizellen der Archegonien von freien, begeißelten Spermien der Antheridien befruchtet und dazu war räumliche Nähe von männlichen und weiblichen Gametophyten und Wasser, in dem sich die Spermien fortbewegen konnten, notwendig. Durch die Reduktion und Verlagerung des männlichen Gametophyten in die Mikrospore bzw. das Pollenkorn war die Verbreitung des Gametophyten durch den Wind und die direkte Übertragung auf die Samenanlage möglich. Durch die Befruchtung in der Pollenkammer oder die direkte Pollenschlauchbefruchtung der Samenanlage war das Wasser als Fortbewegungsmedium der männlichen Geschlechtszellen nicht mehr notwendig. Erst diese Schritte machten die Pflanzen vom nassen oder feuchten Biotop unabhängig und führten zu der nahezu vollständigen Besiedlung aller terrestren Räume.

Die vielfältigen Abwandlungen in Form und Größe sowie in Struktur und Skulptur der Exine durch die Evolution machen die Sporen und Pollenkörner zu sehr wichtigen biostratigraphischen Leit- und Charakterformen in der Erdgeschichte. Mit ihnen lassen sich nicht nur die terrestren Räume biostratigraphisch charakterisieren, sondern auch die marinen und terrestren Schichten parallelisieren, da die Mikrosporen und besonders die Pollenkörner vom Wind und mit dem Wasser der Flüsse weit verfrachtet werden und auch in die marinen Sedimente gelangen.

6. Prinzipien der Umdifferenzierung von Pflanzenorganen im Laufe der Phylogenie

Wenn man die hier in Kurzform dargestellte Phylogenie der alten Landpflanzen verfolgt und die zitierten und abgebildeten Belege kennt, wird als Fazit ersichtlich, daß nur wenige Abwandlungsschritte wie Übergipfelungen, interkalare Verschiebungen und Konkauleszenzen im Raum oder in einer Ebene aus einem symmetrisch gegabelten Algenthallus die Landpflanzen und somit auch die alten und heutigen Samenpflanzen mit

Stamm, Ästen, Blättern, Samen und Wurzeln in ihrer morphologischen Gestalt entstehen ließen.

Parallel zu diesen Vorgängen differenzieren sich aus ursprünglichen Zell- und Gewebetypen neue bzw. abgeleitete, die dann abgewandelte, oft allerdings einem engeren Biotop angepaßte Funktionen aufweisen. Der aufrechte monopodiale Sproß, der sehr bald das Sekundärxylem um die Primärstele erwirbt und damit erst der Funktion als aufrechter, Äste tragender Stamm gerecht wird, entstand aus dem dichotom verzweigten Sproß mit einfacher Primärstele, also einem Sproß ohne tragende Funktion. Es vollziehen sich also nicht nur morphologische, sondern zugleich auch histologische Differenzierungen, die dann die Funktion eines Organs abwandeln, das heißt sie spezialisieren oder erweitern.

Ähnlich liegen diese Verhältnisse beim Blatt. Die parenchymatische Verwachsung der einzelnen Telome zum Blatt vergrößert bei der Veränderung der morphologischen Gestalt die assimilierende Außenfläche. Gleichzeitig werden im Blatt das Palisaden- und das ausgeprägte Schwammparenchym ausgebildet, wodurch die assimilierende Innenfläche vergrößert und zusätzlich der der Assimilation dienende Gasaustausch gefördert wird. Differenzierungen, die bestehende Organe umwandeln, ziehen also wiederum zusätzliche Differenzierungen nach sich.

Mit der Ausdifferenzierung des Sekundärxylems ist zum Beispiel die Ausbildung von Markstrahlen eng verbunden, die den Xylemkörper und das Mark mit Assimilaten versorgen und die auch Assimilate speichern, die nun vermehrt in den etwa gleichzeitig vielfältig ausdifferenzierten Blättern produziert werden.

Diese Beispiele sollen zeigen, daß der Prozeß der ständigen Umdifferenzierung ein Vorgang ist, der nie als abgeschlossen betrachtet werden kann und dem auch die heute und die in Zukunft lebenden Pflanzen unterworfen sein werden.

Dennoch soll abschließend noch einmal betont werden, daß die grundlegenden Differenzierungen im Pflanzenreich, und zwar in morphologisch-anatomischer und histologischer Hinsicht, bereits in der Zeit des Devon stattgefunden haben. Die spätere Geschichte der Pflanzen ist im Prinzip nur eine Neukombination bereits vorhandener Differenzierungen und eine Verfeinerung oder Spezialisierung des bereits im Devon Erreichten.

Anhang

Anmerkungen

Anmerkung zu S. 20:

Der Nachweis derjenigen Taxa in Europa, die bislang nur in Nordamerika bekannt waren bzw. deren Übereinstimmung umstritten war, ist von größtem geobotanischen Wert. Der alleinige Nachweis dieser Taxa in Nordamerika galt, obwohl die übrigen Genera und die meisten Species mit denen in Europa übereinstimmen, bisher als wichtiger Beleg für stärkere klimatisch-geographische Differenzierungen innerhalb des euramerischen Raumes. Mit dem Postulat einer wesentlichen klimatischen Sonderstellung der Flora Nordamerikas wurde der biostratigraphische Vergleich beider Regionen im ausgehenden Karbon und im Perm erschwert und vor allem aus nordamerikanischer Sicht auch gar nicht so recht versucht. Man stellte auch den biostratigraphischen Leitwert der in Europa bewährten und auch in Nordamerika bekannten jedoch wenig beachteten Indexfossilien in Frage (vergl. dazu REMY 1975). Als wichtige Taxa sind in diesem Zusammenhang Vertreter der Genera *Supaia*, *Callipteris* (al. *Dichophyllum*) und *Lescuropteris* zu nennen. DOUBINGER et HEYLER (1975) haben das Genus *Supaia* aus dem Perm von Lodève in Frankreich beschrieben. Die besonderen Merkmale von *Supaia*, nämlich die Wedelgabelung und das Verwachsen der Fiederchen zu langen, bandartigen Fiedern, sind auch bei dem Genus *Callipteris* bekannt, dort aber nicht besonders herausgestellt und nicht als wichtige evolutionäre Tendenz bewertet worden. In Europa sind daher derartige Fossilien, genauso wie die in Amerika als *Dichophyllum* bezeichneten Vertreter der *Callipteris-flabellifera*-Sippe, nicht zu Unrecht in das Genus *Callipteris* gestellt worden (siehe S. 288). Das Genus *Supaia* ist aus dem Genus *Callipteris* hervorgegangen. Die bei den einzelnen Species des Genus *Callipteris* verschiedenartige Lage der Gabelung des Wedels (einmal mehr basal, einmal mehr apikal) und besonders die bei den *C.-conferta-polymorpha*-Sippen nachweisbare Verwachsung der Fiederchen zu bandartigen Fiedern, lassen diesen Schluß zu. Dies läßt auch besonders deutlich bisher noch nicht veröffentlichtes Material aus dem Perm Deutschlands erkennen. Von der *Callipteris-flabellifera*-Sippe hat H. PFEFFERKORN den Autoren 1972 das Photo eines eindeutigen Stückes bekannt gemacht. Weiteres, inzwischen erworbenes Material aus der Stanton-limestone-Formation in Kansas hat das Vorkommen der *C.-flabellifera*-Sippen in Nordamerika völlig gesichert. Umgekehrt wurden auch bisher anscheinend allein für Europa typische Taxa, beispielsweise *Saaropteris*,

Noeggerathiostrobus (al. *Lacoea*), in Nordamerika nachgewiesen. Typische Formen des Cathaysia-Raumes wurden von DOUBINGER (1951) — ein Vertreter des Genus *Emplectopteris* — und von REMY (1975) — ein Vertreter des Genus *Taeniopteris* mit gesägtem Blattrand — aus Europa bekannt gemacht. Auch in dem geographisch dazwischen liegenden westlichen Asien und östlichen Europa sind die Floren typisch euramerisch, wie spärliche, gute Abbildungsbelege erkennen lassen, und V. HAVLENA in einem Brief an die Autoren aus eigener Anschauung bestätigte.

Anmerkung zu S. 43:
Syndetocheile Stomata sind vor kurzem von *Alethopteris sullivanti* beschrieben worden (STIDD, L. L. O. et STIDD, B. M., Paracytic (Syndetocheilic) Stomata in Carboniferous Seed Ferns. — Science *193* (1976) S. 156/57).

Anmerkung zu S. 59:
NIKLAS (1976) hat sowohl an verkieselten als auch an inkohlten Cauloiden von verschiedenen Species des Genus *Prototaxites* den Chemismus der Membranen der Zellfäden untersucht. NIKLAS konnte Kutin- und Suberinderivate nachweisen. Die Analysenergebnisse stimmen mit den an *Taeniocrada* gewonnenen überein, sie weichen aber deutlich von denen ab, die zum Beispiel an *Pachytheca* oder *Spongiophyton* gewonnen wurden. Die Untersuchungsergebnisse von NIKLAS stützen die Ansichten der Autoren, die in *Prototaxites* Landpflanzen sehen und mit parallelen Evolutionswegen rechnen.

Anmerkung zu S. 104:
Das Genus *Protopteridium* ist auf *P. hostinense* KREJČÍ al. *P. thomsonii* al. *Ptilophyton thomsonii* gegründet. *Ptilophyton* ist gültig veröffentlicht und auch durch den noch vorhandenen Holotypus belegt. Wir folgen jedoch in der Nomenklatur von *Ptilophyton* al. *Protopteridium* der Handhabung in MUSTAFA (1975), der das Basionym *Ptilophyton* DAWSON 1878 in Anlehnung an den ICBN verwirft, da es mehr als 50 Jahre nicht im Gebrauch war und HØEG bereits 1942, auf dem gut eingebürgerten Genusnamen *Protopteridium* basierend, die in die Literatur eingeführte Ordnung der Protopteridiales aufgestellt hat.

Da nach MUSTAFA (1975) das Genus *Aneurophyton* ein Synonym von *Protopteridium* ist und nur ein nomenklatorisch und taxonomisch unklarer Rest als *Aneurophyton* übrig bleibt — zu dem noch dazu alles Typenmaterial verlorengegangen ist —, kann man keinesfalls die Ordnung der Protopteridiales durch die Ordnung der Aneurophytales ersetzen, wie in letzter Zeit von einigen Autoren versucht wurde. Es wird daher vorgeschlagen, daß der Name *Protopteridium* unter die Nomina conservanda aufgenommen wird.

TAKHTAJAN et ZHILIN (1976) plädieren vollkommen zu Recht dafür, den Genusnamen *Rellimia* LECL. et BON. 1973 einzuziehen; sie wollen dafür den Namen *Ptilophyton* DAWSON 1878 wieder einführen. Es dürften dann aber nicht, wie TAKHTAJAN et ZHILIN schreiben, die übergeordnete Familie Protopteridiaceae und die übergeordnete Ordnung Protopteridiales benannt werden, da das Bezugsgenus *Protopteridium* wegfiele. Die Wiederaufnahme des Namens *Ptilophyton* würde somit zwangsläufig die Aufstellung einer Ordnung der Ptilophytales und einer Familie der Ptilophytaceae erfordern.

Anmerkung zu S. 156:
In einer Revision der *Scolecopteris lepidorhachis* (BRGT. pars) ZEIL. 1888 durch BARTHEL et GÖTZELT (1976) in: BARTHEL, Die Rotliegendflora Sachsens, — Abh. Staatl. Mus. Mineral. Geol., 24, Dresden 1976, S. 38 ff. —, wird festgestellt, daß das Fruktifikations-Genus *Asterotheca* GR'EURY (non *Asterotheca* PRESL) mit dem Fruktifikations-Genus *Scolecopteris* ZENKER 1837 identisch ist. In Konsequenz dieses Revisionsergebnisses wären die von uns auf Seite 233 bis 237 genannten „*Asterotheca*"-species nunmehr unter dem Genus *Scolecopteris* zu führen.

Anmerkung zu S. 163:
Unter dem Begriff des Pteridophylls sollen hier ohne jede taxonomische Bindung, rein deskriptiv, alle inkohlt oder nur als Abdruck überlieferten wedelartigen Blattorgane und wedelartig beblätterten Astsysteme von Pflanzen des Palaeophytikums verstanden werden.

Anmerkung zu S. 165:
Aus didaktischen Gründen wird bei der Wedelansprache vom Fiederchen bzw. der Fieder ausgegangen, da sonst isoliert gefundene kleine Fiederreste nicht in die Ansprache einbezogen werden könnten.

Anmerkung zu S. 179:
Es wird hier vereinfachend von Fiederchen bzw. Fiedern gesprochen, obwohl es sich um echte Blättchen handelt. Diese Unterschiede sind jedoch nur an gutem Material wirklich deutlich sichtbar und vom in der Bestimmung Ungeübten schwer zu erfassen.

Anmerkung zu S. 353:
Die aus der Konservierung des Genus *Calamites* BRGT. 1828 mit dem Basionym *C. radiatus* sich ergebenden Konsequenzen werden in REMY et REMY 1977 — *Calamitopsis* n. gen. und die Nomenklatur und Taxonomie von *Calamites* BRONGNIART 1828 — dargestellt. Die emendierten bzw. neuen Diagnosen werden im vorliegenden Buch jeweils im Originalwortlaut der Veröffentlichung wiedergeben.

Fachwortverzeichnis

Die Fachworte werden in diesem Buch allein aus der Sicht des Paläobotanikers definiert; die Definitionen erwähnen nicht die möglichen Belange oder Beispiele der Paläozoologie und der Geologie. Die in den Fachworterläuterungen kursiv gesetzten Begriffe werden innerhalb dieses Verzeichnisses ebenfalls erklärt.

abaxial, von der tragenden Achse weg gerichtet. *adaxial.*

abietoid, die „moderne" Hoftüpfelung mit runden, einzeln oder auf gleicher Höhe stehenden *Hoftüpfeln.*

abortiv, nicht fertig ausgebildete fertile Organe, meist nicht fertig ausgebildete Sporen einer *Tetrade;* bei Ausbildung einer *Megaspore* bleiben die restlichen 3 Sporen einer Tetrade unfertig (zum Beispiel Cystosporites).

adaxial, zur tragenden Achse hin gerichtet. *abaxial.*

akropetal, aufwärts gerichtete Abzweigung. *basipetal.*

Aktinostele, Sammelbezeichnung für alle Stelärkörper, deren annähernd in einem Kreis stehende *Protoxylem*gruppen zentripetal, also zum Zentrum der Achse hin, das *Metaxylem* initiieren (Bild 2 d, e, g). Im speziellen Fall sieht die Aktinostele zahnradförmig aus, wobei die Zähne den Protoxylemgruppen entsprechen, und der gesamte zentrale Teil von Metaxylem ausgefüllt ist. *Plektostele.*

allochthon, Bildung aus nicht an Ort und Stelle gewachsenen Pflanzen bei Kohlenflözen und Brandschiefern sowie bei Pflanzenlagern in nicht kohligen Sedimenten, die aus zusammengeschwemmtem Material entstanden sind. *autochthon.*

amphistomatisch, Blätter, die auf der Ober- und Unterseite *Stomata* (Spaltöffnungen) besitzen. Gegensatz: *hypostomatisch,* Blätter, die nur auf der Unterseite Stomata ausbilden. Seltener: *epistomatisch,* Blätter, die nur auf der Oberseite Stomata ausbilden (zum Beispiel Schwimmblätter der Wasserpflanzen, Rollblätter der Ericaceen). *Stoma.*

anadrom, *Anadromie.*

Anadromie, Verzweigungsform, bei der die erste Fieder eines Wedels bzw. die erste Ader eines Fiederchens oder eines Blattes zur Wedelspitze hin ausgebildet ist. *Katadromie.*

anastomosieren, partielles Berühren und Verwachsen von *Xylem*strängen bzw. von Adern; ergibt zum Beispiel die Maschenaderung bei Lonchopteris.

anatrop, die zurückgekrümmte Stellung von Samenanlagen oder *Sporangien* in etwa 180° zur Richtung der tragenden Achse.

Angiospermen, bedecktsamige Blütenpflanzen; die Samenanlagen werden von Fruchtblättern umschlossen (Beispiele: Rose, Eiche, Kirsche).

Anisophyllie, die Blätter eines Wirtels sind verschieden groß; zum Beispiel bei Sphenophyllum oblongifolium. *Heterophyllie.*

Antheridien, die männlichen Fortpflanzungsorgane bei Algen, Moosen, Farnen, Bärlapp- und Schachtelhalmgewächsen. Sie werden auf den aus den Sporen auskeimenden *Prothallien* gebildet. *Archegonien.*

Antiklinalwand, senkrecht zur Außenfläche einer Zelle verlaufende Wand.

Anulus, ring- oder kappenartig ausgebildete, verdickte Zellen am *Sporangium.* Sie dienen der Öffnung des reifen Sporangiums.

Aphlebien, auffallend geformte Blättchen oder Fiederchen der *Filicatae* und *Pteridospermatae,* die von den normalen Laubblättern in der Gestalt und Aderung abweichen. Sie haben in der Regel die jungen, eingerollten und unentwickelten Wedel der Farne und Farnsamer umhüllt. Sie waren mechanischer Schutz und verhüteten übermäßige Verdunstung. Da sie bei oder kurz nach der Entfaltung der Laubblätter abfielen, werden sie meist isoliert gefunden.

aphleboid, in der Gestalt abweichend von den normalen Blättchen oder Fiederchen geformt; es handelt sich meist um die basalen Blättchen oder Fiederchen an den Fiedern.

apikal, die Spitze betreffend, an der Spitze.

Appendices, unterirdische Organe der Lycophyta (Bärlappgewächse), die Wurzelfunktionen übernehmen; sie haben die Gestalt von hohlen Schläuchen.

Archegonien, die weiblichen Fortpflanzungsorgane bei Moosen, Farnen, Bärlapp- und Schachtelhalmgewächsen. *Gametophyt.*

Articulaten, Pflanzen, deren Blättchen in echten Wirteln, das heißt jeweils in einer und derselben Höhe um den Sproß herum, stehen. Heutige Vertreter sind die Schachtelhalmgewächse.

Ataktostele, über den gesamten Querschnitt des Sprosses verstreut stehende Leitbündel. Heute bei den Monocotyledonen, z. B. Mais. *Stele.*

autochthon, an Ort und Stelle aus Pflanzenresten gebildete Flöze, Brandschiefer und nicht kohlige Sedimente. *allochthon.*

azonale Vegetation, sie ist mehr von den am Standort gegebenen Wasser- und Bodenverhältnissen als von der Klimazone abhängig. Es handelt sich vorwiegend um Wasser-, Sumpf- und Moorpflanzen-Assoziationen. *zonale Vegetation.*

basipetal, abwärts gerichtete Abzweigung oder Blattstellung. *akropetal.*

Biostratigraphie, die Arbeitsrichtung der Stratigraphie (Beschreibung der Schichtenabfolge), welche zur Datierung der Schichtenabfolge fossile Organismen benutzt. Die B. arbeitet nicht mit absoluten Zeitwerten sondern nach dem Prinzip des „älter als", „jünger als" oder „gleich alt wie". Das erste Auftreten von neuen Organismengruppen, von Genera oder Species, bestimmt die Lage der sogenannten „biostratigraphischen Grenzen". *Lithostratigraphie, stratigraphische Leitspecies.*

Biotop, durch *ökologische* Faktoren relativ eng umrissener Lebensraum mit aufeinander abgestimmten Lebewesen. *Ökologie.*

Bogheadkohlen, aus Algen, z. B. Species des Genus Pila, aufgebaute Kohlen, die zusammen mit der normalen Kohle vorkommen können. Es sind Unterwasserbildungen.

Brakteen, farblose, grüne oder anders gefärbte, in der Blütenregion inserierte Deckblätter.

Bulbillen, Brutknospen, sie dienen der vegetativen Vermehrung.

Carinalkanal, nach Zerreißen des *Protoxylems* entstehende Höhlung.

Caytoniales, zu den *Gymnospermen* gehörende Pflanzen, die äußerlich noch stark an Farne erinnern. Die Samenanlagen sind jedoch zur Zeit der Reife vollständig geschlossen.

Charakterspecies, *stratigraphische Charakterspecies.*

Coniferen, Nadelbäume; zusammenfassender Begriff für die nacktsamigen, nadelförmige Blätter tragenden Gewächse mit hauptsächlich aus gleichgestalteten *Tracheïden* bestehendem *Xylem* (Holzteil) des Stammes.

Cupula, Fruchtbecher aus umgebildeten *Telomen,* die die Samen als Hülle teilweise oder ganz umfassen. Die C. kann einen oder mehrere Samen vollkommen umhüllen, wie bei der Buche und bei vielen fossil bekannten Samen, oder, wie bei den meisten Eichenarten, den Samen basal einhüllen.

Cycadeen, nacktsamige Gewächse von Palmengestalt.

Cycadofilices, nacktsamige Gewächse, welche die Gestalt der echten Farne haben. Sie tragen Samen und werden daher auch *Pteridospermatae* (Farnsamer oder Samenfarne) genannt.

Cyclopteriden, große, meist kreisförmige Blättchen, die am Fußstück großer Wedel ansitzen. Sie werden meist bei den als Neuropteriden zusammengefaßten Farnsamern gefunden.

Dehiszenz, für die Öffnung der *Sporangien* und Pollensäcke vorgebildete Stelle in der Sporangien- oder Pollensackwand. Sie reißt nach der Reifung auf und ermöglicht die Entleerung des Sporangiums. Bei den *Filicatae* befindet sich meist an der Dehiszenzstelle ein Ring dickwandiger Zellen *(Anulus),* der das mechanische Aufreißen des Sporangiums bewirkt.

dekussiert, kreuzweise gegenständige Stellung von Ästen oder Blättern.

Detritus, anorganische und organische Substanzen in fein zerriebener Form.

Diagenese, alle ein Sediment nach der Ablagerung verändernden physikalischen, chemischen und biologischen Vorgänge, jedoch unter Ausschluß der Metamorphose und der Verwitterung. Diagenetische Einflüsse sind: Entwässerung, Zuführung eines Bindemittels, Herauslösung und Austausch von Ionen, Umkristallisation. Auch die als Inkohlung (vgl. Kap. A 2 und 3) bezeichnete Umwandlung von toten Pflanzenteilen über Torf, Braunkohle, Steinkohle zum Anthrazit gehört zur D.

diarch, zweibogig; *Stele,* die aus zwei *Xylem*armen besteht.

Dichasium, falsche Gabelung. Sie entsteht durch das Austreiben von sich mehr oder weniger genau gegenüberstehenden Knospen bzw. deren Scheitelzellen zu Seitenzweigen gleicher Ordnung; die Scheitelzelle der Primärachse stellt dabei ihr Wachstum ein.

dichotom, *Dichotomie.*

Dichotomie, echte Gabelung. Die Primärachse bildet durch äquale Längsteilung der Scheitelzelle zwei gleichwertige Scheitelzellen. Diese wachsen zu gleichwertigen Achsen aus.

Dictyoxylon-Struktur, durch Bastelemente, die innerhalb der Rinde maschenförmig angeordnet sind, hervorgerufene netzartige Struktur bei

Wedel- und Stammachsen der *Pteridospermatae* und Prospermatophyta. Eine Dictyoxylon-Struktur findet man heute beispielsweise bei der Anordnung der Bastelemente der Linde.

diplotmematisch, Wedelbau bei einigen Gruppen der *Pteridospermatae,* der durch eine doppelte Gabelung gekennzeichet ist; wie bei den Mariopteriden.

distal, auf der vom Bezugspunkt entfernten Seite liegend, oder einen entfernten Punkt betreffend.

Divergenz, der Winkel zwischen zwei aufeinanderfolgenden Blättern oder Wedeln in Bruchteilen des Stengelumfanges ausgedrückt.

Dolomit, nach dem französischen Mineralogen Dolomieu benanntes gesteinsbildendes Mineral aus Calcium- und Magnesium-Karbonat.

Dorsalblättchen, an der Oberseite von Zweigen oder Fiedern stehende, meist abweichend gestaltete Blättchen.

dorsiventral, einachsig symmetrisch; Ober- und Unterseite sind verschieden.

Elateren, faserförmige Zellen mit schraubenbandförmigen Wandverdickungsleisten; „Schleuderzellen" bei den Lebermoosen, die die Sporen aus den *Sporangien* schleudern.

Emergenzen, haar-, schuppen- oder dornartige, manchmal an *mikrophylle* Blätter erinnernde Anhänge des Pflanzenkörpers. Sie sind Bildungen aus *Epidermis* und Rindengewebe.

endarch, beschreibt die Lage des *Protoxylems* zum *Metaxylem* im Sproß bzw. in der Einzelstele; das *Protoxylem* differenziert das *Metaxylem* einseitig zur Sproßperipherie hin aus (vgl. Bild 3). *exarch, mesarch.*

Endodermis, die innerste Zellschicht der Rinde.

Endospor, Innenhaut der Sporen. *Intine.*

Epidermis, äußerste Zellschicht des Pflanzenkörpers aus dicht beieinanderstehenden, pflasterförmigen Zellen, die bei Landpflanzen mit einer *Kutikule* überzogen ist; bei Wasserpflanzen kann die Kutikule fehlen.

Epiphyten, Pflanzen, die auf anderen Pflanzen leben und sich selbständig ernähren.

epiphytisch, auf anderen Pflanzen wachsend.

epistomatisch, *amphistomatisch.*

etagiert, etagenartig übereinanderstehende Zellen.

Eustele, ringförmige und periphere Anordnung von offenen, *kollateralen* Teilstelen im Sproß (vgl. Bild 2 h).

Evolution, sie äußert sich in der Summierung kleinster genetisch fixierter Abwandlungen von Sippen und den sie zusammensetzenden Individuen im Ablauf der Zeit. *Phylogenie.*

exarch, beschreibt die Lage des *Protoxylems* zum *Metaxylem* im Sproß, bzw. in der Einzelstele; das Protoxylem differenziert das Metaxylem einseitig zum Sproßzentrum hin aus (vgl. Bild 3). *endarch, mesarch.*

Exine, Außenhaut der Pollenkörner. *Exospor.*

Exospor, Außenhaut der Sporen. *Exine.*

Fazies, das verschiedenartige Erscheinungsbild von Gesteinen, an Hand lithologischer und paläontologischer Daten. Die Fazies spiegelt die Verhältnisse des *Geotops* (physikalisch-chemische Faktoren) und des *Biotops* (biologische Faktoren) wider. Bei der Unterscheidung der verschiedenen faziellen Entwicklung der Sedimente oder der Gesteinskörper kann man sich auf lithologische Charakteristika (Lithofazies, z. B. rote sandige Fazies, kalkige Fazies), paläontologische Charakteristika (Biofazies, z. B. Kohlenfazies, Calamitenfazies) oder auf größere oder kleinere Bildungsbereiche *(terrestrische, limnische,* marine, fluviatile, Delta-, Moorfazies usw.) beziehen. Verschiedene oder übereinstimmende Fazies kann sowohl nebeneinander (zeitgleich) als auch aufeinanderfolgend (nichtzeitgleich) am gleichen Ort oder an voneinander entfernten Orten entstehen.

Filicatae, Farne, die sich durch *Isosporie* (äußerlich gleiche Sporen) fortpflanzen.

flexuos, hin- und hergebogen, Bezeichnung für nicht gestreckt verlaufende Achsen oder Adern.

folios, *Thalli* der Lebermoose, die nicht lappig sondern in Blättchen gegliedert sind.

Fossilisation, Bezeichnung für alle Vorgänge, die dazu führen, daß ein organischer Rest in den Erdschichten kenntlich erhalten bleibt.

Fruktifikationen, die an der geschlechtlichen Fortpflanzung beteiligten weiblichen und männlichen Pflanzenorgane; übertragen auch *Sporangien.*

Gametophyt, die Generation, die die Geschlechtsorgane ausbildet. Gegensatz: *Sporophyt.*

Geotop, jede beliebige, zu irgendeiner Zeit allein von den physikalischen Kräften geschaffene Stelle auf der Erdoberfläche; sie wird durch die Tätigkeit niederer und höherer Organismen (Durchwurzelung, Kolloïdbildung) zum *Biotop*. Der Übergang vom G. zum Biotop ist fließend.

Gymnospermen, Gewächse, deren Samenanlagen offen auf den Fruchtblättern liegen.

haplocheil, Spaltöffnungstyp, bei dem sich die Urmutterzelle durch eine Längswand in zwei Schließzellen teilt. *syndetocheil.*

Hapteren, vom *Perispor* gebildete Anhänge der Sporen bei Equisetum, seit dem Oberkarbon bekannt bei den Sporen der Calamitaceae.

Heterophyllie, verschiedenartige Gestalt und oft auch Funktion von Blättern einer Pflanze; zum Beispiel Schwimmblätter und Unterwasserblätter, *Dorsal-* und *Ventral*blätter einer Achse oder Blätter an den Hauptachsen und an den Seitenachsen bzw. am Übergang zur Blütenbeblätterung. *Anisophyllie.*

Heterosporie, Verschiedensporigkeit; es werden *Megasporen,* die reservestoffreich sind, und *Mikrosporen* ausgebildet. Aus den Megasporen entstehen weibliche und aus den Mikrosporen männliche *Prothallien*. *Homosporie, Isosporie.*

Histologie, die Lehre von den Geweben. Die Differenzierung der Pflanzen erfordert Arbeitsteilungen; im Ursprung gleichartige Zellen bilden daher Gruppen und formieren sich zu Geweben. Diese Gewebe werden spezialisiert und bilden Organe bzw. Organteile.

Hoftüpfel, die sekundäre Zellwand ist von der Mittellamelle zum Zellumen hin etwa kegelförmig ausgespart. Der zentrale Teil der Mittellamelle ist jedoch durch Restauflagerungen von Primärwandmaterial verdickt. Da die Mittellamelle elastisch ist, kann der *Tüpfel* durch diese Verdickung geschlossen werden, wodurch der Wassertransport zur Nachbar*tracheïde* erschwert wird.

homomorph, gleichgestaltet, von gleicher äußerer Gestalt.

Homosporie, Gleichsporigkeit; aus diesen Sporen gehen *Prothallien* hervor, die meist sowohl *Antheridien* als auch *Archegonien* ausbilden; seltener werden trotz gleichartig aussehender Sporen die Antheridien und die Archegonien auf getrennten Prothallien ausgebildet. *Heterosporie.*

Hydathoden, Wasserspalten; Öffnungen im Blatt, die Wasser aus den *Tracheïden* in Tropfenform abscheiden.

hydrophil, wasserliebend; Anpassung an bzw. Vorliebe für nasse Standorte.

hygrophil, feuchtigkeitsliebend; Anpassung an bzw. Vorliebe für feuchte Standorte.

hypostomatisch, *amphistomatisch.*

imparipinnat, unpaarig gefiedert. Die Fieder endet mit einem einzeln (unpaarig) stehenden Fiederchen.

Infranodalmal, bei Calamiten kreisförmige oder ovale Erhebung unterhalb der *Nodiallinie* zwischen zwei *Stelen,* sie ist nur am Abdruck der Markhöhlenausfüllung der Calamiten sichtbar. Sie entspricht der Ausfüllung einer Gewebelücke im Sproß durch Sediment.

Inseration, Ansatzstelle des Blattes, Wedels oder Astes an einer tragenden Achse.

inseriert, Inseration.

Insolation, die Sonnenstrahleneinwirkung auf die Erdoberfläche.

Integument, Hülle um den *Nucellus* einer Samenanlage; *phylogenetisch* aus umgewandelten *Telomen,* Blattanlagen oder steril gewordenen *Sporangiophoren,* entstanden. Aus den I. bildet sich eine differenzierte *Testa* (Samenschale), deren innere Schicht verholzt *(Sklerotesta),* während die äußere Schicht fleischig bleibt *(Sarkotesta).*

interkalares Wachstum, auf bestimmte Abschnitte eines Organs beschränktes Wachstum (meist Streckungswachstum), das durch „Restmeristeme" verursacht wird, aber von beschränkter Dauer ist. Durch gleitendes Wachstum, indem sich einige Zellagen stärker strecken als andere, entstehen Verschiebungen von Organen gegeneinander; das Resultat kann ungleichartiger Wuchs sein.

Internodium, der Sproßabschnitt zwischen zwei aufeinanderfolgenden Verzweigungen der *Stele. Nodium.*

Interzellularen, Zwischenräume zwischen benachbarten Zellen. Sie entstehen durch partielles Auflösen der Mittellamellen.

Intine, Innenhaut der Pollenkörner. *Endospor, Exine, Exospor.*

intramontan, „innerhalb der Gebirge"; Bezeichnung für Sedimentationsräume und Sedimente in den von Berg- oder Gebirgszügen umgebenen Festlandsregionen. Diese werden den paralischen Sedimentationsräumen gegenübergestellt. Es können je nach Lage durch maritimes bis kontinentales Klima gekennzeichnete Lebens- und Sedimentationsräume vorliegen. *paralisch, limnisch.*

intuskrustiert, vollkommen von der Versteinerungssubstanz durchtränkt und in der Regel in der ursprünglichen, körperlichen Form, einschließlich erhaltener Gewebe, überliefert.

isodiametrisch, Zellen von in allen Richtungen annähernd gleichem Durchmesser.

Isosporie (Isosporen, isospor), alle Sporen einer Pflanze sind äußerlich gleich ausgebildet. *Heterosporie.*

Kambium, spezielles *Meristem* der Pflanzen, das die Zellen des sekundären *Xylems* und *Phloems* abgliedert.

Katadromie (katadrom), Verzweigungsform; die erste Fieder eines Wedels bzw. die erste Ader einer Fieder oder eines Blattes ist zur Wedelbasis hin ausgebildet.

kauliflor, stammblütig, das heißt die Blüten kommen aus stärkeren Ästen und direkt aus dem Stamm; beispielsweise Kakaobaum und Feigenarten.

kollateral, Teilstele oder Leitbündel einer *Eustele* mit rundem bis elliptischem oder eiförmigem Querschnitt; das *Xylem* liegt zum Zentrum, das *Phloem* zur Peripherie des Sprosses hin.

Kollenchym (kollenchymatisch), Festigungsgewebe der Pflanze aus lebenden Zellen; Verdickung an den Kanten (Kanten-K.) oder an den tangentialen Wänden (Platten-K.).

Komissuren, Verbindung von Adern oder Stelen (geschlossener Stelenverlauf).

Koniferen, *Coniferen.*

Konkauleszenz, man spricht von K., wenn Verzweigungen der Stele in der Lage zur Rinde verschoben werden.

Kormophyten, Sproß, Blätter und Wurzeln aufweisende Pflanzen wie Farngewächse, Bärlappgewächse, Schachtelhalmgewächse, Samenfarne, Koniferen, Blütenpflanzen.

Kräuterschiefer, Schiefer, die direkt über einem Flöz liegen und sehr viele, meist auch gut erhaltene Pflanzenreste, besonders häufig *Pteridophylle* von *Pteridospermatae* oder *Filicatae*, sowie Calamitaceen- und Lycophytenreste, enthalten.

kreneliert, mit Zinnen versehen, soviel wie gekerbter bis unregelmäßig gewellter Blattrand.

Kryptogamen, Pflanzen, die sich mit Sporen fortpflanzen; hierzu gehören die Farnpflanzen, die Moose, die Algen und die Pilze.

Kutikula, die Außenhaut der Pflanzen überziehende Membran. Sie besteht aus *Kutin* (hochpolymeren Fettsäure-Verbindungen) und dient als Verdunstungsschutz.

Kutikularpapille, aus *Kutin* bestehende Papille (Mamille), die auf der *Epidermis*zelle aufsitzt (nicht hohl).

Kutin, Substanz, aus der die *Kutikula* besteht. Kutine bauen sich aus Fettsäuren auf.

Lakune, Hohlraum in Geweben.

lakunös, *Lakune*.

lazeriert, eingerissen, unregelmäßig gespalten; Blätter, die zwischen den Adern aufreißen, werden so bezeichnet.

Lazinen, lange, unregelmäßige, grobe und etwas zugespitzte Zähne, die parellel zu den Adern (Seitenadern) stehen.

laziniert, *Lazinen*.

Leitspecies, *stratigraphische Leitspecies*.

Lepidophyten, Schuppenbaumgewächse.

Ligninreaktion, an fossilen Holzresten; Braunkohlenholzreste werden in verdünnter Salpetersäure erhitzt oder kurz aufgekocht. Die sich einstellende Rotfärbung gilt als Ligninnachweis. Diese Reaktion erfolgt bei Steinkohlen nicht mehr.

Ligula, Blatthäutchen; im vorliegenden Fall speziell bei den *heterosporen* Lycophyta. Es funktioniert als Wasser absorbierendes Organ und liegt in einer grubenartigen Vertiefung *(Ligulargrube)* in der Rinde oberhalb der eigentlichen Blattnarbe.

Ligulargrube, *Ligula*.

limnisch, „im Süßwasser"; Bezeichnung für aquatische Sedimentationsräume und Sedimente. Im weitesten Sinne Bezeichnung für alle Vorgänge, Wechselbeziehungen und Ablagerungen in Süßwasserräumen (Flüssen, Flußterrassen, Flußdeltas, Seen oder regelmäßig überschwemmten Auen). Im engeren Sinne Verlandungs-, Sumpf- und Moorgebiete, deren pflanzliche Substanz bzw. deren Torfe im Laufe der *Diagenese* zu Kohle wurde bzw. deren Floren in Ton- oder Sandgesteinen überliefert wurden. Das Klima kann vom maritimen bis hin zum streng kontinentalen Klima alle Abstufungen aufweisen. *paralisch, terrestrisch.*

Lithostratigraphie, die Arbeitsrichtung der Stratigraphie, welche zur Ordnung der Schichtenabfolge allein petrographische Methoden und Merkmale benutzt. *Biostratigraphie.*

Lobus, läppchenartige, ohrförmige Ausbuchtung an Blättchen und Fiederchen.

Mazeration, Bezeichnung für alle chemischen Verfahren, mit deren Hilfe die widerstandsfähigen *Kutin-,* Sporenin- und Pollenin-Substanzen in Gestalt von *Kutikulen,* Sporen und Pollenkörnern aus Kohlen, Sedimenten oder Pflanzenabdrücken mit erhaltener Substanz gewonnen werden können.

Megasporen, Großsporen mit Reservestoffen. Aus den Megasporen entsteht jeweils ein weibliches *Prothallium. Mikrosporen.*

Megasporangium, Fruktifikationsorgan, in dem die weiblichen Großsporen ausgebildet werden.

Meristem, Gewebe aus teilungsaktiven Zellen. Die M. bilden alle anderen Gewebe und Organe. Primäre M. sind diejenigen der noch undifferenzierten Sproßspitzen (Scheitelmeristeme). Sekundäre M. sind die an den Sproßflanken älterer Sproßteile (zum Beispiel das *Kambium);* hier werden schon differenzierte Dauergewebe wieder teilungsaktiv und bilden Gewebe wie Sekundär*xylem* oder Kork. *Vegetationspunkt.*

mesarch, beschreibt die Lage des *Protoxylems* zum *Metaxylem* im Sproß bzw. in der Einzelstele; das Protoxylem differenziert allseitig Metaxylem aus (vgl. Bild 3). *endarch, exarch.*

Mesoklima, das Klima mittelgroßer Räume. M. umfaßt als Geländeklima zum Beispiel Täler, Küstenregionen („paralisches Klima") oder die Luv- bzw. Lee-Seite eines Berges bzw. eines Gebirgszuges. Auch das Klima eines großen Waldes könnte als Bestandsklima noch dem Mesoklima zugerechnet werden. Der Einfluß des Mesoklimas wird durch *Insolation* (Einstrahlung) und daraus resultierender Temperatur, Luftströmung, Verdunstung bzw. Verteilung der Niederschläge hervorgerufen. *Mikroklima.*

mesophil, Anpassung an bzw. Vorliebe für Standorte mit mittlerem Feuchtigkeitsgrad.

Metaxylem, die im Anschluß (zeitlich und topographisch) an die *Protoxylem*-Tracheïden angelegten *Tracheïden*. Sie haben ring-, treppen- oder netzförmige Wandverdickungen.

Mikroklima, das Klima bodennaher Vegetationsschichten, das als Kleinklima bezeichnet wird. M. ist durch stärkere Temperaturschwankungen und die im allgemeinen geringere Luftbewegung generell zu kennzeichnen. Wenn in diesem Buch von Mikroklima gesprochen wird, so sind auch stillschweigend die Einflüsse des *Mesoklimas* einbezogen. Da im Paläophytikum keine Wälder mit dichten Kronen und ausgeprägter Schichtung zu erwarten sind und die *Insolation* den Boden fast überall erreichte, läßt sich das *Mesoklima* nicht scharf vom Mikroklima trennen.

mikrophyll, kleinblättrig; meist nadelförmige, einadrige Blätter, wie wir sie bei den Bärlappgewächsen oder den Schachtelhalmen finden.

Mikropylaröffnung, *Mikropyle.*

Mikropyle, von den *Integumenten* frei gelassener Zugang zum *Nucellus* einer Samenanlage, durch den die Pollenkörner zur Befruchtung eindringen.

Mikrosporen, Kleinsporen, praktisch ohne Reservestoffe, aus denen jeweils ein männliches *Prothallium* entsteht.

Monokotylen, einkeimblättrige Blütenpflanzen, wie Palmen und Gräser.

monolete Marke, das bei vielen Sporen strichförmige Mal an der Stelle, an der sie innerhalb der Tetrade in Berührung standen. *trilete Marke, Tetrade.*

monopodial, Sproßsystem mit durchlaufender Hauptachse. *sympodial.*

Nodiallinie, das *Nodium* betonende Linie an Markhöhlenausfüllungen und Abdrücken von *Articulaten*, die durch die gleichförmige Abgabe von Blattspuren am *Nodium* verursacht wird.

Nodium, der Abschnitt des Sprosses, an dem ein oder mehrere Blättchen bzw. Seitensprosse ansitzen; diese Zone wird auch als „Knoten" bezeichnet. *Internodium.*

Nucellus, zentraler Gewebekern der Samenanlage, der von ein oder zwei Hüllen, den *Integumenten*, umgeben wird. Der Nucellus ist dem *Megasporangium* der Filicophyta homolog.

Ökologie, die Wissenschaft von den Beziehungen der Lebewesen zur Umwelt und ihrer Anpassung an diese. Die Ökologie betrachtet die Wirkung der Lebewesen auf das *Geotop*, welches zum *Biotop* wird, und auf das Klima. Sie betrachtet auch die Wirkung des Geotops bzw. Biotops auf das Klima und die Lebewesen, sowie die Einwirkung der Lebewesen aufeinander, *Paläoökologie*.

Ontogenie, Individualentwicklung eines Lebewesens aus aufeinanderfolgenden Entwicklungsstadien. Sie beginnt mit der befruchteten Eizelle. Ontogenetisch frühe Stadien lassen oft die Entwicklungshöhe der Ahnen erkennen. Durch die Untersuchung der Ontogenie sind die an der erwachsenen (adulten) Pflanze sichtbaren Merkmale — Verschiebungen, Verdoppelungen von Organen oder Organteilen, unterschiedliche Blattformen und andere Erscheinungsbilder — erst richtig zu deuten.

opponiert, gegenständig.

Orthostichen, Geradzeilen; zum Beispiel bei Lepidophyten die Anordnung der Polster oder Blattnarben senkrecht untereinander.

orthotrop, Pflanzenteile, die in der Lotrichtung aufwärts oder abwärts wachsen. Geradlinig in der Verlängerung der Achse bzw. eines Stieles wachsende Organe. *plagiotrop*.

Paläobotanik, die P. untersucht die fossilen Pflanzen je nach Erhaltung in anatomisch-histologischer und morphologischer Hinsicht. Daraus ergeben sich Daten zur *Histologie,* Anatomie und *Taxonomie,* zur *Phylogenie, Paläoökologie,* zur *Paläogeographie,* zum Paläomikroklima und zur *Biostratigraphie.* Landpflanzen sind für die Bildung von Torf- bzw. Kohlenlagerstätten von alleiniger Bedeutung, sie sind auch das Ausgangsmaterial für Erdgaslagerstätten. Algen sind stark an der Bildung von bituminösen Sedimenten und Erdöllagerstätten beteiligt. Landpflanzen geben wesentliche Hinweise zur Klima- und *Fazies*analyse und auf die paläohydrologischen Verhältnisse der terrestrischen Sedimente („Pflanze und Boden"). Die *Palynologie* und *Kutikular*analyse ergänzen die obengenannten Punkte und ermöglichen darüber hinaus die Datierung mit Landpflanzenresten bis in den marinen Bereich. Mit Pflanzenresten sind kontinentweite Parallelisierungen möglich!

Paläogeographie, die Darstellung und Untersuchung der geographischen Verhältnisse der vorzeitlichen Erdoberflächen.

Paläoökologie, die auf die geologische Vorzeit bezogenen Vorgänge bzw. aus der *Fazies* (Litho- und Biofazies) abgeleiteten ökologischen Vorgänge. *Ökologie.*

palmat, fächerförmig.

Palynologie, die Lehre und Arbeitsrichtung, die sich mit Sporen und Pollenkörnern als isolierten Organen befaßt. Neuerdings wird bei fossilem Material auch die Untersuchung und Auswertung einzelliger oder koloniebildender Algen und *Kutikulen*reste unter diesem Begriff erfaßt.

Palynomorphen, Sporen, Pollenkörner und Algenmembranen, die in der Regel isoliert im Sediment gefunden werden, sogenannte Sporae dispersae.

paralisch, „am Meer"; Bezeichnung für Sedimentationsräume und Sedimente in den an die Binnen- oder Weltmeere angrenzenden Tiefländern, die von marinen Überflutungen erreicht werden können. Im engeren Sinne handelt es sich um *limnisch*-aquatische Sumpf- und Moorgebiete, deren Pflanzensubstanz aus Torf im Laufe der *Diagenese* zu Kohle wurde bzw. deren Floren in Ton- oder Sandgesteinen überliefert wurden. Paralische Gebiete haben meist maritimes Klima als die Floren beeinflussendes Element. Die limnisch-*terrestrischen* Sedimente können infolge zeitweiliger mariner Überflutungen mit durch Faunen belegten marinen Sedimenten überdeckt werden. *intramontan.*

Parenchym, Grundgewebe der Pflanzenkörper; im einfachsten Fall ein völlig undifferenziertes Gewebe.

Parichnosmal, Ausmündung eines interzellularenreichen Gewebestranges (Aerenchyms) bei den Lycophyta, der anscheinend dem Gasaustausch dient.

paripinnat, paarig gefiedert; mit zwei Endfiederchen versehene Fieder.

Perispor, dem *Exospor* aufgelagerte Schicht bei Sporen; sie ist oft verziert.

Phellogen, das Gewebe, das die Zellen bzw. die Gewebe der sekundären Rinde bildet.

Phloem, Bast- oder Siebteil der Leitbündel *(Stelen).* Die funktionellen Elemente sind lange Zellreihen, deren Querwände siebartig durchlöchert sind.

phylogenetisch, *Phylogenie.*

Phylogenie, die Stammesentwicklung einer *taxonomischen* Einheit im Laufe der Zeit. Die Untersuchungen zur vergleichenden Morphologie, Anatomie und *Histologie* im Sinne einer Merkmalsphylogenie lassen die Stammesentwicklung als Abwandlungsreihe einer Abfolge von *Ontogenien* erkennen. Die Phylogenie zeigt letztlich, daß alle Organismen in einer genetischen Beziehung zueinander stehen und von gemeinsamen, zum Teil sehr weit zurückliegenden Ahnen abstammen. *Evolution.*

plagiotrop, schräg oder senkrecht zur tragenden Achse. *orthotrop.*

platysperm, Samen mit flachem Querschnitt.

Plektenchym, Scheingewebe aus verflochtenen Zellschläuchen bei Pilzen und Algen.

Plektostele, langarmige Sonderform der *Aktinostele* mit annähernd sternförmig zusammengewachsenem *Metaxylem* und zwischen diesen Metaxylemarmen liegenden *Phloem*abschnitten; wie bei Asteroxylon.

polyphyletisch, „vielstämmig"; bezeichnet in der systematischen Stellung auf Grund analoger Organisationshöhe bzw. Merkmale gleichstehende Gruppen, die stammesgeschichtlich verschiedene Entwicklungswege hinter sich haben, aber von phylogenetisch sehr früh stehenden gemeinsamen Ahnen abstammen, wobei diese gemeinsamen Ahnen noch im „Algenstadium" zu suchen sein können.

polystel, mehrstelig; die *Stele* besteht aus mehreren ± isolierten Einzel- (Teil-)Stelen (vgl. Bild 2 i bis m). *Eustele*.

Population, Gesamtheit der Individuen eines *Taxons* in einem eng begrenzten geographischen Bereich.

Primordialwände, Mittellamellen.

prosenchymatisch, *parenchymatische*, langgestreckte und zugespitzte Zellen.

Prothallium, als Vorkeim bezeichneter *Gametophyt* der Farngewächse.

Protopektine, Derivate der linear-makromolekularen Pektinsäure. Sie können mit Hilfe mehrwertiger Metallionen zu wasserunlöslichen Riesenmolekülen vernetzt werden und bilden die *Primordialwände* sowie mit hohem Anteil die Primärwände der Zellen.

Protostele, ursprünglicher Typ einer *Stele* (eines Leit- bzw. Gefäßbündelsystems) mit zentralem und meist sehr dünnem Xylem (Holzteil) und mantelartig umfassendem *Phloem* (vgl. Bild 2 a, b).

Protoxylem, die in der *ontogenetisch* jungen Pflanze zuerst angelegten *Tracheïden*. Sie haben Ring- oder Spiralversteifungen und werden durch das Streckungswachstum stark gedehnt. Bevor sie überdehnt werden, wird das *Metaxylem* angelegt.

proximal, auf der dem Bezugspunkt genäherten Seite liegend, oder einen genäherten Punkt betreffend.

Pteridophylle, zusammenfassende Bezeichnung für Wedel und Blätter der Farne und Farnsamer nach dem äußerlich ähnlichen Laub- und Wedelbau.

Pteridospermatae, Farnsamer. Pflanzen, die äußerlich wie Farne aussehen, Achsen von *Gymnospermen*bau aufweisen, Samen ausbilden und zu den nacktsamigen Gewächsen gehören.

radiosperm, Samen mit kreisförmigem Querschnitt.

Rhizoiden, wurzelhaarartige Organe der Psilophyten, Bryophyten und der *Prothallien* der *Kormophyten;* sie dienen der Verankerung im *Substrat* und der Nährstoff- und Wasseraufnahme.

Rhizom, Sproßabschnitt, der horizontal im oder auf dem Boden wächst.

saccat, mit einem oder mehreren Luftsäcken versehene Pollenkörner. Die Luftsäcke entstehen durch Ablösen von Partien der *Exine*.

Saprophyten. Lebewesen, die sich von pflanzlichen oder tierischen Leichen ernähren. Hochmolekulare organische Stoffe, wie Zellulose und Lignin der Hölzer und Blätter, werden durch Enzyme aufgespalten und aufgenommen. Zersetzung und Vermoderung der Leichen ist die Folge.

saprophytisch, *Saprophyten.*

Sarkotesta, die fleischige Hülle der Samen. *Sklerotesta.*

Scheitelmeristem, *Meristem, Vegetationspunkt.*

Siphonostele, *Stele*ntyp, bei dem das *Metaxylem* hauptsächlich tangential ausgebildet wird und das *Xylem* ein zentrales Mark umschließt (vgl. Bild 2 f).

Sklerenchym, Festigungsgewebe; aus dickwandigen, meist langgestreckten, mehr oder weniger verholzten, toten Zellen bestehend.

Sklerotesta, die harte und widerstandsfähige Hülle der Samen. *Sarkotesta.*

Sorus, Gruppe von eng beieinander stehenden Sporangien, die nicht miteinander verwachsen sind. *Synangium.*

Sparganum-Struktur, durch Bastelemente, die innerhalb der Rinde längs und parallel angeordnet sind, hervorgerufene Längsstreifung von Stamm- oder Wedelachsen; sie tritt in Abdrücken (Aulacopteris) besonders deutlich hervor (vgl. Bild 33 a). *Dictyoxylon-Struktur.*

Sporangiophor, stielartiges Organ, an dem am distalen Ende ein oder mehrere *Sporangien* in verschiedener Orientierung ansitzen können (z. B. bei den *Articulaten).*

Sporangium, das Organ, in dem bei den *Kryptogamen* die Sporen ausgebildet werden. *Sporangien* können einen Mechanismus zum Entleeren der Sporen *(Anulus)* haben. *Dehiszenz.*

Sporophyll, Bezeichnung für Blätter, die die *Sporangien* tragen.

Sporophyt, die ungeschlechtliche, Sporen produzierende Pflanzengeneration. *Gametophyt.*

Stele, die Gesamtheit der Leitbündel eines Sprosses. Oft werden auch, nicht ganz korrekt, die einzelnen Leitbündel (Teilstelen) eines Sproßes oder eines Astes als Stelen bezeichnet.

Stoma, Stomata, Spaltöffnungsapparate; sie dienen dem Gasaustausch zwischen Außenwelt und Interzellularensystem der Pflanzen. Sie haben als wesentlichen und aktiven Apparat zwei meist bohnenförmig gestaltete Zellen (Schließzellen), die zwischen sich einen Spalt frei lassen. Infolge ungleicher Verdickung der Zellwände ändern die Schließzellen durch aktive *Turgorveränderung* (Flüssigkeitsdruck in der Zelle) ihre Gestalt und öffnen oder schließen den Spalt zwischen sich. *amphistomatisch.*

stratigraphische Charakterspecies, eine Species oder Subspecies, die eine durch eine *stratigraphische Leitspecies* abgegrenzte Zeiteinheit zusätzlich oder stellvertretend charakterisiert.

stratigraphische Leitspecies, eine Species oder Subspecies, die die untere Grenze eines Zeitabschnittes beliebiger Kürze oder Länge in der Lebens- und Erdgeschichte markiert. Das stratigraphisch tiefste Auffinden einer Leitspecies gibt die höchstmögliche Lage der unteren Grenze des gedachten Zeitabschnittes an; das erste Auftreten dieser Species in der Erdgeschichte gibt die wahre Lage der unteren Grenze dieses Zeitabschnittes an (wird in der Praxis durch Auffinden von Fundstücken nur annähernd erreicht werden können). Das Erlöschen der Leitspecies kann in verschiedenen Regionen zu verschiedenen Zeitpunkten erfolgen, je nachdem, ob sie in ökologischen Nischen bei Konkurrenzdruck überlebt. Die obere Grenze einer Zeiteinheit ist also nie durch die Leitspecies zu definieren, jedoch die Untergrenze der folgenden Zeiteinheit durch das Auftreten einer neuen Leitspecies.

Stylostele, *Stele* mit schmalem, mehr oder weniger geschlossenem Ring aus streng exarch stehendem *Protoxylem.* Das Metaxylem nimmt als geschlossener Komplex das Zentrum der Stele ein. Das *Phloem* umschließt von außen den Ring aus Protoxylem (vgl. Bild 2 c).

submers, untergetaucht, unter dem Wasserspiegel lebend.

Substrat, der Boden oder eine andere Unterlage, auf der die Pflanze wächst.

sukkulent, saftig, dickfleischig; Bezeichnung für verdickte, wasserspeichernde Blatt- oder Sproßorgane.

superponiert, übereinanderstehend.

Supranodalmal, kreisförmige oder mehr ovale Erhebung oberhalb der *Nodiallinie* zwischen jeweils zwei benachbarten stammeigenen *Stelen* auf Markhöhlenausfüllungen von Calamiten. *Infranodalmal.*

symbiontisch (symbiotisch), in (meist untrennbarer) Gemeinschaft lebend.

sympodial, Sproßsystem mit nicht durchlaufender Hauptachse. *monopodial.*

Synangium (synangial), *Sporangien*gruppe, deren Einzelsporangien miteinander völlig oder teilweise verwachsen sind. *Sorus.*

syndetocheil, Spaltöffnungstyp, bei dem sich die Urmutterzelle durch zwei Teilungsschritte in drei Zellen teilt, die mittlere der dabei entstehenden Zellen bildet dann durch weitere Teilung die zwei Schließzellen. *haplocheil.*

Syntelom, *Telom.*

Tapetum, inneres Gewebe eines *Sporangiums* oder Pollensackes, das durch die Abgabe von Nährstoffen die heranreifenden Sporen oder Pollenkörner ernährt.

Taxonomie, sie befaßt sich mit der Beschreibung innerer und äußerer Merkmale, der Abgrenzung, Benennung und Ordnung der Organismen. Als *Taxon* wird die zugrundeliegende Sippe und ihre jeweilige hierarchische Einordnung bezeichnet.

Taxon, hierarchische Einheit. *Taxonomie.*

Telom, äußerlich nicht differenziertes, endständiges Sproßstück der alten Landpflanzen bzw. *ontogenetisch* junger Pflanzenstadien. Eine Pflanze kann aus vielen Telomen, die durch Mesome verbunden sind, aufgebaut sein (vgl. Bild 4). Treten gleichartige Telome zu einer Funktionseinheit zusammen (Telomstand), so spricht man von *Syntelomen* (zum Beispiel entsteht die *Cupula* aus Syntelomen).

terrestrisch, allgemeine Bezeichnung für alle geologisch-physikalisch-biologischen Vorgänge auf dem festen Land. *limnisch, paralisch.*

Testa, *Sarkotesta, Integument.*

tetrarch, vierbogig; Stele, die aus vier *Xylem*armen besteht.

Tetrade, aus einer Sporenmutterzelle entstehen bei der Meiose *Sporen,* die infolge des Teilungsprozesses zu vieren, das heißt zu Tetraden vereinigt sind. Die Stelle, an der die Sporen in der Tetrade einander berühren, zeichnet sich bei der Einzelspore als Tetradenmarke ab. Ist die Tetradenmarke ypsilonförmig, so bilden die Ypsilonstrahlen die Kanten einer Pyramide und umschließen drei Dreiecksflächen. Ist die Tetradenmarke strichförmig, so liegt sie wie ein Dachfirst über den beiden Seiten eines Daches. Die Pyramiden- bzw. die Dachflächen sind die Flächen, mit denen die vier Sporen einer Tetrade in den *ontogenetisch* jungen Stadien zusammenhängen. *trilete* bzw. *monolete* Marke.

Thallus, einfacher, nicht echt in Blatt, Sproß und Wurzel gegliederter Pflanzenkörper (Pilze, Algen).

Thanatozönose, Totengemeinschaft; an einem Ort gleichzeitig eingebettete, *allochthone* und sub*autochthone* Fossilgemeinschaft.

Torfdolomite, Dolomitknollen; in paralischen Revieren vorkommende, rundliche oder unregelmäßig geformte Ausscheidungen aus Kalzium-Magnesium-Karbonat. Letztes hat Reste des ehemaligen Torfs noch im frühen Torfzustand durchdrungen, dabei sind die feinsten Pflanzenstrukturen erhalten geblieben, so daß gerade die in den Torfdolomiten erhaltenen Pflanzenreste äußerst gut zur biologischen Untersuchung der Pflanzen geeignet sind. *intuskrustiert.*

Tracheiden, die toten, verholzten und mit Aussteifungen (ring- oder spiral- bzw. netz- oder tüpfelartig) und Durchlaßzonen versehenen, wasserleitenden Zellen im *Xylem* (Holzteil) der *Stele.*

triarch, dreibogig; Stele, die aus drei Xylemarmen besteht.

Trichome, Epidermalanhänge, Haare. *Epidermis.*

Trigonocarpus, im Querschnitt dreieckige Samen, die zu den *Pteridospermen* (Farnsamer) gehören.

trilete Marke, das bei den meisten Sporen dreistrahlige Mal, mit dem sie innerhalb der *Tetrade* in Berührung standen. *monolete Marke.*

Trizygia-Anordnung, Blattstellung bei den Sphenophyllen. Zwei Gruppen von Blättern abnehmender Größe stehen in spiegelbildlicher Symmetrie an einem *Nodium* (etwa vergleichbar mit dem Umrißbild eines Schmetterlingsflügels).

Tropophylle, assimilierende Wedel oder Blätter. *Sporophyll.*

Tüpfel, Durchbrechung der primären und sekundären Zellwand bis etwa zur Mittellamelle; am deutlichsten sichtbar bei den *Tracheïden.*

Turgor, Druck des Zellsaftes in der Zelle.

Vallekularhöhle, längsverlaufende Hohlräume in der Rinde der Schachtelhalmgewächse.

Vegetationspunkt, die *Scheitelmeristeme* an den Spitzen der Sprosse bzw. der Wurzeln. Die Zellen sind klein, isodiametrisch und dicht mit Plasma und einem relativ großen Zellkern erfüllt. *Meristem.*

Vegetationsschichtung, die Schichtung der Pflanzendecke in eine Bodenschicht — zum Beispiel aus Moosen und Kräutern —, eine Spreizklimmer-, eine Strauch- und eine oder mehrere Baumschichten; dazu kommen eventuell Epiphytenschichten.

Vegetationsstufen, die Reaktion der Vegetation innerhalb eines Klimagürtels auf die Höhenlage; besonders deutlich in Mittel- und Hochgebirgen ausgeprägt.

Vegetationszonen, Klimazonen. Zonierung der Vegetation der Erde auf Grund von Temperatur und Niederschlägen. Die Vegetationszonen sind also klimatisch bedingt, werden aber durch die Bodenverhältnisse abgewandelt.

Ventralblättchen, Blättchen der Bauch- bzw. Unterseite eines Sprosses.

Wirtel, ringförmige Anordnung von Ästen oder Blättern an einem *Nodium.*

Xeromorphosen, Änderungen der Pflanzengestalt und -anatomie zum Schutz gegen Austrocknung.

xerophil, trockenheitliebend; Anpassung an bzw. Vorliebe für trockene Standorte.

Xerophyte, Pflanze, die auf trockenem Boden wachsen kann.

Xylem, Holzteil der *Stele,* dient der Wasserleitung.

Xylotomie, Holzkunde, die Lehre von Aufbau und Unterschied der Holzkörper der Pflanzen.

Zeitmerkmal, Merkmal oder Merkmale, die bei verschiedenen Sippen unabhängig, aber in etwa derselben geologischen Zeiteinheit, z. B. einer Epoche, auftreten. Das Auftreten der bilateralsymmetrisch *(anisophyll)* ausgebildeten Wirtel bei Annularien und Sphenophyllen ab Stefan wäre als Zeitmerkmal zu bewerten.

zonale Vegetation, sie ist von der jeweiligen Klimazone und, mehr untergeordnet, von den damit zusammenhängenden Bodenverhältnissen abhängig. *azonale Vegetation.*

Literaturnachweis

Es ist nur die im Text zitierte Literatur und diejenige, in der hier erscheinende Abbildungsbelege veröffentlicht sind, aufgeführt worden. Die Literatur der Basionyme, das heißt diejenige, in der die Typus-Species und die davon abstrahierten Genera beschrieben worden sind, ist im „Index of generic Names of Fossil Plants, 1820—1965" von ANDREWS (1970), oder im „Fossilium Catalogus, II Plantae" von JONGMANS (1913 bis 1961) und DIJKSTRA (von 1962 an) aufgeführt. Aus diesen beiden Werken sind auch die ungekürzten Autorennamen ersichtlich. Alle Fragen der Nomenklatur werden durch den „International Code of Botanical Nomenclature" von STAFLEU et al. (1972, derzeitig letzte Ausgabe) geregelt. Eine Zusammenfassung der Benennung und Definition der Typen ist als Tabelle den „Bemerkungen zur Terminologie des Typen-Materials" von REMY et al. 1968 beigegeben, in: Argumenta Palaebotanica 3, 1968. Für alle Fragen des Literaturnachweises bietet sich „Bibliography and Index to Palaeobotany and Palynology 1950—1970" von TRALAU (1974) an. Hier enthält der Band „Bibliography" die Literaturzitate und der Band „Index" das Schlüsselwortverzeichnis, in welchem die Literatur zwischen 1950 und 1970 sowohl nach botanisch-taxonomischen als auch nach geologisch-stratigraphischen und geographisch-regionalen Gesichtspunkten aufgeschlüsselt ist. Eine entsprechende Bibliographie für die Zeit vor 1950 ist in Vorbereitung (TRALAU). Ein spezieller Literaturnachweis für alle Arbeiten, die paläobotanische Mikroobjekte betreffen, ist die „Bibliography of Palaeopalynology 1836—1966" von MANTEN (Editor), 1969, in: Review of Palaeobotany and Palynology, *8*, (Special Volume) 1969.

AMEROM, H. W. J. van: Die eusphenopteridischen Pteridophyllen aus der Sammlung des geologischen Bureaus in Heerlen, unter besonderer Berücksichtigung ihrer Stratigraphie bezüglich des Südlimburger Kohlenreviers. — Mededel. Rijks Geol. Dienst, Ser. C — III — 1 — 7, 208 S., 23 Abb., 48 Taf., Maastricht 1975.

ANDREWS, H. N.: *Dichophyllum moorei* and certain associated seeds. — Ann. Missouri Botan. Garden, *28* (4), S. 375—385, Taf. 13—15, Washington 1941.

ANDREWS, H. N.: Some evolutionary trends in the Pteridosperms. — Botan. Gaz. *110* (1), S. 13—31, 24 Abb., Chicago 1948.

ANDREWS, H. N.: Index of generic names of fossil plants, 1820—1950. — U.S. geol. Surv. Bull., *1013*, 262 S., Washington 1955.

ANDREWS, H. N.: Index of generic names of fossil plants, 1820—1965. — U.S. geol. Surv. Bull., *1300*, 345 S., Washington 1970.

ARNOLD, CH. A.: A new specimen of *Prototaxites* from the Kettle Point black shale of Ontario. — Palaeontographica, B, *93*, S. 45—56, Stuttgart 1952.

BANKS, H. P., LECLERCQ, S. et HUEBER, F. M.: Anatomy and morphology of *Psilophyton dawsonii* sp. n. from the late Lower Devonian of Quebec (Gaspé), and Ontario, Canada. — Palaeontographica Americana, *8*, 48, S. 77—127, 13 Abb., Taf. 17—24, Ithaca, New York 1975.

BECK, CH. B.: The identity of *Archaeopteris* and *Callixylon*. — Brittonia, *12*, S. 351—368, 6 Taf., New York 1960.

BECK, CH. B.: *Callixylon* from the New Albany Shale. — Amer. J. Botany, *48*, S. 540, Baltimore 1961.

BECK, CH. B.: Reconstructions of *Archaeopteris*, and further consideration of its phylogenetic position. — Amer. J. Botany, *49*, S. 373—382, 2 Abb., Baltimoore 1962.

BECK, CH. B.: *Eddya sullivanensis*, gen. et sp. nov., a Plant of Gymnospermic Morphology from the Upper Devonian of New York. — Palaeontographica, B, *121* (1—3), S. 1—22, 25 Abb., Taf. 1—7, Stuttgart 1967.

BERTRAND, P.: Bassin houiller de la Sarre et de la Lorraine. I. Flore fossile, *2*, Aléthoptéridées. — Étud. Gîtes Minér. France, S. 1—107, 22 Abb., 29 Taf., Lille 1932.

BRONGNIART, A.: Histoire des Végétaux Fossiles ou Recherches Botaniques et Géologiques. — Paris 1828—1836.

BUISINE, M.: Contribution a l'étude de la flore du terrain houiller. Les Aléthoptéridées du Nord de la France. — Houillères du Bassin du Nord et du Pas-De-Calais; Étud. Géologiques pour l'atlas de topographie souterraine, I. — Flore fossile, *4*, 317 S., 31 Abb., Tafelband mit 74 Taf., Lille 1961.

BUSCHE, R.: Als Laubmoosreste gedeutete Pflanzenreste aus den Lebacher Schichten (Autunien) von St. Wendel, Saar. — Argumenta Palaeobotan., *2*, S. 1—14, 1 Abb., 2 Taf., Münster 1968.

CORSIN, P.: Réconstitutions de Pécoptéridées: genera *Caulopteris* LINDLEY et HUTTON, *Megaphyton* ARTIS et *Hagiophyton* nov. gen. — Ann. Soc. Géol. Nord, *67*, 1, S. 6—25, 4 Abb., 4 Taf., Lille 1947.

CORSIN, P. et DALINVAL, A.: Sur l'attribution des *Megaphyton* et des Caulopteris à certain type de *Pecopteris*. — Compt. Rend. Hebd. Seances Acad. Sci., *239*, S. 1929—1931, Paris 1954.

CORSIN, P.: Sur les *Pecopteris* et leur position systématique. — Ann. Sci. Nat., Botan., Biol. végétale, Sér. 11, *16*, 493—501, Paris 1955.

DALINVAL, A.: Contribution a l'étude des Pécoptéridées. Les *Pecopteris* du Bassin Houiller du Nord de la France. — Houillères du Nord et du Pas-De-Calais, Etudes Géologiques pour l'atlas de topographie souterraine. I. — Flore fossile, *3*, 222 S., 36 Abb., 61 Taf., Lille 1960.

DIETZ, R. S. et HOLDEN, J. C.: The Breakup of Pangea. — Scient. Amer., *223*/4, S. 30—41, 1970.

DOUBINGER, J.: Description d'une nouvelle espèce d'*Emplectopteris: Emplectopteris ruthenensis* nov. sp. (Bassin houiller de Decazeville, Aveyron). — Bull. Soc. Géol. France, 6e Sér., *1*, S. 233—242, 1 Abb., Taf. 7, Paris 1951.

DOUBINGER, J.: Sur la présence du genre *Desmopteris* dans le Stéphanien de Saint-Perdoux (Lot). — Ann. Soc. Géol. Nord, 76, S. 97—104, 2 Abb., Lille 1956.

DOUBINGER, J. et REMY, W.: Bemerkungen über *Odontopteris subcrenulata* ROST und *Odontopteris lingulata* GÖPPERT. — Abhandl. Deut. Akad. Wiss. Berlin, Kl. Chem. Geol. Biol., *1958/5*. 7—14, 4 Abb., 5 Taf., Berlin 1958.

DOUBINGER, J. et HEYLER, D.: Nouveaux fossiles dans le Permien français. — Bull. Soc. Géol. France, 7e sér., S. 1176—1180, 1 Abb., 1 Taf., Paris 1975.

FIEBIG, H. et LEGGEWIE, W.: Die Namurflora des Ruhrgebietes und ihre stratigraphische Bedeutung. — Compte Rendu 7e Congr. Intern. Stratigraph. Géol. Carbonifère, Krefeld 1971, *3*, S. 45—61, 2 Abb., 2 Tab., 4 Taf., Krefeld 1974.

FLORIN, R.: The morphology of *Trichopitys heteromorpha* SAPORTA, a seedplant of palaeozoic age, and the evolution of the female flowers in the Ginkgoinae. — Acta Horti Bergiani, *15*, 5, S. 79—109. 8 Abb., 4 Taf., Uppsala 1949.

FRANKE, F.: *Alethopteris lonchitica*. — In: POTONIÉ, H.: Abbildungen und Beschreibungen fossiler Pflanzen-Reste, Lief. 9, 161, 9 S., 3 Abb., Berlin 1913.

GEINITZ, H. B.: Die Versteinerungen der Steinkohlenformation in Sachsen. — 60 S., 1 Abb., 35 Taf., Leipzig 1855.

GILLESPIE, W. H., LATIMER, I. S. jr. et CLENDENING, J. A.: Plant fossils of West Virginia. — West Virginia Geol. Econ. Surv., Educ. Ser., 131 S., 15 Abb., 43 Taf., Morgantown, W. Va., 1966.

GOTHAN, W., *Desmopteris integra*. — In: POTONIÉ, H.: Abbildungen und Beschreibungen fossiler Pflanzen-Reste, Lief. 4, 64, 2 S., 2 Abb., Berlin 1906.

GOTHAN, W., *Neuropteris rectinervis*. — In: POTONIÉ, H.: Abbildungen und Beschreibungen fossiler Pflanzen-Reste, Lief. 4, 67, 3 S., 2 Abb., Berlin 1906.

GOTHAN, W., Karbon und Permpflanzen. — In: GÜRICH, G.: Leitfossilien. 3. Lief., 187 S., 144 Abb., 45 Taf., Berlin 1923.

GOTHAN, W.: Die Steinkohlenflora der westlichen paralischen Carbonreviere Deutschlands. — Arb. Inst. Paläobotan. Petrogr. Brennsteine, *1* (1), 48 S., Taf. 1—16, 2 Abb., Berlin 1929.

GOTHAN, W.: Die Steinkohlenflora der westlichen paralischen Steinkohlenreviere Deutschlands. — Abhandl. Preuss. Geol. Landesanst., N. F. *167*, 58 S., 8 Abb., Taf. 29—48, Berlin 1935.

GOTHAN, W. et ZIMMERMANN, F.: Über ein interessantes Stück von *Archaeopteris Römeriana* GÖPP. — Sitz. Ber. Ges. Naturforsch. Freunde Berlin, S. 377 bis 380. Berlin 1936.

GOTHAN, W. et WEYLAND, H.: Lehrbuch der Paläobotanik. — 535 S., 450 Abb., Akademie Verlag, Berlin 1954.

GOTHAN, W. et REMY, W.: Steinkohlenpflanzen. Leitfaden zum Bestimmen der wichtigsten pflanzlichen Fossilien des Paläozoikums im rheinisch-westfälischen Steinkohlengebiet. — 248 S., 187 Abb., 1 Bestimmungstaf. mit 34 Abb., 6 Taf., Verlag Glückauf, Essen 1957.

GOTHAN, W., LEGGEWIE, W. et SCHONEFELD, W. unt. Mitarb. v. REMY, W.: Die Steinkohlenflora der westlichen paralischen Steinkohlenreviere Deutschlands, Lief. 6. — Geol. Jahrb., Beih. *36*, 90 S., 6 Abb., 50 Taf., 1 Tab., Hannover 1959.

GUTHÖRL, P.: Die Leit-Fossilien und Stratigraphie des saar-lothringischen Karbons. — Compte Rendu 3e Congr. Avan. Études Stratigraph. Géol. Carbonifère, Heerlen, 1951, *1*, S. 233—242, 7 Abb., 3 Taf., Maastricht 1952.

HALLE, T. G.: Palaeozoic Plants from Central Shansi. — Geol. Surv. China, Palaeontol. Sinica, Ser. A, 2 (1), S. 1— 316, 64 Taf., Peking 1927.

HIRMER, M. et GUTHÖRL, P.: Die Karbon-Flora des Saargebietes. Abt. 3: Filicales und Verwandte. Lief. 1 Noeggerathiinae, *Rhacopteris.* — Palaeontographica, Suppl. 9, 3, 1, S. 1—60, 12 Abb., 13 Taf., Stuttgart 1940.

HØEG, O. A.: The Downtonian and Devonian Flora of Spitsbergen. — Norg. Svalbard- og Ishavs-Undersøkelser, 83, 228 S., 35 Abb., 6 Tab., 62 Taf., Oslo 1942.

HOFFMANN, F.: Über die Pflanzen-Reste des Kohlengebirges von Ibbenbühren und vom Piesberge bei Osnabrück. — In: KEFERSTEIN, CH.: Teutschland, geognostisch-geologisch dargestellt, 4, H. 2, S. 151—168, 10 Abb. in Atlas Nr. 2, Weimar 1827.

ISCHTSCHENKO, T. A.: Devonische Flora des Großen Donbass. — Akad. Wiss. ukrain. S.S.R., 88 S., 2 Abb., 1 Tab., 30 Taf., Kiew 1965.

JENNINGS, J. R. et EGGERT, D. A.: *Senftenbergia* is not a Schizaeaceous Fern (abstract). — Amer. J. Botany, 59, S. 676, Baltimore 1972.

JONGMANS, W. et KUKUK, P.: Die Calamariaceen des Rheinisch-Westfälischen Kohlenbergbaus. (Mitteilungen aus dem geologischen Museum der Westfälischen Berggewerkschaftkasse, Bochum.) — Mededel. Rijks-Herb. Leiden, 20 (1913), Atlas mit 22 Taf., Leiden 1913.

JOSTEN, K. H.: *Neuropteris semireticulata,* eine neue Art als Bindeglied zwischen *Neuropteris* und *Reticulopteris.* — Paläontol. Z., 36, S. 33—45, 5 Abb., 3 Taf., Stuttgart 1962.

KIDSTON, R. et LANG, W. H.: On Old Red Sandstone Plants showing Structure, from the Rhynie Chert Bed, Aberdeenshire. P. 3, *Asteroxylon Mackiei,* KIDSTON and LANG. — Trans. Roy. Soc. Edinburgh, 52, 3 (26), S. 643—680, 17 Taf., Edinburgh 1920.

KOEHNE, W.: Sigillarienstämme, Unterscheidungsmerkmale, Arten, Geologische Verbreitung, besonders mit Rücksicht auf die preußischen Steinkohlenreviere. — Abhandl. Kgl. Preuss. Geol. Landesanst., N. F., 43, 117 S., 16 Abb., Berlin 1904.

KOEHNE, W.: *Sigillaria principis* WEISS, erweitert. — In: POTONIÉ, H., Abbildungen und Beschreibungen fossiler Pflanzen-Reste, Lief. 3, 59, 6 S., 7 Abb., Berlin 1905.

KOEHNE, W.: *Sigillaria cumulata,* WEISS, verändert. — In: POTONIÉ, H., Abbildungen und Beschreibungen fossiler Pflanzen-Reste, Lief. 3, 60, 4 S., 4 Abb., Berlin 1905.

KRÄUSEL, R. et WEYLAND, H.: Beiträge zur Kenntnis der Devonflora II. — Abhandl. Senckenberg. Naturforsch. Ges., 40, 2, S. 115—155, 46 Abb., Taf. 3—17, Frankfurt 1926.

KRÄUSEL, R. et WEYLAND, H.: Die Flora des deutschen Unterdevons. — Abhandl. Preuss. Geol. Landesanst. N. F., 131, 92 S., 52 Abb., 14 Taf., Berlin 1930.

KRÄUSEL, R. et WEYLAND, H.: Pflanzen-Reste aus dem Devon II. — Senckenbergiana, 14, 3, S. 185—190, Frankfurt a. M. 1932.

LANG, W. H.: On the Plant-remains from the Downtonian of England and Wales. — Phil. Trans. Roy. Soc. London, Ser. B, *227*, S. 245—291, Taf. 8—14, London 1937.

LAVEINE, J.-P.: Les Neuroptéridées du Nord de la France. — Études Géologiques, pour l'Atlas de Topographie souterraine, I. — Flore fossile, *5*, 334 S., 48 Abb., 4 Tab., Taf. A—P, Taf. 1—84 im Tafelband, Lille 1967.

LEGGEWIE, W.: Zur Morphologie und Systematik einiger Karbonpflanzen. Über *Palaeopteridium sessilis* (POTONIÉ 1896). — Fortschr. Geol. Rheinland Westfalen, *13*, 1, S. 297—302, 4 Taf., Krefeld 1966.

LINDLEY, J. et HUTTON, W.: The fossil flora of Great Britain; or, figures and descriptions of the vegetable remains in a fossil state in this country. — 2, 208 S., 156 Taf., London 1833—1835.

MAHESHWARI, H. K. et MEYEN, S. V.: *Cladostrobus* and the systematics of cordaitalean leaves. — Lethaia, *8*, S. 103—123, 15 Abb., Oslo 1975.

MUSTAFA, H.: Beiträge zur Devonflora I. *(Protopteridium thomsoni* KR. et WEYL. emend., *Tetraxylopteris schmidtii* BECK, *Protolepidodendron scharianum* KREJ., *Brandenbergia meinertii* n. gen., n. sp.). — Argumenta Palaeobotan., *4*, S. 101—133, 8 Abb., Taf. 14—19, Münster 1975.

MUSTAFA, H.: Beiträge zur Devonflora II *(Sycidium volborthi* KARPINSKY, *Sawdonia ornata* HUEBER, *Honseleria verticillata* n. gen., n. sp., *Duisbergia macrocicatricosus* n. sp., *Pseudosporochnus ambrockense* n. sp.). — Argumenta Palaeobotan. 5, Münster 1977.

MUSTAFA, H.: Beiträge zur Devonflora III *(Euthursophyton hamperbachense* n. gen., n. sp. *Cladoxylon* bakrii n. sp., *Calamophyton primaevum* KR. et WEYL. emend., *Duisbergia mirabilis* KR. et WEYL. emend., *Triloboxylon ashlandicum* MATTEN et BANKS). — Argumenta Palaeobotan. 5, Münster 1977.

NEUBURG, M. F.: Beblätterte Moose aus dem Perm des Angara-Beckens. — Trudy Akad. nauk. S.S.S.R., Inst. Geol. nauk., *19* (1960), S. 1—103, 78 Taf., 52 Abb., 1 Tab., Moskau 1960.

NIKLAS, K. J.: Chemotaxonomy of *Prototaxites* and evidence for possible terrestrial adaption. — Rev. Palaeobotan. Palynol., *22*, 1—17, 9 Tab., 1 Taf., Amsterdam 1976.

POTONIÉ, H.: Die Flora des Rothliegenden von Thüringen. — Abhandl. Kgl. Preuss. Geol. Landesanst., N. F., *9*, 298 S., 34 Taf., Berlin 1893.

POTONIÉ, H.: Wechselzonenbildung der Sigillariaceen. — Jahrb. Kgl. Preuss. Geol. Landesanst. u. Bergakad., *14* (1893), S. 24—67, 3 Abb., 3 Taf., Berlin 1894.

POTONIÉ, H.: Lehrbuch der Pflanzenpalaeontologie. — 402 S., 700 Abb., 3 Taf., Berlin 1899.

POTONIÉ, H.: *Odontopteris alpina* (STERNBERG) H. B. GEINITZ. — In: POTONIÉ, H.: Abbildungen und Beschreibungen fossiler Pflanzen-Reste, Lief. 2, 22, 6 S., 5 Abb., Berlin 1904.

POTONIÉ, H.: *Linopteris neuropteroides* (GUTBIER) POTONIÉ. — In: POTONIÉ, H.: Abbildungen und Beschreibungen fossiler Pflanzen-Reste, Lief. 2, 28, 2 S., 1 Abb., 1 Taf., Berlin 1904.

REMY, W.: Untersuchungen über einige Fruktifikationen von Farnen und Pteridospermen aus dem mitteleuropäischen Karbon und Perm. — Abhandl. Deut. Akad. Wiss. Berlin, Kl. Math. Allgem. Naturwiss., *1952/2*, 38 S., 8 Abb., 7 Taf., Berlin 1953.

REMY, R. et REMY, W.: *Simplotheca silesiaca* n. gen. et sp. — Abhandl. Deut. Akad. Wiss. Berlin, Kl. Chem. Geol. Biol., *1955/2*, S. 1—7, 2 Abb., 2 Taf., Berlin 1955.

REMY, W. et REMY, R.: *Noeggerathiostrobus vicinalis* E. WEISS und Bemerkungen zu ähnlichen Fruktifikationen. — Abhandl. Deut. Akad. Wiss. Berlin, Kl. Chem. Geol. Biol., *1956/2*, S. 3—11, 1 Abb., Taf. 1—5, Berlin 1956.

REMY, W. et REMY, R.: *Sphenophyllum longifolium* GERMAR und *Sphenophyllum saxonicum* nov. spec. — Monatsber. Deut. Akad. Wiss. Berlin, *1*, 1, S. 57—67, 2 Abb., 2 Taf., Berlin 1959.

REMY, R. et REMY, W.: Beiträge zur Kenntnis der Rotliegendflora Thüringens. Teil 4. — Sitz.-Ber. Deut. Akad. Wiss. Berlin, Kl. Chem. Geol. Biol., *1959/2*, 20 S., 1 Tab., 4 Taf., Berlin 1959.

REMY, W. et REMY, R.: Pflanzenfossilien. Ein Führer durch die Flora des limnisch entwickelten Paläozoikums. — 285 S., 209 Abb., 3 Taf., 2 Ktn., Akademie-Verlag, Berlin 1959.

REMY, W. et REMY, R.: Beiträge zur Flora des Autunien i. w. S. — *Callipteris scheibei* GOTHAN var. *spinosa* n. var. und Revision von *Callipteris scheibei* GOTHAN var. *scheibei*. — Monatsber. Deut. Akad. Wiss. Berlin, *2*, 9, S. 567 bis 582, 6 Taf., Berlin 1960.

REMY, R. et REMY, W.: Beiträge zur Flora des Autunien II. — Monatsber. Deut. Akad. Wiss. Berlin, *3*, 3/4, S. 213—225, 3 Abb., 4 Taf., Berlin 1961.

REMY, W.: *Sphenophyllum majus* BRONN sp., *Sphenophyllum saarensis* n. sp. und *Sphenophyllum orbicularis* n. sp. aus dem Karbon des Saargebietes. — Monatsber. Deut. Akad. Wiss. Berlin, *4*, 3/4, S. 235—246, 5 Abb., 4 Taf., Berlin 1962.

REMY, W. et REMY, R.: Atlas wichtiger stratigraphischer Leit- und Charakterarten im euramerischen Florenbereich. — Argumenta Palaeobotan., *1*, S. 55—86, Taf. 1—18, Münster 1968.

REMY, W. et REMY, R.: *Calamites asteropilosus* n. sp. und *Annularia asteropilosa* n. sp. aus dem unteren Westfal A des Ruhrkarbons. — Argumenta Palaeobotan., *4*, S. 135—138, Taf. 20, Münster 1975.

REMY, W. et REMY, R.: *Lescuropteris* (al. *Odontopteris*) *genuina* GR. 'EURY sp. emend. et nov. comb. (Stefan) und Zwischenfiedern bei *Odontopteris* BRONGNIART. — Argumenta Palaeobotan., *4*, S. 93—100, 1 Abb., Taf. 13, Münster 1975.

REMY, W. et REMY, R.: Beiträge zur Kenntnis des Morpho-Genus *Taeniopteris* BRONGNIART. — Argumenta Palaeobotan., *4*, S. 31—37, 1 Abb., 2 Tab., Taf. 4 bis 5, Münster 1975.

REMY, W. et REMY, R.: *Lesleya weilerbachensis* n. sp. aus dem höheren Westfal C des Saar-Karbons. — Argumenta Palaeobotan., *4*, S. 1—11, 2 Abb., 1 Tab., Taf. 1, Münster 1975.

REMY, R. et REMY, W.: Zur Ontogenie der Sporangiophore von *Calamostachys spicata* var. *eimeri* n. var. und zur Aufstellung des Genus *Schimperia* n. gen. — Argumenta Palaeobotan., *4*, S. 83—92, 5 Abb., Taf. 12, Münster 1975.

REMY, W. et REMY, R.: *Calamitopsis* n. gen. und die Nomenklatur und Taxonomie von *Calamites* BRONGNIART 1828. — Argumenta Palaeobotan., *5*, Münster 1977.

SALTZWEDEL, K.: Revision der *Imparipteris ovata* (HOFFMANN) GOTHAN. Teil 1: Typus- und Typoid-Material vom locus typicus. — Argumenta Palaeobotan., *3*, S. 131—162, 14 Abb., 1 Tab., Taf. 24—27, Münster 1969.

SANDBERGER, F.: Die Flora der oberen Steinkohlenformation im badischen Schwarzwalde. — Verhandl. Naturwiss. Ver. Karlsruhe, *1*, S. 30—36, 4 Tab., 3 Taf., Karlsruhe 1864.

SCHULTKA, S.: Beiträge zur Anatomie von *Rhacophyton condrusorum* CRÉPIN. — Argumenta Palaeobotan., *5*, Münster 1977.

SCOTT, A.: The earliest Conifer. — Nature, *251*, No. 5477, S. 707—708, 4 Abb., Dorset 1974.

SCHIMPER, W. PH.: Traité de Paléontologie Végétale ou la flore du monde primitif. — *1*, Paris 1869.

SCHMIDT, W.: Pflanzen-Reste aus der Tonschiefer-Gruppe (unteres Siegen) des Siegerlandes. I. *Sugambrophyton pilgeri* n. gen., n. sp., eine Protolepidodendracee aus den Hamberg-Schichten. — Palaeontographica, B, *97*, 1/2, S. 1—22, 2 Abb., Taf. 1—4, Stuttgart 1954.

TAKHTAJAN, A. L. et ZHILIN, S. G.: Rehabilitation of the genus *Ptilophyton* J. W. DAWSON, 1878. — Taxon 25, 5/6, 577—579, Utrecht 1976.

STIDD, B. M.: Evolutionary trends in the Marattiales. — Ann. Missouri Botan. Garden, *61*, 2, S. 388—407, 12 Abb., 1 Taf., Illinois 1974.

STUR, D.: Zur Morphologie und Systematik der Culm- und Carbonfarne. — Sitz.-Ber. Kgl. Akad. Wiss. Berlin, Abt. 1, 1883, *88*, 213 S., Berlin 1883.

WAGNER, R. H.: Some Alethopterideae from the South Limburg coalfield. — Mededel. Geol. Sticht., Afd. Geol. Dienst, *14*, S. 5—13, 5 Abb., 8 Taf., Maastricht 1961.

WAGNER, R. H.: Upper Westphalian and Stephanian species of *Alethopteris* from Europe, Asia minor and North America. — Mededel. Rijks Geol. Dienst, Ser. C III — 1 — 6, 319 S., 55 Abb., 64 Taf., Maastricht 1968.

WEIGELT, J.: Die Pflanzenreste des mitteldeutschen Kupferschiefers und ihre Einschaltung ins Sediment. Eine paläontologische Studie. — Fortschr. Geol. Palaeontol., 6, (19), S. 395—591, 1 Bild, 14 Abb., 35 Taf., Berlin 1928.

WEISS, CH. E.: Fossile Flora der jüngsten Steinkohlenformation und des Rothliegenden im Saar-Rhein-Gebiete. — *1*, S. 1—100, 12 Taf., Bonn 1869. — 2, 1, S. 101—140, 3 Taf., (1871), Bonn 1870. — 2, 2, S. 141—212, 1 Taf., (1872), Bonn 1871. — 2, 3, S. 213—250, 2 Tab., Bonn 1872.

WEISS, CH. E.: Steinkohlen-Calamarien I. — Abhandl. Geol. Specialkarte Preussen u. d. Thüringischen Staaten, *2*, 1, 149 S., 2 Abb., 17 Taf., Berlin 1876.

WEISS, CH. E.: Steinkohlen-Calamarien II. — Abhandl. Geol. Specialkarte Preussen u. d. Thüringischen Staaten, 5, 2, 204 S., Berlin 1884.

WEISS, CH. E.: Zur Flora der ältesten Schichten des Harzes. — Jahrb. Kgl. Preuss. Geol. Landesanst. u. Bergakad. Berlin (1884), S. 148—180, Taf. 5—7, Berlin 1885.

WEISS, CH. E.: Die Sigillarien der preußischen Steinkohlengebiete. — Abhandl. Geol. Specialkarte Preussen u. d. Thüringischen Staaten, 7, 3, S. 1—68, Taf. 7 bis 14, Berlin 1887.

WEISS, CH. E. (STERZEL, T.): Die Sigillarien der preußischen Steinkohlen- und Rothliegenden-Gebiete. II. Die Gruppe der Subsigillarien. — Abhandl. Preuss. Geol. Landesanst., N. F., 2, 255 S., 13 Abb., 28 Taf., Berlin 1893.

ZIMMERMANN, W.: Die Phylogenie der Pflanzen. Ein Überblick über Tatsachen und Probleme. — 2. Aufl., 777 S., 331 Abb., Stuttgart 1959.

Sachwortverzeichnis

Die Angaben zur Biostratigraphie sind nur für den Teil A in das Sachwortverzeichnis aufgenommen worden; sie sind im Teil B aber bei jeder Speciesbeschreibung unter dem Stichwort „Vorkommen" angegeben. Die als biostratigraphische Leitspecies bzw. als biostratigraphische Charakterspecies herausgestellten wichtigen Species sind unter diesen beiden Stichworten mit Seitenangaben in das Sachwortverzeichnis aufgenommen worden. Seitenangaben mit * bezeichnen Abbildungen.

Abdruck, mit/ohne Kohlefilm 18
abietoide Tüpfelung 32, 416
Ablösungsflächen im
    Wurzelboden 52
abortiv 323, 416
Acanthocarpus 123
Acanthocarpus xanthioides 123
Acetatfolienabzug, Peel 38
Acitheca 46, 156, 157*, 166, 238
Acitheca polymorpha .. 49, 157, 238*
Actinoxylon .. 32, 62, 307, 404, 407
Aderungstypen .... 163 f.
Adiantites 191
Adiantites antiquus 191, 192*
Adiantites machanecki 40
Adiantites oblongifolius 191
Adiantites tenuifolius 40
Aerenchym 34, 44, 45, 311*, 312,
.... 343, 429
Aerenchymmale 305, 306, 314,
.... 315, 317, 322, 324, 326*
Afrika 19, 20
akropetal 290, 416
Aktinostele ... 24, 25*, 26, 29, 39, 158,
    298, 299, 301, 306, 403, 405, 416,
.... 430
Alethopteriden, alethopteridisch . 166,
.... 272 ff., 282
Alethopteris ... 41, 117, 163, 164, 166,
.... 272 ff., 406
Alethopteris bohemica 46
Alethopteris davreuxi ...45, 274, 275*
Alethopteris decurrens 45, 274*
Alethopteris distantinervosa ... 277*
Alethopteris grandini 276*
Alethopteris intermedia 42

Alethopteris lonchitica 42, 45,
.... 272, 273*
Alethopteris serlii 45, 272
Alethopteris subelegans 46
Alethopteris sullivanti 241, 414
Alethopteris valida 277, 279*
Alethopteris zeilleri 46, 277, 278*
Algen ... 13, 18, 21, 22, 23, 36, 55, 56,
.... 59, 61, 62, 63, 411
allochthon 39, 310, 416, 434
Alloiopteris ... 40, 43, 215 f., 216, 248
Alloiopteris coralloides 45, 216,
.... 217*
Alloiopteris essinghi 45, 217, 218*
Alloiopteris grypophylla 216
Alloiopteris quercifolia 42, 216*
Alloiopteris sternbergi 42, 217,
.... 218*
Amerika (siehe Nordamerika)
Amyelon 131
Anachoropteris 44, 147*
Anachoropteris pulchra 147
Anadromie, anadrom 130*, 182,
.... 185, 187, 190, 204, 416
Anastomosen, anastomosieren (siehe
    auch Maschenaderung) 87,
.... 88, 417
Aneurophyton 104, 414
Angara (Florenprovinz) ... 20, 38, 65
Angiospermen 23, 36, 112, 163,
.... 403, 417
Anisophyllie ... 43, 45, 378, 417, 435
Anisopteris 165, 196
Anisopteris inaequilatera ... 40, 196*
Ankyropteris 44, 148, 156
Ankyropteris glabra 148*

Ankyropteris scandens 148
Annularia 44, 355, 360, 365,
.... 367 ff., 374, 433
Annularia asteropilosa .. 43, 368, 369*
Annularia fertilis 44, 368
Annularia jongmansi 44, 368*
Annularia microphylla .. 44, 372, 374*
Annularia mucronata .. 365, 372, 374*
Annularia pseudo-stellata 371*
Annularia radiata 44, 360, 367*,
.... 368, 369, 371
Annularia sphenophylloides 44,
.... 372, 373*
Annularia spicata 49, 50
Annularia spinulosa 367
Annularia stellata 45, 46, 49, 50,
.... 364, 365, 370*, 372, 378
Antheridien 408, 411, 417, 422
Anthoceros 65
Anulus 145, 147, 148, 149, 150,
151, 158, 159, 225, 228, 231, 417,
.... 419, 432
Aphlebia 168
Aphlebia acuta 168
Aphlebien ... 160*, 161, 168, 232, 417
Appalachen 47
Appendices 38, 309, 343, 344,
.... 345*, 346*, 417
araucaroide Tüpfelung 131
Archaeocalamites 37, 348, 350,
.... 353 f., 365
Archaeocalamites radiatus ... 40, 353,
.... 354*, 366*, 367
Archeopteridiales 32, 109, 113,
.... 127, 179
Archaeopteridium tschermaki 42
archaeopteridisch 165, 179
Archaeopteris ... 35, 36, 86, 87, 109,
.... 110*, 111, 165, 179, 407
Archaeopteris hibernica 36, 111,
.... 179, 181*
Archaeopteris macilenta 109
Archaeopteris roemeriana 36,
.... 182, 183*
Archaeosigillariaceae .... 306 f.
Archaeosigillaria 35, 306
Archaeosigillaria serotina 306
Archaeosigillaria vanuxemi ... 36, 306

Archaeosigillariopsis,
siehe *Archaeosigillaria*
Archaeosperma 34
Archaeosperma arnoldii 409
Archegonien ... 72, 408, 411, 412, 417
Arthrodendron 351
Arthropitys 350, 351, 355
Arthropitys bistriata 351
Arthroxylon 350, 351, 355
Arthroxylon williamsonii 351
Articulatae .... 45, 48, 50, 347 ff.,
.... 384 ff., 414, 424
Artinsk 14
Artisia 131, 132*, 133
Asien 20
Asolanus 342
Asolanus camptotaenia 44, 342
Assel 14
Assimilationsparenchym 29,
.... 69, 412
Assoziationen bzw. Verbände (Pflanzengesellschaften) .... 30—54
Asterocalamites
(siehe *Archaeocalamites*)
Asterocarpus 156, 233
Asterocarpus sternbergii 156
Asterophyllites 355, 359, 365,
.... 372 f., 374
Asterophyllites charaeformis 44,
.... 377, 378*
Asterophyllites equisetiformis
var. *equisetiformis* 46, 49,
.... 372, 374, 375*
Asterophyllites equisetiformis
var. *jongmansi* 44, 375*, 377
Asterophyllites grandis 377
Asterophyllites hagenensis .. 376*, 377
Asterophyllites longifolius ... 44, 377
Asterophyllites paleaceus ... 44, 360,
.... 378, 379*
Asterophyllites roehli 378
Asterotheca 46, 156, 157*,
.... 166, 233 f., 415
Asterotheca arborescens 235*
Asterotheca candolleana 49,
.... 154, 236, 237*
Asterotheca cyathea 50, 154,
.... 235, 236*

Asterotheca hemitelioides 45,
.... 236, 237*
Asterotheca lepidorhachis 46
Asterotheca miltoni 152, 234*
Asterotheca potoniei 49
Asterotheca truncata 46, 49
Asteroxylaceae 299
Asteroxylales 299
Asteroxylon 25*, 31, 299, 427
Asteroxylon elberfeldense 300*
Asteroxylon mackiei ... 31, 299*, 300
Asthenomyelon 351
Astmale der Calamitaceae 355,
.... 360 ff.
Astromyelon 351
Ataktostele 40, 116*, 117, 418
Aue-Wald 35, 53
Aulacopteris(-skulptur/
-struktur) 116*, 117, 131, 431
Aulacotheca 124, 125*
Aulacotheca elongata 124
autochthon 17, 417, 434
Autophyllites ,........ 350, 365, 379
Autophyllites furcatus 380*
Autun 14, 45, 47, 48, 49, 50, 56,
.... 66, 67, 117, 133
azonale Vegetation 16, 52, 53,
.... 54, 133, 418

Päreninsel 21, 35, 36
Bakterien 55
Barrandeina dusliana 33
Bashkir 14
Basidiomycetes 44
basipetal 69, 290, 416, 418
Bastscheide 350
Baststränge ... 79, 131, 132*, 133, 134,
209, 245, 272, 307, 326*, 419, 431
Baumschicht 34
Belgien 36
Bergeria(-Erhaltung) 310
Bertrandia 225, 239
Bertrandia avoldensis 239
biostratigraphische Charakter-
species ... 31, 33, 36, 40, 42, 44, 45,
46, 49, 50, 51, 73, 76, 78, 93, 98,
101, 105, 106, 136, 139, 142, 185,
190, 199, 206, 225, 235, 236, 240,

242, 245, 246, 255, 261, 264, 277,
281, 288, 291, 294, 301, 304, 313,
329, 338, 340, 342, 346, 353, 357,
371, 373, 392, 393, 395, 396, 432
biostratigraphische Leitspecies. ... 31,
33, 36, 40, 42, 44, 45, 46, 49, 50, 51,
139, 176, 182, 198, 199, 214, 242,
.... 261, 282, 418
Biotop (Standort) ... 23, 30, 31, 33,
34, 35, 36, 37, 38, 39, 40, 42, 44,
45, 46, 47, 48, 49, 50, 51, 52, 53,
54, 61, 63, 76, 105, 113, 133, 170,
172, 176, 182, 190, 191, 196, 197,
199, 278, 307, 343, 347, 411, 418
Biscalitheca 150
Bitumenbildner 36
Blatt ... 27, 34, 86 f., 103*, 104, 112,
.. 124, 126, 127, 135, 163 ff., 406 f.,
.... 412
Blattbewegungen 39
Blattlücken 88
Blattmale 362, 365
Blattnarben 306, 311*, 312, 313,
314, 315, 317, 320, 322, 324, 326,
327, 328, 329, 332, 333, 335, 337,
.... 342
Blattpolster 142, 144, 303, 304,
305, 306, 309, 310, 311*, 312, 313,
314, 315, 317, 324, 326, 327, 347
Blattscheide 352, 360, 363, 365,
.... 368, 372, 378, 381*
Blaualgen 55
Blitzschlag (Waldbrand) 15, 52
Blütenstand 45, 47, 130, 132*,
133, 135, 353, 380, 381*, 383, 396
Boden, Wurzelboden 16, 17, 23,
30, 33, 35, 38, 45, 47, 49, 52, 53, 54
Boghead(-Kohlen, -Sedimente) ... 53,
.... 57, 418
Borkenbildung, sekundäre ... 32, 309,
.... 324, 325*, 326*, 328
Bothrodendraceae ...... 320 f., 321*
Bothrodendron 322
Bothrodendron minutifolium 44,
.... 309, 321*, 322
Bothrodendron punctatum 322
Botryococcaceen 36, 57
Botryopteris 44, 147, 148, 149*

Anhang

Botryopteris antiqua 147
Botryopteris forensis 149
Brakteen 380, 381*, 382, 383,
.... 386, 399, 418
Brandenbergia 307, 407
Brandenbergia meinertii 33, 307,
.... 308*, 309
Brandenberg-Schichten 58, 83, 90
Brandschiefer ... 21, 53, 133, 416, 418
Braunkohle 15, 419, 425
Bruchwald 52, 53
Bryophyta 64, 431
Bucheria 68
Bulbillen 76*, 418
Buriadia 145

Calamariophyllum 365
Calamariophyllum lingulatum ... 365
Calamariophllum zeaeformis ... 365
Calamitaceae ...... 348 ff., 384, 422
Calamitea 351
Calamites 37, 45, 348, 350
351, 353 f., 360 f., 363, 364, 365, 370
Calamites asteropilosus 368
Calamites carinatus 44, 360,
.... 361*, 368
Calamites cisti 44, 355, 356*
Calamites cistiformis 42, 355
Calamites discifera 44, 363
Calamites gigas 49, 50, 357, 358*
Calamites goepperti ... 44, 361, 362*
Calamites haueri 42, 355
Calamites jongmansi 368
Calamites multiramis .. 49, 363, 364*
Calamites paleaceus 44, 360, 361*
Calamites radiatus 40, 353,
.... 354*, 366*, 367
Calamites ramifer 42, 360
Calamites roemeri 42, 355
Calamites rugosus 44, 360
Calamites schuetzei 44, 362
Calamites suckowi 44, 355,
.... 356, 357*
Calamites undulatus ... 42, 358, 359*
Calamitina .... 348, 360 f., 365
Calamitina discifera 44, 363
Calamitina goepperti .. 44, 361, 362*
Calamitina schuetzei 44, 362

Calamitopsis 45, 348, 351,
.... 363, 364, 370
Calamitopsis multiramis 49,
.... 363, 364*
Calamodendron ... 350, 351, 363, 365
Calamodendron striatum 351
Calamophyton 25*, 32, 89,
.... 91, 93, 404
Calamophyton primaevum 24*,
.... 25*, 33, 91, 94*, 95*
Calamopityaceae 113
Calamopitys saturni 113
Calamostachys 41, 380, 381*,
.... 382, 383
Calamostachys tuberculata 365,
.... 380, 381*
Calamostachys typica 382
Calathiops 199
Calathospermum 119
Calathospermum scoticum .. 120*, 121
Callipteridium ... 45, 164, 166, 241 f.
Callipteridium gigas 242
Callipteridium pteridium ... 46, 241*
Callipteridium sullivanti ... 241, 414
Callipteris ... 48, 50, 202, 282 f., 413
Callipteris bergeroni 49
Callipteris conferta 49, 282,
.... 283*, 284*
Callipteris diabolica 49
Callipteris flabellifera 49, 51,
.... 286*, 288, 413
Callipteris martinsi 51
Callipteris moorei 287*, 288, 413
Callipteris naumanni 49, 285*
Callipteris nicklesi 49, 50
Callipteris polymorpha 49, 51
Callipteris scheibei 49, 288,
.... 289*, 290
Callipteris strigosa 49
Callipteris subauriculata 49
Callixylon 86, 109, 113, 169
Callixylon cf. whiteanum .. 110*, 111
Calymmatotheca 119
Calymmatotheca stangeri 119
Cardiocarpon 133
Cardiocarpus 133
Cardiocarpus gutbieri 132*, 133
Cardiopteridium 198

448

Cardiopteridium pygmaeum 40
Cardiopteridium spetsbergense ... 40,
.... 198*, 199
Cardiopteridium waldenburgense 42
Cardiopteris 197
Cardiopteris frondosa 40
Cardiopteris polymorpha 197*
Carinalkanal 350, 415
Carpentieria 144, 145
Carpentieria marcana 145
Cathaysia 19, 20, 38, 372
Cauloid 59, 60*, 61, 126
Caulopteris 154
Caulopteris primaeva 154
Caytoniales 418
Chaleuria 32
Charakterspecies,
 siehe biostratigraphische
 Charakterspecies
Charales 57
Chemnitz (Karl-Marx-Stadt) 47
China 20
Chitin 59, 63
Chlorophyta 55
Chorionopteris 149
Chorionopteris gleichenioides 147, 149
Cingularia 382
Cingularia typica 380, 381*, 382
Cingulum 29
Cladoxylales 33, 67, 89, 114
Cladoxylon 24, 25*, 40, 89, 404
Cladoxylon bakrii 24, 25*, 33,
.... 89, 90*
Cladoxylon mirabile 89
Cladoxylon scoparium 33, 89, 91, 92*
Clathraria(-Form) 327, 328,
.... 338, 339*
Coal ball, siehe Torfdolomit
Coenopteridales ..... 42, 146, 147 ff.,
.... 159, 228, 240
Colpodexylon 298
Condrusia rumex 36
Coniferophytina 32, 50,
 87, 124 ff., 127, 142, 145, 164, 347
Coniferae .. 86, 124, 135 ff., 407, 418
Cordaianthus 131, 132*, 133
Cordaiten 36, 37, 38, 41, 42, 43,
.... 44, 101, 130 ff.

Cordaites .... 130 ff., 163, 164
Cordaites borassifolius 133
Cordaites principalis .. 132*, 133, 134
Cordaitidae ... 124, 130 ff., 132*, 407
Cornucarpus 123
Cornucarpus acutum 123
Corynepteris 150*, 216, 248
Corynepteris stellata 150
Couvin 14
Crenaticaulis 68
Crucicalamites 355
Cryptomeria japonica 47
Ctenis 48
Cupula 34, 39, 113,
 117, 119, 120*, 121, 409, 418, 433
Cyanophyta 55
Cyathotrachus 157
Cyathotrachus altus 157
Cycadatae 46, 47, 51, 86,
 .... 165, 172, 176, 179
Cycadeen 41, 48, 112, 113, 114,
 .... 403, 410, 419
Cycadofilices 419
Cycadophytina ..... 112 ff., 172, 406
Cyclopteris, Cyclopteriden . 167, 168,
 ..... 172, 242, 251, 261, 264*, 419
Cyclopteris reniformis 168
Cyclostigma 34, 35, 342
Cyclostigma carnegianum 36
Cyclostigma hercynium 36,
 .... 342, 343*
Cyclostigma kiltorkense 36, 342
Cystosporites 323, 416
Cystosporites devonicus .. 34, 39, 409

Dachschiefer 38
Dadoxylon 131, 135
Dammflüsse 41, 42
Danaeites 157
Danaeites asplenioides 157
Dawsonites 79
Dawsonites arcuatus 31, 79
Dawsonites jabachensis ... 31, 79, 80*
Deckblatt 133, 418
Deckschuppe 47, 135, 142
Dehiszenz 29, 32, 81, 156,
 .... 157, 159, 419
dekussiert 105, 419

449

Delta 16, 17, 30, 53
Des Moines, Desmoines 14
Desmopteris 248
Desmopteris longifolia 45,
  .... 248, 249*
Detritus 419
Devon 14
Diagenese 419, 426, 429
diarch 101, 106, 419
Dichasium 39, 43, 168, 419
Dichophyllites 365
Dichophyllum moorei 51, 413
Dichotomie, dichotom 26, 27*,
  29, 41, 61, 68, 69, 73, 74*, 75*, 76, 77,
  79, 80, 81, 82, 84, 91, 93, 105, 106,
  108*, 109, 168, 298, 300, 301, 302,
  304, 305, 307, 347, 353, 363, 365,
  366*, 367, 379, 405, 406, 412, 419
Dickenwachstum, sekundäres 24*,
  25*, 26, 32, 34, 40, 41, 68, 78, 79,
  86, 87, 88, 89, 90*, 91, 94*, 95*, 98,
  100*, 101, 102*, 103*, 104, 105, 106,
  108*, 109, 110*, 112, 113, 114, 115*,
  116*, 117, 118*, 298, 307, 309, 324,
  344, 348, 349*, 350, 351, 385*, 404,
  412
Dicksonites 43, 123, 166, 242
Dicksonites pluckeneti 168, 242,
  .... 243, 244*, 245
Dicranophyllum .... 48, 142—145
Dicranophyllum gallicum 49,
  .... 142, 143*
Dicranophyllum hallei 142, 144*
Dicranophyllum longifolium 142
Dictyopteris 267
Dictyothalamus 199
Dictyoxylon oldhamium 213
Dictoxylon-Struktur ... 32, 88, 101,
  105, 113, 114, 115*, 214, 411, 419
Dinant 14, 39, 40
diözisch 320
Diplocalamites 355
Diplopteridium 207
Diplopteridium affine 168
Diplopteridium teilianum 207
Diplotheca 119
Diplotheca stellata 119, 120*, 121
Diplotmema 207

Diplotmema cf. moravica .. 207, 208*
Diplotmema patentissimum 207
Diplotmema pseudokeilhaui 36
diplotmematisch ... 41, 109, 168*, 420
Discinitales 111
Discopteris 158, 228
Discopteris goldenbergi 229*, 230
Discopteris karwinensis 158,
  .... 228, 229*
distal 41, 420
distiche Psaronien 152
Devon 13, 14, 20, 21, 23, 26, 27,
  .... 28, 29, 30, 31, 34, 36, 38
Doberlug-Kirchhain 39
Dolerophyllum 172
Dolerophyllum goepperti 172
Doleropteris 172
Dolerotheca 117, 124
Dolerotheca fertilis 124
Dolomit, dolomitisiert ... 18, 38, 420
Dolomitknollen (coal balls) 37,
  .... 38, 348
Dorsalblättchen 347, 420, 422
dorsiventral 64, 420
Dorycordaites 134
Dorycordaites palmaeformis 134
Drepanophycaceae .... 301 f.
Drepanophycales .... 299, 301 f.
Drepanophycus ... 30, 298, 301 f., 303
Drepanophycus gaspianus 301
Drepanophycus spinaeformis 31,
  .... 301, 302*
Drepanophycus spinosus 33
Drüsen 32, 82, 113, 114, 119,
  .... 174*, 175, 245
Duisbergia 25*, 33, 89, 98, 404
Duisbergia macrocicatricosus 33
Duisbergia mirabilis 33, 98, 100*, 101

Eddya 86, 87, 113, 126, 163,
  .... 165, 307, 407
Eddya sullivanensis ... 126, 169, 170*
Eifel 14
Einzelblätter 164
Einzelkorngefüge (Boden) 52
Elateren 64, 420
Eleutherophyllum mirabile 42

Emergenzen 68, 77, 79, 82, 84,
   299, 300, 307, 308*, 309, 407, 420
Emplectopteris 123, 248
Emplectopteris ruthenensis 248*
Emplectopteris triangularis ... 120*,
   .... 121, 248
Ems 14, 80
endarch 26, 27*, 344, 420
Endodermis 152, 158, 350, 420
Endospor 409, 410, 420
Enigmophyton 87, 165, 407
Enigmophyton superbum 32, 126
Eoangiopteris 157
Eoangiopteris andrewsii 157
Epidermis, Epidermalstrukturen,
   Epidermisanhänge 15, 18, 22,
   23, 31, 32, 43, 44, 69, 70*, 71*,
   72, 73, 78, 131, 135, 172, 301,
   .... 420, 434
Epikontinentalmeere 20
Epiphyten 40, 41, 145, 298, 420
epistomatisch 416, 420
Equisetales .... 347 ff.
Equisetatae 39, 41, 43, 45, 347,
   .... 363, 365
Equisetites 365
Equisetites hemingwayi 365
Equisetophyta 28, 30, 32, 34,
   .... 35, 39, 41, 347 ff., 406
Equisetophytina .... 347 ff.
Equisetophyton 351
Equisetophyton praecox 30, 351, 352
Eremopteris 123
Ernestiodendron 48
Eurameria 19, 20, 38
Europa 19, 20
Eusigillaria(-ien) 324, 326,
   .... 327, 329
Eusphenopteris .... 166, 209 ff.
Eusphenopteris hollandica 42,
   .... 210, 213*
Eusphenopteris neuropteroides 44, 210
Eusphenopteris obtusiloba 44,
   .... 209, 210, 211*
Eusphenopteris sauveuri 45, 213
Eusphenopteris striata .. 45, 210, 212*
eusporangiat 86, 145,
   .... 146, 158, 408, 410

Eustele 24*, 32, 34, 45, 87, 88,
   .... 112, 113, 169, 329, 421
Euthursophyton 24*, 68, 84
Euthursophyton hamperbachense .. 33,
   .... 84, 85*
Evaporation (Verdunstung) 13, 52, 54
Evaporite 54
Evolution 21, 23, 26, 32, 36,
   .... 401 ff., 421
exarch 26, 27*, 68, 301, 421
Exine 29, 408, 409, 410, 411,
   .... 421, 431
Exipulites 64
Exipulites neesii 64
Exospor 409, 410, 421, 429

Fächeraderung ... 34, 35, 39, 86, 87,
   109, 112, 124, 126, 127, 145, 163,
   165, 170*, 172, 181*, 182, 187, 188*,
   190, 191, 193, 197*, 198, 199, 406
Fächerblatt 29
Famenne 14
Fanglomerate 54
Faulschlamme 18
Faunenschiefer 17
Favularia 326, 327, 329
Fazies 17, 421
Fibrillenstruktur 59
Fieder .... 163 ff.
Fiederaderung 34, 86, 112, 151,
   .... 163, 165/166, 199 ff., 406
fiederlappig 165, 179, 180*
Fiederchen .... 163 ff.
Filicatae 30, 37, 39, 41, 43, 45,
   50, 72, 112, 145 ff., 166, 196, 199,
   206, 215, 225, 228, 230, 231, 238,
   239, 240, 248, 404, 405, 408, 417,
   .... 419, 421
Filicatae (eusporangiat) ...... 147 ff.
Filicatae (leptosporangiat) ... 159 ff.
Filicatae (protoleptosporangiat) . 158
Filicophyta ... 28, 34, 67, 145 ff., 427
Flächenbrände (Fusit, Waldbrand,
   Blitzschlag) 15, 52
Flechten 30, 63
flexuos 43, 421

451

Flöz-(Torf-)bildung ... 13, 15, 16, 17, 18, 21, 30, 31, 35, 37*, 38, 39, 41, ... 47, 53, 133, 307, 418, 429, 434
Flözbildner (vergl. hygrophile azonale Vegetation) 53
Florenprovinzen 19, 20
Florenprovinz, angarische 19, 38
Florenprovinz, euramerisch-cathaysische 38, 19
Florenprovinz, gondwanische .. 19, 45
Florenschiefer, siehe Pflanzenschiefer
Florenverteilung 19
Floristik .... 13 ff.
Flußterassen 53
foliare Stelen 355, 360, 363
folios 64, 421
Formgenera .... 163, 169 ff.
Formspecies .... 169 ff.
Fortopteris 166, 225
Fortopteris (al. *Mariopteris*) *latifolia* 45, 225, 226*
Fossilisation .... 13—18, 421
Frasne 14
Fruchtschuppen 47, 135, 139, 142
Fryopsis 163, 165, 197
Fryopsis frondosa 40
Fryopsis polymorpha 197*, 198
Fusit 16, 17, 52

Gabeladerung, siehe Fächeraderung
Gabelblatt ..... 29, 36, 43, 91, 93, 109, 124, 135, 142, 145, 298, 302, 303, 304, 305, 307, 353, 363, 365, ... 366*, 367, 379, 384
Gabelwedel .... 39, 48, 167*, 168, 190, 199, 201*, 202, 207, 209, 214, 215, 219, 220, 225, 240, 241, 242, ... 282, 286 ff., 290
Galeriewald 52
Gallenbildung 41
Gametophyten .... 28, 30, 64, 65, 69, 70*, 71*, 72, 145, 405, 406, ... 408, 409, 410, 411, 421, 430, 432
Gaspé 78, 83
Gedinne 14
Geest 53

Generationswechsel 21, 112, 146
genetische Isolation 21
Genus (Gattung) 55
geobotanische Angaben .. 13—54, 413
Geofazies 16
geographische Isolation 21
Geomorphologie .... 48, 52—54
Geotop 16, 30, 35, 46, 422
geotrope Reaktion 405
Geradzeilen, Längszeilen, siehe Orthostichen
Germanophyton psygmophylloides 86, 126
Gigantopteridium 282
Gigantopteridium americanum . 282
Gigantopteris 20, 45, 406
Ginkgoatae .... 50, 86, 124 ff., ... 127, 169, 172, 288
Ginkgophyllum .... 49, 50, 127, ... 165, 172
Ginkgophyllum grasseti 49, 172
Ginkgophyten 46, 48, 50, 51
Ginkgophyton gilkineti 33
Ginkgophytopsis 86, 165, 169
Ginkgophytopsis delvalii ... 170, 171*
Ginkgophytopsis flabellata .. 127, 169
Givet 14
Gleicheniaceae .... 159 f.
Glenopteris 20
Glossopteris 45, 406
Gnetopsis 119
Gnetopsis elliptica 119, 120*, 121
Gomphostrobus 135, 145
Gondwana-Kontinent 19, 20, 45
Gosslingia 68, 84
Gosslingia breconensis 31, 84
Großblättrigkeit 46
Großblatt 43, 44, 47, 87, 406, 407
Grünalgen 55
Grundwasser, -spiegel, -stand .. 13 f. 17, 31, 33, 35, 52
Gymnospermen .... 36, 404, 418, ... 422, 431
Gymnospermie 26
Gyrogonit 57
Gzel 14

Häcksel 18

Sachwortverzeichnis

Haftwasserzone 33, 52, 53
Hagen-Ambrock 83, 84
Hagiophyton 156
haplocheil 422
Harz 47
Hepaticae 64
Hepaticites devonicus 65
Hepaticites kidstoni 65
Heterangium 40, 117, 199, 403
Heterangium grievii 42
heteromorph 112, 302
Heterophyllie 41, 139, 142,
.... 298, 422
Heterosporie, heterospor 29, 30,
  32, 34, 39, 43, 65, 86, 88, 109, 145,
  146, 298, 310, 320, 342, 350, 409,
  422
Hexagonocarpus 121
Hexagonocarpus crassatus 121
Hexapterospermum 122
Hexapterospermum stenopterum . 122
Hochmoor 16, 53
Hoftüpfel 26, 32, 114, 404, 422
Holcospermum 120*, 121, 122
Holcospermum dubium 122
Holzbaumtyp 22, 23
Holzkohle, siehe Fusit
Homosporie 422
Honseleria 32, 348, 352
Honseleria verticillata 352*
Hoofer-Flözgruppe 66
Horneophyton 31, 65, 68
Horneophyton lignieri 31, 68*
Hüllschläuche 57, 58*, 59
Huttonia 382
Huttonia spicata 383
Hydathoden ... 44, 45, 372, 389, 422
hydrophile Species 16, 30, 31,
  33, 36, 37, 40, 42, 44, 46, 48, 49,
  .... 50, 52, 80, 423
Hydropteridatae 88, 145
Hyenia elegans 33, 93, 96*
Hyenia sphenophylloides 93
hygrophile Species 16, 30, 31, 33,
  35, 36, 37, 39, 40, 42, 44, 46, 48,
  49, 50, 51, 52, 80, 133, 146, 199, 423
Hysterites 64
Hysterites cordaites 64

Hysterites opegraphoides 64
imparipinnat 423
Imparipteris 251
Imparipteris flabellinervis 188*
Infranodalmal ... 348, 355, 353, 426
Inkohlung, inkohlt 15, 38
Inkrustat 57
Insolation 13, 35, 44, 52, 53,
  .... 54, 423, 426, 427
Integument 34, 39, 112, 113,
  117, 119, 124, 323*, 409, 423, 427
interkalar(es Wachstum) 29, 41,
  43, 45, 48, 73, 77, 86, 111, 164, 380,
  .... 403, 406, 410, 411, 423
Internodium 29, 77, 348, 352,
  353, 355, 356, 357, 360, 361, 362,
  363, 364, 377, 380, 381*, 382, 383,
  .... 384, 423
Interzellularsystem 22, 45, 69,
  .... 70*, 71*, 72, 423, 432
Intine 409, 410, 423
intramontan 48, 423
Intuskrustate, intuskrustieren 17,
  .... 38, 57, 59, 424
Isoetes 298, 310
Isosporen, Isosporie 29, 30, 145,
  146, 298, 350, 408, 409, 410, 421,
  424

Kambium, kambial ... 26, 28, 30, 32,
  .... 34, 68, 350, 404, 405, 424, 426,
Kannel(-Kohle, -Sedimente) 53
Karbon .... 14, 36—46
Karinopteris .... 40, 220 f.
Karinopteris acuta .. 42, 45, 222, 223*
Karinopteris daviesii 222, 223*
Karinopteris souberani 45, 222
Karl-Marx-Stadt (Chemnitz) 47
katadrome Fiederchen (basale Fiederchen) .. 199, 202, 209, 219, 222, 424
Katharina (Flöz) 38
Kauliflorie, kauliflor .. 106, 341, 424
kaulinar 353, 355, 360, 363, 365
Kazan 14
Keimarea, Keimungspol 86, 410
Klima 20, 33, 34, 35, 38, 42, 44,
  46, 47, 52, 53, 54, 324, 341, 426,
  .... 427, 428, 435, 436

453

Klimmhaare, Klimmhaken, Klimmpflanzen .... 39, 40, 113, 114, 199, ... 216, 219
Knorria(-Erhaltung) 310, 311*
.... 321*, 322, 342, 343*
Kohäsionsgewebe 71*, 72
Kohlen-(Flöz-)bildung ...... 13, 15, 16, 17, 18, 21, 35, 37*, 38, 39, 41, ... 53, 133, 307, 416, 434
Kollenchym, kollenchymatisch ... 22, ... 78, 424
Konkauleszenz .... 29, 43, 48, 50, 77, 86, 87, 111, 164, 202, 265, 288, ... 380, 403, 406, 410, 411, 424
Kontinentalmasse 18, 19*, 20
Kork, Korkkambium 325*, 426
Kormophyten 21, 63, 424, 431
Kronenbildung 52, 54
Kryptogamen 425, 432
Kungur 14
Kupferschiefer 51
Kutikula ...... 15, 18, 22, 23, 53, 63, 69, 70*, 71*, 72, 402, 420, 425, 426, ... 428
Kutikularleisten 72
Kutikularpapille 425
Kutin, Kutinisierung ..... 22, 23, 28, ... 31, 59, 61, 67, 310, 425, 426

Lagenospermum 119, 199
Lagenospermum nitidulum 119
Lagenostoma 113, 119
Lagenostoma ovoides 119
Laubfusit 17, 52
Laubmoose 65, 66*
Lazinen .... 182, 396, 397*, 398*, ... 399, 422
Lebachia .... 45, 137 f.
Lebachia frondosa............... 49
Lebachia germanica 136, 137*
Lebachia hypnoides 49, 50, 51
Lebachia laxifolia 50, 51
Lebachia parvifolia 49
Lebachia piniformis ..... 46, 50, 137, ... 138*, 139
Leiodermaria(-Form) ..... 327, 328, ... 338, 339*

Leitarten,
siehe biostratigraphische Leitspecies
Leitbündelnarbe .... 151, 154, 306, ... 311*, 312, 322, 340
Leitspecies,
siehe biostratigraphische Leitspecies
Lepidobothrodendron 40, 322
Lepidocarpaceae ..... 34, 320, 322 f.
Lepidocarpon 323*
Lepidocarpon lomaxi 323
Lepidocarpopsis 323
Lepidodendraceae .... 37, 310 f.
Lepidodendrales .... 306, 307 f., ... 311*, 322
Lepidodendron .... 48, 113, 310 f, 311*, 314*, 317, 320, 322, 324, 342
Lepidodendron aculeatum ... 42, 314*
Lepidodendron dichotomum 312, 315
Lepidodendron losseni 40
Lepidodendron lycopodioides 44
Lepidodendron mediostriatum 40
Lepidodendron obovatum ...... 44, ... 314, 315
Lepidodendron peachii 313
Lepidodendron rhodeanum .. 42, 313
Lepidodendron simile 315, 316*
Lepidodendron spetsbergense 40
Lepidodendron veltheimi .... 40, 309, ... 312*, 313
Lepidodendron volkmannianum .. 40, ... 313*
Lepidodendron wortheni .... 44, ... 316*, 317
Lepidophloios 310, 311, 317, 322
Lepidophloios laricinus ...... 40, 42, ... 44, 309, 317, 318*
Lepidophloios scoticus 42, 317
Lepidophyten 38, 425, 428
Lepidospermen 49
Lepidostrobophyllum .. 310, 319*, 320
Lepidostrobophyllum maius 320
Lepidostrobopsis 310, 320
Lepidostrobopsis missouriensis ... 320
Lepidostrobus .... 310, 317, 319*, ... 320, 323, 341, 342
Lepidostrobus ornatus 320
Leptophloeum rhombicum 36
leptosporangiate Filicatae 145,

.... 146, 158
Lescuropteris 45, 164, 166, 245
Lescuropteris moorii 245, 246*
Lescuropteris genuina ... 46, 245, 247
Lesleya 43, 165, 176, 406
Lesleya delafondi 46, 51, 176
Lesleya eckardti 176, 178*
Lesleya grandis 176
Lesleya weilerbachensis 43, 45,
.... 176, 177*
Lichenes 30, 63
Lignin 15, 22, 59, 425, 431
Ligninreaktion für fossile Hölzer und
  Kohlen 15, 425
Ligula 298, 306, 311*, 342, 425
Ligulargrube, Ligularsystem 39,
.... 298, 305, 306, 311*,
  312, 317, 320, 322, 324, 342, 425
Lilpopia (al. Tristachya) 48, 50,
.... 386, 399
Lilpopia crockensis 398*, 399
Lilpopia raciborskii 399
limnisch 17, 23, 31,
  33, 40, 48, 50, 53, 55, 425, 429
Linopteris   43, 117, 121, 163, 166, 267
Linopteris brongniarti 267, 268*
Linopteris gutbieriana 267
Linopteris neuropteroides
  var. major 268, 269*
Linopteris neuropteroides
  var. neuropteroides 268, 270*, 271*
Linopteris obliqua 269
Linopteris subbrongniarti 269
Lithostratigraphie 426
Litostrobus 386, 399
Litostrobus iowensis 399
Lobatannularia ... 365, 369, 372, 378
Lobatannularia inaequifolia 378
Lokalspecies, Lokalformen 48, 53
Lonchopteridium 166, 242, 278
Lonchopteridium alethopteroides 281*
Lonchopteridium chandesrisi ... 280*
Lonchopteridium
  eschweileriana 278, 280*
Lonchopteris 43, 117, 163, 166,
.... 242, 278, 281, 413
Lonchopteris bricei 281
Lonchopteris chandesrisi 280*

Lonchopteris eschweileriana   278, 280*
Lonchopteris rugosa 45, 281, 282
Lycophyta 28, 29, 30, 34, 39,
  43, 45, 48, 80, 89, 298 ff., 307, 406,
.... 409, 417, 429
Lycopodiales 298, 347
Lycopodites falcatus 347
Lycopodites oosensis 347
Lycopodites taxiformis 347
Lycopsiden 41, 403
Lyginopteridaceae 113, 119
Lyginopteris .... 24*, 40, 113 f.,
.... 115*, 213
Lyginopteris baeumleri 42, 215*
Lyginopteris bermudensiformis ... 40
Lyginopteris fragilis 42
Lyginopteris ghayei 215
Lyginopteris hoeninghausi 45,
.... 214*, 215
Lyginopteris oldhamia 114, 115*,
.... 213, 214

Macrostachya 383
Macrostachya infundibuliformis 383
Magnoliophytina 406
Mamillen 43, 425
Manebach 47, 235, 236, 237, 297,
  364, 369, 375, 378, 380, 393, 397
Marattiaceae 152
Marattiales 46, 48, 50,
  146, 150 f., 152, 154, 156, 157, 159
Mariopteriden 41, 417
Mariopteris .. 40, 166, 219 f., 222, 406
Mariopteris acuta ... 42, 45, 222, 223*
Mariopteris daviesii 222, 223*
Mariopteris latifolia ... 45, 225, 226*
Mariopteris muricata ... 45, 219, 221*
Mariopteris nervosa 45, 219, 220*
Mariopteris sauveuri ... 45, 219, 221*
Mariopteris souberani 45, 222
Mark, Markhohlraum, Markraum-
  Ausguß 25, 32, 34, 41, 68, 93,
  100*, 101, 114, 115*, 131, 135, 158,
  298, 299, 301, 344, 348, 349*, 353,
.... 383, 403, 431, 433
markständige Stelen 87
Markstrahlen,
  Markstrahltracheiden 32, 43,

455

45, 87, 88, 101, 103*, 104, 109, 110*, 111, 114, 115,*, 348, 350, 351, ... 364, 403, 404, 405, 412
Marschen 53
Maschenaderung .... 43, 88, 112, 163, 242, 245, 248, 255, 261 f., 263, 264, 267, 268*, 269, 278, 280, 281, 407, ... 417
Mazeration 320, 426
Mazocarpon 324
Mazostachys 382
Mazostachys pendulata 382
Medullation 113
Medullation, intrastelāre ... 114, 403
Medullosa 25*, 40, 116, 403
Medullosa anglica 117, 118*
Medullosa stellata 116*, 117
Medullosaceae .... 40, 41, 43, 47, ... 89, 114 f., 115, 116*
Megaphyton .... 152, 154 f., 155*, ... 156, 159
Megaphyton frondosum 156
Megaphyton kuhianum ..... 39, 146, ... 152, 153*
Megasporangium ..... 320, 322, 323*, ... 423, 424
Megasporen 113, 310, 319*, 320, 322, 323*, 341, 409, 416, 422, 426
Megasporophyll 112, 323*
Meristem 404, 421, 426
mesarch ....·... 26, 27*, 103*, 104, ... 105, 158, 426
Mesocalamites .... 41, 348, 353 f., ... 360, 361, 363, 365, 383
Mesocalamites asteropilosus 368
Mesocalamites carinatus ..... 44, 360, ... 361*, 368
Mesocalamites cisti 44, 355, 356*
Mesocalamites cistiformis 42, 355
Mesocalamites gigas 49, 50, 357, 358*
Mesocalamites haueri 42, 355
Mesocalamites jongmansi 368
Mesocalamites paleaceus .... 44, ... 360, 361*
Mesocalamites ramifer 42, 360
Mesocalamites roemeri 42, 355
Mesocalamites rugosus 44, 360
Mesocalamites suckowi 44, 355,

.... 356, 357*
Mesocalamites undulatus .... 42, ... 358, 359*
Mesom 27*, 86, 433
mesophil, Mesophyten ....16, 17, 31, 33, 34, 35, 36, 37, 39, 40, 42, 44, 45, 46, 47, 48, 50, 51, 52, 129, 133, 135, 146, 172, 176, 179, 182, 188, 190, 191, 196, 197, 242, 278, ... 281, 347, 426
Mesophytikum .... 13, 14, 51, Tabelle im Vorsatz
Mesoxylon 131
Metacalamostachys 41, 378, 382
Metacalamostachys palaeacea ... 382
Metaxylem .... 24, 25, 26, 27*, 28, 29, 67, 68, 69, 70*, 71*, 72, 78, 82, 84, 85*, 89, 90*, 93, 100*, 101, 103*, 104, 105, 106, 107*, 109, 114, 131, 146, 152, 158, 298, 301, 302, 303, 306, 350, 385, 403, 404, 408, 416, ... 420, 421, 426, 427, 430, 431
mikrophyll 298, 420, 427
Mikropyle ..... 120*, 121, 122, 323*, ... 409, 427
Mikrosporangium ..... 88, 117, 119, 124, 125*, 142, 199, 204, 205*, 206, ... 207, 320
Mikrosporen ...... 32, 86, 101, 103*, 104, 112, 114, 206, 310, 341, 409, ... 410, 411, 422
Mikrosporophyll 112
Missouri 14
Mitteldevon, mittleres Devon .... 14, ... 31 ff., 91—107, 112, 114
monolet 427, 434
monophyletisch 28
monopodial 26, 27, 29, 32, 34, 39, 62, 105, 306, 307, 412, 427
Monopodium 27*, 402, 403
Monosaccus 410
monosexuell 320
Moore, Moorvegetation 13, 16, 17, 30, 31, 33, 35, 37, 38, 39, 41, 42, 44, 46, 47, 48, 52, 53, 63, 425
Moose .... 30, 38, 64 ff.
Moosfarne 298
Moresnetia zalesskyi 36

Morphogenera .... 163 f., 199
Mosellophyton 61
Mosellophyton hefteri 61
Moskau 14, 39
Murinicarpus 122
Murinicarpus andanensis 122
Musci 65
Muscites polytrichaceus 67
Mycelium 63, 69
Mycophyta .... 62 ff.
Myeloxylon 116*, 117, 118
Myriophyllites 351
Myriophylloides 351
Myriotheca 161
Myriotheca desaillyi 161

Nadelblatt ... 29, 87, 135, 298 f., 324
Namur 14, 35, 38, 39, 40, 41, 42
Nebenadern 164, 219, 241,
...... 249, 251, 272 ff., 278 ff., 281
Nematophyta 59, 60*, 61
Nematothallus 59, 61
Nemejcopteris 240
Nemejcopteris feminaeformis ... 240*
Neocalamites 51, 363
Netztracheiden .. 26, 28, 114, 350, 385
Neuropteriden 48, 131, 168, 419
Neuropteris, neuropteridisch 41,
    117, 122, 163, 166, 167*, 251—261,
    406
Neuropteris antecedens 40, 42
Neuropteris attenuata 254*, 255
Neuropteris auriculata 46
Neuropteris cordata 49
Neuropteris gigantea 42, 45,
    .... 265*, 267
Neuropteris heterophylla 45,
    .... 251, 252*
Neuropteris loshi 251
Neuropteris linguaefolia .. 266*, 267
Neuropteris mathieui 42
Neuropteris neuropteroides 49
Neuropteris obliqua 42, 255, 256*
Neuropteris ovata 45, 255,
    .... 258*, 259*
Neuropteris ovata
    var. ovata 258*, 259

Neuropteris ovata
    var. sarana 258*, 259*
Neuropteris planchardi 49
Neuropteris praedentata 46
Neuropteris pseudo-blissi 49
Neuropteris pseudogigantea 266*, 267
Neuropteris rarinervis 254*, 255
Neuropteris rectinervis ... 261, 263*
Neuropteris scheuchzeri 43, 45,
    .... 46, 260*, 261
Neuropteris schlehani 42, 251,
    .... 261, 262*
Neuropteris semireticulata .. 255, 257*
Neuropteris tenuifolia 252, 253*
Neurospermum 122
Neurospermum kidstoni 122
Nichtflözbildner 53
Nodium, Nodiallinie (Equisetophyta)
    .... 41, 348, 352, 353
    355, 356, 357, 360, 361, 362, 363,
    364, 365, 377, 380, 381*, 384, 385
    386, 423, 427, 431, 432, 433, 435
Noeggerathia 86, 111, 165, 184,
    407
Noeggerathia foliosa ... 45, 185, 186*
Noeggerathia zamitoides 185
Noeggerathiophyta(-tina) 32,
    88, 111, 165, 182, 184, 185, 187, 190
Noeggerathiostrobus ...184, 185, 414
Noeggerathiostrobus vicinalis ... 186*
Nordamerika 14, 19, 20, 36, 47,
    60, 61, 78, 83, 105, 106, 121, 169,
    176, 245, 246, 287, 288, 290, 304,
    .... 311, 385, 413
Nothia aphylla 299
Nucellus 113, 121, 409, 423, 427

Oberdevon, oberes Devon 14,
    .... 34 f., 105, 106, 109, 113
Odontopteriden 48, 50, 168, 202, 255
odontopteridisch 164, 166,
    .... 190, 245, 248, 255, 290 f.
Odontopteris 43, 48, 164, 166,
    .... 245, 290 f.
Odontopteris alpina 293*, 294
Odontopteris brardii ... 46, 290, 291*
Odontopteris genuina .. 46, 245, 247*
Odontopteris gimmi 49

Odontopteris jeanpauli 294
Odontopteris lingulata 48, 49,
.... 51, 294, 296*, 297
Odontopteris minor 46, 292*, 294
Odontopteris orbicularis 48
Odontopteris osmundaeformis ... 297*
Odontopteris subcrenulata ... 46, 294,
.... 295*, 297
Odontopteris wintersteinensis 48,
.... 49, 50, 51
Ökologie ...... 30—54, 418, 427, 428
Oligocarpia 159, 161*
Oligocarpia gutbieri 161
Ontogenie, ontogenetisch 26,
326, 327, 328, 380, 404, 405, 428,
.... 429, 434
Oogonien, Oosporen,
Oosporenmembran 57, 58*, 59
Ophioglossales 145
Ordovizium 55,
Tabelle im Vorsatz Orthostichen
(Geradzeilen, Längszeilen) 98,
.... 306, 307, 313, 324, 326, 341
Osmundales 146, 158, 228

Pachytesta 121
Pachytesta incrassata 121
Paläobotanik (Definition) 428
paläogeographische Hinweise 19—54,
.... 414, 427
paläoökologische Hinweise ... 30—54,
.... 418, 427, 428
Palaeophyll, palaeophyllal ... · 46, 86,
.... 87, 101, 169 f., 406
Palaeopteridium 185, 188*, 190
Palaeopteridium reussi 185
Palaeopteridium sessilis 187, 188*
Palaeostachya 41, 380, 381*, 382
Palaeostachya elongata 382
Palaeoweichselia 166, 242
Palaeoweichselia defrancei 45,
.... 242, 243*
Palisadenparenchym ... 151, 407, 412
palmates Blatt (Wedel) 98, 427
Palmatopteris 40, 208
Palmatopteris furcata ... 44, 207, 208*
Palmatopteris sarana 209*
Palynologie 428

Palynomorphen 18, 429
Paracalamites 50, 51, 348, 363
Paracalamites kutorgai 51
Paracalamites striatus 363
Paracalamostachys 383
Paracalamostachys polystachya .. 383
Paracalathiops stachei .. 204, 205*, 206
paralisch 16, 42, 52, 53, 429
Paralleladerung 124, 145, 163
Parenchym, parenchymatisch 22,
.... 23, 43, 45, 86, 87, 429
Parichnosmale 311*, 429
paripinnate Neuropteriden 124,
.... 265 f., 429
Paripteris .... 121, 166, 265 f.
Paripteris gigantea .. 42, 45, 265*, 267
Paripteris linguaefolia 266*, 267
Paripteris pseudogigantea .. 266*, 267
pecopteridisch 158, 161,
166, 215, 225, 231 f., 239, 242, 245,
.... 248, 255, 282
Pecopteris 44, 50, 159, 163, 166,
.... 231 ff., 281, 406
Pecopteris avoldensis 239
Pecopteris arborescens 235*
Pecopteris aspera 42, 156
Pecopteris candolleana 49, 154,
.... 236, 237*
Pecopteris cyathea   50, 154, 235, 236*
Pecopteris feminaeformis 240*
Pecopteris hemitelioides 45, 236, 237*
Pecopteris lepidorhachis 46
Pecopteris miltoni 152, 234*
Pecopteris pennaeformis 45, 156,
.... 159, 231*
Pecopteris pinnatifida 49, 51
Pecopteris plumosa 42, 43, 45,
.... 156, 159, 160*, 161, 232*
Pecopteris polymorpha .. 49, 157, 238*
Pecopteris potoniei 49
Pecopteris truncata 46, 49
Pecopteris unita 238, 239*
Pecopteris volkmanni 45, 233
peel, Acetatfolien-Abzug 38
Peltastrobus 386, 396
Peltastrobus reedae 396
Pendelübergipfelung ... 27*, 130, 402

Periderm 106, 117, 118,
.... 309, 325, 344, 350, 385*
Perispor 419, 429
Perm .... 13, 14, 46 f.
Pertica 88
Pflanzenschiefer 38
Pflanzenvergesellschaftungen,
siehe Assoziations-Verbände
Phaeophyceae 23, 59
Phellogen 309, 429
Phloem 24, 67, 68, 69, 70*, 71*,
.... 72, 152, 158, 350, 429
Phylloid 59, 61, 126
Phyllotheca 50
Phylogenie .... 401 ff., 429
Pietzschia 24, 25*
Pila 18, 36, 40, 57, 418
Pila bibractensis 56*, 57
Pilzdauersporen 63
Pilze 15, 63
Pilzhyphen 63
Pilzverdauungszone 63
Pinatae .... 86, 127, 130 ff.
Pinidae .... 124, 135 f., 145, 407
Pinnularia 351
Pionierpflanzen 16, 30, 76
Plagiozamites 49, 185
Plagiozamites planchardi 49,
.... 185, 187*
Planation 135, 406
Platyphyllum 29, 126, 127,
.... 163, 169, 407
Platyphyllum brownianum 169
Platyphyllum fissipartitum 169
Platyphyllum majus 127
Platyphyllum peachii 126
platysperm 41, 43, 120*,
.... 121, 124, 133, 248, 430
Plazenta 149, 150, 156, 157
Plektenchym, Pseudoparenchym .. 59,
.... 60*, 61, 430
Plektostele 25*, 430
Poacordaites 134
Poacordaites latifolius 134
Podocarpaceae 145
Podozamites 145
Pollenkammer 113, 117, 120*,
.... 121, 410, 411

Pollenkörner ... 15, 18, 41, 48, 103*,
104, 112, 117, 199, 408, 409, 410,
.... 411, 421, 423, 426, 429
Pollensack 133, 416
Pollenschlauch(-befruchtung) 45,
.... 409, 411
polyphyletisch 28, 430
Polystele 24*, 25*, 26, 28, 29, 32,
40, 47, 61, 87, 88, 89, 91, 98, 112,
.... 403, 408, 430
Porodendron 322
Pothocites 353
Potoniea 124, 125*
Potoniea adiantiformis 124
Praecallipteridium 43
Primärstelen, Primärxylem 41,
43, 87, 102*, 103*, 104, 105, 108*,
109, 114, 117, 301, 303, 306, 309,
344, 353, 360, 385, 403, 404, 412
Proconiferophytina 87, 88, 89,
.... 124, 126, 127, 179
Procycadophytina 87, 88, 89
prosenchymatisch 351, 430
Prospermatophyta 28, 30, 32, 34,
62, 67, 78, 86 ff., 111, 112, 127, 146,
165, 169, 179, 307, 404, 405, 420
Prothallium 145, 408, 422,
.... 426, 427, 430, 431
Protocalamites 350
Protolepidodendraceae .... 302 f.
Protolepidodendrales .... 302 f.
Protolepidodendron 24, 25*,
.... 298, 303
Protolepidodendron gilboense ... 304
Protolepidodendron scharianum .. 33,
.... 303, 304*
*Protolepidodendron
wahnbachense* 31, 304, 305*
Protolepidodendropsis 305
Protolepidodendropsis frickei ... 306
Protopteridiales 31, 32, 86,
...... 101, 113, 114, 408, 410, 411
Protopteridium 24*, 32, 86, 88,
.... 104, 109, 304, 404, 411, 415
Protopteridium hostinense 104
Protopteridium thomsonii ... 33, 102*,
.... 103*, 104, 105, 405
Protosphagnales 65

Protosphagnum nervatum 67
Protostele 24*, 26, 29, 67, 68,
.... 72, 77, 403, 408, 430
Prototaxites 21, 33, 59, 61
Prototaxites logani 60*, 61
Prototaxites southworthii 61
Protoxylem 24*, 25*, 26, 27*, 28,
34, 67, 68, 69, 70*, 71*, 72, 77, 78*,
81, 84, 85*, 89, 90*, 93, 101, 102*,
103*, 104, 105, 106, 107*, 114, 131,
146, 147, 148, 152, 158, 298, 299,
301, 303, 306, 309, 344, 350, 385,
403, 404, 408, 416, 420, 421, 426,
.... 427, 430
Psaronius 44, 45, 150, 151*,
.... 152, 154, 155*
Psaronius asterolithus 154
Psaronius helmintholithus 154
Psaronius renaultii 152
Pseudadiantites 190
Pseudadiantites sessilis 190
Pseudoborniales .... 383 f.
Pseudobornia 34, 35, 383
Pseudobornia ursina 36, 383, 384*
Pseudoctenis 51
Pseudoctenis middridgensis 51
Pseudodichotomie,
 pseudodichotom 39, 207, 242
Pseudomariopteris 222
Pseudomariopteris busqueti 46,
.... 222, 224*, 225
pseudomonopodial 61
Pseudoparenchym,
 siehe Plektenchym
pseudoparenchymatische
 Verwachsung 154
Pseudosporochnus 24*, 25, 89,
.... 93, 410
Pseudosporochnus ambrockense ... 33,
.... 98, 99*
Pseudosporochnus chlupaci 33, 98
Pseudosporochnus krejcii 93, 98
Pseudosporochnus nodosus 93, 98
Pseudosporochnus verticillatus ... 33,
.... 97*, 98
Pseudotsuga taxifolia 47
Pseudovoltzia 50, 51, 139, 142
Pseudovoltzia libeana .. 51, 139, 141*

Psilophyta ..... 28, 61, 65, 67 ff., 88
Psilophytales 114
Psilophytina .... 28, 30, 77 ff.
Psilophyton 29, 68, 77, 404
„*Psilophyton*" *burnotense* 79
Psilophyton dawsonii 31, 77,
.... 78*, 404
Psilophyton princeps 31, 77
„*Psilophyton*" *pubescens* 79
Psygmophyllum 51, 170
Psygmophyllum cuneifolium 51
Pteridophyll ... 112, 145, 163 ff., 430
Pteridophyta 28, 88
Pteridospermatae 26, 28, 37, 39,
40, 41, 43, 44, 46, 48, 50, 86, 89,
112 ff., 115*, 116*, 118 f., 120*,
146, 165, 166, 172, 176, 179, 182,
185, 187, 190, 191, 193, 194, 197,
198, 199, 203, 207, 209, 219, 222,
225, 239, 242, 245, 249, 251 f.,
261 f., 265 f., 267 f., 272 f., 278 f.,
281, 282 f., 290 f., 410, 417, 419,
.... 420, 431, 434
Pterophyllum 46, 47, 49, 51,
.... 163, 179
Pterophyllum blechnoides 49,
.... 179, 180*
Pterophyllum longifolium 179
Ptilophyton 104, 414
Ptilophyton thomsonii 104
Ptychocarpus 43, 46, 157*,
.... 166, 238
Ptychocarpus hexastichus 157
Ptychocarpus unitus 238, 239*
Ptychopteris 156
Ptychopteris macrodiscus 156
Ptychotesta 122
Ptychotesta tenuis 122

Quadrocladus 51
Quadrocladus solmsi 51

Raumblätter, Raumwedel 29, 32,
.... 34, 77, 87, 101
Reduktionsteilung 21, 73
Reinschia 36
Rellimia 104
Renaultia 162*, 230

Renaultia chaerophylloides 162
Renaultia laurenti 230*
Reticulopteris 117, 166, 261
Reticulopteris germari 46, 264
Reticulopteris münsteri 255,
.... 261, 263, 264*
Rhabdocarpus 123
Rhabdocarpus tunicatus 123
Rhachiopteris aspera 113
Rhacophyton 88, 101, 106
Rhacophyton ceratangium 106
Rhacophyton condrusorum 36,
.... 106, 108*, 109
Rhacophyton incertum 106
Rhacophyton zygopteroides .. 36, 106
Rhacopteridium 182
Rhacopteridium speciosum 182
Rhacopteris 182
Rhacopteris asplenites 45, 182
Rhacopteris elegans 45, 182, 184*
Rhacopteris zygopteroides 36
Rhetinangium 40
Rhizoide 23, 28, 64, 65, 70*,
.... 71*, 72, 406, 431
Rhizom 72, 93, 145, 301, 303,
.... 348, 350, 351, 355, 356, 431
Rhodea, siehe *Rhodeopteridium*
Rhodeites 206
Rhodeites gutbieri 206*, 207
Rhodeites subpetiolata 206*
Rhodeopteridium
  (al. *Rhodea*) 203, 209
Rhodeopteridium filifera 40
Rhodeopteridium gothaniana 42
Rhodeopteridium hochstetteri 40
Rhodeopteridium machanecki 40
Rhodeopteridium moravica 40
Rhodeopteridium plumosa 40
Rhodeopteridium sparsa 40
Rhodeopteridium stachei 42, 204, 205*
Rhodeopteridium trichomanoides 203
Rhyniales 69, 405
Rhynia 24, 63, 67, 69, 72
Rhynia gwynne-vaughani 31, 69, 405
Rhynia major 31, 63, 69, 70*,
.... 71*, 72, 405
Rhynie 30, 31, 38, 68, 69, 70
Rhyniophytina 28, 30, 31, 68

Rhytidolepis ...... 326*, 327, 329 ff.
Rindenbaumtyp 34, 307, 325
Ringtracheiden .. 26, 28, 69, 103*, 430
Rotliegend (siehe Autun, Saxon)
Russelites 185

Saaropteris 187
Saaropteris guthoerli .. 188, 189*, 190
Saaropteris dimorpha 190
Saccus, saccat 32, 48, 86, 101,
.... 103*, 104, 199, 410, 431
Salpynx 121
Sakmara 14
Samaropsis 120*, 121, 123, 133
Samaropsis ulmiformis 123
Samen (allgemein) 27, 28, 32,
  34, 39, 41, 86, 88, 112, 113, 117,
  118 f., 120*, 126, 127, 130, 132*,
  133, 141*, 146, 242, 244*, 245, 248,
  298, 310, 323*, 408, 409, 410, 411,
  417, 418, 419, 427, 430, 431, 434
Samen
  (bilateralsymmetrisch) ... 41, 123 f.
Samen (radiärsymmetrisch) .... 119 f.
Samenpflanzen ... 112 ff., 298 f., 411
Samenschuppe 135, 141*
Samensporen 86, 112, 113, 146,
.... 320, 322
Sanio'sche Streifen 87, 88
St. Etienne 38
Sarkotesta 39, 117, 120*,
.... 121, 122, 123, 423, 431
Sawdonia 68, 82
Sawdonia ornata 33, 82, 83*
Saxon 14, 41, 47, 50, 51
Schatten als Klimafaktor 33, 34,
.... 40, 41, 44, 46, 52, 54
Scheinstammbildung 40
Schimperia 380, 381*, 383
Schimperia binneyana 383
Schizaeaceae 146, 152, 159, 231
Schizomycophyta 55
Schizopodium 25
Schizostachys 150*
Schizostachys frondosus 150
Schnallenmycelien 44
Schrägzeilen 301, 303, 306,

Anhang

.... 310, 313, 320, 324
Schuetzia 48, 50, 51, 199
Schwammparenchym 29, 69,
.... 151, 407, 412
Schwellgelenke,
Schwellparenchym 39, 40
Schwimmblätter 73
Schwimmsprosse 73
Sciadophyton 76
Sciadophyton laxum 76
Sciadophyton steinmanni 31, 76*
Scolecopteris 156, 415
Scolecopteris elegans 156
Sedimentkern, Sedimentausguß 121,
131, 132*, 135, 152, 153*, 348,
351 f., 353, 354*, 357*, 358, 360,
.... 361, 362, 363, 364
Sekretgänge, Sekretkanäle 118*,
.... 152, 172
Sekundärxylem 24, 25, 26, 32,
34, 40, 41, 68, 77, 78, 79, 86, 87,
88, 89, 90*, 91, 94*, 95*, 100*, 101,
102*, 103*, 104, 105, 106, 108*, 109,
110*, 112, 113, 114, 115*, 116*,
117, 118*, 124, 126, 131, 145, 146,
298, 307, 344, 348, 349*, 350, 357,
363, 377, 385*, 404, 405, 411, 412,
.... 426
Selaginellales 298
Selaginellites 43
Senftenbergia 152, 156, 159,
.... 160*, 161, 231*
Senftenbergia aspera 156
Senftenbergia elegans 159
Senftenbergia plumosa 156
Senftenbergia pennaeformis 156, 231*
Shihhotse 14
Siegen 14
Sigillariaceae .... 37, 42, 324 ff.
Sigillaria ..... 25*, 306, 324 ff., 325*,
326*, 328*, 330*—341*, 342, 344,
.... 345*
Sigillaria boblayi 44, 335, 336*
Sigillaria brardii 338, 339*
Sigillaria cristata ... 44, 329, 331*, 332
Sigillaria cumulata 338*
Sigillaria davreuxi 333, 335*
Sigillaria defrancei 340

Sigillaria elegans 42, 328*, 329
Sigillaria elongata 42, 332*
Sigillaria ichthyolepis 340*
Sigillaria laevigata 44
Sigillaria mammillaris... 44, 332, 334*
Sigillaria principis 337*
Sigillaria rugosa 44, 329, 331*
Sigillaria scutellata 44, 326, 332, 333*
Sigillaria schlotheimiana 42, 329, 330*
Sigillaria tesselata 44, 335, 337*
Sigillariostrobus 324, 341*
Sigillariostrobus goldenbergi 341
Siles .... 14, 39 f.
Silur 13, 14, 23, 28, 55
Simplotheca 410
Siphonostele 25*, 158, 348, 431
Sklerenchym (-stränge, -bänder,
-platten) 22, 32, 43, 45, 72,
79, 101, 105, 106, 113, 114, 115*,
116*, 117, 118, 123, 132*, 133, 142,
152, 158, 199, 214, 272, 299, 307,
.... 326*, 350, 431
Sklerotesta 39, 117, 120*,
.... 121, 122, 123, 423, 431
Sklerotien 63
Sorus 29, 145, 149, 151, 157*,
.... 158, 161*, 162, 228, 431
Spaltöffnungen, siehe Stomata
Sparganum-Struktur 88, 116*,
.... 117, 431
Spathulopteris 193
Spathulopteris decomposita 40
Spathulopteris haueri
f. *densa* 194, 195*
Spathulopteris obovata 193
Speicherparenchym 101
Spermatophyta 28, 67, 72,
...... 112 ff., 165, 404, 405, 408
Spermien, Spermatozoiden 114,
.... 146, 409, 410, 411
Sphaeriaceen 64
Sphagnales 67
Sphagnidae 65
Sphenasterophyllites 365, 367
*Sphenasterophyllites
diersburgensis* 49, 367
Sphenobaiera ... 49, 50, 127, 129, 407
Sphenobaiera digitata ... 49, 51, 130*

Sphenobaiera spectabilis 129
Sphenocyclopteridium 194
Sphenocyclopteridium
  belgicum 36, 194, 196
Sphenocyclopteridium bertrandi .. 42
Sphenophyllaceae ...... 385, 386 ff.,
  .... 434, 436
Sphenophyllophytina .... 384 ff.
Sphenophyllostachys ... 386, 396, 399
Sphenophyllostachys dawsoni 396
Sphenophyllum 34, 35, 37*,
  41, 44, 45, 361, 386 ff., 399, 434
Sphenophyllum
  angustifolium 46, 393*
Sphenophyllum cuneifolium . 44, 388*
Sphenophyllum emarginatum 44,
  .... 386, 387*
Sphenophyllum
  grandeoblongifolium 49, 396
Sphenophyllum longifolium 46,
  .... 386, 391*, 392
Sphenophyllum majus 44, 390*
Sphenophyllum
  myriophyllum 392*, 393
Sphenophyllum oblongifolium ... 45,
  .... 46, 395*, 417
Sphenophyllum orbicularis 389*
Sphenophyllum pachycaule 40
Sphenophyllum
  subtenerrimum 36, 388
Sphenophyllum tenerrimum 42
  .... 386, 388*
Sphenophyllum thoni 45, 49,
  .... 386, 396, 397*, 399
Sphenophyllum verticillatum 46,
  .... 394*, 395
Sphenopsida .... 347 ff.
sphenopteridisch 147, 148, 158,
  161, 165, 187, 199 ff., 215, 222, 225,
  .... 282, 288
Sphenopteridium 35, 190
Sphenopteridium crassum 40
Sphenopteridium dissectum 40
  .... 190, 191*
Sphenopteridium pachyrhachis 40
Sphenopteridium schimperi 40
Sphenopteridium silesiacum 40
Sphenopteridium transversale 40

Sphenopteris .... 35, 166, 199 f.
Sphenopteris adiantoides 42,
  .... 199, 200*
Sphenopteris baeumleri 42, 215*
Sphenopteris bermudensiformis .. 40
Sphenopteris bipinnata 51
Sphenopteris boozensis 36
Sphenopteris damesi 227*
Sphenopertis delicatula 225
Sphenopteris dichotoma 50, 51
Sphenopteris elegans 199
Sphenopteris flaccida 36
Sphenopteris fragilis 42
Sphenopteris frenzli 227, 228*
Sphenopteris geinitzii 51
Sphenopteris germanica 49,
  .... 201*, 202
Sphenopteris ghayei 215
Sphenopteris goldenbergi ... 229*, 230
Sphenopteris hoeninghausi 45,
  .... 113, 214*, 215
Sphenopteris hollandica 42,
  .... 210, 213
Sphenopteris kukukiana 50, 51,
  .... 202, 204*
Sphenopteris laurenti 230*
Sphenopteris maillieuxi 36
Sphenopteris modavensis 36
Sphenopteris mourloni 36
Sphenopteris neuropteroides .. 44, 210
Sphenopteris obtusiloba 44, 209,
  .... 210, 211*
Sphenopteris picardi 40
Sphenopteris pseudogermanica .. 202
Sphenopteris sauveuri 45, 213
Sphenopteris simplex 40
Sphenopteris striata 45, 210, 212*
Sphenopteris suessi .. 50, 51, 202, 203*
Sphenopteris weissi 49
Sphenostrobus 386
Sphyropteris 161, 162*
Sphyropteris crepini 161
Spiraltracheiden 26, 28, 430, 434
Spirorbis 64
Sporae dispersae 29, 429
Sporangien ... 18, 23, 29, 32, 64, 65,
  69, 71*, 72, 73, 77, 79, 82, 86, 91,
  93, 94*, 96*, 98, 99*, 101, 103*,

104, 105, 106, 108*, 109, 111, 112,
113, 124, 125*, 145, 147, 148, 149,
150*, 151, 156, 157*, 158, 159, 160*,
161*, 162*, 182, 216, 225, 228, 231,
239, 299, 300, 304, 317, 323*, 341,
347, 386, 396, 398*, 399, 408, 409,
.... 410, 417, 419, 421, 426, 431
Sporangiophor 91, 93, 299, 380,
381*, 382, 383, 386, 396, 399, 431
Sporen 15, 18, 21, 23, 29, 68*,
71*, 72, 103*, 145, 184/185, 206,
310, 319*, 322, 341, 347, 398*, 408,
409, 416, 420, 421, 422, 424, 426,
.... 427, 428, 429, 433, 434
Sporenin 426
Sporenpflanzen .... 88, 145 ff.,
.... 298 ff., 347 ff.
Sporogonites exuberans 65
Sporophyll ... 112, 161, 304, 306, 310,
317, 320, 323, 341, 350, 386, 399,
.... 432
Sporophyt 23, 28, 30, 64, 65,
69, 70*, 72, 112, 146, 405, 406, 408,
.... 432
Sporopollenin 55, 59
Spreizklimmer, Stützklimmer 39,
.... 40, 112, 145
Spreuschuppen 151
Sproß (Phylogenie) .... 402 ff.
Standortbedingungen .... 13—54
Staunässe 15, 17, 30, 35, 53
Stefan ... 14, 36, 42, 44, 45, 46, 47, 48
Steinkohle 15, 419
Steinzellennester 32, 89, 91,
92*, 93, 94*, 95, 97*, 98, 114, 190,
.... 197*, 307
Stele 23, 24*, 25*, 26, 27*, 28,
29, 45, 67, 68, 69, 71*, 73, 74*, 75*,
77, 78*, 82, 84, 85*, 89, 100*, 103*,
107*, 299*, 311*, 349*, 403, 416,
418, 419, 421, 424, 430, 431, 432
Stelenrohr 146, 153*
Steloxylon irvingense 36
Stelzwurzeln 44
Stephanoradiocarpus 122
Stephanoradiocarpus
 bernissartensis 122
Stephanospermum 122

Stephanospermum akenoides 122
Stewartopteris 151
Stigmaria ..... 309, 327, 342 f., 344*
Stigmaria ficoides 345*, 346*
Stigmaria stellata 42, 346*
Stigmarienwurzelboden 17
Stigmariopsis 45, 329, 347
Stigmariopsis inaequalis 347
Stipitopteris 151, 154
Stipitopteris aequalis 154
Stipidopteris punctata 40
Stolbergia 68, 84, 301
Stolbergia spiralis 33, 84, 86
Stomata 18, 22, 28, 31, 43, 44,
53, 65, 69, 70*, 71*, 72, 73, 135, 137,
172, 299, 301, 309, 311*, 324, 416,
.... 422, 432, 433
Stratigraphie .... 13 ff.
stratigraphische Charakterspecies,
 siehe biostratigraphische
 Charakterspecies bzw. auch
 biostratigraphische Leitspecies
Stylites 309, 310, 344
Stylocalamites 355
Stylostele 24*, 26, 29, 67, 68, 80,
... 82, 84, 86, 146, 403, 408, 432
Sublepidodendraceae .... 305 f.
Sublepidodendron 306
Sublepidophloios 310
Subrhytidolepis 327
Subsigillaria, Subsigillarien ... 45,48,
324, 327, 329, 338, 339*, 340*, 347
Subsigillaria brardii ... 46, 338, 339*
Subsigillaria ichthyolepis ... 46, 340*
Subsigillaria defrancei 340
Sugambrophyton 298, 302
Sugambrophyton pilgeri 31, 302, 303*
Sukkulenten 33, 52, 433
Sumpf, Sumpfvegetation 13, 30,
..... 37, 38, 48, 343, 418, 425, 429
Supaia 20, 282, 290, 413
superponiert 433
Supranodalmale 348, 433
Sutcliffia 117
Svalbardia polymorpha 33
Sycidiaceae 57
Sycidium 57
Sycidium reticulatum 33, 57, 58

Sycidium volborthi 33, 58*, 59
Symbiose, symbiontisch 63, 433
sympodial 27, 39, 43, 433
Synangium ... 29, 41, 145, 149, 150,
 .... 151, 157*, 225, 239, 433
syndetocheil 43, 414, 433
Syringodendron 324, 326*, 328

Taeniocrada 73, 74*, 75*, 77, 86
Taeniocrada decheniana 29, 31,
 .... 73, 74*, 75*
Taeniocrada dubia 31, 73
Taeniocrada langi 29
Taeniocrada lesquereuxi 73
Taeniophyton 73
Taeniophyton inopinatum 33, 73,
 74
taeniopteridisch .... 165, 172 f.
Taeniopteris 45, 48, 50, 51, 165,
 .... 172 f., 176, 406
Taeniopteris doubingeri 175*
Taeniopteris eckardti ... 51, 176, 178*
Taeniopteris jejunata ... 46, 172, 173*
Taeniopteris multinervia 49,
 .... 174*, 175
Taeniopteris tenuis 176
Taeniopteris vittata 172
Tapetum 72, 433
Tartar 14
Taxa, Taxonomie, taxonomisch .. 13,
 .... 55, 401, 408, 428, 433
Taxa-Endungen 55
Tedelea 149
Tedelea glabra 148*, 149
Telom 27*, 62, 86, 89, 101, 121,
 405, 406, 407, 409, 410, 412, 418,
 .... 423, 433
terrestrische Biotope ..... 23, 52—54,
 .... 59, 61, 433
Testa (Sarkotesta, Sklerotesta) .. 39,
 ...... 117, 121, 122, 123, 431, 434
Tetrade, Tetradenmarke 68*,
 71*, 72, 86, 103*, 104, 319, 320, 322,
 ..... 408, 409, 410, 416, 427, 434
Tetradenbildung 21, 434
tetrach 101, 105, 433
Tetraxylopteris 105
Tetraxylopteris schmidtii 33, 36,

 .... 105, 107*
Thallus, thallös 59, 61, 62, 64,
 .... 65, 421, 434
Thamnocladus 59, 62*
Thamnocladus buddei 62*
Thamnocladus clarkei 62
Thamnopteris 158
Thamnopteris schlechtendali 158
Thanatozönose,
 Totengemeinschaft 18, 53, 434
Thuring 14, 50, 51
Thursophyton 298, 300
Thursophyton elberfeldense 300*
Thurophyton milleri 300
Tingiales 111
Titanophyllum 134
Titanophyllum grandeuryi 134
Todeopsis 158
Todeopsis primaeva 158
Torf 13, 15, 16, 17, 30, 31, 37*,
 38, 39, 41, 47, 69, 307, 419, 421,
 .... 426, 429, 434
Torfdolomit (Coal ball) 37*, 38,
 .... 44, 150, 214, 343, 434
Tournai 14
Tracheiden 15, 22, 23, 26, 28,
 32, 34, 41, 69, 77, 87, 427, 430, 434
Träufelspitzen 219
Tragblätter ... 126, 130, 133, 135, 396
Treppentracheiden 26, 28, 114,
 .... 301, 302, 350, 385
triarche Stele 101, 104, 434
Trichome 18, 32, 43, 73, 79, 82,
 113, 114, 135, 151, 160*, 161, 172,
 173* 176, 214, 230, 231, 232, 233,
 234, 235, 245, 260*, 261, 360, 368,
 .... 369*, 372, 378, 379*, 434
Trichopitys 50, 51, 127
Trichopitys gracilis 129*
Trichopitys heteromorpha 49,
 .... 127, 128*
Trigonocarpus ... 120*, 121, 122, 434
Trigonocarpus noeggerathi . 120*, 121
Trigonocarpus parkinsoni 121
trilete Tetradenmarke 29, 68*,
 .... 319*, 434
Triloboxylon 105
Triloboxylon ashlandicum ... 33, 105,

465

.... 106, 107*
Triphyllopteris 191
Triphyllopteris collombiana 40,
.... 191, 193*
Triphyllopteris rhomboidea . 192, 194*
Triphyllopteris rhomboifolia 40
Tristachya 48, 50, 386, 388*, 399
Tristachya crockensis 398*, 399
Tristachya raciborskii 399
Trizygia-Blattstellung 395*, 396,
.... 434
Trockenperioden(-Horizonte) 15,
.... 17, 52
Tropophyll 112, 306, 435
Tüpfel 94*, 110*, 111, 422, 435
Tüpfelfeld 87, 110, 111
Tula (Karbon von) 39
Tyliosperma 119
Tyliosperma orbiculatum 119,
.... 120*, 121
Tylodendron 135

Übergipfelung ... 26, 27*, 29, 69, 77,
 79, 80, 81, 84, 86, 87, 88, 109, 298,
 ...... 300, 403, 405, 406, 407, 411
Überlieferungsweisen der fossilen
 Flora .... 13 ff.
Unterperm, unteres Perm 14,
.... 16, 47 f., 135
Ullmannia 50, 51, 139
Ullmannia bronni 50, 51, 141*,
.... 142
Ullmannia frumentaria 50, 51,
.... 141*, 142
Ullmanniaceae .... 139 f., 141*
Umrißform (Fiederchen
 und Blätter) .... 164 ff.
Urmarattiales 67
Urnatopteris 162*
Urnatopteris tenella 162
Urtelomstand 402, 405, 406, 407

Validopteris 43, 249
Validopteris integra 45, 249
.... 250*, 251
Vallekularhöhlen 349*, 350, 435
Vegetationspunkt 72, 408, 434
Vegetationsschichtung 33, 34,

.... 44, 54, 427, 435
Vegetationsstufen 435
Vegetationszonen 435
Ventralblättchen 347, 422, 435
Verdunstungsschutz 22
Verkieselung 17, 30, 38, 47
Verkohlung
 (Fusitbildung) 16, 17, 52
Verlandungsräume 53
Verlandung (Stadien) 52
Verwachsung
 (parenchymatisch) . 43, 86, 87, 135,
.... 406
Verzweigung (dichotome) ... 26, 27*,
.... 74*, 75*
Villersia radians 36
Virgil 14
Visé 14, 16
Volkmannia 382
Voltzia 139
Voltzia brevifolia 139
Voltziaceae .... 139 f.
Voltziales .... 47, 50, 135 f.
Vorläuferspitzen 219, 222

Wachstum (Differenzierungen, inter-
 kalares Wachstum) ... 26, 27*, 29,
 34, 41, 42, 43, 45, 47, 48, 73, 75*,
.... 86 f.
Wahnbachtal/Siegen 76, 81
Walchia .... 36, 48, 50, 135 f.
Walchia arnhardtii 49
Walchia filiciformis ... 49, 135, 136*
Walchia frondosa 49
Walchia geinitzii ... 50, 51, 139, 140*
Walchia germanica 49, 136, 137*
Walchia hypnoides 49, 50, 51
Walchia laxifolia 50, 51
Walchia parvifolia 49
Walchia piniformis 46, 50, 137,
.... 138*, 139
Walchiaceae .... 135 f., 139
Waldmoor (Stadien) 41, 44,
.... 46, 52, 53
Wasseraufnahmesystem 22
Wasserdampfkreislauf
 (Verdunstung) 44, 52*, 53, 54
Wassergruben 236

466

Wasserhaushalt
(Feuchtigkeit des Bodens) 13, 15, 17, 30, 33, 35, 37, 46, 52, 53, 54
Wasserleitsystem .... 22, 24*, 25*, ... 26, 103*, 110*
Wedel (allgemein) .... 27, 34, 40, 86, 87, 111, 112, 145, 156, 165 ff., ... 179 ff., 406 f.
Wedel (planiert) 34, 87
Wedelachse 114, 115*, 116*, 117, 147*, 148*, 149*, 151, 158, 167*, 199, 407
Wedelbau .... 166 f.
Wedelmale 151, 153*, 155*, 156
Wedelstele ...... 40, 147*, 148*, 152, ... 216
Weissites 48
Weissites pinnatifidus 49, 51
Westfal ... 14, 16, 17, 36, 37, 38, 41, ... 42, 43, 44, 46, 48
Whittleseya 41, 117, 124, 125*
Whittleseya elegans 124
Wirtel (Blatt) 435
Wuchsstoffsteuerung 27, 405
Wurzel ... 23, 28, 30, 31, 32, 33, 38, ... 39, 45, 405 f
Wurzelboden (siehe Boden)
Wurzelhaare 406
Wurzelmantel .... 39, 145, 146, ... 150, 151, 152, 154, 155*

Xenocladia 114
Xenocladia medullosina 33
Xenotheca bertrandi 36
Xeromorphosen, xeromorph 33, 34, 44, 48, 50, 52, 101, 324, 435
Xylem 22, 26, 69, 89, 403, 435
Xylemscheide 350
Xylotomie 402, 403, 404, 435

Yuehmenkou 14

Zalesskya 158
Zalesskya gracilis 158
Zapfen, als Samen- bzw. Sporangien-
stände i. w. S. .... 32, 34, 47, 50, 87, 184, 310, 317, 319*, 320, 322, 323, 324, 341*, 342, 380, 382, 386, ... 396
Zeilleria 225, 239, 240
Zeilleria damesi 227*
Zeilleria delicatula 225
Zeilleria frenzli 227, 228*
Zeitmerkmal (Definition) 435
Zechstein 14
Zentralplateau 47
Zimmermannia eleuterophylloides 36
Zimmermannioxylon 351
zonale Vegetation .... 16, 41, 44, ... 52, 133, 436
Zosterophyllales 146
Zosterophyllophytina 28, 30, 80
Zosterophyllum 68, 81
Zosterophyllum llanoveranum 82
Zosterophyllum myretonianum 31, 82
Zosterophyllum rhenanum ... 31, 33, ... 81*, 82
Zwischenfiedern (-fiederchen) .... 34, 43, 48, 111, 168, 179, 181*, 202, 241*, 242, 245, 248, 251, 261, 265, 267, 270*, 271*, 282*, 285*, 286*, ... 288, 289*, 290, 406
Zwischenmoor (Stadien) ... 16, 41, 44
Zygopteris 149
Zygopteris illinoiensis 404
Zygopteris primaeva 149

Anhang

Errata und Korrigenda

S. 117: 1. Absatz, 5. Zeile von unten: „Whittleseya" statt Whittleseyina.

S. 117: Unterschrift zu Bild 33 b: „(M 1:1)" statt (M 0:1).

S. 128: Die Bildbezeichnungen zu a und b sind vertauscht: „a" statt b und „b" statt a.

S. 141: Unterschrift zu Bild 46: „Ullmannia frumentaria (SCHLOTH.) GOEPP." statt Ullmannia frumentaria GEIN.

S. 196: 2. Absatz, Typus-Species: „Rhacopteris (al. Cyclopteris) inaequilatera (GOEPP. 1860) STUR 1875" statt Anisopteris inaequilatera (GOEPP.) STUR 1875.

S. 196: 3. Absatz und Unterschrift zu Bild 83: „Anisopteris inaequilatera (GOEPP.) OBERSTE-BRINK 1914" statt Anisopteris inaequilatera (GOEPP.) STUR 1875.

S. 199: 3. Absatz: „Sphenopteris adiantoides (al. Sph. elegans [BRGT.] STERNBG. 1825) (SCHLOTH. 1820) L. et H. 1834" statt Sphenopteris adiantoides (al. Sph. elegans [BRGT.] STERNBG. 1825) SCHLOTH. 1820.

S. 209: Unterschrift zu Bild 94: „Palmatopteris sarana GUTH." statt Palmatopteris sarana GOTH.

S. 225: 2. Absatz, 4. Zeile: „keine Querriefung wie die der Mariopteriden" statt keine Querriefung wie die Mariopteriden.

S. 267: Unterschrift zu Bild 145 c: „(M 3:1)" statt (M 1:1).

S. 276: 2. Absatz, 2. Zeile: „breiter als 5 mm" statt schmaler als 5 mm.

S. 329: 3. Absatz, 6. Zeile: „Namur B bis unteres Westfal A" statt Namur B und unteres Westfal A.

S. 344: 2. Absatz, 6. Zeile: „Die Appendices sind als 0,3" statt also 0,3.

S. 355: Letzte Zeile: „Die Markräume abgehender Äste oder an den Rhizomen ansitzender Stammbasen" statt Abgehende Äste oder an den Rhizomen ansitzende Stammbasen.

S. 366: Unterschrift zu Bild 221 c: „Nitschenau, Schlesien, Dinant, Ast mit Blattwirteln (M 1:1)" statt vertauschter Zeile.

S. 370: Unterschrift zu Bild 225 c: „Cycadeen" statt Cycaden.

Auszug aus dem System der Pflanzen

aus der Sicht des Paläobotanikers, unter besonderer Berücksichtigung der im Buch aufgeführten höheren Landpflanzen; Schizomycophyta bis einschließlich Bryophyta sind nur generalisierend erfaßt. † nur fossil bekannt.

Schizomycophyta

Cyanophyta

Chromophyta
- Chrysophyceae
- Xanthophyceae
- Bacillariophyceae
- Phaeophyceae
- Dinophyceae

Rhodophyta

Chlorophyta
- Chlorophyceae

Charophyta
- Characeae
- Sycidiaceae †
- Trochiliscaceae †

Nematophyta †
- Prototaxitaceae †

Mycophyta
- Myxomycetes
- Phycomycetes
- Ascomycetes
- Basidiomycetes

Lichenes

Bryophyta
- Hepaticae
- Musci

Psilophyta sensu lato †
- Rhyniophytina †
- Psilophytina †
- Zosterophyllophytina †

Prospermatophyta †
- Procycadophytina †
  - Cladoxylales (?pars) †
  - Protopteridiales †
- Noeggerathiophytina †
  - Noeggerathiales †
    - Noeggerathiaceae †
    - Discinitaceae †
  - Tingiales †
- Proconiferophytina †
  - Cladoxylales (?pars) †
  - Archaeopteridiales †

Spermatophyta
- Cycadophytina
  - Pteridospermatae †
    - Lyginopteridaceae †
    - Medullosaceae †
    - Glossopteridaceae †
    - Peltaspermaceae †
    - Caytoniaceae †
  - Cycadatae
    - Cycadales
    - Nilssoniales †
  - Bennettitatae †
  - Gnetatae
- Magnoliophytina
  - Magnoliatae
    - Magnoliidae
    - Hamamelididae
    - Rosidae
    - Dilleniidae
    - Caryophyllidae
    - Asteridae